中国石油大学(华东)“211 工程”建设重点资助系列学术专著

新型碳材料的制备及应用

吴明铂　邱介山　何孝军　编著

中国石化出版社

内 容 提 要

全书共六章，主要阐述碳量子点、石墨烯、碳纳米管、石墨相氮化碳、多孔炭等新型碳材料的制备方法、调控方法、性质及应用。重点讲述其在催化、储能、环保等领域的应用。

本书可供从事碳材料、石油化工、煤化工及新能源、环境保护等领域研究和生产的科技人员参考，也可作为大专院校材料科学与工程、化学工程与工艺等专业师生的教学参考书。

图书在版编目(CIP)数据

新型碳材料的制备及应用／吴明铂，邱介山，何孝军编著．—北京：中国石化出版社，2017(2024.8重印)
ISBN 978-7-5114-3900-0

Ⅰ．①新… Ⅱ．①吴… ②邱… ③何… Ⅲ．①碳-材料科学 Ⅳ．①TB321

中国版本图书馆CIP数据核字(2017)第032914号

中国石化出版社出版发行

地址:北京市东城区安定门外大街58号
邮编:100011　电话:(010)57512500
发行部电话:(010)57512575
http://www.sinopec-press.com
E-mail:press@sinopec.com
北京艾普海德印刷有限公司印刷
全国各地新华书店经销

*

787×1092毫米 16开本 13.75印张 299千字
2024年8月第1版第4次印刷
定价:50.00元

《新型碳材料的制备及应用》编委会

主　编：吴明铂　邱介山　何孝军

编　委：曲江英　吴文婷　赵青山

李忠涛　江　波　宁　汇

总　序

“211 工程”于 1995 年经国务院批准正式启动，是新中国成立以来由国家立项的高等教育领域规模最大、层次最高的工程，是国家面对世纪之交的国内国际形势而作出的高等教育发展的重大决策。“211 工程”抓住学科建设、师资队伍建设等决定高校水平提升的核心内容，通过重点突破带动高校整体发展，探索了一条高水平大学建设的成功之路。经过 17 年的实施建设，“211 工程”取得了显著成效，带动了我国高等教育整体教育质量、科学研究、管理水平和办学效益的提高，初步奠定了我国建设若干所具有世界先进水平的一流大学的基础。

1997 年，中国石油大学跻身“211 工程”重点建设高校行列，学校建设高水平大学面临着重大历史机遇。在“九五”、“十五”、“十一五”“211 工程”的三期建设过程中，学校始终围绕提升学校水平这个核心，以面向石油石化工业重大需求为使命，以实现国家油气资源创新平台重点突破为目标，以提升重点学科水平，打造学术领军人物和学术带头人，培养国际化、创新型人才为根本，坚持有所为、有所不为，以优势带整体，以特色促水平，学校核心竞争力显著增强，办学水平和综合实力明显提高，为建设石油学科国际一流的高水平研究型大学打下良好的基础。经过“211 工程”建设，学校石油石化特色更加鲜明，学科优势更加突出，“优势学科创新平台”建设顺利，5 个国家重点学科、2 个国家重点(培育)学科处于国内领先、国际先进水平。根据 ESI 2012 年 3 月份更新的数据，我校工程学和化学 2 个学科领域首次进入 ESI 世界排名，体现了学校石油石化主干学科实力和水平的明显提升。高水平师资队伍建设取得实质性进展，培养汇聚了两院院士、长江学者特聘教授、国家杰出青年基金获得者、国家“千人计划”、“百千万人才工程”入选者等一批高层次人才队伍，为学校未来发展提供了人才保证。科技创新能力大幅提升，高层次项目、高水平成果不断涌现，年到位科研经费突破 4 亿元，初步建立起石油特色鲜明的科技创新体系，成为国家科技创新体系的重要组成部分。创新人才培养能力不断提高，开展“卓越工程师教育培养计划”和拔尖创新人才培育特区，积极探索国际化人才的培养，深化研究生培养机制改革，初步构建了与创新人才培养相适应的创新人才培养模式和研究生培养机制。公共服务支撑体系建设不断完善，建成了先进、高效、快捷的公共服务体系，学校办学的软硬件条件显著改善，有力保障了教学、科研以及管理水平的提升。

17 年来的“211 工程”建设轨迹成为学校发展的重要线索和标志。“211 工程”建设所取得的经验成为学校办学的宝贵财富。一是必须要坚持有所为、有所不为，通过强化特色、突出优势，率先从某几个学科领域突破，努力实现石油学科国际一流的发展目标。二是必须坚持滚动发展、整体提高，通过以重点带动整体，进一步扩大优势，协同发展，不断提高整体竞争力。三是必须坚持健全机制、搭建平台，通过完善“联合、开放、共享、竞争、流动”的学科运行机制和以项目为平台的各项建设机制，加强统筹规划、集中资源力量、整合人才队伍，优化各项建设环节和工作制度，保证各项工作的高效有序开展。四是必须坚持凝聚人才、形成合力，通过推进“211 工程”建设任务和学校各项事业发展，培养和凝聚大批优秀人才，锻炼形成一支甘于奉献、勇于创新的队伍，各学院、学科和各有关部门协调一致、团结合作，在全校形成强大合力，切实保证各项建设任务的顺利实施。这些经验是在学校“211 工程”建设的长期实践中形成的，今后必须要更好地继承和发扬，进一步推动高水平研究型大学的建设和发展。

为更好地总结“211 工程”建设的成功经验，充分展示“211 工程”建设的丰富成果，学校自 2008 年开始设立专项资金，资助出版与“211 工程”建设有关的系列学术专著，专款资助石大优秀学者以科研成果为基础的优秀学术专著的出版，分门别类地介绍和展示学科建设、科技创新和人才培养等方面的成果和经验。相信这套丛书能够从不同的侧面、从多个角度和方向，进一步传承先进的科学研究成果和学术思想，展示我校“211 工程”建设的巨大成绩和发展思路，从而对扩大我校在社会上的影响，提高学校学术声誉，推进我校今后的“211 工程”建设有着重要而独特的贡献和作用。

最后，感谢广大学者为学校“211 工程”建设付出的辛勤劳动和巨大努力，感谢专著作者孜孜不倦地整理总结各项研究成果，为学术事业、为学校和师生留下宝贵的创新成果和学术精神。

中国石油大学(华东)校长

山红红

2012 年 9 月

序　言

二十一世纪是化工、材料、能源和环境等学科大发展的世纪，学科之间相互交叉且互相影响。传统的化学化工技术正在发生重大变化，各种高新技术和新材料的采用，正在改变传统化工厂的概念，更安全、节能和环保的新工艺、新材料将在这些发展中起到越来越重要的作用。基于碳元素构筑的富勒烯、碳纳米管、石墨烯、石墨炔等新型高性能碳材料的相继问世，促使碳材料科学在全球范围内成为科学研究的热点，引领了众多相关学科的发展，对化学工程与技术学科的内涵与发展亦产生了深远的影响。

碳材料可以从最硬到最软，从绝缘体到导体，从全透光到全吸光……，世界上没有哪一种材料能够像碳材料这样呈现出如此广泛、甚至是完全极端对立的性能。这一切皆归因于碳原子——元素周期表中第六号元素的电子结构及键合方式的多样性、碳原子构筑的石墨烯层片中π电子的独特作用以及碳微晶在纳米和微米尺度上取向、堆叠、聚集的复杂变化，形成了各具特色的结构，最终导致其广泛而多样化的性能。

作者立足于传统化石能源的清洁高值化利用，近年来一直从事新型碳材料的研究开发工作，尤其在重质油富芳烃清洁化高附加值利用方面进行了系统研究。针对目标材料的结构特点和应用需求，基于多层次结构转化之学术理念，创建了数种新方法和技术策略，实现了由重质油可控制备碳量子点、石墨烯、多孔碳等数种功能碳材料，揭示了这些功能碳材料在催化、环保、能源等领域的应用潜力和构效关系，为重质油高附加值利用提供了全新的技术对策和方法。该书就是在作者多年研究成果的基础上，综述了碳量子点、碳纳米管、石墨烯、$g-C_3N_4$ 等新型碳材料的最新研究进展。

本书着重阐述碳量子点等新型碳材料的可控制备、构效关系等科学和技术问题，并将石油基多孔碳材料的制备及应用作为一章进行专门阐述。全书体现了理论联系实际的“理工融合”的风格，将新型碳材料方面的最新研究进展与作者的研究成果有机融合起来，有助于碳材料、化工、新能源、环境保护等技术领域的科技人员了解和把握碳材料形成过程中涉及的一系列物理化学变化及调控策略，掌握各类碳材料各自特点及对原料和制备方法的要求。该书可为新型碳材料的可控制备、生产和应用提供重要基础数据和理论指导，是一部化工和碳材料领域的重要专业书籍和参考工具。

刘忠范

2016年2月

前　言

以碳为骨架的材料统称为碳材料。碳材料伴随着人类悠远古老的历史已经走过了几千年的旅程，并覆盖了社会生活的各个方面。

碳材料家族的性质非常神奇，从最硬(金刚石)到最软(石墨)，从优良的绝缘体(金刚石)到优良的导电体(石墨、纳米碳管)，从优良的绝热体(石墨层间、碳黑、碳毡)到优良的导热体(金刚石、石墨纤维、碳纳米管)，从全透光(金刚石)到全吸光(石墨)等，世界上没有哪一种材料能够呈现出如此广泛、甚至是完全处于极端对立的性能。

碳材料家族的成员越来越多。各种人造石墨、热解石墨、膨胀石墨、玻璃碳、活性炭、活性炭纤维、石墨层间化合物、金刚石膜、碳纤维及其复合材料、泡沫碳、富勒烯、纳米碳管已被广泛深入研究，石墨烯的横空出世又为碳质材料吸引了足够的目光。碳材料无处不在，已广泛应用于航天、航空、能源、环保、催化、交通、石油、化工、化肥、农药、机械、材料、电子、医疗、文体以及劳保等各领域。

碳材料这一切归因于碳原子——元素周期表中第6号元素的电子结构及键合方式的多样性、碳原子中π电子的独特作用以及碳微晶在纳米和微米尺度上取向、堆叠、聚集的复杂变化，形成了各具特色的结构，导致其广泛而多样化的性能。

本书结合作者多年来在重质油及碳材料领域的研究工作，尽可能吸收国内外在本专业技术中的精华和最新进展，着重讲述碳量子点、碳纳米管、石墨烯、石墨相氮化碳等新型碳材料的制备方法、调控策略、性质及其在能源、催化、环保等化工领域中的应用。

中国科学院院士刘忠范教授对本书的研究工作给予了长期指导和大力支持，并在百忙之中为本书作序，在此表示深深的谢意。

中国科学院山西煤化所王茂章研究员对本书的撰写提供了全方位的指导和帮助，在此表示衷心的感谢。

王玉伟、谭明慧、饶袁、王阳、李朋、谢辉、安祥辉、刘卉等同学参与了本书的编著，在此向他们表示感谢。

本书的出版得到了中国石油大学(华东)“211 工程”的大力支持，在此一并表示感谢。

希望通过此书的出版能促进我国化工新型碳材料的发展，为赶超世界先进水平尽我们的微薄之力。

目录

第1章 绪论 …… (1)
第2章 碳量子点 …… (5)
2.1 性质 …… (6)
2.1.1 荧光特性 …… (6)
2.1.2 电致化学发光性质 …… (7)
2.1.3 电子转移特性 …… (8)
2.1.4 低细胞毒性与生物相容性 …… (8)
2.2 表面修饰与掺杂 …… (9)
2.3 制备方法 …… (11)
2.3.1 原料 …… (11)
2.3.2 制备方法 …… (12)
2.4 石油焦基碳量子点 …… (20)
2.4.1 化学氧化法 …… (21)
2.4.2 电化学法 …… (22)
2.4.3 石油焦种类的影响 …… (24)
2.5 应用 …… (27)
2.5.1 生物成像 …… (27)
2.5.2 分析检测 …… (29)
2.5.3 光催化 …… (33)
2.5.4 光电传感及电催化 …… (34)
2.5.5 吸附分离 …… (36)
2.6 前景与展望 …… (37)
第3章 石墨烯 …… (47)
3.1 结构 …… (48)
3.2 性质 …… (49)
3.2.1 电学性能 …… (49)
3.2.2 光学性能 …… (50)

3.2.3 力学性能 …… (50)
3.2.4 热学性能 …… (51)
3.2.5 化学性能 …… (51)
3.3 制备 …… (51)
3.3.1 机械剥离法 …… (51)
3.3.2 液相剥离法 …… (52)
3.3.3 化学气相沉积法 …… (54)
3.3.4 SiC 外延生长法 …… (56)
3.3.5 化学氧化法 …… (56)
3.3.6 模板法 …… (57)
3.4 应用 …… (57)
3.4.1 储能 …… (58)
3.4.2 催化 …… (68)
3.4.3 环保 …… (74)
3.5 前景与展望 …… (79)
第4章 碳纳米管 …… (91)
4.1 简介 …… (91)
4.1.1 结构和分类 …… (91)
4.1.2 发展概况 …… (93)
4.2 制备 …… (93)
4.2.1 电弧放电法 …… (94)
4.2.2 激光蒸发法 …… (94)
4.2.3 化学气相沉积法 …… (94)
4.3 应用 …… (95)
4.3.1 催化 …… (95)
4.3.2 储能 …… (98)
4.3.3 环保 …… (103)
4.4 前景与展望 …… (108)
第5章 石墨相氮化碳 …… (113)
5.1 简介 …… (113)
5.2 性质 …… (116)
5.2.1 热稳定性 …… (116)
5.2.2 化学稳定性 …… (116)
5.2.3 光学和光电化学 …… (116)

5.3 制备 …………………………………………………………………… (118)
5.3.1 g－C_3N_4 的制备 …………………………………………………… (118)
5.3.2 g－C_3N_4 的带隙设计 ………………………………………………… (126)
5.3.3 g－C_3N_4 基复合半导体材料的制备 …………………………………… (129)
5.4 应用 …………………………………………………………………… (133)
5.4.1 光催化析氢 ……………………………………………………………… (134)
5.4.2 光催化 CO_2 还原 ……………………………………………………… (138)
5.4.3 污染物降解 ……………………………………………………………… (139)
5.4.4 有机合成 ………………………………………………………………… (141)
5.4.5 灭菌 ……………………………………………………………………… (142)
5.5 总结和展望 ……………………………………………………………… (142)
第6章 多孔炭 …………………………………………………………… (167)
6.1 制备 …………………………………………………………………… (167)
6.1.1 物理活化法 ……………………………………………………………… (168)
6.1.2 化学活化法 ……………………………………………………………… (168)
6.1.3 物理-化学复合活化法 …………………………………………………… (169)
6.1.4 催化活化法 ……………………………………………………………… (169)
6.1.5 聚合物共炭化法 ………………………………………………………… (169)
6.1.6 模板法 …………………………………………………………………… (169)
6.1.7 微波法 …………………………………………………………………… (173)
6.2 应用 …………………………………………………………………… (184)
6.2.1 储能 ……………………………………………………………………… (184)
6.2.2 催化 ……………………………………………………………………… (201)
6.3 前景与展望 ……………………………………………………………… (204)

第1章　绪　　论

碳是自然界分布很广的一种元素，其丰度在地球上处于第14位。碳元素是自然界中与人类最密切相关、最重要的元素之一，地球上的生命都是以碳原子为基础的实体。碳原子具有多样的电子轨道特性（sp、sp^2、sp^3 杂化），除单键外，还能形成稳定的双键和叁键，从而形成许多结构和性质完全不同的物质，人们所熟知的就有金刚石、石墨和不同石墨化程度的各种过渡态碳，后来又发现了富勒烯、碳纳米管、石墨烯及石墨炔等碳材料。

通常来讲，碳材料是指以碳为基本骨架的物质。作为无机非金属材料的一个分支，碳材料在材料学中占有重要地位。与此同时，作为功能材料，碳材料是集金属、陶瓷和高分子材料三者性能于一身的独特材料，与能源化工、环境化工、精细化工等领域密切相关。传统的碳材料包括木炭、竹炭、活性炭、炭黑、焦炭、天然石墨、石墨电极、炭刷、炭棒、铅笔等，新型碳材料包括富勒烯、碳纳米管、石墨烯、石墨炔等，其独特的纳米结构及新颖的性能引起了全世界的广泛关注，近年来发展迅速。碳材料的特性几乎可体现地球上所有物质的各种性质甚至相对立的性质，如最硬－极软，全吸光－全透光，绝缘－半导体－高导体，绝热－良导热，铁磁体－高临界温度的超导体等。不同碳材料之间或者与其他材料复合进一步丰富了碳材料的种类和性质。相比于活性炭等传统碳材料，新型碳材料的产业化程度还有一定差距，但由于其独特的结构及优异的性能，在化工、新能源、环保、催化、电子、医疗等领域展现出广阔的应用前景，新型碳材料的产业化步伐正在逐步加快。

人类发展的历史始终与碳材料息息相关，传统碳材料在日常生活中起着不可替代的作用，而新型碳材料必将成为未来社会的“主角”。在过去30多年的时间里，从零维的富勒烯，一维的碳纳米管，到二维的石墨烯先后被发现，新型碳材料不断吸引着世界的目光。在富勒烯被发现之前，已经有很多科学家预测到球形碳结构的存在。直到20世纪80年代科学家在模拟星际尘埃的实验中才意外发现了完美对称的球形分子——C_{60}。对于碳纳米管，科学界对其发现者一直存在争议，但不可否认的是在NEC公司发明的电镜的协助之下，科学家于1991年首次观测到了一维碳纳米管的“风采”。“富勒烯和碳纳米管”的发现可以说是“意外之美”，而“石墨烯”的发现更加曲折。科学家最初经过热力学计算得出二维碳晶体热力学不稳定，无法稳定存在，但是人们从未放弃对其探索的努力。直至2004年，英国曼彻斯特大学Geim教授带领其课题组运用机械剥离法成功制备出石墨烯，推翻了“完美二维晶体结构无法在非绝对零度下稳定存在”这一论断。

富勒烯是一种具有零维结构的新型碳材料，性能独特。如 C_{60} 分子为绝缘体，但在 C_{60}

分子之间放入碱性金属后，C_{60}与碱金属的系列化合物将转变为超导体，并且这类超导体具有很高的超导温度，并且具有电流密度大、稳定性高等特点。在C_{60}的甲苯溶液中加入某些过量的强供电子有机物，会得到黑色的微晶沉淀，此种沉淀是一种不含金属材料的有机软磁性物质，因此研究和开发富勒烯的有机软磁材料具有重要的应用前景。C_{60}还具有较大的非线性光学系数和高稳定性等特点，使其作为新型非线性光学材料具有重要的研究价值，在光计算、光记忆、光信号处理及控制等方面具有重要的应用前景。富勒烯的潜在应用领域还包括抗癌药物、高强度纤维、催化剂及有机太阳能电池等。

碳纳米管是一种具有一维结构的碳材料，一直是学术研究的热点。尽管石墨烯的出现分流了不少碳纳米管的研究关注度，但是碳纳米管仍然是目前研究最充分、关注度最高的新型纳米材料之一。特别是近年来随着碳纳米管制备技术水平的不断提高，碳纳米管的生产成本大幅降低。目前，国际市场高纯度碳纳米管价格已处于50 $/g以下，纯度稍低的多壁碳纳米管价格已接近10 $/g，为此，各国投资者极为看好碳纳米管的应用前景，并在材料制备和应用方面纷纷投入大量研发力量。目前国外生产碳纳米管主要有四家公司：日本昭和电工（Showa Denko K. K）、比利时 Nanocyl 公司及法国 Arkema 公司，年产均超过400t；而美国 Hyperion 公司，产量未知，却是最早大量生产碳纳米管的公司。由此可以推测，碳纳米管未来几年的市场需求将达到数千吨。目前，伴随世界各国对碳纳米管应用研究的日益深入，碳纳米管诸多优异新奇的性质为其带来了许多实际应用，如复合材料、电子器件、场发射组件、能源/资源材料、测量仪器、生物医药及平台等。特别值得注意的是，碳纳米管在电子、场发射与复合材料领域的应用潜力已逐步显现，碳纳米管将在半导体的应用领域扮演重要角色，有望取代硅的统治地位；同时，碳纳米管在生物医学、能源及资源等领域的应用，也成为世界各国科学家研究的热点。

石墨烯是由碳原子经sp^2电子轨道杂化后形成的二维结构，具有超强的机械强度、高导热率、高导电性、高透光率、高比表面积等特点。石墨烯是零维富勒烯、一维碳纳米管、三维石墨的基本组成单元。单层石墨烯厚度只有一个碳原子厚，为0.335nm，是目前已知最薄的材料。石墨烯以其精妙的结构、无与伦比的性能，使其在柔性透明电极、微电子、光子传感器、储能器件、导电导热复合材料等领域具有广阔的应用前景。石墨烯的产业化序幕正在逐渐拉开，目前，国内外已有一批石墨烯企业开始量产。石墨烯的产业化主要分为石墨烯粉体和石墨烯薄膜两类产品。美国的 Vorbeck Materials 公司和 XG Sciences 公司是国际上最早从事石墨烯粉体生产的公司，其中 Vorbeck Materials 公司的石墨烯采用氧化方法制备，含有较丰富的官能团，并且已在导电油墨和锂电池等领域开展了应用研发。XG Sciences 公司则采用无氧化的插层剥离路线制备石墨烯，并重点开发其在高分子复合材料领域的应用。韩国三星公司是最早开展石墨烯薄膜量产技术研发的公司，并在2010年推出了30in 的石墨烯透明导电薄膜，展现出诱人的应用前景。另外，该公司也成功将石墨烯应用于柔性触摸平板显示器。最近，索尼公司也积极投身石墨烯薄膜的生产装备研发，在薄膜连续化生长与转移技术方面取得了重要进展，成功合成长120m、宽230m 的大面积石墨烯薄膜。2006年，从事石墨烯研究的著名美国教授 Ruoff 课题组首次报道了聚苯乙烯/石墨烯导电复合物的制备方法，开启了石墨烯导电复合材料研发的序幕。石墨烯导电油墨可以应用于印刷线路板、射频识别、显示设备、电极传感器等方面，在有机太阳能电池、印刷电池和超级电容器等领域具有很大的应用潜力，因此石墨烯油墨有望在射频标签、智能包装、薄膜开关、导电线路以及传感器等下一代轻薄、柔性电子产品中得到广泛应用，市场前景巨大。

碳量子点（Carbon Quantum Dots，CQDs）又称荧光碳纳米颗粒（Carbon Nanoparticles，CNPs），是一种分散的、尺寸小于10nm的类球形准零维纳米颗粒。CQDs通常包括纳米金刚石、荧光碳颗粒（Carbon Dots，C-dots）和石墨烯量子点（Graphene Quantum Dots，GQDs）。目前，关于纳米金刚石的报道较少，研究工作主要集中于C-dots和GQDs上。在制备方面，CQDs的粒径和相对分子质量均较小，易于大规模制备及功能化修饰；在荧光性能方面，CQDs具有激发波长和发射波长可调、双光子吸收截面大、耐光漂白且无光闪烁现象等优异的性质；从环保和生物毒性的角度看，CQDs的毒性远低于传统的金属量子点，且具有良好的生物相容性，在实际应用方面优势明显。因此，CQDs一经发现便激发了国内外学者极大的研究热情。CQDs不仅具有类似于传统量子点的发光性能与小尺寸特性，也具有传统碳纳米材料的高比表面积和优异电子传导特性。同时，CQDs不含重金属、硫元素，具有良好的水溶性和较低的生物毒性，可作为传统量子点在生物成像、生物标记等应用中的替代物。CQDs具有良好的水溶性，丰富的化学官能团及良好的导电性，其在催化、环保（如金属离子检测）方面的应用也引起人们的重视。近几年来，有关CQDs制备、性能及应用的探索是新型碳材料领域的一大研究热点。需要指出的是，CQDs方面的相关研究均处于起步阶段，仍面临诸多挑战。

石墨相氮化碳是不含金属的有机半导体材料，由地球上含量较多的C、N两种元素组成，具有原料来源丰富，带隙较窄（2.7eV），对可见光有一定响应，抗酸、碱、光腐蚀，稳定性好以及结构和性质易于调控等优点，因而成为光催化领域研究的宠儿。石墨相氮化碳在可见光解水制氢、二氧化碳还原、污染物的降解以及有机物选择性氧化等方面的应用受到越来越多的关注。然而，比表面积小、表面缺陷多、载流子迁移率低、电子空穴复合快以及可见光响应弱等缺点严重影响其大规模应用。通过增加氮化碳比表面积，修复表面缺陷，调控氮化碳分子结构以及染料敏化氮化碳等方式构建电子传输路径，在提高氮化碳可见光催化性能的同时，进一步拓宽其应用范围等是值得深入研究的课题。

目前富勒烯、碳纳米管、石墨烯、石墨相氮化碳等新型碳材料仍处于实验室研发阶段。石墨烯等新型碳材料产业的大门已经慢慢开启，随着产业链的逐步成熟，以石墨烯为代表的新型碳材料必将得到巨大的发展和应用。

我国碳材料研究与生产起步于解放初期。在前苏联的援助下，首先建设了以生产炼钢用石墨电极为主的吉林碳素厂和以生产电工用碳制品为主的哈尔滨电碳厂。电碳制品基本满足国内经济建设的需要。但我国的碳材料工业与先进国家相比，无论在规模、质量、工艺装备、管理、科研、应用开发等方面都存在一定差距，具体表现为品种少、档次低，产品质量不稳定，工艺装备落后，产品更新缓慢等。我国碳材料的科研水平从整体上来说落后于美国、日本和欧盟等发达国家和地区。近年来，随着碳纳米管、石墨烯等纳米碳材料的兴起，我国碳素领域面临新的发展机遇，相关研究在世界上已经占据重要地位，并达到世界先进水平。因此，能否抓住这个机遇，保持优势，进一步发展，对我国未来的先进材料和高技术产业发展是一个关键考验。

本书旨在概述碳量子点(第2章)、石墨烯(第3章)、碳纳米管(第4章)、石墨相氮化碳(第5章)四种新型碳材料的最新研究状况、发展趋势，以及应用途径，并侧重于其在能源、催化、环保等化工领域的应用。编者曾于2010年应中国石化出版社的邀请，编写出版了“石油基碳质材料的制备及其应用”，该书主要阐述石油基碳质材料的原料、制备、性质及应用，其中的第九章为“多孔炭”，但未涉及其在储能等领域的应用。近年来，多孔炭等碳材料在储能领域的应用已成为一大研究热点，故本书将“石油基多孔炭”作为单独一章(第6章)。希望本书的出版能为我国新型碳材料学科和相关产业的发展贡献一份力量。

参 考 文 献

[1]吴明铂，邱介山，郑经堂，等．石油基碳质材料的制备及其应用[M]．北京：中国石化出版社，2010，1－10.

[2]Jorio A，Dresselhaus G，Dresselhaus MS. Carbon nanotubes：advanced topics in the synthesis，structure，properties and applications [M]. Springer；2008.

[3]Saito S，Zettl A. Carbon Nanotubes：Quantum Cylinders of Graphene：Access Online via Elsevier；2008.

[4]李贺军，张守阳．新型碳材料[J]．新型工业化，2016，6(1)：15－37.

[5]王茂章，贺福．碳纤维的制造性质及应用[M]．北京：科学出版社，1984.

[6]贺福，王茂章．碳纤维及其复合材料[M]，北京：科学出版社，1995：115.

[7]成会明．新型碳材料的发展趋势[J]．材料导报，1998，1：5－9.

[8]杨全红．“梦想照进现实”——从富勒烯、碳纳米管到石墨烯[J]．新型炭材料，2011，26(1)：1－4.

[9]胡耀娟，金娟，吴萍，等．石墨烯的制备、功能化及在化学中的应用[J]．物理化学学报，2010，26：2073－2086.

[10] Wenting Wu，Jinqiang Zhang，Weiyu Fan，et al. Xiaoming Li，Yang Wang，Ruiqin Wang，Jingtang Zheng，Mingbo Wu，Haibo Zeng. Remedying defects in carbon nitride to improve both photooxidation and H_2 generation efficiencies [J]. ACS Catalysis，2016，6：3365－3371.

[11]Jinqiang Zhang，Xianghui An，Na Lin，et al. Engineering monomer structure of carbon nitride for the effective and mild photooxidation reaction [J]. Carbon，2016，100：450－455.

[12]Wenting Wu，Liying Zhan，Weiyu Fan，et al. Cu－N dopants boosting electron transfer and photooxidation reaction of carbon dots [J]. Angewandte Chemie International Edition，2015，54(22)：6540－6544.

第2章 碳量子点

纳米材料是在三维空间中至少有一维处于纳米尺度范围(1～100nm)，并在光、电、磁、热、力学、机械等方面较宏观材料表现出独特性能的材料，目前已成为材料科学研究的前沿和热点。以碳为骨架的纳米材料称为纳米碳材料，纳米碳材料形态多样，零维的富勒烯、碳量子点、一维的碳纳米管、碳纤维/活性炭纤维以及二维的石墨烯和三维的多孔炭，皆属于纳米碳材料的范畴。纳米碳材料几乎涵盖了地球上所有物质具有的特性，如最硬－最软、绝缘体－半导体－良导体、绝热－导热、全吸光－全透光等，因此纳米碳材料具有广泛的用途。纳米碳材料方面的研究主要集中在材料形貌和结构的控制，以及在吸附分离、催化、储能、环保、国防等领域。

量子点(Quantum Dots，简称为QDs)于20世纪90年代初被提出，是准零维的半导体纳米材料。它的导带电子、价带空穴及激子在三个空间方向均被束缚，其电子运动在三维空间均受限，因此也被称为“人造原子”或“超原子”。QDs的粒径一般介于1～10nm之间，由于电子和空穴被量子限域，连续的能带结构变成具有分子特性的分立能级结构，受激后可以发射荧光。基于自身的量子效应，QDs展现出独特的性质：尺寸限域引起尺寸效应、量子限域效应、宏观量子隧道效应和表面效应，派生出的纳米体系具有与宏观体系不同的低维特性，展现出许多不同于宏观材料的物理化学性质，在太阳能电池、发光器件、光学生物标记、催化、功能材料等领域具有广阔的应用前景[1~3]。

近年来，关于QDs的研究十分活跃，尤其是在生物和医药方面的应用研究。传统的QDs一般是从铅、镉及硅的混合物中提取得到，毒性大，对环境的危害性很大。因此，人们一直寻求毒性较低的QDs替代材料。2004年，美国南卡罗来纳大学的研究者首次合成出一种新型QDs——碳量子点(Carbon quantum dots，简写为CQDs)[4]。相较于传统的QDs，CQDs除具有传统QDs的发光性能与小尺寸特性外，还保持了碳材料毒性低、环境友好、生物相容性好等优点，同时还拥有双光子吸收截面大、发光范围可调、光稳定性好、易于功能化修饰和廉价易得等无可比拟的优势。CQDs除了具有传统纳米碳材料的高比表面积和优异的电子传导特性之外，还具有独特的荧光性能，尤其是光转换性能(包括上转换和下转换荧光)，使其在新能源领域有着不可估量的发展潜力。

本章将从碳量子点的性质、制备方法及应用等方面对CQDs进行阐述。

2.1 性质

2.1.1 荧光特性

CQDs 所拥有的独特的光学性质主要包括良好的荧光稳定性，荧光激发依赖性及可调的荧光发射特性，pH 敏感的荧光特性，以及上转换荧光(Up-conversion photoluminescence，简写为 UCPL)特性等。与此同时，CQDs 的荧光发光机理目前尚不清晰，仍需进行深入研究和探讨。

1)荧光稳定性

CQDs 具有良好的光学稳定性，且耐光漂白，武汉大学庞代文等[31]由电化学氧化石墨制得的 CQDs 经 8.3W 氙灯连续照射 6h 后，其发光强度仍保持不变且无闪烁现象，说明 CQDs 具有良好的荧光稳定性。

2)激发依赖性和可调的发射特性

CQDs 发出的荧光具有激发依赖性，即其发射波长及强度与激发波长有关，随着激发波长而变，但这一点是否因 CQDs 尺寸不同或是其表面缺陷不同而造成，亟待进一步研究；同时，在某些情况下，CQDs 的最大发射波长随着激发波长的增大而固定不变，呈一定的激发专一性[31,82,83]，这可能与其均一的粒径分布及特殊的表面化学结构有关。

可调的荧光发射性质是指 CQDs 可以选择不同的激发和发射波长，这使得 CQD 在光学标记和荧光成像方面有极大的优势。温州大学黄少铭等[84]报道了一步水热合成氮掺杂 CQDs 的方法，其最大发射波长随掺氮量的增加而逐渐红移，荧光颜色依次从蓝色、蓝绿色、黄绿色变化到黄色。不同的粒径以及不同的表面发射位点导致掺氮的 CQDs 具有可调的荧光特性。研究发现，CQDs 中较大的共轭域可形成较窄的能量带隙，易与外部一些杂原子形成超共轭结构，从而引起简单发光；结合其制备及分离过程分析，通过离心、透析可很好地控制粒径分布，所以共轭区域的大小有较大差别，激发依赖性可能是由于体系内部共轭区域的各向异性有关；同时，CQD 内部还存在非共振区域间的能量转移、内滤效应等。CQDs 的荧光与碳源也有一定的关系，单一碳源的激发专一性更好。迄今为止，CQD 准确的荧光激发依赖性和发射可调性机理仍未被完全证明[9]。

3)pH 敏感的荧光特性

除少数 CQDs 外[75]，大多数 CQDs 荧光强度和最大发射波长随体系 pH 值的变化而变化，即具有一定的 pH 值敏感荧光特性，但不同原料和合成方法所得到的 CQDs 对 pH 值的响应并不相同。美国普渡大学毛成德等发现，pH 值为 7 时 CQDs 的荧光最强，在酸性或碱性条件下其荧光强度下降约 40%~89%，最大发射波长蓝移[16]。上海大学潘登余等发现石墨烯碳量子点(GQDs)在碱性条件下可发射蓝色荧光，但在酸性条件下荧光会猝灭，其荧光会随 pH 值从 1~13 反复变化，有一定的可逆性[17,85]。

4）上转换荧光特性

苏州大学康振辉等[86]发现电化学法制备的 CQDs 在低能量的可见光激发下可以发射高能量的近紫外荧光，具有上转换荧光特性。UCPL 是指在长波长激发光的激发下体系发射短波长光的现象，即辐射光子能量大于所吸收的光子能量，这是一种反 Stokes 现象。究其原因，大多数文献认为是由于 UCPL 发射是由多光子激发引起的。华东理工大学李春忠等[87]认为多光子激发引起 UCPL 的解释并不充分，提出当大量低能量光子激发电子时，释放的电子从 π 轨道的高能量态（Lowest Unoccupied Molecular Orbital，简写为 LUMO）跃迁到 σ 轨道低能量态（Highest Occupied Molecular Orbital，简写为 HOMO）时不可避免的会有一些电子传输到 LUMO，造成了 UCPL 发射。澳大利亚新南威尔士大学温晓明等[88]提出，在传统的下转换发射过程中，荧光分光光度计的二次发射也会造成一些所谓的 UCPL 现象，这些发射一般不随激发波长变化，而真正的 UCPL 现象则与荧光激发相关，测试过程需引入合适的滤波器，以消除其干扰。目前有关 CQDs 的 UCPL 现象形成原因尚需进一步研究加以明确。

5）发光机理

光致发光（Chemiluminescence，简写为 CL）是指由外界光源照射使物质获得能量，产生激发而发光，主要产生磷光和荧光（Photoluminescence，简写为 PL）。能级与能级间的跃迁是发光的核心，通常所说 CQDs 的光致发光即指 CQDs 的荧光。

CQDs 的荧光性质取决于自身的物理化学结构，主要受其粒径、物理结构、化学组成、激发波长及所处的环境（pH 值和溶剂）等因素的影响，其发光机理十分复杂，仍待明确。目前主要是通过量子限域效应、发射势阱和辐射的激子重组等理论来解释[5]。越来越多的研究证明，CQDs 的表面限域电子 - 空穴间的辐射复合是其荧光发光的根本原因。美国克莱姆森大学孙亚平等[89]通过实验证明电子供体或受体可去除 CQDs 限域表面的空穴 - 电子，导致对应的有效荧光猝灭或发射。而 CQDs 表面经有机分子修饰，可大大提高其荧光强度，这可能是修饰后的 CQDs 表面缺陷减少，表面电子和空穴的复合效率得以提高所致[9]。

此外，研究发现水溶性 CQDs 具有一定的磷光现象。将 CQDs 分散于聚乙烯醇基质中，在室温紫外灯下即可观察到磷光，这主要是由于聚乙烯醇基质可与 CQDs 形成氢键，阻止了 CQDs 表面结构中芳香 C═O 键的三重激发态能量，使其不因转动或振动而产生能量损失，从而产生极长的磷光寿命（~380 ms）[90]。

2.1.2 电致化学发光性质

电致化学发光（Electrochemical Luminescence，简写为 ECL），是指对电极施加一定的电势使其表面发生电化学反应，使物质分子跃迁到激发态并回到基态时产生的一种发光现象。QDs 具有良好的 ECL 性质，CQDs 的 ECL 性质也引起了广泛关注。与 PL 发射不同，CQDs 的 ECL 的最大发射波长通常会红移，且不受粒径和修饰剂的影响，更多取决于其表面态[91]。

福州大学池毓务等[92]首次通过电化学法制得 CQDs，在 +1.8 ~ -1.5V 的扫描电压下，分别在阴极和阳极发现 ECL 信号，且阴极信号强于阳极。如图 2-1 所示，其发光机理如下：在一定的电压扫描下，在阴极形成还原态的 CQDs（$R\cdot^-$），同时在阳极形成$R\cdot^+$，在氧化和还原过程中形成激发态的 R^*；反之，从激发态跃迁到基态时发射出 ECL 信号。

ⅰ氧化过程：$R - e \longrightarrow R\cdot^+$

ⅱ还原过程：$R + e \longrightarrow R\cdot^-$

ⅲ形成激发态：$R\cdot^+ + R\cdot^- \longrightarrow R^* + R^-$

ⅳ发光过程：$R^* \longrightarrow R + h\nu$

苏州大学康振辉等[52]通过微波合成的 CQDs 也表现出良好的 ECL 现象，但其阳极的信号强于阴极，同样可以在有机溶剂中观察到较稳定的 ECL 信号。

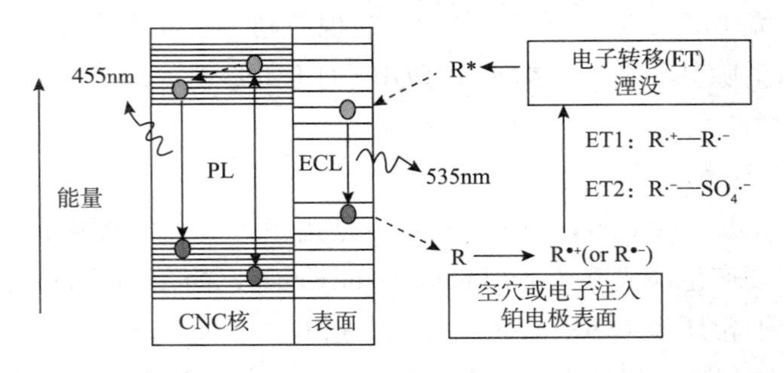

图 2-1 CQDs 的电致发光与光致发光机理图[92]

2.1.3 电子转移特性

与石墨烯和氧化石墨烯（Graphene Oxide，简写为 GO）相比，量子限域效应和边缘效应使 CQDs 具有特殊的电子和光电子性质[93]。

CQDs 的电子转移特性取决于它的碳质核心、表面官能团以及掺杂杂原子的交互作用[94]。CQDs 有效的电子转移得益于其大的比面积和丰富的边缘活性位。由于 CQDs 小粒径的原因，在 CQDs 与表面态之间的量子势阱内捕获单电子[95]。当 CQDs 具有含氧官能团时，其电子特性类似 GO 或还原的 GO。由于导带的 sp^2 碳结构被破坏，边缘的含氧官能团可减弱 CQDs 的电子转移，并使其具有催化性能[96]。同时，N 的掺杂（N-doped CQDs，简写为 N-CQDs）赋予 N-CQDs 一定的催化能力[97]。

2.1.4 低细胞毒性与生物相容性

已有报道证明，CQDs 具有低的细胞毒性和良好的生物相容性[98]。南非金山大学 S. C. Ray 等[18]选取肝癌细胞 $HepG_2$ 进行细胞活力测试，当 CQDs 浓度低于 $0.5mg \cdot mL^{-1}$ 时，细胞成活率为 90% ~100%；超过此浓度，细胞成活率则降至 75%，而生物成像所需的浓度远低于这一浓度，说明 CQDs 在生物成像方面几乎无毒。CQDs 可以在不影响细胞核的情况下，可通过细胞内吞的形式进入细胞质和细胞膜，还可以与 DNA 相互作用，从而进行 DNA 识别及检测。美国克莱姆森大学孙亚平等[99]对 CQDs 在老鼠体内进行毒性研究，经对比发现，在荧光成像方面，CQDs 对老鼠的器官没有太大的影响。因此 CQDs 在细胞成像方面的应用比传统 QDs 具有明显优势。

2.2 表面修饰与掺杂

CQDs 的化学结构示意图如图 2-2 所示[103]，其碳骨架为无定形或结晶结构。通过引入各种缺陷、杂原子及官能团，或对 CQDs 进行表面修饰，可显著改变 CQDs 的结构和物化性质。氧化后，CQDs 表面含有丰富的—OH、—COOH、—C ═O 等含氧官能团，氧质量分数 5% ~50%，因此氧化的 CQDs 表现出良好的水溶性，易与有机物、无机物、高分子或生物材料等进行化学结合，从而实现表面钝化或修饰。化学修饰或掺杂可引入强的电子受体或电子供体，有助于改变 CQDs 的电子特性，增强 CQDs 的荧光性能[104]。通过不同分子修饰或改变接枝分子数目可实现 CQDs 荧光性能的调控[105~107]，同时，表面修饰还可改变 CQDs 的物理性质，使其在水溶液或非水溶液中表现出良好的溶解性[8]。

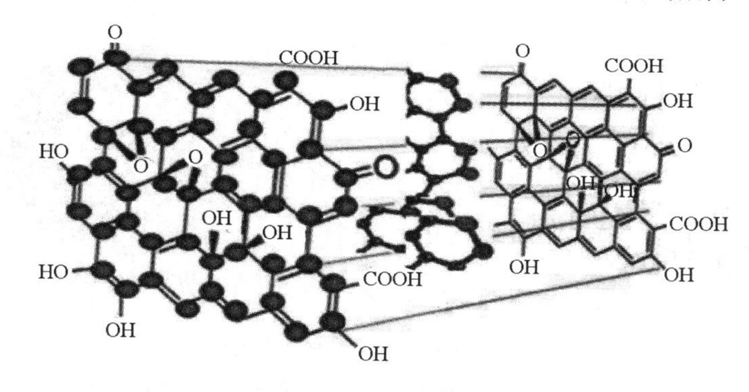

图 2-2 CQDs 的化学结构示意图[103]

在 CQD 的制备过程中，通过加入不同的钝化剂，可使 CQDs 在不同溶剂中的溶解性得到加强，荧光特征得到调控。同时在 CQDs 的表面引入包括氨基在内的一些特定官能团也可使之获得特定的功能。

2006 年，美国克莱姆森大学孙亚平等[7]首次报道了用激光刻蚀法制备 CQDs。以石墨粉为碳源，高温高压下 Nd:YAG 激光刻蚀，氧化回流后用 PEG_{2000G} 钝化，透析、离心取上清液得到粒径在 5nm 左右的碳点，量子产率(quantum yield，简称为 QY)为 4% ~10%。2013 年，该课题组[108]又提出表面钝化的 CQDs 具有交联作用的概念。以聚乙二醇 PEG_{1500N} 为钝化剂，在 CQDs 表面交联形成共价键结合的多色 CQDs，如图 2-3 所示。结果显示 CQDs 荧光性能呈叠加状态，直至一个颗粒中含有 7 个 CQDs 时达最强荧光，表明交联作用能够通过加强 CQDs 与 PEG_{1500N} 的核壳结构使表面官能团稳定存在，从而获得较强的荧光发射波长。

通常情况下，表面钝化剂也可作为功能化试剂同时改变 CQDs 的荧光性能和物理性

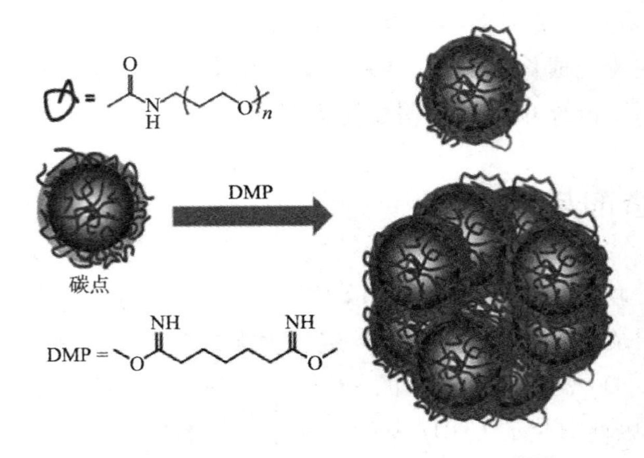

图 2-3 PEG_{1500N} - CQDs 的形成机理图[108]

能。例如，2012 年，福州大学池毓务等[64]以草酸为碳源，用一种树枝状聚乙烯亚胺(b-PEI)作为表面钝化和功能化试剂，通过低温炭化过程制得聚乙烯亚胺修饰的碳量子点(BPEI-CQDs)，其 QY 高达 42.5%，其形成机理如图 2-4 所示。

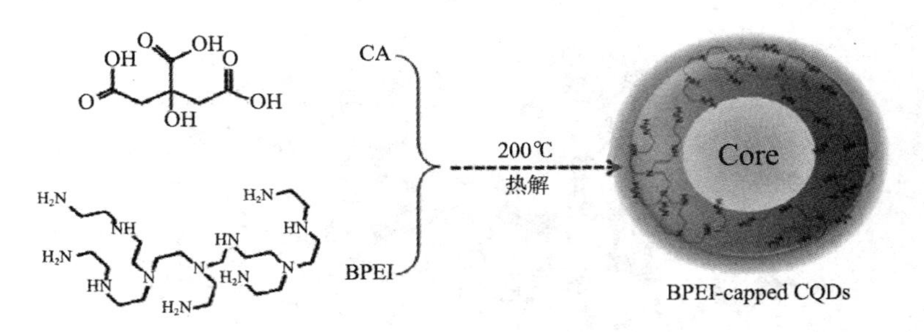

图 2-4 BPEI-CQDs 形成机理图[64]

除表面修饰以外，杂原子掺杂尤其是氮掺杂可用于调节碳材料的物理化学结构。2012 年，澳大利亚昆士兰大学王连洲等[109]报道了一种通过三聚氰胺和丙三醇一步反应得到富含氮 CQDs 的方法，该法合成的 N 掺杂 CQDs 表现出上转换荧光性质。2013 年，南洋理工大学李长明等[110]用草酸做碳源，通过使用 L - 半胱氨酸水热法合成氮硫共掺的 CQDs(S-N-CDs)。该 S-N-CDs 表现出良好的发光稳定性、低毒性、生物相容性好等特点，且荧光产率高达 16.9%。同年，吉林大学杨白等[111]利用草酸为碳源，通过乙二胺水热法制得 N-CQDs，荧光量子产率高达 80%。2014 年，兰州大学高辉等[112]用谷氨酸做前驱体，通过简易的一步热转化法合成了掺 N 的 CQDs。这种 N-CQDs 有明亮的蓝色发光，QY 达 23.2%，并能观察到阴极发光(CL)和频率上转换发光特性。

2014 年，吴明铂等以石油焦为原料，制备出水溶性 CQDs[100]。为提高所制 CQDs 的荧光性能，以氨水为氮源水热法处理 CQDs，制得荧光可调的 N-CQDs，该反应过程简单可控，QY 达 15.7%左右，其荧光增强机理如图 2-5 所示。

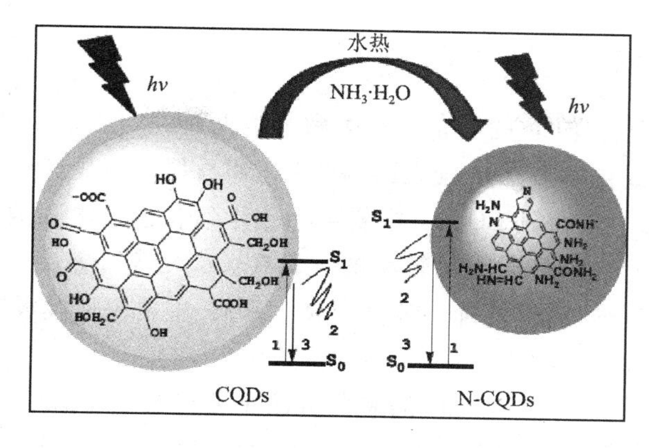

图 2-5　CQDs 和 N-CQDs 的荧光机理图[100]

2.3　制备方法

CQDs 的结构通常分为三种，即无定型结构、具有 sp^2 碳簇的纳米晶结构(如由石墨烯材料制得的石墨烯碳量子点，graphene quantum dots，简称为 GQDs)以及由 sp^3 碳形成的类金刚石结构[7]。关于纳米金刚石的报道较少，而 GQDs 尽管可归属于 CQDs，但两者在结构上仍有明显区别。首先，由于尺寸效应，CQDs 组成较离散，准球形的 CQDs 尺寸都在 10nm 以下，而 GQDs 则被定义为由横向尺寸少于 100nm 的单层或几层(3~10 层)石墨烯片组成；其次，GQDs 通常由石墨烯基材料制备而成，或是由类石墨烯结构的多环芳烃刚性化学合成。无论尺寸大小，GQDs 都具有石墨烯的晶格结构。除了少数 GQDs 为三角形、正方形或是六边形外，大多数 GQDs 为圆形或椭圆形[8]；最后，由高倍透射电镜(High Resolution Transmission Electron Microscopy，简写为 HRTEM)测试可知，CQDs 的面内晶格间距与石墨类似，通常为 0.18~0.24nm(对应不同的衍射面)，层间距为 0.334nm，而 GQDs 的结晶度则更高。

下面，主要介绍 CQD 的原料和制备方法。

2.3.1　原料

理论上，任何含碳的物质均可通过热裂解、沉积、缩合等反应生成 CQDs。CQDs 的制备原料来源十分广泛，根据原料中碳元素的存在状态，可将其分为有机碳源和无机碳源两大类。从最初的蜡烛灰、天然气烟灰、油烟、炭黑、石墨、氧化石墨、富勒烯、碳纳米管(CNTs)、柠檬酸盐等含碳物，到氨基酸、糖类及草莓、西瓜皮、花生皮、甜椒、甘蔗渣、橘子汁、菱角皮等一系列天然植物，最新报道的还有木炭灰、碳纤维、活性炭、维生素 C、咖啡渣、头发丝、鸡蛋、煤炭等其他各类含碳物质，均可用于制备 CQDs。近年来，随着环保意识的加强，人们越来越青睐于将天然廉价的废弃物炭化，或以富碳前驱体为原料制备 CQDs，从而实现废物的高附加值洁净化利用[9]。

2.3.2　制备方法

从合成路线来划分，CQDs 的制备方法大致分为两种：自上而下法和自下而上法。自上而下法是通过物理或化学方法从较大的碳骨架(如石墨、石墨烯、碳纳米管、碳纤维、炭黑、石油焦等)直接剥离得到 CQDs，主要包括化学氧化法、电弧放电法、激光销蚀法、电化学法等；自下而上法则是通过对较小的碳颗粒(如天然气燃烧灰、蜡烛灰、香烟灰、糖类、小分子有机碳源等)进行修饰、钝化合成 CQDs，主要包括模板法、微波辅助法、燃烧法、溶液化学法、气相沉积法等。

从是否发生化学反应划分，CQDs 的制备方法主要可分为物理法和化学法，物理法包括电弧放电法、激光销蚀法、等离子体法等；化学法包括化学氧化法、电化学法、超声法、微波法、水热法、炭化法、支持体法、富勒烯开笼等。需要指出的是，为了提高制备效率和产品性能，在实际制备 CQDs 过程中，经常是物理法和化学法结合使用。

1)物理法

(1)电弧放电法

2004 年，美国南卡罗来纳大学 Walter A. Scrivens 等在纯化用电弧放电产生的烟灰制备单壁碳纳米管的过程中首次发现 CQDs[4]。采用凝胶电泳法处理 SWCNTs 悬浮液时，意外地发现悬浮液中含有三种纳米材料，其中一种在电泳图上会形成高发光的快速移动带。进一步分离后发现，荧光性质与纳米颗粒的尺寸相关，该纳米颗粒也首次被称为碳量子点。

2005 年，意大利罗马第二大学 Bottini Massimo 等[10]将电弧放电法制备的酸氧化碳纳米管分散在表面活性剂中，经超声 5min 均匀分散后，离心分离得到 CQDs。

2011 年，美国克莱姆森大学孙亚平等[11]对纯石墨棒电弧放电，然后在强酸中加热回流、离心透析分离制得尺寸小于 10nm 的 CQDs。该 CQDs 在光照下可将 $AgNO_3$、$HAuCl_4$ 还原，同时在其表面包覆 Ag 或 Au 纳米颗粒，形成的碳 - 贵金属核壳结构有望应用于催化领域或作为显像剂使用。

电弧放电法制备的 CQDs 产率较低，且烟灰成分复杂，所含杂质较多，电弧放电所得 CQDs 不易分离提纯，难以制备高质量的 CQDs。

(2)激光销蚀法

所谓激光销蚀法，即用激光束照射碳靶，使碳纳米颗粒从碳靶上剥离，从而分离得到 CQDs。

2006 年，美国克莱姆森大学孙亚平等将石墨粉和水泥混合制成碳靶，以氩气为载气，在 900℃ 水蒸气条件下经激光销蚀得到碳前驱体，然后在 2.6 mol/L HNO_3 中加热回流 12h，再用聚乙二醇(PEG_{1500N})对其表面进行钝化，首次合成可见光区域荧光可调的 CQDs，粒径为4 ~ 5nm，荧光 QY 为 4% ~ 10%[1]。天津大学杜希文等对上述方法进行了优化，CQDs 的制备和表面钝化同步进行，最终制得 QY 高达 12.2% 的 CQDs[12]。

需要指出的是，制备碳靶时所需的碳材料较多，制得的产物的粒径难以达到纳米级，大部分产物在离心过程中沉降并被分离除去，因此激光销蚀法制备 CQDs 的收率较低，其粒径也不均匀，纯度较低。

(3)等离子体法

2009 年，德国慕尼黑大学 T. Gokus 等通过氧等离子体处理机械剥离得到的石墨烯，制得发射红色和近红外荧光的单层 GQDs[13]。

2012 年，南京工业大学陈苏等采用低温等离子体本体处理技术，诱导鸡蛋的蛋清和蛋黄热解，制得 QY 最高可达 33% 的两亲性 CQDs[14]。通过对样品热解过程的观察及分析，阐述了 CQDs 的合成机理，并首次将 CQDs 用作荧光墨水，成功实现了荧光印刻的图案化。

等离子体法所制 CQDs 的 QY 较高，但合成条件相对较复杂，且成本较高，不适宜于简便高效地合成 CQDs。

2)化学法

近年来，CQDs 的制备主要采用化学法[15]，主要是因为：

①化学法可以直接氧化碳源，所制 CQDs 表面含有丰富的含氧官能团，这些官能团可作为反应活性位点使用；

②通过精确控制反应参数，可有效进行表面修饰，更好地调控 CQDs 的形貌、粒径以及物化性质；

③化学法能克服物理法中所需实验仪器昂贵、难以获得平滑边缘的 CQDs 等缺点。

化学法主要包括化学氧化法、电化学法、水热法、超声法、微波法、炭化法等。

(1)化学氧化法

化学氧化法，也称回流酸煮法，即用浓 HNO_3 或浓 HNO_3 与浓 H_2SO_4 按一定比例配成的混酸作为氧化剂及脱水剂，氧化碳源制备 CQDs。该法无需复杂设备、可重复性强，因而被广泛采用。

2007 年，美国普渡大学毛成德等[16,17]首次报道了通过化学氧化蜡烛灰制得粒径小于 2nm、QY 为 0.8% ~1.9 % 的 CQDs。研究发现，通过简单调节 pH 值，可调节 CQDs 的荧光颜色。

2009 年，南非金山大学 Sekhar C. Ray 等[18]利用上述原料和方法，通过改变反应条件制得了粒径为 2 ~6nm、QY 约为 3% 、可发绿光的 CQDs。2011 年，中国科学院长春应化所曲晓刚等[19]借鉴毛成德等[16]的方法制得 CQDs，并发现其固有的过氧化酶活性，可用于生物医药方面。兰州大学常希俊[20]发现，通过回流酸煮天然气灰可制得粒径为 4.8 ± 0.6nm、荧光 QY 约为 0.43 % 的 GQDs，再将其用 200℃ 水热法处理 900min 后，QY 可提高至 4.96 %[21]。

2010 年，西南大学郑鹄志等[22]报道了油烟经化学氧化法制得粒径为 1.5nm 的 CQDs，在 445nm 激发下，其 QY 最高约为 0.87% 。用 PEG_{1500N} 表面修饰后，其 QY 较修饰前增加近 60% 。

2011 年，兰州大学常希俊等[23]以煤油灯燃烧后的炭黑为碳源，通过化学氧化法制得 CQDs，用硫脲改性后，用于金属离子的检测分析。美国纽约州立大学 Luis A. Colon 等[24]将石蜡油灰化学氧化制得 CQDs，并可用阴离子交换高效液相色谱法分离出带负电的碳纳米颗粒。吉林大学霍启升等[25]以木质活性炭为原料，在油浴条件下，经 4mol/L HNO_3 氧化后得到 CQDs。福州大学董永强等[26]也以类似方法制得表面含有丰富羧基的 CQDs，并体现出良好的增强化学发光活性。

2013 年，美国莱斯大学叶汝全等[27]利用混酸氧化煤炭，制备出具有 pH 敏感性的多色荧光 GQDs，通过对比分析无烟煤、烟煤、焦炭等几种不同种类的煤炭，发现具有 sp^2 特殊碳结构的煤种更有利于 GQDs 的生成，煤中的结晶碳结构比纯的 sp^2 结构容易被氧化，制得的 GQDs 边缘更易形成无定型碳结构。2014 年，大连理工大学邱介山等[28]以不同温度下炭化后的煤炭为碳源，在 70mL 6mol/L HNO_3 溶液中，140℃下回流 24h，经中和、高速离心、透析纯化后得到煤基 CQDs，并用硼氢化钠还原制得具有两种荧光发射峰的 CQDs，QY 高达 8.8%，如图 2-6 所示。同时，将所制 CQDs 用于 Cu^{2+} 检测，检测下限能达 2.0nmol/L。

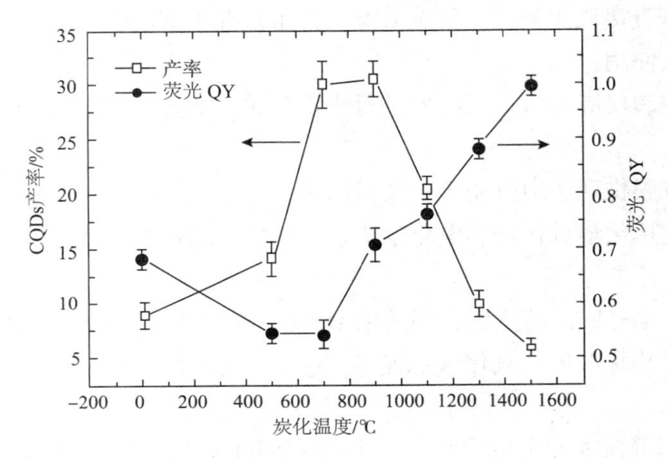

图 2-6　不同炭化温度下所得煤基 CQDs 的产率和荧光 QY[28]

然而，传统的化学氧化法需使用多种强酸或强腐蚀性液体，耗时长(氧化过程通常需要 6~24h)，难以控制氧化程度及 CQDs 特定的光学性质。四川大学郭勇等[15]利用臭氧的强氧化能力，用臭氧代替强酸作为预氧化剂，通过水热法以还原的 GO 为原料制得不同荧光性能的 GQDs，并对合成机理进行了阐释。该方法简单高效、成本较低，可大规模制备荧光性能可控的 CQDs。

综上所述，化学氧化法虽可在 CQDs 表面引入大量的含氧官能团，但其操作不易控制，操作时间长，产品颗粒不均一，需要进一步分离纯化、钝化或修饰才能得到荧光性能良好的 CQDs。只有进一步优化制备条件和工艺参数，化学氧化法才有可能被推广应用。

(2)电化学法

在电化学法合成 CQDs 的过程中，所用工作电极一般为导电碳材料，在一定的电流密度或电压下，借助阳极氧化，从工作电极上“裁剪”剥离得到 CQDs。电化学法制备 CQDs 的具体机理尚在探索之中。

电化学方法合成 CQDs 的主要优势在于：一是在电沉积结晶过程中易于控制过电位，

工艺灵活，操作简单，产物的尺寸及形貌相对可控；二是在常温常压的条件下操作，生产成本相对较低，且避免了高温时材料内部可能产生的热应力[29]。该法所制 CQDs 均匀，碳源利用率高，适合大规模制备。

2007 年，加拿大西安大略大学 Tsun-Kong Sham 等[30]首次利用电化学法制得具有荧光性质的 CQDs。采用传统的三电极体系，将多壁碳纳米管（MWCNTs）化学气相沉积于碳纸上，制成工作电极。当以铂电极作为对电极，$Ag/AgClO_4$ 作为参比电极，在 0.1mol/L 四丁基高氯酸铵的乙腈溶液中进行循环伏安扫描时，使工作电极反复地氧化－还原，再经过简单分离纯化后，即可得到石墨晶型的 CQDs。其粒径为（2.8 ±0.5）nm，表面均匀，晶格间距与石墨纳米晶一致，QY 为6.4%，具有激发依赖性，最大荧光发射波长为410nm。用扫描电子显微镜（Scanning Electron Microscope，简写为 SEM）扫描后观察发现，MWCNTs 发生膨胀并缠结在一起。因而，Tsun-Kong Sham 等提出，四丁基胺阳离子（TBA^+）嵌入 MWCNTs 的空隙中，从而对碳管的结构产生一定的破坏，释放出 CQDs。

2008 年，武汉大学庞代文等[31]在水相中采用恒电势氧化石墨棒，制得石墨晶型的碳点。以 0.1mol/L NaH_2PO_4 作为电解液，石墨棒为工作电极，在 3V 的直流恒电压下进行氧化刻蚀。随着氧化时间的增长，电解液由无色变至黄色，最终呈棕褐色。经超滤处理后，得到截留分子质量分别为 <5，5 ~10，10 ~30 和 > 30 kDa 的产物。其中，<5 kDa 和 5 ~10 kDa 的部分经紫外光激发，分别发出蓝色和黄色荧光。其最大发射波长分别为 445 和 510nm。与其他报道不同，该法制备的 CQDs 发射波长不随激发波长的变化而变化，从而为研究 CQDs 发光机理提供了一种新的思路。

2009 年，福州大学池毓务等[32]以石墨棒为工作电极，铂片为对电极，在 pH =7.0 的磷酸缓冲体系（PBS）中，采用 －3 ~3V 的循环电压进行循环伏安扫描，制得粒径约为 2nm 的水溶性荧光 CQDs，并研究其电致化学发光行为。在实验中发现石墨棒的有效面积在反应过程中基本不变，因此，他们认为 CQDs 起初是存在于石墨棒孔隙之中，孔隙表面的 CQDs 与 PBS 溶液接触，经电化学氧化变为水溶性 CQDs，并被释放于水相中。这与加拿大西安大略大学 Tsun-Kong Sham 等[30]提出的 CQDs 形成机理不同。另外，新加坡国立大学 Kian Ping Loh 等[33]以高定向裂解石墨与石墨棒为工作电极，铂丝为对电极，1－丁基－3－甲基咪唑四氟硼酸盐离子液体水溶液为电解液，在 1.5 ~15V 的恒电压作用下，一步合成了 CQDs、纳米带和石墨烯。该反应分为三个阶段：第一阶段，8 ~10nm 的水溶性荧光 CQDs 从阳极“裁剪”剥离下来；第二阶段，产生 10nm ×（60 ±20）nm 的纳米带；第三阶段，更大片层从阳极剥离，形成炭黑浆状溶液，剥离过程如图2-2 所示。最终制得的 CQDs 粒径为 2 ~4nm，发射波长为 440nm。增加反应时水的含量，CQDs 的粒径可达 8 ~10nm，发射波长蓝移至 364nm，表明该体系中 CQDs 的荧光性能更多地依赖于其化学结构，而不是粒径。

2010 年，苏州大学康振辉等[34]利用电化学氧化法制得具有尺寸依赖荧光性质的 CQDs，如图 2-7 所示。将石墨棒既作为工作电极又作为对电极，在体积比为 99.5∶0.5 乙醇和水的 100 mL 混合溶液中，加入 0.2 ~0.4g NaOH 作为电解液，电流密度为 10 ~200

$mA \cdot cm^{-2}$，可得到多色荧光 CQDs。经透射电子显微镜（Transmission Electron Microscope，简写为 TEM）扫描后发现，其荧光性能随 CQDs 的尺寸改变而改变。荧光光谱分析结果显示，CQDs 尺寸分布与电流密度有关；降低电流密度，具有较长发射波长的 CQDs 数量增加。此外，作为对比，若以 H_2SO_4 代替 NaOH 配成相应的电解液，电解后发现无 CQDs 生成，说明碱性环境是电化学法合成 CQDs 的关键因素。

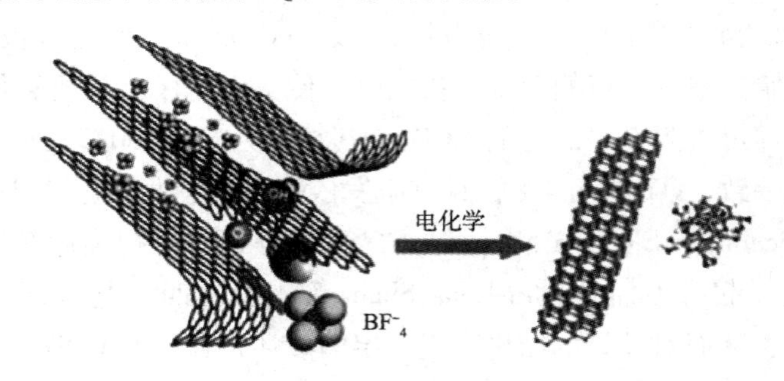

图 2-7 电化学法制备 CQDs 示意图[34]

2012 年，武汉大学庞代文等[35]采用三电极体系，以不同配比的碳糊电极（炭黑质量分数分别为 64% 和 73%）为工作电极，铂丝对电极，0.1mol/L NaH_2PO_4 溶液作为电解液，对工作电极施加 +9V（vs SCE）电压，最终得到粒径为（2.2 ±0.1）nm 的 CQDs。有趣的是，64% 的碳糊电极电解得到的 CQDs，其最大发射波长随激发波长变化而变化，而 73% 的碳糊电极制得的 CQDs 则没有表现出这种荧光特性。显然，尺寸相同的 CQDs 具有不同的荧光性质，其根本原因在于 CQDs 的表面氧化程度不同，64% 的碳糊电极制得的 CQDs 氧化程度更深，表面缺陷更多，因而在激发光照射下表面激子会被诱导发生辐射复合，表现出最大发射波长随激发波长变化而变化的性质。此外，苏州大学康振辉等[36]仅以超纯水作电解液，石墨棒作工作电极和对电极，在 15～60V 的恒电压作用下，制得具有较高上转换荧光性能的 CQDs。这一方法绿色环保，无需进一步纯化处理即可制得高品质的 CQDs，缺陷是所需电压相对较高。

2014 年，中山大学胡玉斐等[37]以光谱纯的石墨环作为工作电极，钛管作为对电极，去离子水作电解液，在 100V 的高密度电场和超声场的协同作用下，电解 20min，可获得具有优异荧光性能和热稳定性的水溶性 CQDs。制得的 CQDs 粒径为 2～3nm，最大发射波长为 450nm，QY 达 8.9%。

综上所述，电化学法装置简单、可重复性强、产物稳定，所制 CQDs 虽不需进一步修饰但其 QY 较低，因此前驱物和电解液的选择十分重要。电解过程中可通过调节电解电压或电流密度调控 CQDs 的粒径和荧光特性。

（3）水热法

2010 年，中国科学院理化技术研究所刘春艳等[38]首次用一步水热法制得 CQDs。以抗坏血酸（VC）为原料，180℃ 水热反应 4h，经萃取透析制得 CQDs。将 $Na_2S_2O_8$、HCl 和溴化十六烷基三甲基铵的混合液水热反应后，在 5mol/L HNO_3 中氧化，即制得 GQDs。

2011 年，苏州大学康振辉等[39]以葡萄糖、蔗糖、淀粉等碳水化合物为原料，HCl 或 NaOH 为添加剂，通过水热法制得 CQDs，在不同的激发波长下发射可见到近红外的荧光。西南大学黄承志等[40]将蜡烛灰溶于 NaOH 中，水热反应制得粒径为(3.1 ±0.5)nm，QY 约为 5.5% 的水溶性 CQDs。新加坡国立大学 John Wang 等[41]将葡萄糖与 KH_2PO_4 以 1∶36(摩尔比)混合置于高压反应釜之中，排出釜内 O_2 后，200℃ 水热 12h，离心分离制得粒径为 1.83nm 的蓝色荧光 CQDs。当原料比例缩小至 1∶26，得到粒径为 3.83nm 的绿色荧光 CQDs。东北大学徐淑坤等[42]将维生素 C、乙二醇溶于水中混合均匀，在 180℃ 经水热反应制得 CQDs。

2012 年，国立台湾大学张焕宗教授等[43]将 EDTA、甘氨酸及多种有机物在 300℃ 水热 12h，制得 CQDs。暨南大学刘应亮等[44]混合壳聚糖和乙酸溶液，在 180℃ 经水热反应 12h，得到 QY 为 7.8%、氨基功能化的 CQDs。

2013 年，四川文理学院吴迪等[45]用橄榄叶水热合成 CQDs，QY 为 12.4%，将其用于 H_2O_2、葡萄糖等小分子检测，检出范围为 0.6 ~5.2μmol/L。湖南师范大学张友玉等[46]以低温炭化的甜椒为原料，水热合成出具有上转换和下转换荧光的高质量 CQDs，其 QY 可达 19.3%。该 CQDs 用于荧光标记检测 ClO^-，通过上、下转换的荧光测试，可知其有较宽的 ClO^- 检出范围和较低的检出限，可低至 0.06μmol/L。该检测方法简单、灵敏、价廉，有双信号模型，在环境和生物分析等方面有很好的应用前景。

2014 年，南京理工大学曾海波等[47]以柠檬酸(Citric Acid，简写为 CA)和尿素为原料，通过简单的水热法制备出氨基修饰的 CQDs，QY 可达 44.7%，通过改变 CQDs 表面氨基覆盖度，可调节其荧光，以表现出荧光激发依赖性或独立性。因为氨基含量并不固定，氨基含量随着温度的升高而减少，高温制得的 CQDs 含有更多的表面势阱，具有激发依赖性，而在相对低温下，CQDs 表面完全被钝化，可表现出激发独立性。将 CQDs 与聚合物复合，可发射蓝色、绿色及白色荧光。具有荧光激发依赖性的 CQDs 可用于有毒 Be^{2+} 的检测，检出限低至 23μmol/L。

对水热法合成 GQDs 而言，预氧化至关重要，通过氧化可引入含氧官能团及边缘陷位，以作为反应活性位点，热处理可将微米尺度的氧化石墨烯还原成纳米尺度的还原石墨烯，从而形成 GQDs。

水热法相对简单，条件易于控制，特别是原料来源丰富，已成为制备 CQDs 的主要方法之一。

(4)超声法

2011 年，苏州大学康振辉等[48]将葡萄糖溶液与酸或碱液混合，超声 4h，分别用不同的纯化方式制得两种可以发射可见光-近红外光的 CQDs。将活性炭与 H_2O_2 溶液混合，超声 2h，过滤后即可得到 CQDs[49]。若将 CNTs 与石墨混合，再加入混酸，超声 30min 后在油浴中氧化，可制得 CQDs[50]。

超声法成本低、耗能少、易操作、产率高，常作为原料预处理的过程，其作用机理仍有待于进一步阐明。

(5)微波法

2009 年，中国科学院长春化学应用研究所杨秀荣等[51]将葡萄糖和 PEG_{200} 混合，微波法制备 CQDs，仅需离心或过滤即可分离得到粒径分别为(2.75 ±0.45)nm(QY 为 6.3%)和(3.65 ±0.6)nm(QY 为 3.1%)的荧光 CQDs，其电化学发光行为与 QDs 的相似。

2011 年，苏州大学康振辉等[52]将葡萄糖、谷氨酸盐和蒸馏水混合，通过改变微波反应时间，观察到混合溶液的颜色不断加深，最终制得 QY 为 9.2% 的 CQDs，其荧光发光范围从可见光到近红外光，且具有一定的荧光上转换性能。天津大学刘文广等[53]将丙三醇、磷酸盐与 4，7，10 - 三氧 - 1，13 - 十三烷二胺混合后在微波炉内反应不同时间，便可形成蓝色荧光的 CQDs。中国科学院长春化学应用研究所曲晓刚等[54]将丙三醇(体积分数 70%)和磷酸盐混合，经微波反应 14min，可制得粒径为(2.1 ±0.76)nm、荧光寿命为(8.70 ±0.05)ns、QY 约为 5.8% 的 CQDs。所得 CQDs 分别在紫外、蓝和绿光的激发下，对应发射蓝、黄和红色荧光。调控微波反应时间、原料等条件发现，不同种类的原料是导致不同荧光发射的主要原因。中国科学院长春化学应用研究所孙旭平等[55]将氯磺酸、H_2SO_4、HCl 及 HNO_3 中的任一种，混合二甲基甲酰胺，经微波反应 40 s，可制得粒径为 1 ~6nm、氮化的蓝色荧光 CQDs。印度理工学院卡哈拉格普尔分校 Panchanan Pramanik 等[56]混合蔗糖、磷酸和蒸馏水，微波反应 220 s，制得粒径为 3 ~ 10nm、发射绿光的 CQDs，制品可用于生物成像。

2012 年，印度理工学院瓜哈提分校 Siddhartha Sankar Ghosh 等[57]首次提出，将 PEG 同时作为原料和表面钝化剂，按体积比 3∶1 混合 PEG_{200} 与超纯水，经微波反应，可制得金黄色的 CQDs 溶液，所得 CQDs 被成功用于生物标记。香港理工大学 Shu Ping Lau 等[58]以葡萄糖为原料，采用微波辅助水热法制备 GQDs，随着微波加热时间从 1min 延长到 9min，GQDs 的粒径可从 1.65nm 增大到 21nm，QY 为 7% ~11%，制品发射深紫外荧光，且与粒径大小无关。多数 C、H、O 的原子比均为 1∶2∶1 的糖类(包括蔗糖和果糖)，可用于制备 GQDs，H、O 的存在使之容易形成—OH、—C═O 和—COOH，在水热条件下脱水，可使 GQDs 表面形成自钝化层，从而具有上述特殊的光学性质。

2013 年，吉林大学丁兰等[59]将柠檬酸(citric acid，简写为 CA)、柠檬酸铵、葡萄糖、蔗糖、甘氨酸、酪氨酸等一系列带羟基的小分子化合物，通过一步微波辅助法，能大规模制备高荧光性能的水溶性 CQDs，并将制品成功应用于盐酸四环素的检测中，该文还阐述了荧光发光的机制。

综上所述，微波法简单易于操作、收率和 QY 均较高，缺点是所制 CQDs 粒径不均一，仅使用透析过程难以将较大的颗粒分离。微波法可辅助其他制备方法制备 CQDs，以实现更优的可控制备目标。

(6)炭化法

炭化法是将有机物原料炭化制得荧光 CQDs 的方法。

2008 年，美国康奈尔大学 Emmanuel P. Giannelis 等[60,61]通过炭化不同的有机小分子制得具有不同亲水或疏水性质的 CQDs，其结构中含有大量的氧，可发射多种颜色的荧光，粒径在 5 ~ 9nm，QY 为 3%。

2010 年，上海大学潘登余等[62]将乙二胺四乙酸（Ethylene diamine tetraacetic acid，简写为 EDTA）的二钠盐放入管式炉中，在 N_2 气氛下，400℃下炭化 2h，经丙酮萃取，离心分离制得 CQDs。德国马克思普朗克研究所 Maximilian Kreiter 等[63]混合 CA 和硝酸锂，在 280℃的氩气气氛下炭化，透析产物后，再在 130℃经 PEG_{1500} 钝化制得粒径为 5 ~ 8nm、QY 为 10% 的 CQDs，在 407nm 的激发波长下发射白光。与其他 CQDs 不同的是，该 CQDs 可溶于不同的溶剂，且其荧光强度基本不随 pH 值变化。随后，还报导了将十六烷基胺和十八烯混合后，在 300℃的 N_2 气氛下炭化，然后迅速加入 CA，在丙酮溶液中萃取不同反应时间的产物，制得 CQDs[64]。

2011 年，美国康奈尔大学 Emmanuel P. Giannelis 等[65]首先以 1∶3（摩尔比）混合 CA 和乙醇胺，180℃下在空气中回流 30min，升温至 230℃，在 N_2 下回流 30min，经提纯后，再在 300℃ 加热 1h，可得到 QY 为 0.32% 的 CQDs。中国科学院理化技术研究所刘春艳等[66]将长链氨基硅烷与无水 CA 在 240℃下反应 1min，形成功能化的 CQDs。印度理工学院坎普尔分校 Namdeo SHRIRAMJI Gajbhiye 等[67]混合 CA 和赖氨酸（摩尔比 1∶1），配制成 0.1mol/L 溶液，再混合 25% 的 $NH_3 \cdot H_2O$，冷凝回流 24h，去除溶剂后制得黄色粉末，再经不同温度煅烧便可制得具有铁磁性的 CQDs。

2012 年，美国康奈尔大学 Emmanuel P. Giannelis 等[68]混合盐酸甜菜碱与三羟甲基氨基甲烷，250℃下煅烧 2h，制得功能化的 CQDs。印度理工学院坎普尔分校 Sabyasachi Sarkar 等[69]将花生皮于 700℃下 N_2 中加热半小时后纯化，再经 HNO_3 氧化，制得 10 ~ 40nm 的荧光 CQDs。国立台湾大学张焕宗等[70]将咖啡渣在 300℃下煅烧，把所得不发光的产物溶于乙醇后，再在 300 ~ 600℃下煅烧，便可生成含有 sp^2 碳结构的 GQDs。华中农业大学韩鹤友等[71]先将西瓜皮在 220℃下炭化，然后将其溶于超纯水，再经超声处理便可制得 CQDs。福州大学池毓务等[72]混合 CA 与聚乙醇胺，在 200℃下加热，可制得功能化的 CQDs，该文还研究了其在传感方面的应用。

2013 年，印度理工学院坎普尔分校 Sabyasachi Sarkar 等[73]将酵母炭化，再经 HNO_3 氧化制得 CQDs，用血浆钝化其表面，QY 可由 2% 提高到 4.5%，并具有独特且良好的生物医学用途。

2014 年，南京工业大学陈苏等[74]将头发丝炭化，制得 QY 为 17%、发蓝光的 CQDs，在多种溶剂中均有良好的溶解性。其与不同聚合物复合后，可分别形成一维超细纤维、二维图案薄膜、三维微珠的 CQDs，制品可发射多色荧光，在荧光显示板、荧光水印、荧光防伪标识方面均有应用。

综上所述，将廉价的有机前驱体炭化制备 CQDs，是一种常用的方法，但制得的 CQDs 常含有大量含氧官能团，有时需要继续氧化或表面处理。

（7）其他方法

除以上方法外，模板法、富勒烯开笼法、掺杂法等也被用于制备 CQDs。

2009 年，德国马克思普朗克研究所刘瑞丽等[75]以可溶性酚醛树脂为碳源，以修饰过的10～40nm的二氧化硅球为模板，在900℃下N_2气氛下处理2h，再经NaOH刻蚀，制得粒径为1.5～2.5nm的无定形CQDs。经化学氧化，引入含氧官能团，再经PEG_{1500N}钝化，制得发蓝光的CQDs，QY为14.7%。

2011年，华东理工大学朱以华等[76]将二氧化硅球浸入CA、NaCl、LiCl、KNO_3的混合液中超声，在300℃下处理2h，经NaOH刻蚀，制得粒径在1.5～2.5nm之间的蓝色荧光CQDs，其QY约为23%。作者还将$AgNO_3$还原制得的银胶粒表面镀上SiO_2，形成纳米颗粒复合物，然后经聚合物电解质修饰，制得吸附有Ag@SiO_2的CQDs，其QY明显提高[77]。

2014年，爱尔兰考克大学Hugh Doyle等[78]采用反胶束法在室温下制得单分散的烷基包覆的蓝色CQDs，其粒径为(1.5±0.3)nm，钝化后，不需要进一步分离即可得到有一定荧光激发依赖性的CQDs。

模板法制得的CQDs多数含有大量的氧，与模板结合较为牢固，通常难以将CQDs与模板完全分开。但由于模板的作用，所制CQDs较为稳定，不易团聚，粒径小且QY高。

为进一步提高QY，美国克莱姆森大学孙亚平等[79]借鉴合成QDs的方法，分别将CQDs与ZnO、ZnS复合，制得掺杂ZnO和ZnS的CQDs(C_{ZnO}和C_{ZnS})，其QY分别为50%和45%，大幅提高了CQDs的荧光性能。该作者还制得QY分别高达70%和78%的C_{TiO_2}和C_{ZnS}[80]，可能掺杂的TiO_2增大了CQDs表面跃迁的电子与空穴间的辐射复合概率，最终使其荧光增强。上述方法为掺杂提高CQDs荧光性能提供了可能，但掺杂法的过程相对繁琐、耗时。

2014年，中国科学院长春光学精密机械与物理研究所曲丹等[81]用CA为碳源，乙二胺(EDA)为氮源，水热制备氮掺杂的荧光可调的GQDs，其QY高达94%，且具有一定的激发依赖性。该GQDs的形成机理如下：通过分子间脱水反应，CA形成石墨烯骨架；通过分子内脱水反应，氮嵌入石墨烯骨架形成吡咯型氮。水热过程中，吡咯型氮转化为石墨型氮，从而形成高QY的GQDs。与其他原料对比发现，CA是制备高荧光性能GQDs的优质碳源。

综上可知，上述方法皆可用于制备CQDs，为进一步研究CQDs的性质和应用提供了可能。但是，目前已有的制备原料、制备方法均存在缺陷，且荧光量子的产率QY都还比较低。现阶段尚需夯实CQDs制备的理论基础，重点应放在新优质碳源的探索、已有制备方法的优化以及更为简便方法的探索，从而进一步降低CQDs的制备成本。

2.4 石油焦基碳量子点

由于原油重质化日益严重，目前的石油加工技术难以满足清洁油品越来越高的质量要求。延迟焦化是目前主要的重油加工技术之一，石油焦作为延迟焦化的副产物，全世界年产量高达2亿吨，石油焦等重质油的高效转化和清洁化高附加值利用已成为炼油领域亟待解决的重大课题。石油焦具有固定碳含量高，芳香度大，灰分低，来源丰富，价格低廉等优势，除用作燃料和石墨电极外，它还是一种制备碳材料的优质原料，可用来制备炭分子筛、活性炭、CQDs等。以石油焦为原料制备CQDs，有助于实现石油焦的高附加值利用，具有重要的研究价值。

鉴于石油焦是一种层间结构复杂、结合力较大的碳源，需在强氧化作用下产生足够的“剪切力”，才能剪切得到 CQDs，故选择化学氧化法、电化学法进行石油焦基 CQDs 的制备。下面重点介绍以石油焦为原料，通过不同方法制备碳量子点的工作。

2.4.1 化学氧化法

以石油焦为原料，采用超声辅助的化学氧化法制备 CQDs，制备流程如图 2-8 所示。

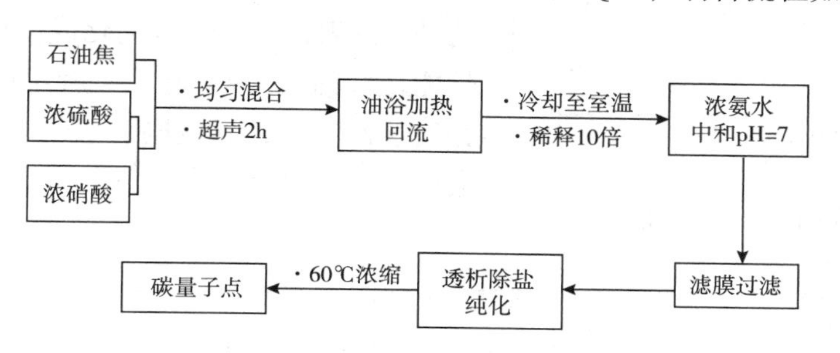

图 2-8　化学氧化法制备石油焦基 CQDs 的流程图[9]

通过化学氧化法制得的石油焦基 CQDs 产率为 24.0%（质量分数），QY 达 8.7%，高于大多数传统化学氧化法所制 CQDs[100]。图 2-9 是在反应温度为 120℃，反应时间为 12h 条件下所制 CQDs 的 TEM 及粒径分布图。该 CQDs 呈类球形，粒径分布较分散，分布于 2.7～7.8nm，平均粒径为 5.0nm。由 HRTEM 图[图 2-9(a)插图]可知，CQDs 的晶格间距为 0.332nm，与石墨(002)晶面相符。

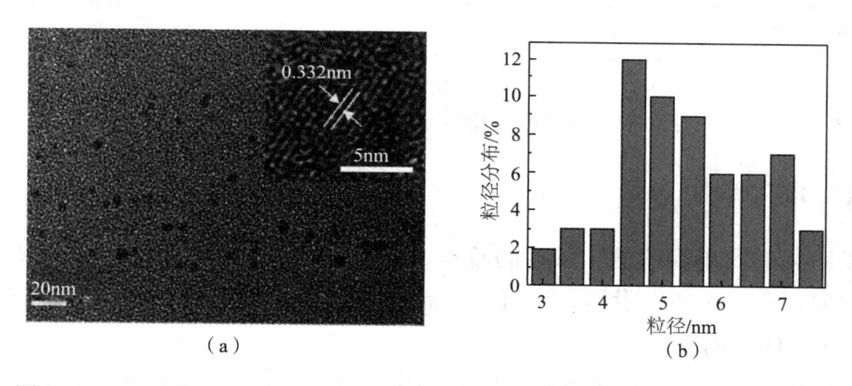

图 2-9　CQDs 的 TEM(a)及对应的粒径分布图(b)(插图为对应的 HRTEM)[100]

为了研究 CQDs 的表面官能团结构，对该 CQDs 进行 FT-IR 和 XPS 分析，结果如图 2-10、图 2-11 所示。从图 2-10 中可以看出，3441cm^{-1}为—OH 的伸缩振动峰；2918cm^{-1}、2857cm^{-1}为—CH_2 中 C—H 的伸缩振动峰；1627cm^{-1}为羧基中—C ═O 的伸缩振动峰，1385cm^{-1}为 C—OH 的峰；1128cm^{-1}为 C—O—C 键的振动峰；920cm^{-1}为 O—H 键的面外弯曲振动峰。图 2-11(a)为原料的高分辨 C1s XPS 谱图，284.9eV 峰对应 sp^2C ═C 键，284.2eV 峰对应 sp^3C—C 键；图 2-11(b)为 CQDs 的高分辨 C1s XPS 谱图，可分峰为 C ═C/C—C（284.8eV）、C—O（285.7eV）、C—O（288.3eV）以及 O—C ═O（289.0eV）四

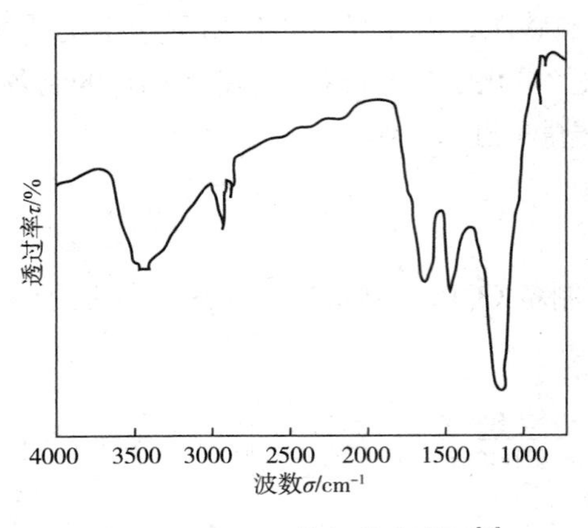

图 2-10　CQDs 的红外光谱图[9]

种。由此可知，制备的 CQDs 表面含有大量的羟基、羧基亲水性官能团，羟基是供电子基团，有利于荧光发射，这与 CQDs 具有极好的水溶性相符合。

化学氧化法虽然可以在 CQDs 表面引入大量的含氧官能团，但其操作不易控制、产品颗粒不均一，一般需要进一步钝化或修饰才能得到荧光性能良好的 CQDs。此外，所用试剂多为强酸或强腐蚀性液体，反应剧烈且对环境有一定影响，故不适宜大规模制备。

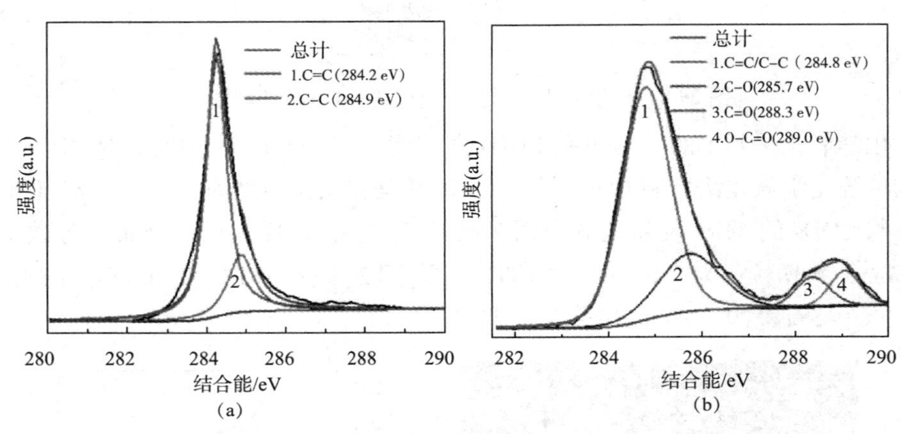

图 2-11　石油焦(a)和 CQDs (b)的 C1s XPS 图[100]

2.4.2　电化学法

电化学法具有简单、清洁、可控的特点，通过电化学法制备水溶性石油焦基 CQDs，一方面可以实现石油焦的高附加值利用，大幅度降低 CQDs 的制备成本；另一方面，有望实现石油焦基 CQDs 的宏量制备。

采用石油焦为原料，以石油沥青或沥青树脂为粘结剂制备 CQDs，制备流程如图 2-12 所示。

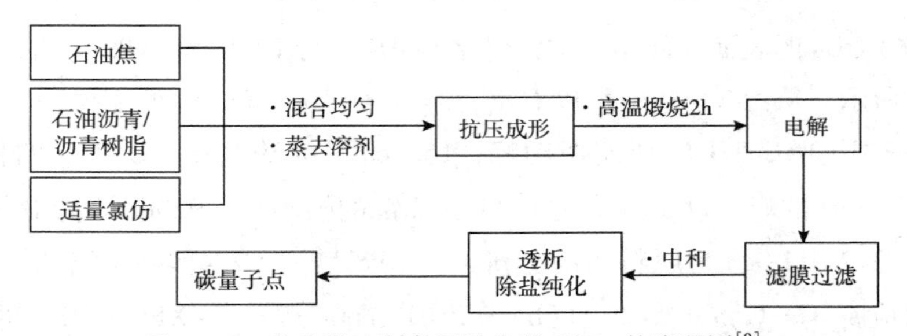

图 2-12　电化学法制备石油焦基 CQDs 的流程图[9]

以石油焦为碳源，分别以石油沥青和沥青树脂为粘结剂，先制备出质量约2.0g，直径为20 mm，厚度为3 mm的圆盘状电极片，再经煅烧、电解即可制得CQDs。研究发现，石油焦电极片的最佳煅烧温度为800℃，粘结剂最佳用量(质量分数)为23%。电解时间越长，QY越高。随着电解时间的增长，CQDs的最大荧光发射波长逐渐发生蓝移。电解液浓度适当提高，QY则有所增加，最大荧光发射波长发生蓝移。随着电流密度的增大，QY有所增加，其最大荧光发射波长发生轻微蓝移，可能与CQDs的尺寸改变有关。

以0.5mol/L NaOH为电解液，电流密度为220 mA · cm^{-2}电解24h，制得的石油焦基CQDs粒径分布在4～11nm，平均粒径为6.8nm，如图2-13所示。该CQDs表面含有大量含氧官能团，因而具有良好的水溶性，如图2-14所示。在紫外灯下呈现青绿色荧光，荧光QY为1.6%，荧光寿命为4.86 ns，在228nm有最大紫外吸收，其荧光具有一定的激发依赖性(如图2-15所示)、良好的荧光稳定性以及pH敏感荧光特性。

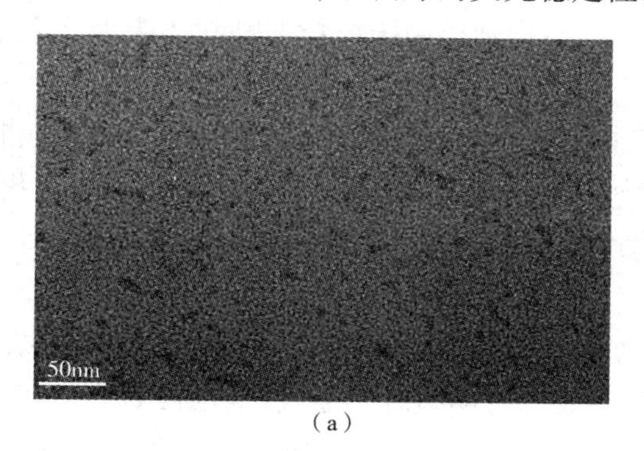

(a)

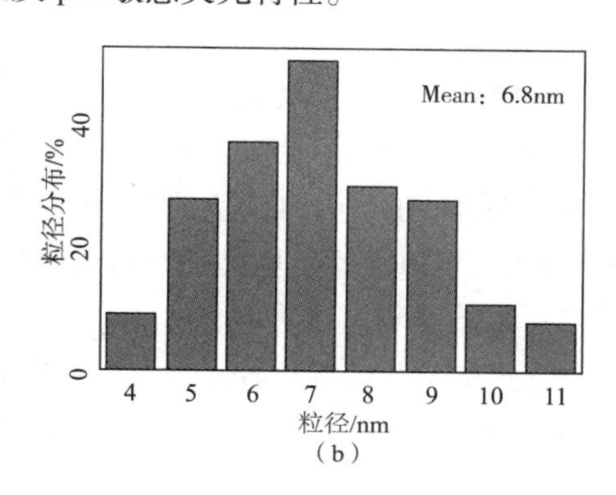

(b)

图2-13　(a) CQDs的TEM图；(b) CQDs的粒径分布图

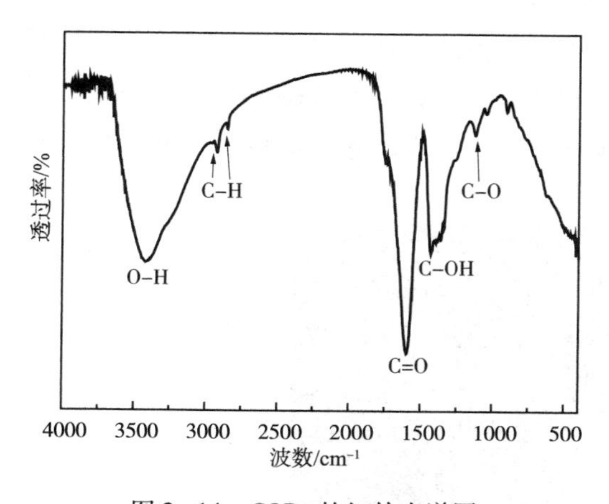

图2-14　CQDs的红外光谱图

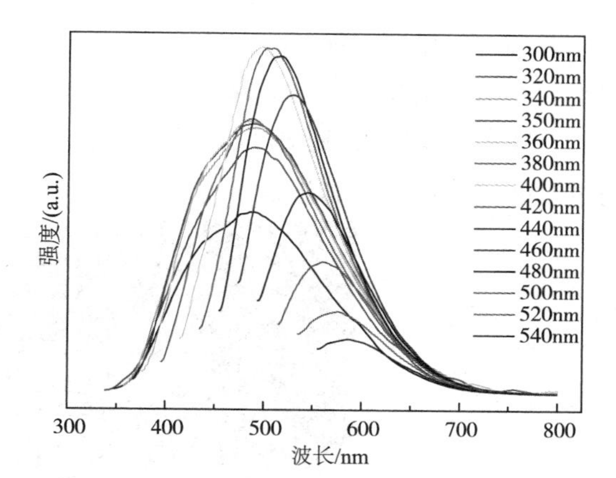

图2-15　CQDs在不同激发波长下的荧光发射光谱图

该过程是在恒定电流密度下，借助电解液氧化刻蚀石油焦基中的碳骨架，使之产生缺陷，破坏其类石墨结构，剥离出石墨微晶。随着电解时间的增长，电解液颜色逐渐加深，由无色变为深棕色。在此过程中，阳极氧化会产生氧气，石油焦基电极片表面的边缘处首先被氧化，生成含氧官能团，进而在电解“剪切力”的作用下，石墨微晶进入NaOH电解液，剥离出大的CNPs；这些CNPs在电解液中继续发生电化学氧化反应，最终生成CQDs。

2.4.3 石油焦种类的影响

如前所述，石油焦是原油加工过程中延迟焦化深度裂解缩合所得副产物，是一种带有金属光泽的黑色固体，主要成分为碳原子。石油焦含碳(质量分数)90%~97%，含氢(质量分数)1.5%~8.0%，其余为少量的硫、氮、氧和金属，H/C 原子比在 0.8 以下。按照其结构和外观的不同，可以将石油焦分为海绵焦(普通焦)、针状焦(优质焦)和弹丸焦(蜂窝状焦)三种。针状焦是各向异性程度很高、易石墨化的优质焦种，其外观呈银灰色、有金属光泽，且密度大、结晶度高、热膨胀率低、烧蚀率低。与普通石油焦相比，针状焦的灰分、含硫量和重金属含量均较低[101]，以针状焦为原料制备 CQDs 具有明显优势。结合石油焦的煅烧机理可知[101]，煅烧温度越高，其结构缺陷越少，挥发分越低，石油焦质量越好。石油焦经高温处理，结构会变得相对规整，特别是高温煅烧的针状焦类似于石墨，且比天然鳞片石墨更加规整。

分别以日本针焦、高温 2600℃处理的日本针焦、高温 2600℃处理的国产石油焦和中温 2000℃处理的国产石油焦为原料(对应编号分别为 0#、1#、2#、3#)，采用化学氧化法制备 CQDs，可以探索不同类别石油焦原料对产物 CQDs 的影响规律。

1)原料的物理结构

石油焦的微观结构比较复杂，大致可分为纤维、区域和镶嵌三种结构，同时还存在介于上述三种结构之间的过渡形态[102]。石油焦的表面有明显纤维条纹，纤维结构含量的多少决定了石油焦质量的好坏。纤维发育越完整，石油焦越好。对应地，镶嵌结构越多，石油焦的各向异性越不明显，性能越差，但相对越容易被破坏。

图 2-16 为不同种类石油焦原料的 SEM 图。0#日本针焦相对较规整，结构稳定，以片层状的纤维结构为主，但也存在少量区域结构；1#针焦为片层状的纤维结构；2#高温煅烧后的石油焦主要是区域结构和镶嵌结构；3#中温处理的石油焦主要是区域结构和纤维束状的过渡区域结构，但其规整度比 2#差。

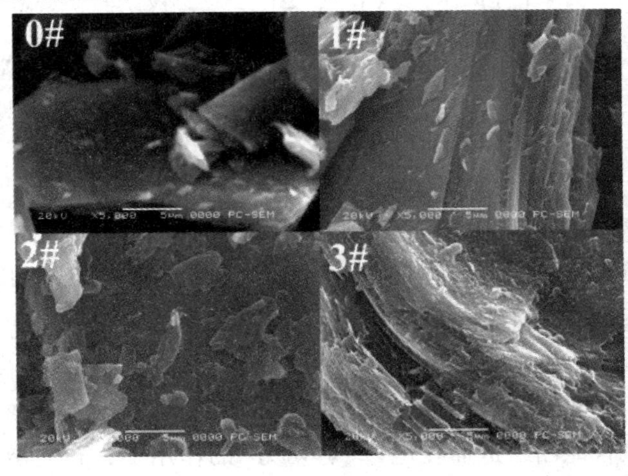

图 2-16　不同种类石油焦的 SEM 图[9]

对比不同石油焦的 XRD(002)峰(参见图 2-17),可以发现,1#高温煅烧的针焦(002)峰高最高,而且其峰形明显比未煅烧的尖锐,表明其石墨化程度最高;2#高温煅烧的国产石油焦(002)峰高明显低于 1#对应(002)峰高;0#未经高温处理的日本针焦对应(002)峰最低。

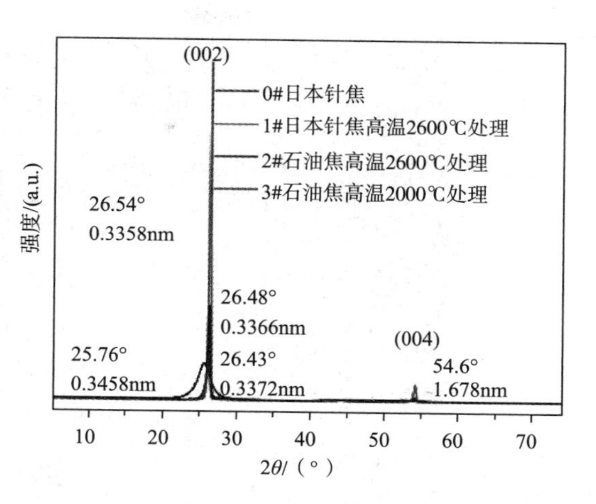

图 2-17　不同种类石油焦的 XRD 图[9]

通过上述 XRD 分析可知,煅烧温度不同,其峰位和峰强度不同。煅烧温度越高,石墨化程度越高,其衍射角 2θ 越大,对应石油焦的衍射峰也越强。d_{002}是石墨化程度高低的度量。对比图中的 d_{002}数值,煅烧后的几种石油焦 d_{002}均略微高于石墨晶体的标准层间距(d_{002} =0. 335nm),均表现出较高的石墨化程度。

2)原料的影响

表 2-1 比较了不同石油焦原料在相同氧化条件下制得 CQDs 的收率,可以看出,以 0#针焦为原料制备 CQDs 的收率最高,分析可知,与普通石油焦相比,针状焦具有更高的石墨化程度和更规整的结构,其各向异性更加突出,以其为原料所制 CQDs 的收率更高。经高温煅烧的针状焦,其结构更难以被破坏,因此 1#石油焦的 CQDs 收率反而低于 0#。类似地,因 2#高温煅烧的石油焦比 3#中温煅烧的石油焦有更高的石墨化程度,所含杂质更少,更利于反应的进行,所以 2#石油焦的 CQDs 较高。

表 2-1　不同种类石油焦所制 CQDs 的反应收率

石油焦种类	收率(质量分数)/%	CQDs 平均粒径/nm
0#	16. 1	2. 84
1#	13. 4	2. 12
2#	11. 1	2. 26
3#	10. 8	2. 16

由不同 CQDs 的 TEM(图 2-18)可知,CQDs 均为类球形且粒径较小,平均粒径分别为 2. 84nm、2. 12nm、2. 26nm 和 2. 16nm。因此,以不同种类石油焦为原料在相同条件下制得的 CQDs 粒径相差不大。整体而言,未煅烧的针状焦(0#)制得的 CQDs 平均粒径稍大一些,分散得更加均一。

以 0#所制 CQDs 为例,其 FT-IR 如图 2-19 所示,在 $3164cm^{-1}$和 $1400cm^{-1}$处分别为—OH 的伸缩振动和面内弯曲振动峰;在 $1107cm^{-1}$处为 C—O 的伸缩振动峰;$1729cm^{-1}$和 $1594cm^{-1}$为羧基中 C ═O 键的伸缩振动峰;原料中 $2919cm^{-1}$ 和 $2850cm^{-1}$ 处为

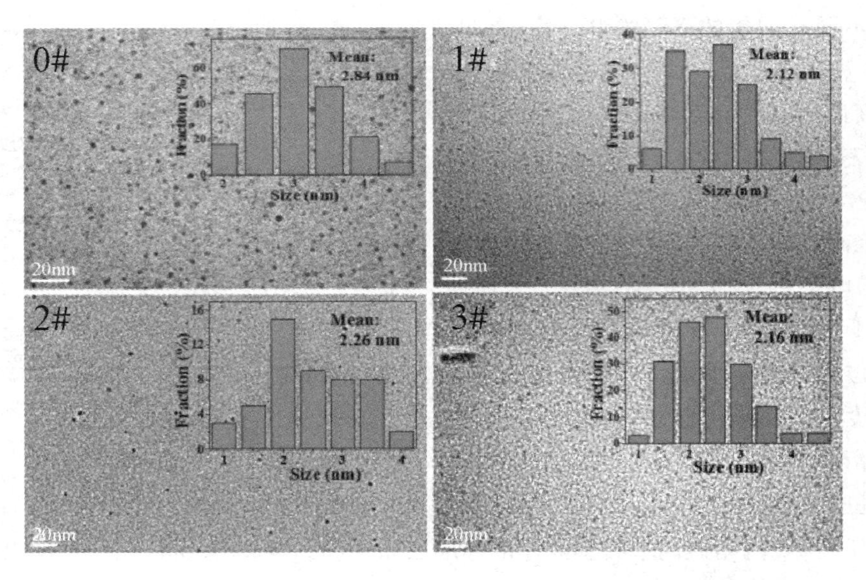

图 2-18 不同种类石油焦所制 CQDs 的 TEM 图(插图为对应的粒径分布图)[9]

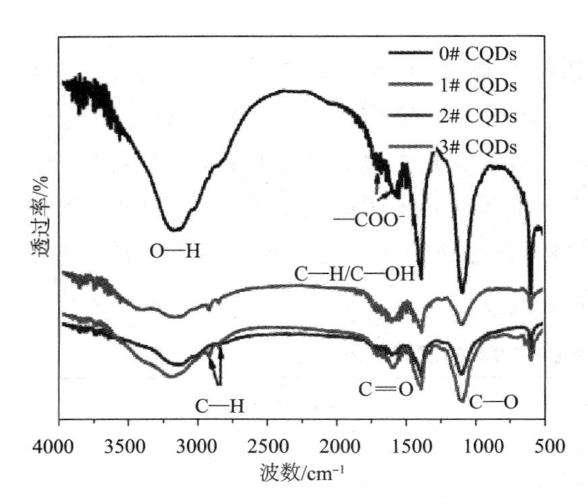

图 2-19 不同种类石油焦所制 CQDs 的 FT-IR 图[9]

—CH_3/—CH_2—的伸缩振动峰，反应后消失，说明反应完全。综合分析可知，原料石油焦经化学氧化法制得 CQDs，表面生成了大量—OH、C ═O、C—O 等含氧官能团。

如图 2 - 20 所示，相似的紫外 - 可见（UV-Vis）吸收光谱和 PL 光谱说明了四种 CQDs 的荧光性能相近。以 0#所制 CQDs 为例，UV-Vis 光谱中在 ~228nm 处有明显的吸收峰，主要由 CQDs 中 C ═O 共轭双键 $\pi-\pi^*$ 跃迁吸收产生，而 250 ~420nm 为 C—O 的 $n-\pi^*$ 跃迁产生的吸收峰。由 PL 光谱可知，激发波长小于 480nm 时，CQDs 发射光谱没有明显红移。最大激发波长为 460nm 时，对应最大发射波长集中在 507nm 左右；激发波长大于 480nm 后，CQDs 的发射波长随激发波长的增大而红移，且其荧光强度降低，表现出一定的荧光激发依赖性。其他三种 CQDs 具有类似的荧光特性。

综合比较，从批量制备的角度分析，日本针状焦为较优的制备原料，较易实现 CQDs 的大量制备。同时，这一化学氧化法也为其他化石原料制备 CQDs 提供了一种可行的制备方法[9]。

最近，吴明铂等还首次以氨水作为电解液，利用电化学氧化法一步制得氮掺杂石油焦基 CQDs[165]。因多余的氨水可通过蒸发去除，故无需透析等繁杂的步骤，从而大幅简化了 CQDs 的制备步骤，该制备方法成本低廉、简单快速、高效环保，有望实现 CQDs 的大批量制备。

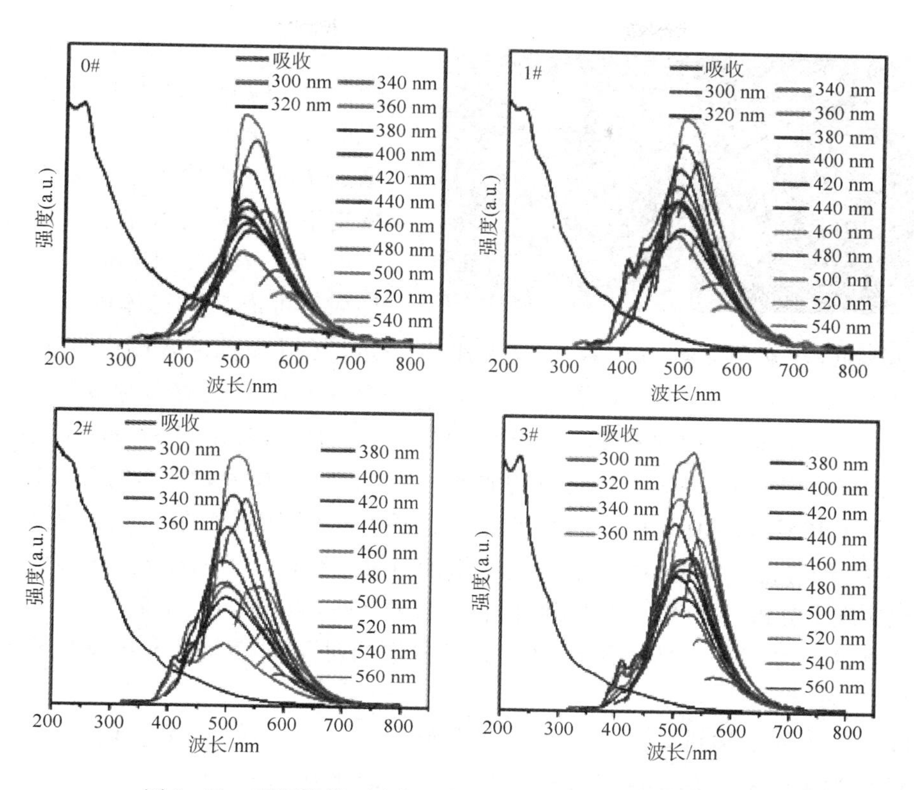

图 2-20　不同种类石油焦所制 CQDs 的紫外和荧光光谱[9]

2.5　应用

随着 CQDs 研究的不断深入，其应用范围也在不断扩大。目前 CQDs 主要被应用于成像技术、分析检测及光、电催化剂等方面。

2.5.1　生物成像

CdTe、CdSe 等半导体 QDs 及其相关的核壳纳米粒子均已广泛地应用于光学成像，但是 QDs 中的重金属离子对生物体健康和环境有负面影响，限制了半导体 QDs 在活体研究领域的应用[113]。具有低毒性和生物相容性的 CQDs 有望取代这类半导体量子点，在生物成像中将发挥重要作用。

2007 年，孙亚平等[114]首先报道了 CQDs 在生物成像方面的应用。以激光销蚀法合成 CQDs，用硝酸钝化、聚丙酰乙烯亚胺-乙烯亚胺（PPEI-EI）进行功能化修饰，随后对该 CQDs 进行了体外生物成像研究。将 CQDs 与人乳腺癌 MCF-7 细胞共孵育后，通过双光子荧光显微镜观察发现，MCF-7 细胞的细胞膜和细胞质部位的荧光最为明显(图 2-21)，推测该 CQDs 可通过细胞的内吞作用转运至细胞内部，证明了 CQDs 可用于细胞成像的可行性。

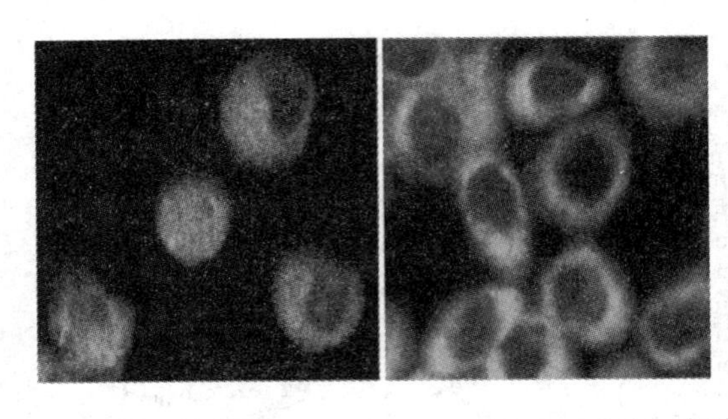

图 2-21　MCF-7 和 CQDs 孵育后的双光子荧光图[114]

2009 年，北京大学王海芳等[115]以柠檬酸为碳源，合成了 PEG_{1500N}修饰的 CQD 及 CQD/ZnS，并首次将其用于小鼠的体内光学成像。结果发现，对小鼠皮下注射、皮内注射及静脉注射入 CQDs 后，在波长 470nm 和 545nm 的光照射下可成功进行体内成像并保持稳定。在小鼠前肢末端皮下注射的 CQDs 会沿着前臂迁移到腋窝的淋巴结处，但其迁移速度慢于半导体 CdSe/ZnS 量子点。原因是 CQDs 的粒径(4～5nm)较小以及聚乙二醇的表面修饰降低了 CQDs 与淋巴细胞的亲和力。同时，在为期 4 周的毒理化实验中还发现，注射了 PEG_{1500N}-CQDs 的小鼠没有表现出任何不良的临床症状。用血清生化分析定量评估 CQDs 的毒性，发现小鼠的肝肾功能指标与对照组相比无明显差异。对摘取的器官进行组织病理学分析后发现，与对照组器官比较两者也难以区分，证明 CQDs 完全可以用于活体动物的荧光成像，即使用量超出荧光成像的常用剂量，对生物体也没有明显的毒性。

2011 年，天津大学刘文广等[116]以甘油为碳源，4，7，10－三氧－1，13-十三烷二胺(TTDDA)作为表面钝化剂，用微波法一步制备表面钝化的 CQDs。将其与人肝癌细胞系 HepG-2 共同培养，在 405nm、488nm 和 543nm 激发波长下分别发出蓝色－绿色和红色的明亮荧光。并且发现当 CQDs 的浓度低于 240 g/mL 时，细胞存活率为 100%。

2012 年，上海交通大学崔大祥等[117]成功将具有上转换性能的 CQDs 用于小鼠体内成像。通过 PEG_{2000N}钝化的 CQDs 与二氢卟酚 e6(Ce6)共价偶联，得到二氢卟酚 e6 与碳点复合物(CDs－Ce6)。这种多功能纳米载体平台在生物体内可有效对胃癌肿瘤进行荧光检测和光动力治疗(图 2-22)，在胃癌或其他肿瘤的临床治疗方面有很大的应用潜力。

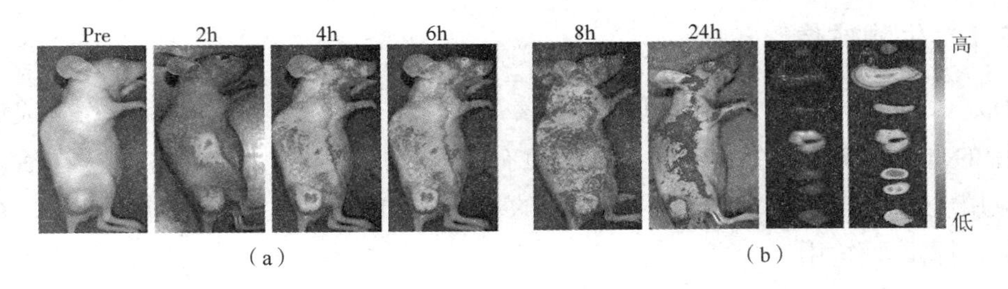

图 2-22　(a)裸鼠静脉注射 CDs-Ce6 后在不同时间点的体内近红外荧光图像；(b)小鼠组织的体外图像[117]

2013 年，美国国立卫生研究院陈小元等[118]在 CQDs 表面修饰上具有近红外荧光性能的染料 ZW800(图 2-23)，利用近红外荧光成像和正电子发射断层扫描技术对通过静脉注射－肌肉注射和皮下注射进入小鼠体内的 CQDs 在生物体内的循环进行了深入研究。经过不同注射方式进入小鼠体内的 CQDs 均可快速排出，且清除率为静脉注射＞肌肉注射＞皮下注射。CQDs 在网状内皮系统中的保留相对较低，并表现出较高的肿瘤 - 背景的对比度。此外，不同的注射方式导致血液对 CQDs 的清除模式以及肿瘤对 CQDs 的摄取不同。该研究充分肯定了以 CQDs 为核心的纳米探针的临床应用潜力。

2014 年，中科院长春应用化学研究所谢志刚[119]等用多色发光的 CQDs 作为药物载体，通过 CQDs 和抗肿瘤化疗药物——奥沙利铂的共价偶联作用合成出新型的超小尺寸（~3nm）诊断治疗纳米药物（CD-Oxa）（图 2-24），这一纳米药物可以同时将成像物质（碳点）和药物释放到特定的位置和器官，实现检测和治疗疾病的一次完成及药物的可控释放性，降低对正常组织和细胞的毒性。从小鼠的肝癌肿瘤的治疗效果来看，该纳米复合药物具有疗效高、毒副作用小的优点。

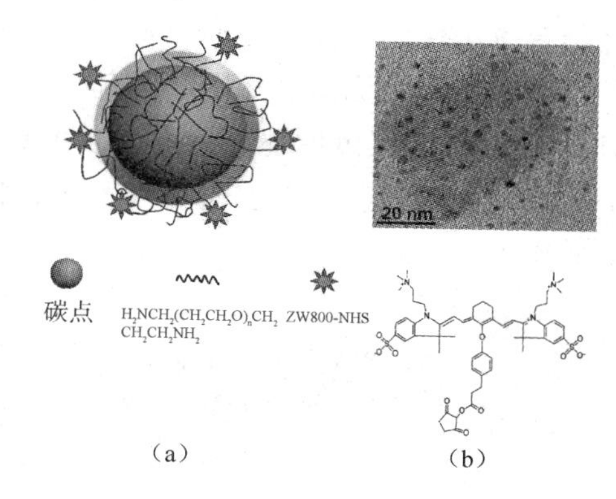

图 2-23 （a）ZW800 修饰 CQDs 的机理图；（b）CQDs 的 TEM 图[118]

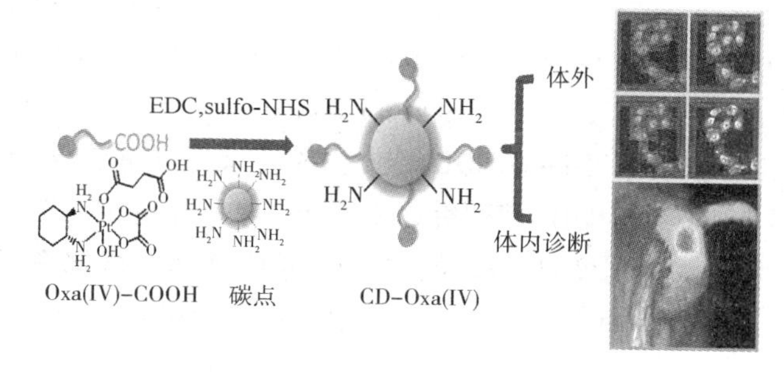

图 2-24 诊断治疗纳米药物的合成及其在生物光学成像和诊断治疗学中的应用[119]

因 CQDs 具有荧光稳定性，荧光激发依赖性及可调的荧光发射等特性，已逐渐被应用于生物和医疗等领域。但目前其制备技术尚不成熟，存在一些亟待解决的难题，如荧光量子产率尚未达到半导体量子点的水平、制备步骤复制、无法大规模生产等，其应用一直受到限制[120]。

2.5.2 分析检测

CQDs 由于具有高荧光强度、抗光漂白性、发光颜色可调等优良的光学特性而得到极大的重视，并被广泛应用于金属离子检测、阴离子检测、有机小分子检测及生物分子检测等方面。其中 CQDs 通过与待测物的作用，改变表面电子空穴对之间的复合效率，从而发生荧光的增强或猝灭，实现对待测物的定性或定量分析。

汞是对人体危害极大的金属，能产生严重且不可逆转的神经损伤，因此对于 Hg^{2+} 的检测不容小视。2012 年，葡萄牙波尔图大学 Joaquim C. G. Esteves da Silva 等[121]以激光销蚀法合成 CQDs 后，用 PEG_{200} 和 N-乙酰-L-半胱氨酸对其进行修饰，使 CQDs 表面带有负电荷，再通过逐层组装法将 CQDs 与阳离子聚合电解质共同沉积到薄的交替膜并固定在光学纤维尖端，制备出检测 Hg^{2+} 的光学传感器。结果表明，该 CQDs 对 Hg^{2+} 的浓度检测限可达 0.01μmol/L，且该检测器可重复使用，其检测性能稳定、高效。同年，中国科学院长春应用化学研究所孙旭平等[122]以柚子皮为碳源，通过水热法绿色合成水溶性碳量子点，并用于检测 Hg^{2+}（图 2-25）。444nm 激发波长下，该 CQDs 具有强荧光峰，加入 Hg^{2+} 后，荧光强度明显降低。随着 Hg^{2+} 的浓度增加，荧光强度逐步下降，推测是由电子或能量的转移引起。实验结果表明，将该 CQDs 用于实际湖水中 Hg^{2+} 的检测也具有很大的潜力。

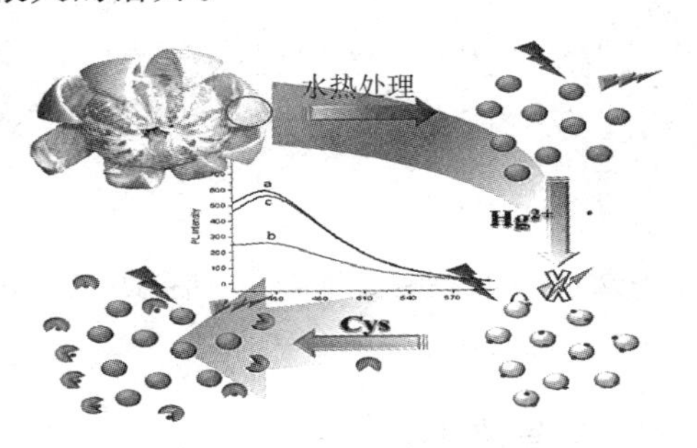

图 2-25　CQDs 用于 Hg^{2+} 检测的图解[122]

2012 年，孙亚平等[123]首次报道了将 CQDs 荧光探针用于 Cu^{2+} 的检测。通过水热法制备的蓝色荧光 CQDs，对 Cu^{2+} 的检测范围为 $(5\times10^{-11}\sim5\times10^{-5})$ mol/L，检测极限为 1nmol/L（信噪比 3/1），优于其他半导体型量子点，具有较高的选择性。同年，同济大学田阳等[124]通过电化学刻蚀方法得到 CQDs，平均粒径 4nm，荧光量子产率为 10% 左右。以 *N*-(2-aminoethyl)-*N*, *N*, *N*' tris (pyridin-2-ylmethyl) ethane - 1, 2-diamine (AE-TPEA) 作为配体制备出了双发射 CdSe@ CQDs 荧光探针，此探针能特异性地识别 Cu^{2+}，已成功用于活细胞中 Cu^{2+} 成像和生物传感研究（图 2-26）。该课题组[125]还采用 CD-TPEA 杂化纳米复合材料组装电极，该电极对 Cu^{2+} 的选择性可超过其他金属离子、氨基酸和生物共存的物质（如尿酸，抗坏血酸等），并成功地应用在正常大鼠脑组织中 Cu^{2+} 的检测。

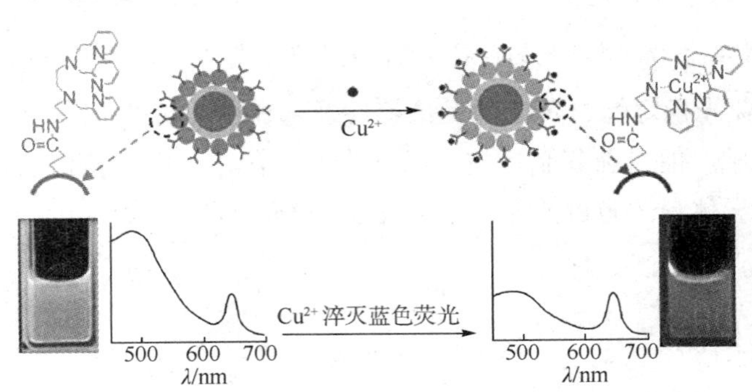

图 2-26　基于 CdSe@ CD-TPEA 纳米杂化物的 Cu^{2+} 双发射荧光检测[124]

2014 年，吴明铂等以所制石油焦基 CQDs 作为荧光探针高效检测 Cu^{2+}[100]，如图 2-27 所示。在不同的浓度、pH 值、氧气干扰、阴离子干扰、检测时间等条件下，确定了 CQDs 检测 Cu^{2+} 的较优条件：CQDs 浓度为 0.2mg/mL，pH 值为 7，检测时间为 2min。引入的 Cl^-、SO_4^{2-} 和 NO_3^- 三种阴离子以及氧气对该检测过程无干扰。该 CQDs 响应速度快（3 s），选择性好、灵敏性高、线性检出范围为 0.25～10μmol/L，检测底限为 0.0295μmol/L，可高效检测 Cu^{2+}，且该方法也适用于海水等实际水样中 Cu^{2+} 的检测。

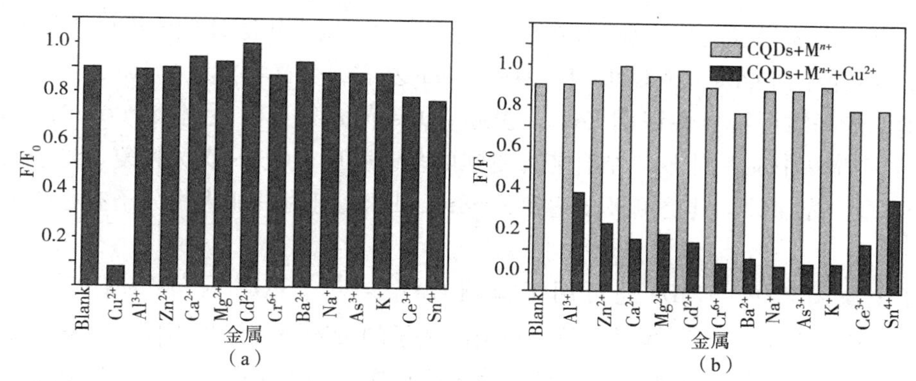

图 2-27 CQDs 溶液对不同金属离子的荧光响应性(a)；在其他离子存在下 CQDs 溶液对 Cu^{2+} 的选择性(b)；(λ_{ex} = 420nm；[M^{n+}] = 50μmol/L)[100]

CQDs 还可用于 Cr^{3+}[126]、Fe^{3+}[127]、Pb^{2+}[128]、Ag^{+}[129]等离子的监测。2011 年，西南大学黄承志等[126]将蜡烛灰置于氢氧化钠水溶液中，通过水浴加热，合成了粒径为(3.1 ±0.5) nm 的 CQDs，该 CQDs 表面具有大量的羟基，水溶性良好。检测发现，具有低溶度积的金属氢氧化物的金属离子能很容易结合到该 CQDs 表面的羟基上，从而使 CQDs 聚合，引起荧光猝灭。基于这一原理，可将该 CQDs 制成具有生物相容性的纳米传感器，以测定 Cr^{3+}、Al^{3+} 和 Fe^{3+} 等金属离子。需强调的是，这类传感器使用前，应对样品进行预处理，以提高检测的专属性。例如，需检测 Cr^{3+} 时，可通过在待测物所在体系中加入 F^-，以排除体系中可能存在的 Al^{3+} 和 Fe^{3+} 对传感器中 CQDs 的荧光猝灭作用。考察结果显示，当体系中 Cr^{3+} 浓度在 1 ~25μmol/L 时，CQDs 荧光猝灭的程度与 Cr^{3+} 浓度呈线性关系，如图 2-28 所示。

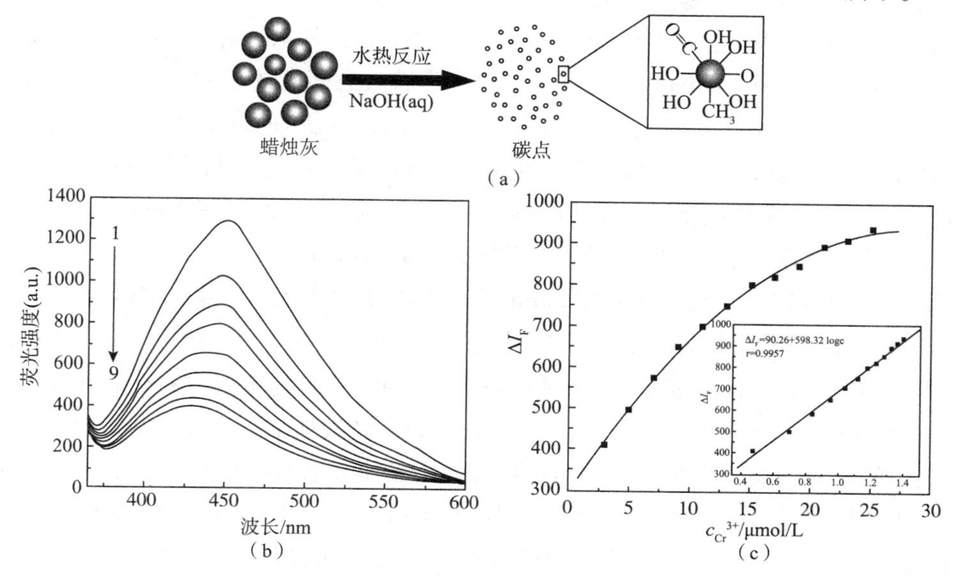

图 2-28(a) 羟基覆盖的荧光碳点的制备过程；(b)不同浓度的 Cr^{3+} 水溶液中碳点的荧光发射光谱；(c)为(b)的校准曲线，插图为校准曲线的对数拟合(拟合方程：$\Delta I_F = 90.26 + 598.32\log c$，$r = 0.9957$)[126]

2013 年，中科院长春应用化学研究所曲小刚等[127]用水热法处理多巴胺得到对 Fe^{3+} 有特异性识别功能的 CQDs。该 CQDs 粒径在 3. 8nm 左右，荧光 QY 为 6. 4% ，其表面含有独特的邻苯二酚基团可特异性识别 Fe^{3+}，引起 CQDs 荧光猝灭，检测限为 0. 32μmol/L。在 CQDs – Fe^{3+} 体系中加入对 Fe^{3+} 结合能力更强的多巴胺后，CQDs 荧光恢复，形成对多巴胺的“off-on”型荧光探针，其检测极限达到了 68n mol/L，且对其他生物分子有很强的抗干扰能力。

除了金属阳离子，CQDs 还可用于检测 $C_2O_4^{2-}$[130]、PO_4^{3-}[131]、CN^-[132]、F^-[133]、S^{2-}[134]、ClO^-[135]及 I^-[136]等阴离子。与金属离子的荧光淬灭机理不同，阴离子的加入通常会使 CQDs 荧光恢复。例如，华南理工大学曾钫等[137]以微波法制备出具有荧光特性的 CQDs，加入 Hg^+ 后，荧光猝灭；再加入 I^-，荧光恢复，如图 2–29 所示。原因是阴离子能够与体系中的金属阳离子形成更稳定的化合物，从而置换出 CQDs – 金属复合物中的 CQDs。

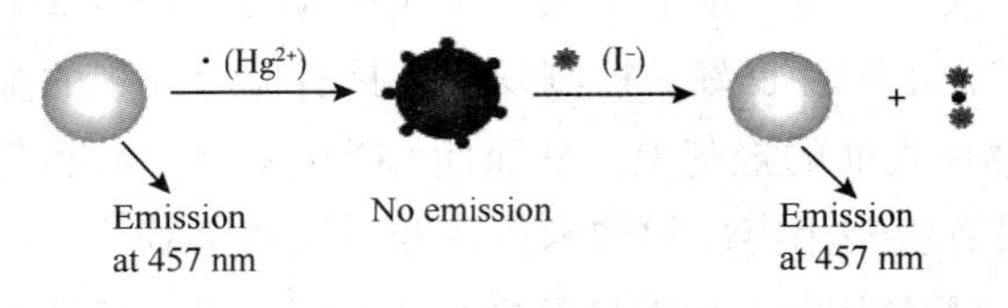

图 2–29　CQDs 的荧光猝灭和荧光恢复机理图[136]

CQDs 还可用于检测一些生物大分子等。2012 年，中科院长春应用化学研究所韩冬雪等[137]制备了一种可特异性识别和检测多巴胺的 MIP-CQDs，其中 MIP 的合成原理为：先将作为模板分子的多巴胺与合适的功能单体3 – 氨丙基三乙氧基硅烷（APTES）混合，以非共价键形式形成聚合物后再加入交联剂正硅酸乙酯（TEOS），从而在多巴胺分子周围形成高度交联的高分子聚合物网络，最后用氨水将多巴胺洗脱下来即得 MIP – CQDs。多巴胺分子被洗脱后，原先的聚合物网络中会留下与多巴胺分子形状、大小相匹配的立体孔穴，其对多巴胺具有高度的识别能力。当多巴胺分子接近并结合 MIP – CQDs 后，会与 CQDs 发生相互作用，致使 CQDs 发生荧光猝灭，且随环境中多巴胺浓度增高，CQDs 荧光猝灭程度越大。该课题组已将所制 MIP – CQDs 成功应用于人体尿液中多巴胺的痕量分析，检测限达 1. 7n mol/L。在 25 ~ 500n mol/L 范围内，MIP – CQDs复合物的荧光强度随多巴胺浓度的升高而呈线性降低。

2015 年，印度理工学院 Tridib K. Sarma 等[138]以胡萝卜素为碳源，微波法制备 CQDs 包裹在以 $HAuCl_4$ 为原料制成的金纳米粒子表面，CQDs 作为电子供体将 Au^{3+} 还原成 Au，从而形成一种核 – 壳结构的复合物（Au@ C-dot）。Au@ C-dot 可作为一种双荧光探测器，并对巯基化合物具有高度选择性和敏感性。其中巯基会高效地取代金纳米粒子表面的碳点，从而使碳点的荧光恢复，而生物分子间的相互作用又使金纳米粒子聚沉，引起金纳米粒子荧光的猝灭。同时基于此构建的双荧光探测器对半胱氨酸在 0 ~ 30μmol/L 之间有很好的线性关系，检出限是 50nmol/L。该探测器还可以检测含巯基多肽、蛋白质以及酶等。同年，伊朗 Razi 大学 Mojtaba Shamsipur 等[139]以柠檬酸为碳源，乙二胺为钝化剂水热法制备 CQDs。由于血红蛋白（Hb）的紫外吸收峰与 CQDs 的发射峰重叠，两者共存时会引起碳点荧光猝灭。当 Hb 单独加入 CQDs 溶液中时就会发生荧光猝灭，荧光强度与 Hb 在 0 ~

6000nmol/L 之间呈线性关系，检出限为34nm；而当 Hb 与 H_2O_2 一起加入 CQDs 溶液中时，只需加入低于单独 Hb 百分之一的量就可引起相同程度的荧光猝灭，且荧光强度与 Hb 浓度在 1～100nmol/L 间有良好的线性关系，检出限是 0.4nmol/L。推测其原因是当 Hb 和 H_2O_2 共同存时，H_2O_2 将血红蛋白中的 Fe^{2+} 氧化成 Fe^{3+}，产生的羟基自由基·OH 导致了 CQDs 的荧光猝灭，从而可用于检测人体血红蛋白，如图 2-30 所示。

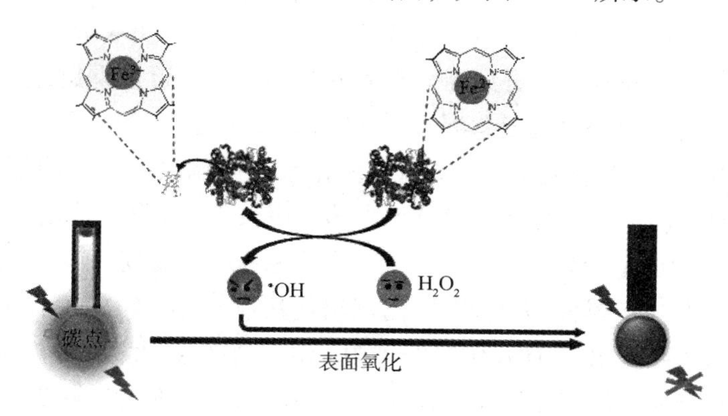

图 2-30　H_2O_2 存在时 CDs 与 Hb 共存荧光猝灭的示意图[139]

2.5.3　光催化

如何最大限度利用约占太阳辐射总量 43% 的可见光，以及如何提高光催化剂在可见光内的吸收是目前光催化领域的两大研究热点。常见的 TiO_2、ZnO 和 Ag_3PO_4 等光催化剂，其过宽的带隙仅能吸收紫外或近紫外光，尚不能有效利用可见光。CQDs 具有光诱导电子转移的特性，可作为光电子的存储材料，在可见光照射下，能够适时地给出和接受电子，在光催化体系中兼具能量转换和电子传递的独特能力[80]。

2010 年，康振辉等[140]首次一步合成具有上转换功能的 CQDs，其与 TiO_2 结合后可应用于光催化，其催化效率高于单独的 TiO_2。实验中发现，长波 500～1000nm 的激发下，CQDs 在短波 325～425nm 处有发射，即由可见光转化为近紫外光，证明 CQDs 的这种上转化性质可拓宽其在光催化方面的应用，有望实现太阳光全谱的利用。如图 2-31 所示，将 CQDs 与 TiO_2 复合，提高了 TiO_2 可见光区域的光催化降解能力。循环伏安法测得 CQDs 的 LUMO 和 HOMO 分别为 -3.55eV 和 -5.38eV，说明 CQDs 适合用于太阳能电池；对于 N-GQDs，当 N/C 原子比为 4.3% 时，其荧光性能优于纯 CQDs，且可以在碱性体系中催化氧还原反应（Oxygen Reduction Reaction，ORR），其电催化活性可与商用的 Pt/C 催化剂相媲美。另外，

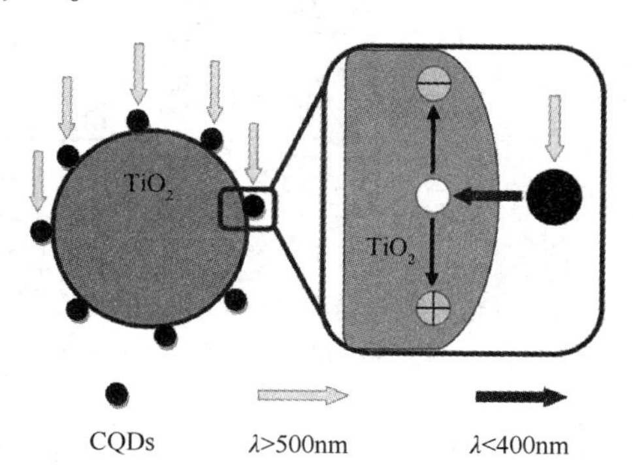

图 2-31　可见光下 TiO_2/CQDs 可能的光催化机理图[140]

CQDs 的光催化行为有一定的溶剂依赖性，在极性溶剂中会有更高的催化效率。

2011 年，孙亚平等[141]报道了 CQDs 可作为光敏剂用于光催化转化 CO_2。该 CQDs 可替代光敏染料，进行光生电子的分离和聚集，特别是表面修饰的 CQDs，更有助于均匀分散在溶液中，一定程度上可促进 CQDs 作为催化剂进行光催化反应。

太阳能光催化水分解制氢，与转化 CO_2 的机理有很多相似之处，CQDs 在光催化分解水方面的研究也逐渐得到开展。2013 年，康振辉等[142]发现 CQDs 敏化的 TiO_2 复合催化剂可作为光电阳极，用于高效催化可见光下水的分解制氢。最近该课题组又将 CQDs 与氮化碳(C_3N_4)复合，在可见光下通过连续的两步双光子转化过程(第一步为 C_3N_4 的光催化过程，第二步为 CQDs 的化学催化)，来实现光催化水分解制氢[143]。在该体系中，CQDs 还可以增强光敏剂对光的吸收，来提高对可见光的利用效率(太阳能转化效率可达 2%)。该过程产生 H_2 和 O_2 的速率较高，且成本低廉，整个系统环保稳定。

2013 年，华东理工大学朱以华等[144]使用浸渍法制备出 CQDs，并用静电纺丝技术合成 TiO_2 – CDs 纳米纤维。由于 TiO_2 纳米纤维中 CQDs 的嵌入，使得两者的电子与空穴的重新结合率降低，光响应区域变宽，从而使 TiO_2 – CDs 纳米纤维光降解罗丹明 B 的效率明显高于纯 TiO_2 纳米纤维。同年，苏州大学刘阳等[145]发现选用不同形态的 m-$BiVO_4$ 结合 CQDs 可形成不同的配合物，后者在可见光下可不同程度地光降解亚甲基蓝，其中板状的 CDs/m-$BiVO_4$ 催化效果更佳。该体系的机理被认为是：首先，CQDs 作为电子的载体捕获 m-$BiVO_4$ 在可见光激发下产生的电子，从而阻止电子对的重新配对，延长负载电子的生命周期，使电子对彻底分离形成孤对电子，并与 O_2 结合，形成 $\cdot O_2^-$ 负载在 CQDs 的表面，从而实现对亚甲基蓝的降解，如图 2 – 32 所示；其次，CQDs 本身具有的上转换荧光发射特性能够吸收长波长并转换发射出短波长(300 ~ 530nm)，以激发 m-$BiVO_4$ 产生电子空穴，使不同形态的 CDs/m-$BiVO_4$ 均可在日光下降解亚甲基蓝。另外，CDs/Fe_2O_3[146]、CDs/ZnO[147]、CDs/Ag/Ag_3PO_4[148]等一系列复合体系，同样是基于这种利用电子空穴对与吸附的氧化剂和还原剂(通常是 O_2/H_2O)发生反应，从而产生活性氧自由基来降解目标物的机理。

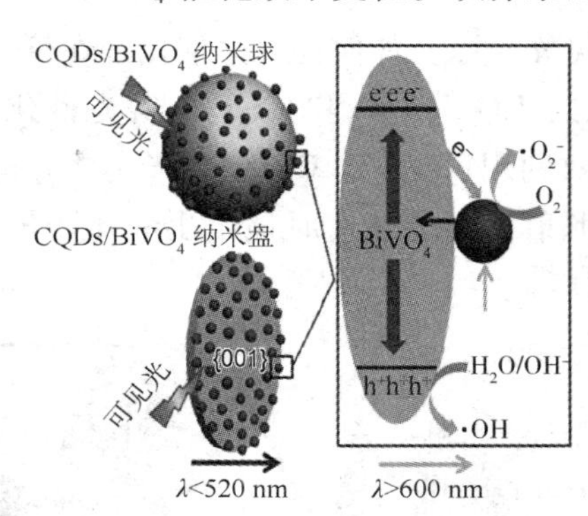

图 2 – 32　模拟阳光照射下的 CDs/m – $BiVO_4$ 复合材料中碳点对提高光催化活性的重要作用(CDs/ m – $BiVO_4$ 微球和纳米片)[145]

2.5.4　光电传感及电催化

CQDs 在能源领域的应用主要集中在光伏设备上，如染料敏化太阳能电池(Dye-sensitized Solar Cells，简写为 DSCs)、燃料电池、有机发光二极管(Organic Light-emitting Diodes，简写为 OLED)、超级电容器(Electric Double Layer Capacitors，简写为 EDLC)以及锂离子电

池(Lithium Ion Battery，简写为 LIB)等方面[149]。

CQDs 大的比表面积、高的载流子传输速率、优异的机械流动性、极好的热化学稳定性，以及特有的量子限域效应和边缘效应，使之有望成为光伏设备中的理想材料。光伏材料如 DSCs，通常由一个敏化的光电极(通常为 TiO_2)、电极和一个对电极(通常为 Pt)构成，GQDs 可同时用于光电极的敏化剂和对电极，从而提高 DSCs 的效率。2010 年，印第安纳大学伯明顿分校李良师等[150]将 GQDs 负载于 TiO_2 光电阳极后应用在 DSCs 上，制得的 GQDs 在 591nm 处有最大吸收，其摩尔吸光系数($1.0\times10^5 L\cdot mol^{-1}\cdot cm^{-1}$)远比 DSCs 中常使用的金属配合物大一个数量级，且吸收波长最大值可达 900nm，这在 DSC 领域极其罕见。计算可得 GQDs 的 HOMO 和 LUMO 的能量分别为 5.3eV 和 3.8eV，与 TiO_2 的能量相匹配，如图 2-33 所示。

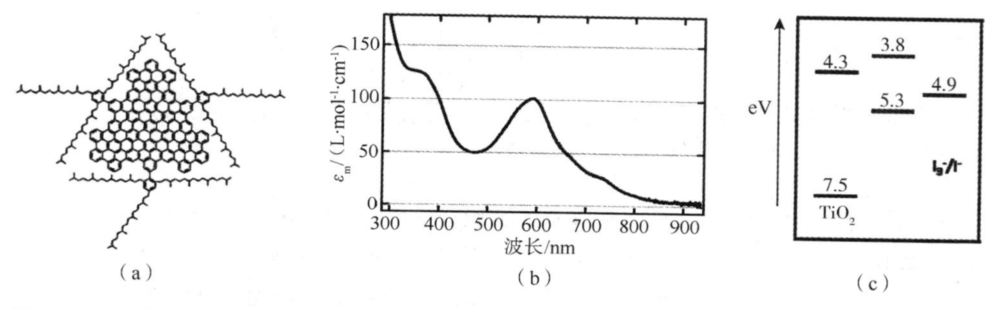

图 2-33　(a) GQDs 的分子结构 (b) GQDs 在二氯甲烷中的吸收光谱图(ε_m 为摩尔吸光系数)
(c) GQDs 的 HOMO 和 LUMO 值，TiO_2 带隙值及 I_3^-/I^- 的还原电势[150]

2011 年，北京理工大学曲良体等[151]将制得的 N-GQDs 负载于石墨烯膜上(N-GQD/graphene)，用于催化燃料电池中的氧还原反应(ORR)，如图 2-34 所示。与商用的 Pt/C 催化剂类似，N-GQD/graphene 在氧气饱和的 KOH 溶液中出现了明显的阴极峰。其 ORR 的起始电压约为 -0.16V，在约 -0.27V 处出现了还原峰，与 Pt/C 催化剂出现的峰十分接近。而在纯的石墨烯和不含氮的 GQDs 中无明显的电催化效果，因此，可认为氮掺杂是产生这种特有电催化活性的主要原因，N-GQD/graphene 电极在 0.1mol/L 的 KOH 溶液中持续循环两天，其活性没有明显的下降，展现出稳定的电催化效果，有望成为燃料电池 ORR 中 Pt 催化剂的替代物。

由于 CQDs 具有 ECL 特性，可以为电子转移提供有效通道，为电荷分离提供有效界面，因此 CQDs 可作为光电设备，提供高的光电流，其光电转化的光可以从紫外光延伸至近红外光[152]。2012 年，南京理工大学陈苏等[153]用热解法制备出多色荧光 CQDs，QY 高达 47%，并探索了其在蓝光、橙光和白光的 CQDs 基发光二极管(LED)方面的应用，开创了一种全新且环境友好的光电设备制造领域。

2013 年，中科院兰州化学物理研究所阎兴斌等[154]报道了 GQDs 作为电极材料在 EDLC 方面的应用。在一定电压下，将石墨烯沉积于金叉指电极片上，制得 GQDs//GQDs 对称的超级电容器，对比研究了其在水和离子液体中的电化学性能，发现该超级电容器显

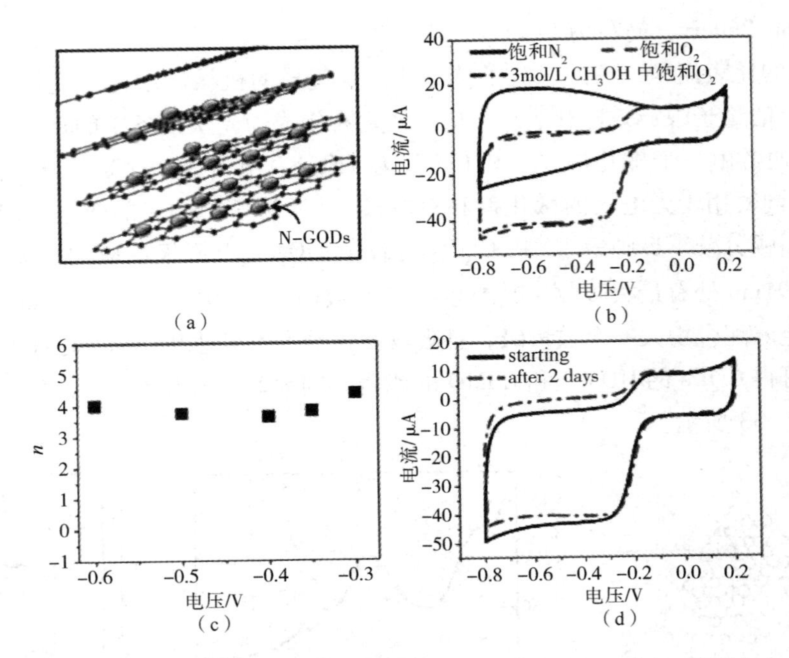

图 2-34 (a)N-GQD/graphene 示意图；(b) N-GQD/graphene 分别在 0. 1mol/L KOH 和 3mol/L CH_3OH 的 CV 曲线 (c) N-GQD/graphene 的电子转移数 (d) N-GQD/graphene 在氧气饱和的 0. 1mol/L KOH 溶液中的稳定性曲线[151]

示出惊人的能量存储密度和超高倍率性能，且在 1000V/s 的超高扫速电压下依旧保持良好的功率输出特性和良好的电化学循环稳定性。基于以上研究，该课题组以两步电化学沉积法成功在叉指电极上制得了 GQDs//MnO_2 和 GQDs//polyaniline(PANI)两种不对称的超级电容器[155]，以水为电解质，这两种电容器均表现出良好的电化学性能。该课题组又制备了全固态的 GQDs//PANI 不对称超级电容器[156]，即在石墨烯和聚苯胺的叉指金电极上，沉积磷酸－聚乙二醇凝胶电解质。该全固态 EDLC 同样表现出良好的电化学性质。GQDs 基系列 EDLC 为进一步开发和应用微型功率型和能量型 EDLC 提供了全新的研究方式和可借鉴的思路。

2015 年，南洋理工大学范洪金等[157]成功制备了 CuO/Cu/GQDs(CCG)三相纳米线，并将其用作 LIB 负极材料。通过比较未添加 GQDs 的 CC 核壳纳米线电极，发现 GQDs 的保护可大大增强 CCG 电极的导电性和稳定性，使之具有高倍率性能和较长的循环寿命(1000 次以上)，GQDs 可提高 LIB 的稳定性，减弱锂化引起的体积膨胀效应，可作为 LIB 等可充电电池的电极材料。

除了上述较广泛的应用外，CQDs 在药物载体[158]、表面增强拉曼散射(SERS)[159]、荧光油墨[160]等方面的应用也正在开发。

2.5.5 吸附分离

碳量子点表面的含氧官能团可以和多种物质之间形成氢键，同时带电的碳量子点还可以利用静电吸引作用吸附离子污染物，实现对多种物质的吸附分离。如 Liu 等[163]发现聚乙烯亚胺包裹的碳量子点表面带正电荷，可以通过静电吸引作用吸附 Cr(VI)离子，通过一系列的优化条件(如碳量子点的浓度和尺寸、吸附时间等)，可以用于预浓缩环境水样中的 Cr(VI)离子，得到了令人满意的效果。北京化工大学的吕超等[164]合成了一种碳量子点和水滑石的复合吸附剂，研究了其对甲基蓝的吸附性能，所得到的组装体对甲基蓝染料表现出了出色的吸附性能，这主要归因于甲基蓝分子与复合物之间存在吸附协同作用，即静电吸引作用及氢键作用。

2.6 前景与展望

基于 CQDs 特殊的量子限域效应、边缘效应、极好的化学稳定性、低毒性和生物相容性，CQDs 在基础研究与应用方面皆有重要研究价值。近几年，虽然其制备、性能和应用方面的研究取得了很多突破性进展，但相关研究均处于起步阶段，仍面临诸多挑战，如 CQDs 的收率和荧光 QY 仍然有待提高，现有制备方法难以放大；表面修饰和精确定向调控其横向尺寸仍难以同时进行；有关 CQDs 物化性质(固态光学、磁性、自组装)和荧光机理仍然模糊不清；由于强的 $\pi-\pi^*$ 相互作用力使超小尺寸的 CQDs 极易发生团聚，使水溶性 CQDs 的再处理和表征极其困难等等。

CQDs 在生物成像方面，还需发展低能量的红外或近紫外激发，增强组织穿透力，发展多功能 CQDs 的自组装技术；在分析检测方面，灵敏性、选择性、稳定性仍有待于提高，需要设计出适用于各类传感器的表面功能化 CQDs；在光催化方面，需要发展 CQDs 基光催化剂，能够在太阳光下完成化学合成，从而减轻能源负担；在电催化方面，需要设计出具有高电催化活性且长期稳定的 CQDs 基电催化剂；另外，还需拓展 CQDs 上转换荧光这一重要特性在各个领域的应用，以便像某些较成熟的 QDs 一样实现工业化[144,161]

相信在不久的未来，CQDs 必将实现工业化生产并有望替代传统 QDs，从而更加广泛地应用到各个领域。

参 考 文 献

[1]Sun Y P, Zhou B, Lin Y, et al. Quantum-sized carbon dots for bright and colorful photoluminescence [J]. Journal of the American Chemical Society, 2006, 128(24):7756－7757.

[2]Mao X, Zheng H Z, Long Y J, et al. Study on the fluorescence characteristics of carbon dots [J]. Spectrochimica Acta. Part A, Molecular and Biomolecular Spectroscopy, 2010, 75(2):553－557.

[3]Zhao Q L, Zhang Z L, Huang B H, et al. Facile preparation of low cytotoxicity fluorescent carbon nanocrystals by electrooxidation of graphite[J]. Chemical Communication, 2008(41):5116－5118.

[4]Xu X Y, Ray R, Gu Y L, et al. Electrophoretic analysis and purification of fluorescent singlewalled carbon nanotube fragments[J]. Journal of the American Chemical Society, 2004, 126(40):12736－12737.

[5]Li H, Kang Z, Liu Y, et al. Carbon nanodots: synthesis, properties and applications[J]. Journal of Materials Chemistry, 2012, 22(46):24230－24253.

[6]Fang Y, Guo S, Li D, et al. Easy synthesis and imaging applications of cross-linked green fluorescent hollow carbon nanoparticles[J]. ACS Nano, 2011, 6(1): 400 - 409 .

[7]Sun Y P, Zhou B, Lin Y, et al. Quantum-sized carbon dots for bright and colorful photoluminescence [J]. Journal of the American Chemical Society, 2006, 128(24): 7756 - 7757.

[8]Zheng X T, Ananthanarayanan A, Luo K Q, et al. Glowing graphene quantum dots and carbon dots: properties, syntheses, and biological applications[J]. Small, 2014, 14(11): 1620 - 1636 .

[9]王月．水溶性石油焦基碳量子点的制备、调控及应用[D]．青岛：中国石油大学，2015.

[10]Bottini M, Balasubramanian C, Dawson M I, et al. Isolation and characterization of fluorescent nanoparticles from pristine and oxidized electric arc-produced single-walled carbon nanotubes[J]. The Journal of Physical Chemistry B, 2006, 110(2): 832 - 836.

[11]Xu J, Sahu S, Cao L, et al. Carbon nanoparticles as chromophores for photonharvesting and photoconversion [J]. Chem Phys Chem, 2011, 12(18): 3604 - 3608 .

[12]Hu S L, Niu K Y, Sun J, et al. One-step synthesis of fluorescent carbon nanoparticles by laser irradiation [J]. Journal of Materials Chemistry, 2009, 19(4): 484 - 488 .

[13]Gokus T, Nair R R, Bonetti A, et al. Making graphene luminescent by oxygen plasma treatment [J]. ACS Nano, 2009, 3(12): 3963 - 3968.

[14]Wang J, Wang C F, Chen S. Amphiphilic egg-derived carbon dots: rapid plasma fabrication, pyrolysis process, and multicolor printing patterns[J]. Angewandte Chemie International Edition, 2012, 124(37): 9431 - 9435 .

[15]Yang F, Zhao M, Zheng B, et al. Influence of pH on the fluorescence properties of graphene quantum dots using ozonation pre-oxide hydrothermal synthesis [J]. Journal of Materials Chemistry, 2012, 22(48): 25471 - 25479 .

[16]Liu H, Ye T, Mao C. Fluorescent carbon nanoparticles derived from candle soot[J]. Angewandte Chemie International Edition, 2007, 46(34): 6473 - 6475 .

[17]Bottini M, Mustelin T. Carbon materials: Nanosynthesis by candlelight[J]. Nature Nanotechnology, 2007, 2(10): 599 - 600 .

[18]Ray S, Saha A, Jana N R, et al. Fluorescent carbon nanoparticles: synthesis, characterization, and bioimaging application[J]. The Journal of Physical Chemistry C, 2009, 113(43): 18546 - 18551.

[19]Wang X, Qu K, Xu B, et al. Multicolor luminescent carbon nanoparticles: synthesis, supramolecular assembly with porphyrin, intrinsic peroxidase-like catalytic activity and applications [J]. Nano Research, 2011, 4(9): 908 - 920 .

[20]Tian L, Ghosh D, Chen W, et al. Nanosized carbon particles from natural gas soot[J]. Chemistry of Materials, 2009, 21(13): 2803 - 2809 .

[21]Tian L, Song Y, Chang X, et al. Hydrothermally enhanced photoluminescence of carbon nanoparticles [J]. Scripta Materialia, 2010, 62(11): 883 - 886 .

[22]Mao X J, Zheng H Z, Long Y J, et al. Study on the fluorescence characteristics of carbon dots [J]. Spectrochimica Acta Part A: Molecular and Biomolecular Spectroscopy, 2010, 75(2): 553 - 557 .

[23]Zhang S, He Q, Li R, et al. Study on the fluorescence carbon nanoparticles[J]. Materials Letters, 2011, 65(15): 2371 - 2373 .

[24] Vinci J C, Colon L A. Fractionation of carbon-based nanomaterials by anion-exchange HPLC [J]. Analytical Chemistry, 2011, 84(2): 1178 – 1183 .

[25] Qiao Z A, Wang Y, Gao Y, et al. Commercially activated carbon as the source for producing multicolor photoluminescent carbon dots by chemical oxidation [J]. Chemical Communications, 2009, 46(46): 8812 – 8814 .

[26] Dong Y, Zhou N, Lin X, et al. Extraction of electrochemiluminescent oxidized carbon quantum dots from activated carbon [J]. Chemistry of Materials, 2010, 22(21): 5895 – 5899.

[27] Ye R, Xiang C, Lin J, et al. Coal as an abundant source of graphene quantum dots [J]. Nature Communications, 2013, 4: 2943 – 2948.

[28] Hu C, Yu C, Li M, et al. Chemically tailoring coal to fluorescent carbon dots with tuned size and their capacity for Cu (Ⅱ) detection [J]. Small, 2014, 10(23): 4926 – 4933 .

[29] 周瑞琪，吕华，陈佳慧，等．碳量子点的合成、表征及应用[J]．药学进展，2013，1(37)：24 – 30 .

[30] Zhou J, Booker C, Li R, et al. An electrochemical avenue to blue luminescent nanocrystals from multiwalled carbon nanotubes (MWCNTs) [J]. Journal of the American Chemical Society, 2007, 129(4): 744 – 745 .

[31] Zhao Q L, Zhang Z L, Huang B H, et al. Facile preparation of low cytotoxicity fluorescent carbon nanocrystals by electrooxidation of graphite [J]. Chemical Communications, 2008, (41): 5116 – 5118.

[32] Li H T, He X D, Kang Z H, et al. Water-Soluble fluorescent carbon quantum dots and photocatalyst design [J]. Chemical Communications, 2008: 5116-5118.

[33] Zheng L, Chi Y, Dong Y, et al. Electrochemiluminescence of water-soluble carbon nanocrystals released electrochemically from graphite [J]. Journal of the American Chemical Society, 2009, 131(13): 4564 – 4565.

[34] Lu J, Yang J X, Wang J, et al. One-pot synthesis of fluorescent carbon nanoribbons, nanoparticles, and grapheneby the exfoliation of graphite in ionic liquids [J]. ACS Nano, 2009, 3(8): 2367 – 2375.

[35] Long Y M, Zhou C H, Zhang Z L, et al. Shifting and non-shifting fluorescence emitted by carbon nanodots [J]. Journal of Materials Chemistry, 2012, 22: 5917 – 5920.

[36] Ming H, Ma Z, Liu Y, et al. Large scale electrochemical synthesis of high quality carbon nanodots and their photocatalytic property [J]. Dalton Transactions, 2012, 41(31): 9526 – 9531.

[37] Yao S, Hu Y F, Li G K A. one-step sonoelectrochemical preparation method of pure blue fluorescent carbon nanoparticles under a high intensity electric field. [J] Carbon, 2014, 66: 77 – 83.

[38] Zhang B, Liu C Y, Liu Y A. novel one-step approach to synthesize fluorescent carbon nanoparticles [J]. European Journal of Inorganic Chemistry, 2010, 2010(28): 4411 – 4414 .

[39] He X, Li H, Liu Y, et al. Water soluble carbon nanoparticles: hydrothermal synthesis and excellent photoluminescence properties [J]. Colloids and Surfaces B: Biointerfaces, 2011, 87(2): 326 – 332.

[40] Liu L, Li Y, Zhan L, et al. One-step synthesis of fluorescent hydroxyls-coated carbon dots with hydrothermal reaction and its application to optical sensing of metal ions [J]. Science China Chemistry, 2011, 54(8): 1342 – 1347.

[41] Yang Z C, Wang M, Yong A M, et al. Intrinsically fluorescent carbon dots with tunable emission derived from hydrothermal treatment of glucose in the presence of monopotassium phosphate [J]. Chemical Communications, 2011, 47(42): 11615 – 11617 .

[42]Wu H, Mi C, Huang H, et al. Solvothermal synthesis of green-fluorescent carbon nanoparticles and their application[J]. Journal of Luminescence, 2012, 132(6):1603 - 1607 .

[43]Hsu P C, Chang H T Synthesis of high-quality carbon nanodots from hydrophilic compounds : role of functional groups[J]. Chemical Communications, 2012, 48(33):3984 - 3986 .

[44]Yang Y, Cui J, Zheng M, et al. One-step synthesis of amino-functionalized fluorescent carbon nanoparticles by hydrothermal carbonization of chitosan[J]. Chemical Communications, 2012, 48(3):380 - 382 .

[45]Wu D, Deng X, Huang X, et al. Low-cost preparation of photoluminescent carbon nanodots and application as peroxidase mimetics in colorimetric detection of H_2O_2 and glucose[J]. Journal of Nanoscience and Nanotechnology, 2013, 13(10):6611 - 6616 .

[46]Yin B, Deng J, Peng X, et al. Green synthesis of carbon dots with down-and up-conversion fluorescent properties for sensitive detection of hypochlorite with a dual-readout assay[J]. Analyst, 2013, 138(21): 6551 - 6557 .

[47]Li X, Zhang S, Kulinich S A, et al. Engineering surface states of carbon dots to achieve controllable luminescence for solid-luminescent composites and sensitive Be^{2+} detection[J]. Scientific Reports, 2014, 4, 4976 - 4983.

[48]Li H, He X, Liu Y, et al. One-step ultrasonic synthesis of water-soluble carbon nanoparticles with excellent photoluminescent properties[J]. Carbon, 2011, 49(2):605 - 609 .

[49]Li H, He X, Liu Y, et al. Synthesis of fluorescent carbon nanoparticles directly from active carbon via a one-step ultrasonic treatment[J]. Materials Research Bulletin, 2011, 46(1):147 - 151 .

[50]Tao H, Yang K, Ma Z, et al. In vivo NIR fluorescence imaging, biodistribution, and toxicology of photoluminescent carbon dots produced from carbon nanotubes and graphite[J]. Small, 2012, 8(2):281 - 290 .

[51]Zhu H, Wang X, Li Y, et al. Microwave synthesis of fluorescent carbon nanoparticles with electrochemiluminescence properties[J]. Chemical Communications, 2009, (34):5118 - 5120 .

[52]Wei Y, Liu Y, Li H, et al. Carbon nanoparticle ionic liquid hybrids and their photoluminescence properties [J]. Journal of Colloid and Interface Science, 2011, 358(1):146 - 150 .

[53]Liu C, Zhang P, Tian F, et al. One-step synthesis of surface passivated carbon nanodots by microwave assisted pyrolysis for enhanced multicolor photoluminescence and bioimaging[J]. Journal of Materials Chemistry, 2011, 21(35):13163 - 13167 .

[54]Wang X, Qu K, Xu B, et al. Microwave assisted one-step green synthesis of cell-permeable multicolor photoluminescent carbon dots without surface passivation reagents[J]. Journal of Materials Chemistry, 2011, 21(8):2445 - 2450 .

[55]Liu S, Wang L, Tian J, et al. Acid-driven, microwave-assisted production of photoluminescent carbon nitride dots from N, N-dimethylformamide[J]. RSC Advances, 2011, 1(6):951 - 953 .

[56]Chandra S, Das P, Bag S, et al. Synthesis, functionalization and bioimaging applications of highly fluorescent carbon nanoparticles[J]. Nanoscale, 2011, 3(4):1533 - 1540 .

[57]Jaiswal A, Ghosh S S, Chattopadhyay A. One step synthesis of C-dots by microwave mediated caramelization of poly (ethylene glycol)[J]. Chemical Communications, 2012, 48(3):407 - 409.

[58]Tang L, Ji R, Cao X, et al. Deep ultraviolet photoluminescence of water-soluble self-passivated graphene quantum dots[J]. ACS Nano, 2012, 6(6):5102 - 5110 .

[59]Hou J, Yan J, Zhao Q, et al. A novel one-pot route for large-scale preparation of highly photoluminescent carbon quantum dots powders[J]. Nanoscale, 2013, 5(20):9558 –9561 .
[60]Bourlinos A B, Stassinopoulos A, Anglos D, et al. Photoluminescent carbogenic dots[J]. Chemistry of Materials, 2008, 20(14):4539 –4541 .
[61]Bourlinos A B, Stassinopoulos A, Anglos D, et al. Surface functionalized carbogenic quantum dots [J]. Small, 2008, 4(4):455 –458 .
[62]Pan D, Zhang J, Li Z, et al. Observation of pH –, solvent –, spin –, and excitation-dependent blue photoluminescence from carbon nanoparticles[J]. Chemical Communications, 2010, 46(21):3681 –3683 .
[63]Wang F, Kreiter M, He B, et al. Synthesis of direct white-light emitting carbogenic quantum dots [J]. Chemical Communications, 2010, 46(19):3309 –3311 .
[64]Wang F, Pang S, Wang L, et al. One-step synthesis of highly luminescent carbon dots in noncoordinating solvents[J]. Chemistry of Materials, 2010, 22(16):4528 –4530 .
[65]Krysmann M J, Kelarakis A, Dallas P, et al. Formation mechanism of carbogenic nanoparticles with dual photoluminescence emission[J]. Journal of the American Chemical Society, 2011, 134(2):747 –750 .
[66]Wang F, Xie Z, Zhang H, et al. Highly luminescent organosilane-functionalized carbon dots [J]. Advanced Functional Materials, 2011, 21(6):1027 –1031 .
[67]Srivastava S, Gajbhiye N S. Carbogenic nanodots : photoluminescence and room-temperature ferromagnetism [J]. ChemPhysChem, 2011, 12(14):2624 –2632 .
[68]Bourlinos A B, Zbo-il R, Petr J, et al. Luminescent surface quaternized carbon dots[J]. Chemistry of Materials, 2011, 24(1):6 –8 .
[69]Saxena M, Sarkar S. Synthesis of carbogenic nanosphere from peanut skin[J]. Diamond and Related Materials, 2012, 24 : 11 –14.
[70]Hsu P C, Shih Z Y, Lee C H, et al. Synthesis and analytical applications of photoluminescent carbon nanodots[J]. Green Chemistry, 2012, 14(4):917 –920 .
[71]Zhou J, Sheng Z, Han H, et al. Facile synthesis of fluorescent carbon dots using watermelon peel as a carbon source[J]. Materials Letters, 2012, 66(1):222 –224 .
[72]Dong Y, Wang R, Li H, et al. Polyamine-functionalized carbon quantum dots for chemical sensing [J]. Carbon, 2012, 50(8):2810 –2815 .
[73]Saxena M, Sarkar S. Fluorescence imaging of human erythrocytes by carbon nanoparticles isolated from food stuff and their fluorescence enhancement by blood plasma[J]. Materials Express, 2013, 3(3):201 –209 .
[74]Liu S S, Wang C F, Li C X, et al. Hair-derived carbon dots toward versatile multidimensional fluorescent materials[J]. Journal of Materials Chemistry C, 2014, 2(32):6477 –6483 .
[75]Liu R, Wu D, Liu S, et al. An aqueous route to multicolor photoluminescent carbon dots using silica spheres as carriers[J]. Angewandte Chemie International Edition, 2009, 121(25):4668 –4671 .
[76]Zong J, Zhu Y, Yang X, et al. Synthesis of photoluminescent carbogenic dots using mesoporous silica spheres as nanoreactors[J]. Chemical Communications, 2010, 47(2):764 –766 .
[77]Li C, Zhu Y, Zhang X, et al. Metal-enhanced fluorescence of carbon dots adsorbed Ag@ SiO_2 core-shell nanoparticles[J]. RSC Advances, 2012, 2(5):1765 –1768 .
[78]Linehan K, Doyle H. Efficient one-pot synthesis of highly monodisperse carbon quantum dots[J]. RSC Ad-

vances, 2014, 4(1): 18 - 21.

[79] Sun Y P, Wang X, Lu F, et al. Doped carbon nanoparticles as a new platform for highly photoluminescent dots[J]. The Journal of Physical Chemistry C, 2008, 112(47): 18295 - 18298.

[80] Kenneth N. Toward quantitatively fluorescent carbon-based "quantum" dots[J]. Nanoscale, 2011, 3(5): 2023 - 2027.

[81] Qu D, Zheng M, Zhang L, et al. Formation mechanism and optimization of highly luminescent N-doped graphene quantum dots[J]. Scientific Reports, 2014, 4, 5294 - 5302.

[82] Wang Y, Dong L, Xiong R, et al. Practical access to bandgap-like N-doped carbon dots with dual emission unzipped from PAN@ PMMA core-shell nanoparticles[J]. Journal of Materials Chemistry C, 2013, 1(46): 7731 - 7735.

[83] Huang J J, Zhong Z F, Rong M Z, et al. An easy approach of preparing strongly luminescent carbon dots and their polymer based composites for enhancing solar cell efficiency[J]. Carbon, 2014, 70: 190 - 198.

[84] Zhang Y Q, Ma D K, Zhuang Y, et al. One-pot synthesis of N-doped carbon dots with tunable luminescence properties[J]. Journal of Materials Chemistry, 2012, 22(33): 16714 - 16718.

[85] Pan D, Zhang J, Li Z, et al. Hydrothermal route for cutting graphene sheets into blue-luminescent graphene quantum dots[J]. Advanced Materials, 2010, 22(6): 734 - 738.

[86] Li H, He X, Kang Z, et al. Water-soluble fluorescent carbon quantum dots and photocatalyst design [J]. Angewandte Chemie International Edition, 2010, 49(26): 4430 - 4434.

[87] Shen J, Zhu Y, Chen C, et al. Facile preparation and upconversion luminescence of graphene quantum dots [J]. Chemical Communications, 2011, 47(9): 2580 - 2582.

[88] Wen X, Yu P, Toh Y R, et al. On the upconversion fluorescence in carbon nanodots and graphene quantum dots[J]. Chemical Communications, 2014, 50(36): 4703 - 4706.

[89] Wang X, Cao L, Lu F, et al. Photoinduced electron transfers with carbon dots[J]. Chemical Communications, 2009, (25): 3774 - 3776.

[90] Deng Y, Zhao D, Chen X, et al. Long lifetime pure organic phosphorescence based on water soluble carbon dots[J]. Chemical Communications, 2013, 49(51): 5751 - 5753.

[91] Xu Y, Liu J, Gao C, et al. Applications of carbon quantum dots in electrochemiluminescence: A mini review[J]. Electrochemistry Communications, 2014, 48: 151 - 154.

[92] Zheng L, Chi Y, Dong Y, et al. Electrochemiluminescence of water-soluble carbon nanocrystals released electrochemically from graphite [J]. Journal of the American Chemical Society, 2009, 131 (13): 4564 - 4565.

[93] Zhou X, Guo S, Zhang J. Solution-processable graphene quantum dots [J]. ChemPhysChem, 2013, 14 (12): 2627 - 2640.

[94] Shen J, Zhu Y, Yang X, et al. Graphene quantum dots: emergent nanolights for bioimaging, sensors, catalysis and photovoltaic devices[J]. Chemical Communications, 2012, 48(31): 3686 - 3699.

[95] Shinde D B, Pillai V K. Electrochemical resolution of multiple redox events for graphene quantum dots [J]. Angewandte Chemie International Edition, 2013, 52(9): 2482 - 2485.

[96] Sun H, Gao N, Dong K, et al. Graphene quantum dots-band-AIDS used for wound disinfection[J]. ACS Nano, 2014, 8(6): 6202 - 6210.

[97] Li Q, Zhang S, Dai L, et al. Nitrogen-doped colloidal graphene quantum dots and their size-dependent electrocatalytic activity for the oxygen reduction reaction[J]. Journal of the American Chemical Society, 2012, 134(46): 18932 - 18935.

[98] Zhang M, Bai L, Shang W, et al. Facile synthesis of water-soluble, highly fluorescent graphene quantum dots as a robust biological label for stem cells[J]. Journal of Materials Chemistry, 2012, 22(15): 7461 - 7467.

[99] Yang S T, Cao L, Luo P G, et al. Carbon dots for optical imaging in vivo[J]. Journal of the American Chemical Society, 2009, 131(32): 11308 - 11309.

[100] Wu M B, Wang Y, Wu W T, et, al. Preparation of functionalized water-soluble photoluminescent carbon quantum dots from petroleum coke[J]. Carbon, 2014, 78(11): 480 - 489.

[101] 吴明铂，邱介山，郑经堂，等．石油基碳质材料的制备及其应用[M]．北京：中国石化出版社，2010：28 - 74．

[102] 于淑贤．石油焦在扫描电镜下的特征[J]．炭素，2000，(2)：45 - 48.

[103] Demchenko A P, Dekaliuk M O. Novel fluorescent carbonic nanomaterials for sensing and imaging [J]. Methods and Applications in Fluorescence, 2013, 1(4): 042001.

[104] Wang X, Cao L, Yang S T, et al. Bandgap-like strong fluorescence in functionalized carbon nanoparticles. Angewandte Chemie International Edition, 2010, 49(31): 5310 - 5314.

[105] Zhu S J, Zhang J H, Tang S J, et al. Surface chemistry routes to modulate the photoluminescence of graphene quantum dots: from fluorescence mechanism to up-conversion bioimaging applications. Advanced Functional Materials, 2012, 22(22): 4732 - 4740.

[106] Tetsuka H, Asahi R, Nagoya A, et al. Optically tunable amino-functionalized graphene quantum dots. Advanced Materials, 2012, 24(39): 5333 - 5338.

[107] Jin S H, Kim D H, Jun G H, et al. Tuning the photoluminescence of graphene quantum dots through the charge transfer effect of functional groups. ACS Nano, 2013, 7(2): 1239 - 1245.

[108] Anilkumar P, Cao L, Yu J J, et al. Crosslinked carbon dots as ultra-bright fluorescence probes[J]. Small, 2013, 9: 545 - 551.

[109] Wang C, Wu X, Li X, et al. Upconversion fluorescent carbon nanodots enriched with nitrogen for light harvesting[J]. Journal of Materials Chemistry, 2012, 22(31): 15522 - 15525.

[110] Dong Y Q, Pang H C, Yang H B, et al. Carbon-Based dots co-doped with nitrogen and sulfur for high quantum yield and excitation-independent emission. [J]. Angewandte Chemie International Edition, 2013, 52: 7800 -7804.

[111] Zhu S J, Meng Q N, Wang L, et al. Highly photoluminescent carbon dots for multicolor patterning, sensors, and bioimaging[J]. Angewandte Chemie International Edition, 2013, 125: 4045 - 4049.

[112] Niu J J, Gao H, Wang L T, et al. Facile synthesis andoptical properties of nitrogen-doped carbon dots. [J]. New Journal of Chemistry, 2014, 38(4): 1522 - 1527.

[113] 张川洲，谭辉，毛燕，等．发光碳量子点的合成、性质和应用[J]．应用化学，2013，30(4)：367 - 371．

[114] Cao L, Wang X, Meziani M J, et al. Carbon dots for multiphoton bioimaging[J]. Journal of the American Chemical Society, 2007, 129(37): 11318 - 11319.

[115] Yang S T, Cao L, Luo P G, et al. Carbon dots for optical imaging in vivo[J]. Journal of the American Chemical Society, 2009, 131(32): 11308 – 11309.

[116] Liu C J, Zhang P, Tian F, et al. One-step synthesis of surface passivated carbon nanodots by microwave assisted pyrolysis for enhanced multicolor photoluminescence and bioimaging[J]. Journal of Materials Chemistry, 2011, 21: 13163.

[117] Huang P, Lin J, Wang X S, et al. Light - triggered theranostics based on photosensitizer-onjugated carbon dots for simultaneous enhanced-fluorescence imaging and photodynamic therapy[J]. Advanced Materials, 2012, 24(37): 5104 – 5110.

[118] Huang X L, Zhang F, Zhu L, et al. Effect of injection routes on the biodistribution, clearance, and tumor uptake of carbon dots[J]. ACS Nano, 2013, 7 (7): 5684-5693.

[119] Zheng M, Liu S, Li J, et al. Integrating oxaliplatin with highly luminescent carbon dots: an unprecedented theranostic agent for personalized medicine[J]. Advanced Materials, 2014, 26(21): 3554 – 3560.

[120] 周瑞琪，吕华，陈佳慧，等．碳量子点的合成、表征及应用[J]．药学进展，2013，37(1): 24 – 30.

[121] Helena M R Gon-alvesa, Abel J Duarteb, Frank Davis, et al. Layer-by-layer immobilization of carbon dots fluorescent nanomaterials on single optical fiber[J]. Analytica Chimica Acta, 2012, 735: 90 – 95.

[122] Lu W, Qin X, Liu S, et al. Economical, green synthesis of fluorescent carbon nanoparticles and their use as probes for sensitive and selective detection of mercury (Ⅱ) ions[J]. Analytical chemistry, 2012, 84 (12): 5351 – 5357.

[123] Liu S, Tian J, Wang L, et al. Hydrothermal treatment of grass: a low-cost, green route to nitrogen-doped, carbon-rich, photoluminescent polymer nanodots as an effective fluorescent sensing platform for label-free detection of Cu (Ⅱ) ions[J]. Advanced Materials, 2012, 24(15): 2037 – 2041.

[124] Zhu A W, Qu Q, Shao X L, et al. Carbon-dot-based dual-emission nanohybrid produces a ratiometric fluorescent sensor for in vivo imaging of cellular copper ions[J]. Angewandte Chemie International Edition, 2012, 124: 7297 – 7301.

[125] Shao X L, Gu H, Wang Z, et al. Highly selective electrochemical strategy for monitoring of cerebral Cu^{2+} based on a carbon dot-TPEA hybridized surface[J]. Analytical Chemistry , 2013, 85: 418.

[126] Liu L Q, Li Y F, Zhan L, et al. One-step synthesis of fluorescent hydroxyls-coated carbon dots with hydrothermal reaction and its application to optical sensing of metal ions[J]. Science China Chemistry , 2011, 54: 1342 – 1347.

[127] Qu K G, Wang J S, Ren J S, et al. Carbon dots prepared by hydrothermal treatment of dopamine as an effective fluorescent sensing platform for the label-free detection of iron(Ⅲ) ions and dopamine. Chemistry-A European Journal. 2013, 19: 7243 – 7249.

[128] S S Wee, Y H. Ng and S M Ng, Talanta, 2013, 116, 71-76.

[129] Qian Z, Ma J, Shan X, et al. Highly Luminescent N-doped carbon quantum dots as an effective multifunctional fluorescence sensing platform[J]. Chemistry-A European Journal, 2014, 20(8): 2254 – 2263.

[130] Zhang S, Wang Q, Tian G, et al. A fluorescent turn-off/on method for detection of Cu^{2+} and oxalate using carbon dots as fluorescent probes in aqueous solution[J]. Materials Letters, 2014, 115: 233 – 236.

[131] Zhao H X, Liu L Q, De Liu Z, et al. Highly selective detection of phosphate in very complicated matrixes with an off-on fluorescent probe of europium-adjusted carbon dots[J]. Chemical Communications, 2011, 47

(9): 2604 – 2606.

[132] Dong Y, Wang R, Tian W, et al. "Turn-on" fluorescent detection of cyanide based on polyamine-functionalized carbon quantum dots[J]. RSC Advances, 2014, 4(8): 3701 – 3705.

[133] Liu J M, Lin L, Wang X X, et al. $Zr(H_2O)_2$ EDTA modulated luminescent carbon dots as fluorescent probes for fluoride detection[J]. Analyst, 2013, 138(1): 278 – 283.

[134] Hou X, Zeng F, Du F, et al. Carbon-dot-based fluorescent turn-on sensor for selectively detecting sulfide anions in totally aqueous media and imaging inside live cells[J]. Nanotechnology, 2013, 24 (33): 335502.

[135] Yin B, Deng J, Peng X, et al. Green synthesis of carbon dots with down-and up-conversion fluorescent properties for sensitive detection of hypochlorite with a dual-readout assay[J]. Analyst, 2013, 138(21): 6551 – 6557.

[136] Du F, Zeng F, Ming Y, et al. Carbon dots-based fluorescent probes for sensitive and selective detection of iodide[J]. Microchimica Acta, 2013, 180(5 – 6): : 453 – 460.

[137] Mao Y, Bao Y, Han D, et al. Efficient one-pot synthesis of molecularly imprinted silica nanospheres embedded carbon dots for fluorescent dopamine optosensing[J]. Biosens Bioelectron, 2012, 38(1): 55 – 60.

[138] Mandani S, Sharma B, Dey D, et al. Carbon nanodots as ligand exchange probes in Au@ C-dot nanobeacons for fluorescent turn-on detection of biothiols[J]. Nanoscale, 2015, 7(5): 1802 – 1808.

[139] Barati A, Shamsipur M, Abdollahi H. Hemoglobin detection using carbon dots as a fluorescence probe [J]. Biosensors and Bioelectronics, 2015, 71 : 470 – 475.

[140] Li H T, He X D, Kang Z H, et al. Water-soluble fluorescent carbon quantum dots and photocatalyst design [J]. Angewandte Chemie International Edition, 2010, 49(26): 4430 – 4434.

[141] Cao L, Sahu S, Anilkumar P, et al. Carbon nanoparticles as visible-light photocatalysts for efficient CO_2 conversion and beyond[J]. Journal of the American Chemical Society, 2011, 133(13): 4754 – 4757.

[142] Zhang X, Wang F, Huang H, et al. Carbon quantum dot sensitized TiO_2 nanotube arrays for photoelectrochemical hydrogen generation under visible light[J]. Nanoscale, 2013, 5(6): 2274 – 2278.

[143] Liu J, Liu Y, Liu N Y, et al. Metal-free efficient photocatalyst for stable visible water splitting via a two-electron pathway[J]. Science, 2015, 347 : 970 – 974.

[144] Li H P, Zhu Y H, Cao H M, et al. Preparation and characterization of photocatalytic carbon dots-sensitized electrospun titania nanostructured fibers[J]. Materials Research Bulletin, 2013, 48(2): 232 – 237.

[145] Tang D, Zhang H C, Huang H, et al. Carbon quantum dots enhance the photocatalytic performance of $BiVO_4$ with different exposed facets[J]. Dalton Transactions, 2013, 42 : 6285 – 6289.

[146] Zhang H C, Ming H, Lian S Y, et al. Fe_2O_3/carbon quantum dots complex photocatalysts and their enhanced photocatalytic activity under visible light[J]. Dalton Transactions, 2011, 40(41): 10822 – 10825.

[147] Yu H, Zhang H C, Huang H, et al. ZnO/carbon quantum dots nanocomposites : one-step fabrication and superior photocatalytic ability for toxic gas degradation under visible light at room temperature[J]. New Journal of Chemistry, 2012, 36(4): 1031 – 1035.

[148] Zhang H C, Huang H, Ming H, et al. Carbon quantum dots/Ag_3PO_4 complex photocatalysts with enhanced photocatalytic activity and stability under visible light[J]. Journal of Materials Chemistry, 2012, 22(21): 10501 – 10506.

[149] Zhang Z, Zhang J, Chen N, et al. Graphene quantum dots : an emerging material for energy-related appli-

cations and beyond[J]. Energy & Environmental Science, 2012, 5(10): 8869 – 8890.

[150] Yan X, Cui X, Li B, et al. Large, solution-processable graphene quantum dots as light absorbers for photovoltaics[J]. Nano Letters, 2010, 10(5): 1869 – 1873.

[151] Li Y, Zhao Y, Cheng H, et al. Nitrogen-doped graphene quantum dots with oxygen-rich functional groups [J]. Journal of the American Chemical Society, 2011, 134(1): 15 – 18.

[152] Shen J, Zhu Y, Yang X, et al. One-pot hydrothermal synthesis of graphene quantum dots surface-passivated by polyethylene glycol and their photoelectric conversion under near-infrared light[J]. New Journal of Chemistry, 2012, 36(1): 97 – 101.

[153] Guo X, Wang C F, Yu Z Y, et al. Facile access to versatile fluorescent carbon dots toward light-emitting diodes[J]. Chemical Communications, 2012, 48(21): 2692 – 2694.

[154] Liu W W, Feng Y Q, Yan X B, et al. Superior micro-supercapacitors based on graphene quantum dots [J]. Advanced Functional Materials, 2013, 23(33): 4111 – 4122.

[155] Liu W, Yan X, Chen J, et al. Novel and high-performance asymmetric micro-supercapacitors based on graphene quantum dots and polyaniline nanofibers[J]. Nanoscale, 2013, 5(13): 6053 – 6062.

[156] Liu W W, Yan X B, Xue Q J. Multilayer hybrid films consisting of alternating graphene and titanium dioxide for high-performance supercapacitors[J]. Journal of Materials Chemistry C, 2013, 1(7): 1413 – 1422.

[157] Zhu C, Chao D, Sun J, et al. Enhanced lithium storage performance of CuO nanowires by coating of graphene quantum dots[J]. Advanced Materials Interfaces, 2015, 2(2): 1400499 – 1400505.

[158] Lai C W, Hsiao Y H, Peng Y K, et al. Facile synthesis of highly emissive carbon dots from pyrolysis of glycerol; gram scale production of carbon dots/$mSiO_2$ for cell imaging and drug release[J]. Journal of Materials Chemistry, 2012, 22(29): 14403 – 14409.

[159] Fan Y, Cheng H, Zhou C, et al. Honeycomb architecture of carbon quantum dots: a new efficient substrate to support gold for stronger SERS[J]. Nanoscale, 2012, 4(5): 1776 – 1781.

[160] Zhu S, Meng Q, Wang L, et al. Highly photoluminescent carbon dots for multicolor patterning, sensors, and bioimaging[J]. Angewandte Chemie International Edition, 2013, 125(14): 4045 – 4049.

[161] Lim S Y, Shen W, Gao Z. Carbon quantum dots and their applications[J]. Chemical Society Reviews, 2015, 44(1): 362 – 381.

[163] Liu Y, Hu J, Li Y, Wei H P, Li X S, Zhang X H, Chen S M, Chen X Q. Synthesis of polyethyleneimine capped carbon dots for preconcentration and slurry sampling analysis of trace chromium in environmental water sapmples[J]. Talanta, 2015, 134: 16 – 23.

[164] Zhang M L, Yao Q F, Wang W X, Li Z H, Lu C. Layered double hydroxide-carbon dot composite: High-performance adsorbent for removal of anionic organic dye[J]. ACS Applied Materials & Interfaces, 2014, 6: 20225 – 20233.

[165] 吴明铂，饶袁，刘卉，刘阳，张庆刚. 简单高效一步法批量制备氮掺杂石油焦基碳量子点[P]. CN105670617A.

第3章　石　墨　烯

石墨烯(Graphene)是由碳原子紧密堆积成的二维片层结构新材料[1~7]，碳原子以 sp^2 杂化轨道的形式组成六边形蜂窝状晶格，其平面薄膜只有一个碳原子厚度。早在 1947 年，Wallace 就已经提出了石墨烯的概念，并对石墨烯的电子结构进行了研究[8]。1966 年，Mermin 和 Wagner 提出了 Mermin-Wagner 理论[9]，认为二维材料表面产生的表面起伏会破坏二维晶体结构的长程有序性，自身热力学稳定性倾向于将二维片层破为碎片。因此，人们一直认为石墨烯是一个假想的而不可能单独存在的理论材料。直到 2004 年，Andre Geim 和 Konstantin Novoselov 不断重复用胶带剥离石墨薄片最终得到了仅由一层碳原子构成的石墨烯[10]，两位科学家也因其对石墨烯的开创性研究而获得 2010 年诺贝尔物理奖。最新研究表明，石墨烯也并非完美的二维平整结构，其自身会通过微观的起伏和褶皱来降低表面的能量以保持二维结构的稳定[11]，随着石墨烯层数的增加，起伏和褶皱会逐渐降低，直至趋于平滑[12]。石墨烯的横空出世引起了人们对这个古老而又新颖的二维碳纳米材料的广泛关注。石墨烯的发现使碳纳米家族更加充实完整，形成了包括零维富勒烯、一维碳纳米管、二维石墨烯以及三维金刚石和石墨的完整体系。石墨烯具有独特的二维平面结构及特殊的电学、光学、力学以及热学等性能，并且具有可加工性强、应用范围广等优点，在化工、能源、电子、材料、催化、环保、生物医药等领域具有重大的应用前景，有望在 21 世纪掀起一场新的技术革命[1~5]。

当前，世界各国均已认识到石墨烯的广阔市场前景，力争把握石墨烯技术革命和产业革命的机遇，正在形成技术研发和产业投资的高潮[1]。发达国家将石墨烯列为一项影响未来国家核心竞争力的技术，大力支持石墨烯的研发及商业化。在国家战略层面，2010 年美国联邦政府提出 45 亿美元巨资资助石墨烯的计划，力图在石墨烯研发的最前沿领域取得领跑地位。2011 年英国将石墨烯列为四大战略性新兴产业之一，并投入 5000 万英镑打造全球领先的石墨烯研发和产业化中心。从 2012 年开始，韩国将连续六年累计提供 2.5 亿美元用于资助石墨烯的研发和产业化应用研究。从 2013 年开始，欧盟也将连续十年投入 10 亿欧元的专项经费用于石墨烯的研发，并将其上升到“旗舰项目”的战略高度。在企业层面，全球各国已有 200 多家企业加入到石墨烯的研发和产业化队伍中，包括一大批世界 500 强的国际知名公司，如美国宝洁、韩国三星、美国 IBM、荷兰飞利浦等企业巨头。在产业化层面，美国石墨烯生产商 XG Sciences 年产能达到 80t。韩国三星公司已研制出首款石墨烯电子晶体管器件和柔性显示屏智能手机。在技术专利层面，全球石墨烯专利申请量呈激增态势，从2010年到2012年的短短3年时间内，专利申请量增长4倍多。美国和我国在专利拥有量上处于领先地位。韩国三星、浙江大学、美国IBM、韩国高级科技学院以及南京大学分别排在专利申请的前五名。

近年来，我国高度重视石墨烯技术和产业的发展，各高等院校和众多企业一直密切跟踪石墨烯的前沿技术和产业动向。2012年，工信部在新材料“十二五”规划中将石墨烯列入前沿材料目录。国家自然科学基金委在2007~2013年期间资助了1096项与石墨烯有关的基础研究计划。科技部围绕石墨烯的制备、工艺、材料等方向支持了一批重大专项和科技支撑计划项目。从石墨烯产业目前的发展进程看，我国在石墨烯的散热、导电等特性的应用方面，已迈入产业化门槛。2012年1月，全球首款智能手机石墨烯电容触摸屏在江苏常州二维碳素科技有限公司研制成功。2013年5月，全球最大规模的石墨烯透明导电薄膜生产线又在该公司正式投产，年产能达到$3\times10^4m^2$。2012年9月，浙江宁波墨西科技有限公司年产300t的石墨烯项目正式投入建设。2013年4月，贵州新碳高科有限责任公司正式宣布推出我国首个纯石墨烯粉末产品——柔性石墨烯散热薄膜。2013年11月，国内最大的年产100t氧化石墨(烯)/石墨烯粉体生产线在常州第六元素材料科技股份有限公司正式投产。2013年8月，江苏无锡惠山经济开发区启动建设国内首个石墨烯创新发展示范基地。

本章对石墨烯的结构、性质、制备方法及其最新研究进展和应用前景进行详细介绍。

3.1 结构

石墨烯简单来说就是一层石墨片层，厚度仅0.335nm，约为头发直径的二十万分之一，是已知材料中最薄的一种[13]，它可以包裹成零维的富勒烯、卷曲成一维的碳纳米管、堆叠成三维的石墨，是构建其他维数碳材料的基本单元，如图3-1所示。石墨烯片层骨架上每个碳原子以sp^2杂化轨道的形式和相邻的三个碳原子形成σ键，C-C键长约0.142nm，键角成120°，剩下的一个p轨道电子与六元环中碳原子一起形成π键共轭体系。由于石墨烯片层碳六元环的横向堆叠特性，所有的π键会共轭成一个大π键，使得整个石墨烯骨架上下都分布有成对的电子云，这样的结构与芳烃分子的构型完全一致。因此，石墨烯可以看成是一个巨大的稠环芳烃。石墨烯独特的结构决定了其特殊的性质。单片层二维结构使其具有超大比表面积，理论比表面积可达$2600m^2\cdot g^{-1}$[14]；骨架上下丰富的电子云使其具有独特的电子能带结构和电子学特性；牢固而没有张力的C-C键使石墨烯具有十分稳定的化学性质；碳原子之间连接非常柔韧，碳原子面会通过弯曲变形来消除外力，这种特性使石墨烯的结构异常稳定。

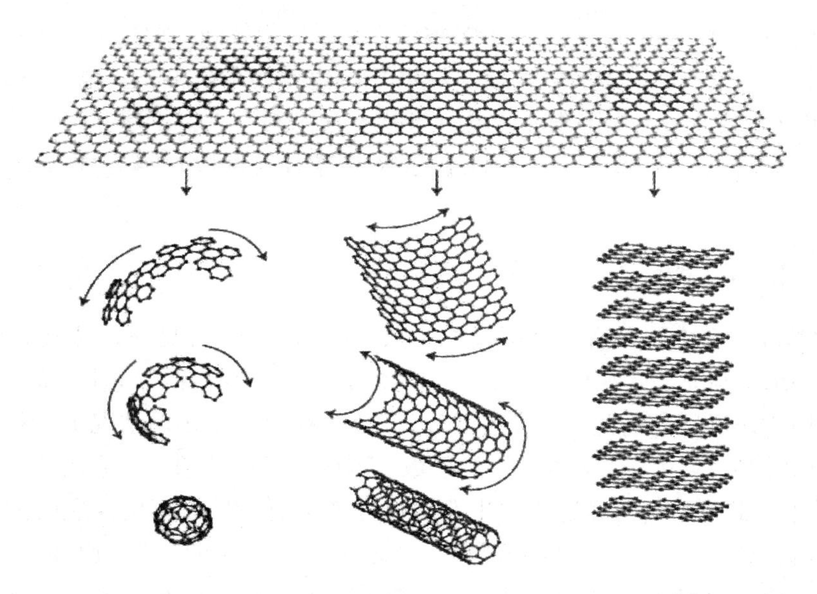

图 3-1　二维的石墨烯是组成其他维度碳材料的基元[7]

3.2　性质

下面主要从电学、光学、力学、热学以及化学性能等方面对石墨烯的性质进行简要介绍。

3.2.1　电学性能

石墨烯材料之所以引起广泛关注，与其令人惊奇的电学性质是密不可分的。石墨烯的能带结构是锥形价带和导带对称地分布在费米能级上下，价带和导带的交点为狄拉克点(Dirac point)，呈现出零带隙半导体特性，如图 3-2 所示。在费米面低能区域附近，石墨烯的电子运动遵循狄拉克方程，因此，石墨烯的电子也被称为无质量的狄拉克-费米子(Dirac fermions)，又称为载流子。石墨烯的大 π 键结构使其电子具有很高的电子费米速率，载流子可以以近乎光速的速度运动，电子迁移率高达 $2\times10^5\text{cm}^2\cdot\text{V}^{-1}\cdot\text{s}^{-1}$，约为硅电子迁移率的 140 倍[15]。实验表明，在室温下石墨烯的电子迁移率也可达到 $1.5\times10^5\text{cm}^2\cdot\text{V}^{-1}\cdot\text{s}^{-1}$。此外，特殊的载流子特性使石墨烯在室温下就能够观测到量子轨道效

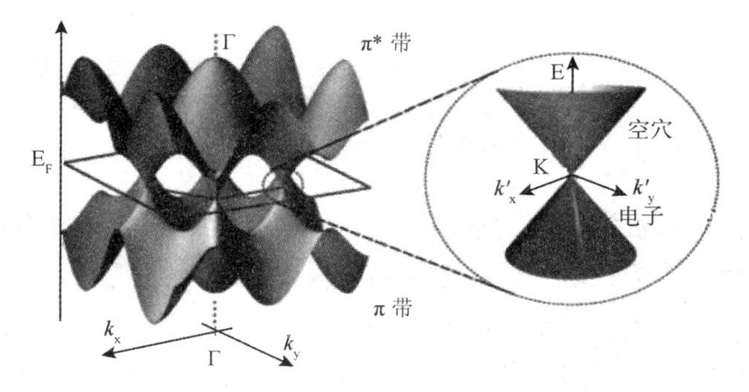

图 3-2　石墨烯的能量色散关系及费米面附近线性能带结构[7]

应、霍尔效应等现象[16,17]。因此，石墨烯被认为是未来代替硅，构建下一代基础电子元器件的理想材料。自由移动的表面电子使石墨烯具有优异的导电性，其电导率高达 10^6 S · m^{-1}，是目前已知物质中在室温条件下电阻率最低的材料[18]。由于超高的电导率以及巨大的比表面积，石墨烯在锂离子二次电池和超级电容器的电极材料方面具有巨大的应用潜能。

3.2.2 光学性能

理论计算和实验结果表明，单层石墨烯只吸收 2.3% 的可见光，即其透光率可高达 97.7%，这一结果与非交互狄拉克－费米子理论的结果完全吻合。如图 3-3 所示，随着石墨烯层数的增加，可见光透过率会依次降低 2.3%。在层数不多的情况下，石墨烯的透光率即为 $(1-0.023n)\times100\%$，n 为石墨烯层数，因此，可以利用可见光的透过率来估算石墨烯的层数[19]。此外，石墨烯还表现出非线性光学吸收特性，当用强烈的光照射石墨烯时，石墨烯对可见、红外等波段的光都具有良好的吸收，零带隙特征使其容易对光饱和，因而对光具有较低的饱和通量[20]。利用这一性质，石墨烯可以在许多光学领域如激光开关、光子晶体等方面得到应用。石墨烯的理论透光性和导电性优于氧化铟锡（ITO），加之其超强的柔韧性，石墨烯在透明电极、透明导电薄膜方面具有广阔的应用前景。

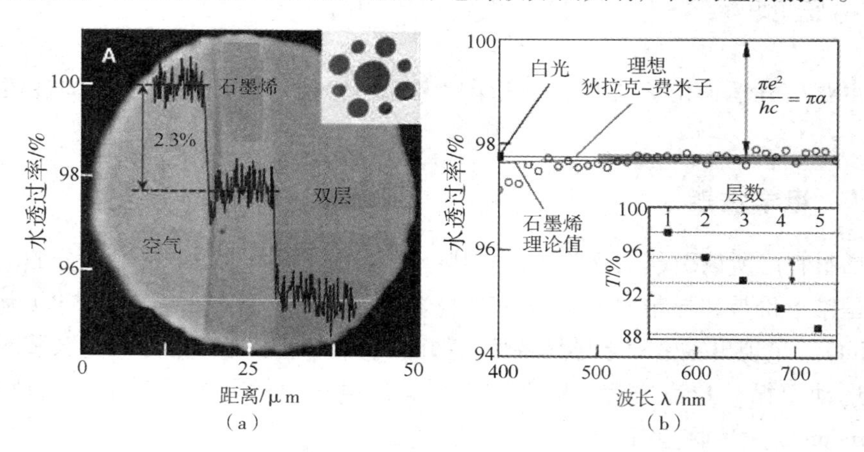

图 3-3　石墨烯层数与透光率关系及与模拟数据对比图[21]

3.2.3 力学性能

与石墨、金刚石、碳纳米管等其他同素异形体类似，石墨烯具有优异的力学性能。虽然石墨烯只由一层碳原子组成，但碳原子之间的 σ 键异常牢固，而且连接非常柔韧，在受到外力压迫时整个碳原子平面会发生形变，而不需要进行分子重排，从而具有优异的结构稳定性。石墨烯的抗拉强度和弹性模量分别达 125GPa 和 1.1TPa，断裂强度高达 42N · m^{-2}，是普通钢的 200 倍[22]。同时，石墨烯硬度也极高，实验数值高达 300～400N · m^{-1}。石墨烯是目前已知的强度和硬度最高的晶体结构材料，优异的力学性能使其成为组建微型压力和力学传感器以及共振器等的理想选择。

3.2.4 热学性能

石墨烯的导热性能主要取决于其中的声子传输。石墨烯理论热导率高达 $6.0\times10^3 W\cdot m^{-1}\cdot K^{-1}$，实验值也达 $(4.8\sim5.3)\times10^3 W\cdot m^{-1}\cdot K^{-1}$，是室温下铜热导率($401W\cdot m^{-1}\cdot K^{-1}$)的10倍以上，比天然材料中热导率最高的金刚石还要高出1.5倍[23]。良好的稳定性、超高电荷传输能力和优异的导热性使石墨烯有望用作超大规模纳米集成电路的散热材料。

3.2.5 化学性能

石墨烯结构单一，完美的石墨烯不含任何不稳定键，表面呈惰性状态，很难进行化学改性或修饰。尽管如此，碳碳双键是石墨烯最基本的化学键，在特殊方法或剧烈条件下能够实现其化学改性。此外，在石墨烯制备过程中，边缘和平面中会出现局部缺陷，也为石墨烯的化学反应提供了活性位点。2008年，James 等[24]利用高活性的芳烃重氮盐自由基，实现了石墨烯的自由基加成反应。2010年，Georgakilas 等[25]将液相剥离制备的石墨烯分散于 *N*，*N*-二甲基甲酰胺溶剂中，经过长时间的加热回流，石墨烯边缘和平面内少量碳碳双键可以发生甲亚胺叶立德1，3-偶极环加成。最近研究发现，通过等离子体氢化[26]、Birch 还原[27]等方法可以实现石墨烯的碳碳双键加氢，使每个碳原子上都增加一个氢原子，得到石墨烷(Graphane)[28]，使高度导电的石墨烯变成绝缘体，从而为新型石墨烯半导体材料的研究和应用铺平了道路。目前，关于石墨烯化学性质研究最多是从石墨烯的氧化物(氧化石墨烯)出发，对氧化石墨烯的含氧官能团(如—OH、—COOH)等进行化学修饰改性，从而极大的丰富了石墨烯的性质和应用的领域范围。

3.3 制备

自2004年问世以来，作为大规模生产应用和理论研究的基础，石墨烯的制备方法一直是学术界与产业界关注的焦点。围绕石墨烯制备这一关键问题，研究者们使用不同的碳源、不同方法进行了广泛而深入的研究，开发出机械剥离法、液相剥离法、化学气相沉积法、氧化还原法、外延生长法、石油基模板法、有机合成法、电弧放电法、等离子增强法、火焰法等多种合成方法。下面主要对几种较为常用的制备方法进行介绍。

3.3.1 机械剥离法

机械剥离法(Mechanical exfoliation)利用高定向热解石墨(Highly oriented pyrolytic graphite，HOPG)为原料，使用机械外力克服石墨片层与层之间较弱的范德华力，从而将单层或数层的石墨烯片剥离开。机械剥离法的优点是不会破坏 HOPG 单片层自身结构，从而能很好地保持石墨烯自身的电子结构和物理特性。

2004年，Andre Geim 教授即利用微机械剥离的方法得到了薄层石墨烯，如图3-4所示。

该研究首先利用氧等离子体刻蚀作用在厚度为 1 mm 的高定向热解石墨的表面得到多个深度为 5μm 的平台，再将刻蚀过的表面固定于光阻材料的平面上，将平台以外的石墨结构去除。然后用透明胶带反复地剥离石墨片层，直至该平面上剩下较薄的片层为止，并将其分散于丙酮溶液当中，再将表面为 SiO_2 薄膜的硅基片在溶液中浸渍片刻并超声洗涤，一些厚度小于 10nm 的石墨片层在范德华力或毛细作用下紧密地固定在硅基片上，使用光学显微镜、扫描电子显微镜和原子力显微镜的表征手段，能够清晰地观测到单层和多层石墨烯的存在。

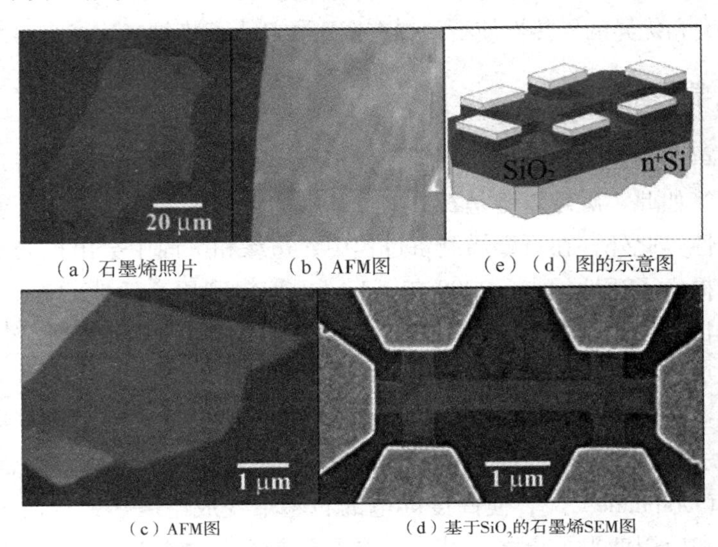

(a) 石墨烯照片　(b) AFM图　(e)(d) 图的示意图

(c) AFM图　(d) 基于SiO_2的石墨烯SEM图

图 3-4　机械剥离法制备石墨烯装置示意图[10]

3.3.2　液相剥离法

石墨也可以在特定溶液中直接剥离或溶解成为石墨烯，即液相剥离法(Liquid exfoliation)。液相剥离过程类似于聚合物在特殊溶液中溶解，其机理可以通过热力学的混合焓理论以及石墨碳层与溶剂分子之间的电子传输作用来说明。对于混合焓理论，爱尔兰都柏林大学 Coleman[29] 给出了一个近似的表达式来解释他们的实验结果：表面张力与石墨烯相近的有机溶剂(约 40 ~ 50mN · m^{-1})可以作为良好的分散介质。

$$\frac{\Delta H_{mix}}{V_{mix}} \approx \frac{2}{T_{NS}}(\sqrt{E_{S,S}} - \sqrt{E_{S,G}})^2 \varphi_G$$

上式中 ΔH_{mix} 是混合前后的焓变，V_{mix} 是混合物的体积，T_{NS} 是剥离得到的石墨烯的厚度，$E_{S,S}$ 和 $E_{S,G}$ 分别为溶剂和石墨烯的表面能，φ_G 是溶解的石墨烯的体积分数。利用这一等式，理论上可以初步筛选出能够高效剥离石墨的有机试剂，并且在实际实验过程中，很多有效的试剂也证实这一等式的合理性。

利用以上理论，Coleman 等成功地在 N - 甲基吡咯烷酮(NMP)中将石墨剥离为石墨烯(0.01mg · mL^{-1})[29]。将石墨粉在 NMP 中温和超声波处理 30min，然后将反应液在 500r · min^{-1}下离心 90min，除去没有被剥离的石墨颗粒。透射电子显微镜、拉曼光谱及 X 射线光电子能谱等测试结果均证实可得到无缺陷的单层、双层、多层($n<5$，n 为石墨烯层数)的石墨烯。2011 年，Guardia 等[30]分别用质量分数为 0.5% 和 1.0% 的不同表面活性剂来制备石墨烯，通过水浴超声 2 h，离心 5min，再取上清液离心 30min，从实验结果可以看出，各种表面活性剂都能够在水溶液中剥离出一定浓度的石墨烯，只是剥离效果各不相同，其中十六烷基三甲基溴化铵(HTAB)在用量为 0.5% 时表现出良好的剥离效果，而在用量为 1.0% 时只有轻微的剥离；牛黄脱氧胆酸钠(TDOC)和十二烷基－P－D－麦芽糖苷(DBDM)不论是质量分数为 0.5% 还是 1.0%，剥离效果都较差；而 Tween80 和 P－123 在上述两种浓度下都表现出优异的剥离效果。

2010 年，美国橡树林国家实验室戴胜等[31]将天然鳞片石墨加入离子溶液中，超声处理 60min (750W)，继而将产物以 1000r · min^{-1}转速离心 20min，保留含有石墨烯片层的上清液，所得石墨烯溶液的浓度为 0.95mg · mL^{-1}。除此之外，其他包含非芳香族阳离子的离子溶液如 1－丁基－1－甲基吡咯烷双(三氟甲磺酰基)亚胺，也可得到类似的剥离效果。实验测试结果表明，离子液体剥离出的石墨烯性质稳定，石墨烯浓度较高，分散体系较为稳定，不易聚沉。

传统的机械剥离法和液相剥离法制备石墨烯的产率一般较低，很难实现大规模生产。2014 年，Coleman 课题组[32]报道了一种便捷大量制备石墨烯的新方法，如图 3－5 所示。该方法将粉碎的石墨放进容器内，加入适量的表面活性剂，利用“剪切混和器”对石墨溶液进行高速搅动，即可将石墨打碎为单片层的石墨烯，1h 可制备出 5g 石墨烯，产品基本为单层石墨烯而且其结构没有被破坏。利用此方法，借助厨房用的搅拌机都可制备出石墨烯产品。此搅拌法有可能成为廉价大规模生产石墨烯的新技术，具有较好的应用前景。

图 3－5　搅拌法大规模制备石墨烯的装置及产品示意图[32]

(a)搅拌法制备石墨烯装置示意图；(b)(c)搅拌机搅拌器定子、转子示意图；(d)大规模制备石墨烯产品；(e)(f)(g)所制备石墨烯的 TEM 图；(h)所制备石墨烯的 STM 图

3.3.3 化学气相沉积法

化学气相沉积(Chemical vapor deposition，CVD)法是指将气态含碳化合物(如 CH_4 等)进行高温处理，使其在催化剂作用下分解，并在基体表面沉积形成石墨烯片层的方法。

因基体的不同，CVD 法制备石墨烯的机制分为两种：即渗碳析碳机制和表面生长机制。对于一些溶碳量高的金属基体(如 Ni 等)，其形成石墨烯的过程是碳原子在高温时渗入金属基体内，降温时再析出成核，进而生长成石墨烯，此即为渗碳析碳机制。CVD 法最早用多晶镍膜作为生长基体。2008 年，美国麻省理工学院 J. Kong 等[33]与韩国成均馆大学 B. H. Hong 等[18]均通过镍基底制备得到单层或多层的石墨烯，并将石墨烯成功地从基体上完整地转移下来，制备过程如图 3-6 所示。由于镍薄膜中渗透的碳原子量较大，在析出过程中可控性较差，晶畴尺寸比较小，层数不均匀；同时，由于石墨烯和镍的热膨胀系数相差较大，所制石墨烯表面不平整，出现较严重的褶皱。

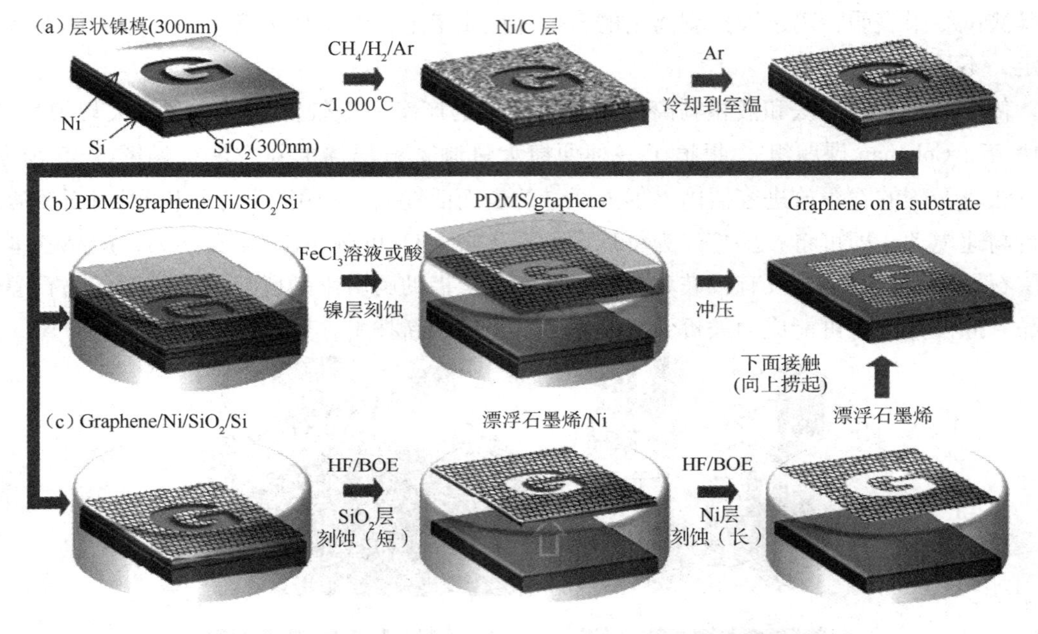

图 3-6 CVD 法制备大片层石墨烯及其刻蚀和转移示意图[18]

表面生长机制则是一些具有较低溶碳量的金属基体(如 Cu 等)，在高温时碳原子被吸附于金属表面，形成分散的石墨烯，进而生长形成连续的石墨烯薄层。2008 年，美国德州大学奥斯汀分校 R. S. Ruoff 等[34]利用铜箔作为基体生长单层为主的大面积石墨烯，该方法生长的石墨烯表面比较平整，以单层为主，有少部分的双层和三层。2010 年，B. H. Hong 等[35]进一步发展该方法，利用铜箔较好的柔韧性，结合热释放胶带的连续滚压转移方法制备出 30in 的石墨烯膜，其透光率与单层石墨烯十分相近。以铜箔为基底的方法可控性好，价格较低，石墨烯生长质量高，但因需低压条件，对实验设备和反应系统的压强要求比较高，在一定程度上限制了石墨烯的规模化生长。

北京大学刘忠范等在 CVD 法制备石墨烯领域开展了深入研究。2011 年，开发出卷对卷连续快速生长石墨烯薄膜的新方法[36,37]。通过对石墨烯成核与生长的调控，利用 CVD 法在工业铜箔基底上生长石墨烯，设计出可达到中试水平的石墨烯卷对卷生产系统，实现了大面积单层石墨烯薄膜在工业铜箔基底上卷对卷的宏量制备。基于以上研究，在石墨烯转移过程中可将金属纳米线(如银纳米线、铜纳米线等)网络直接封装在石墨烯与柔性塑料基底之间，批量制备石墨烯/金属纳米线/PET 的复合型柔性导电薄膜，可作为理想的透明电极材料，如图 3-7 所示[38]。2015 年，首次开发出一种在玻璃基底上直接生长石墨烯的新方法[39,40]。通过对反应气体浓度、生长温度和生长时间的精确调控，在耐高温玻璃和普通玻璃上成功实现了高品质石墨烯薄膜的可控生长。由于石墨烯玻璃兼具玻璃的透光性，以及石墨烯的导电、导热和表面疏水性等优点，在热致变色窗口、防雾视窗以及光催化等方面具有巨大的应用潜力。

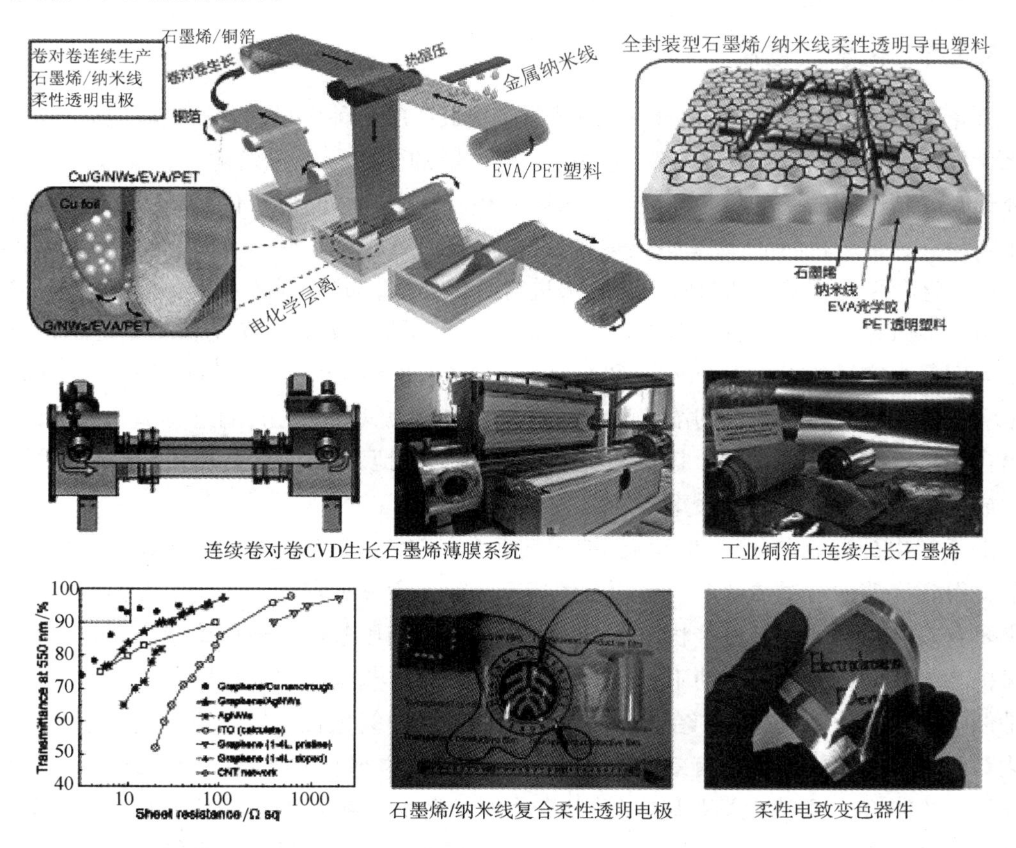

图 3-7　连续卷对卷制备石墨烯和石墨烯柔性透明电极的工艺流程图[38]

除多晶 Ni 和 Cu 之外，单晶 Co、Pt、Pd、Ir、Ru 等金属也被用作 CVD 生长石墨烯的基体，同样可实现石墨烯的化学气相沉积法制备。目前，利用 CVD 法可以获得高质量、大面积的石墨烯，而且简单易行、便于分离，CVD 法已成为制备高质量石墨烯的重要方法。但该方法影响因素较多，对石墨烯生长的调控和优化较为繁琐，且成本较高，较低成本、大批量制备出高质量的石墨烯仍是未来研究的重点。

3.3.4 SiC 外延生长法

20 世纪 90 年代中期，人们即发现 SiC 单晶加热至一定的温度后，会发生石墨化现象。将经过氧化或 H_2 刻蚀处理过的 SiC 单晶片置于超高真空和高温环境下，利用电子束轰击 SiC 单晶片，除去其表面氧化物，使其中硅原子挥发成气体，剩余的碳原子则会结构重排，在 SiC 表面形成具有一定厚度的石墨烯薄片，这就是外延生长法(Epitaxial growth)制备石墨烯。早在 2006 年，美国佐治亚理工大学 C. Berger 等[41]就利用该方法，通过调控工艺参数获得了单层和多层的石墨烯。因 SiC 本身就是一种性能优异的半导体材料，所以该材料适用于以 SiC 为衬底的石墨烯器件的研究。但该方法缺点是条件苛刻、成本高，且生长出来的石墨烯很难与 SiC 基底分离，不适用于石墨烯的大规模制备。

3.3.5 化学氧化法

氧化还原法(Chemical Reduction)是当前应用最广的一种大量制备石墨烯的方法。通过先将含氧基团如羧基、羟基、环氧基等引入石墨层的碳原子上，以扩大石墨层间的距离，并部分改变碳原子的杂化状态，削弱石墨层间相互作用，即可将氧化石墨剥离成薄层形成氧化石墨烯，最后再将含氧基团还原消除便可得到石墨烯。早在 1859 年，英国化学家 Brodie[42]就利用发烟硝酸和氯酸钾对石墨进行氧化处理，成为制备氧化石墨方面最早的报道。由于 Brodie 法反应条件十分苛刻，研究人员一直在寻求更为安全和简捷的制备方法，其中应用最为广泛的是由 Hummers 和 Offerman 在 1958 年提出的 Hummers 法[43]。Hummers 法是将石墨粉置于含硝酸钠的浓硫酸中，以高锰酸钾为氧化剂对石墨进行氧化处理，可制备出含氧量较高的氧化石墨。该法实验操作简单、快捷方便、安全可靠、对环境污染较小，成为目前制备氧化石墨最重要的方法。

由于氧化石墨烯中 π 键和结构已被含氧官能团破坏，其导电性大幅下降。为修补这些缺陷，得到完整的石墨烯片层，必须使用还原法除去含氧等官能团。还原石墨烯的常用方法主要有三种：第一种是直接将氧化石墨烯在高温和高压条件下还原；第二种是在惰性气体保护下加热氧化石墨烯，使不稳定的含氧官能团以水蒸气和二氧化碳的形式脱离；第三种是催化还原法，利用催化剂在光照或高温条件下诱导氧化石墨烯还原。利用还原剂还原氧化石墨烯也是较为常用和有效的方法，可使用的还原剂有氧碘酸、硼氢化钠、水合肼、氢气等。2008 年，天津大学张凤宝等[44]成功地开发出一种氧化石墨烯在碱性条件下部分脱氧还原制备石墨烯的新方法，还原的氧化石墨烯所残余的少量含氧官能团使其在水中仍能保持良好的分散性，成为大规模制备水溶性石墨烯的重要方法之一。由于氧化还原法不需要严苛的条件，过程相对简单，能够实现粉体石墨烯的大批量制备，而且中间过程的氧化石墨烯易于组装，便于工业利用。但该方法制备出的石墨烯具有较多的缺陷位，其导电性也差等缺陷，严格意义上并不是完整的石墨烯薄层。该法适用于可以容忍少量缺陷、甚至利用其缺陷的某些应用领域(如储能、催化等)。

3.3.6 模板法

石油沥青作为原油蒸馏的副产品，具有含碳量高、廉价、易得等优点，其中含有大量的稠环芳烃结构单元，芳烃结构单元中的碳原子与石墨烯中的碳原子相似，故石油沥青也可是制备石墨烯的优质原料。基于石油沥青易软化熔融的特性，若将所含的稠环芳烃结构单元限制在纳米模板的限域空间内，会在金属氧化物等模板表面通过聚合与芳构化形成相互连接的薄膜，随后，再通过高温处理等过程，可将这些薄膜进一步转化成为高性能石墨烯材料。

2015 年，何孝军等[45]报道了以石油沥青为碳源，协同模板耦合化学活化法合成了石墨烯纳米片。首先，液化后的石油沥青包裹纳米氧化镁与氢氧化钾，随后石油沥青聚合成三维相互连接的薄膜。然后，通过炭化和酸洗去除模板后，得到石墨烯纳米片，如图 3－8 所示。

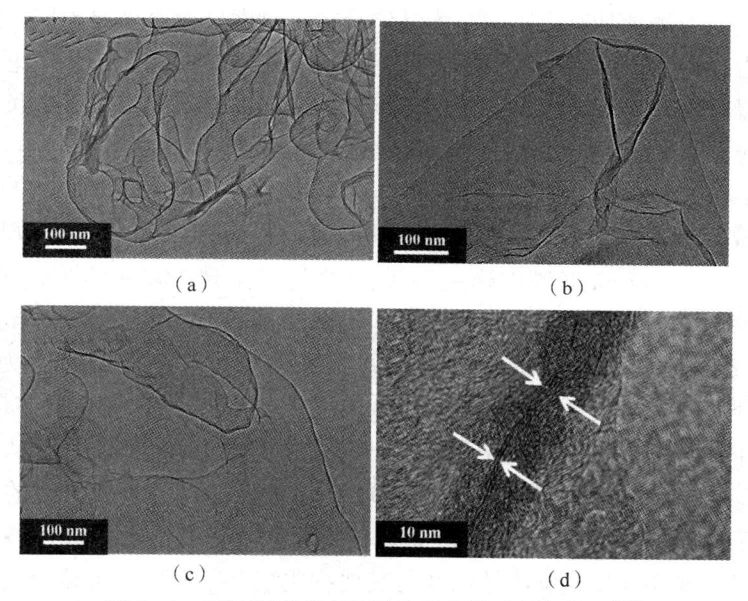

图 3－8 石油沥青基石墨烯的高分辨透射电镜图[45]

2015 年，吴明铂课题组[46]开发了以石油沥青为原料制备石墨烯材料的新方法。该法采用氧化锌为模板，将其与一定比例的锌锰前驱体均匀混合，经溶剂助混、高温炭化、模板脱除等步骤后就可实现大批量石墨烯材料的简易制备，且所得石墨烯结构可控。该法在制备石墨烯的同时，可掺杂电化学活性高的组分，有望成为批量制备高性能石墨烯材料的一种新方法。

3.4 应用

石墨烯独特的电学、力学、光学、热学等性质引起了全球范围内的广泛关注。随着人们对石墨烯性质的逐步认识和深入探索，关于石墨烯应用的研究层出不穷，几乎涉及到各个领域，尤其是在能源、电子、材料、催化、环保、生物医药等领域展现出重大的应用前景。本节将重点介绍石墨烯材料在储能、催化、环保等领域的应用研究进展。

3.4.1 储能

1)锂离子电池(LIBs)电极材料

锂离子二次电池是指分别用二个能可逆地嵌入与脱嵌锂离子的化合物作为正负极构成的二次电池。LIBs是通过锂离子在正负极之间的转移来完成电池的充放电工作，被称为“摇椅式电池”。随着电子产品的不断更新换代，对电池的比容量和性能要求越来越高，开发更高性能的LIBs迫在眉睫。在储锂方面，石墨因其可逆性好和循环寿命长，是目前最常用的商业化LIBs负极材料。但一个锂离子和六个碳原子相互作用，理论上储锂容量只有372mAh · g^{-1}。石墨烯具有完美的二维晶体结构，厚度仅为一个原子层，独特的结构使其具有优异的电学性能。单层结构的石墨烯能在正反两面储存锂离子，理论上能提供两倍于石墨的比容量。除此之外，石墨烯片层还可作为二维平面基底，用于生长或与各种高性能金属氧化物等活性物质进行复合，作为高性能正极或负极材料[10,47,48]。

(1)负极材料

石墨烯用做LIBs负极材料时能与锂形成Li_2C_6，理论最大容量为740mAh · g^{-1}[48]。若石墨烯薄片直径小至0.7nm时则能形成Li_4C_6，容量可达到1488mAh · g^{-1}[49]。在实际应用中，石墨烯的比电容则远低于其理论值，但仍明显高于石墨的比电容理论值。2008年，Honma等[50]制备出比容量为540mAh · g^{-1}的石墨烯负极。在电流密度为0.1 C(1C = 0.744A · g^{-1})下，首次放电比容量高达1600mAh · g^{-1}以上，首次充电比容量为887mAh · g^{-1}[51]，这是由于石墨烯基负极锂离子电池电极表面形成固体电解质膜，从而产生较高的不可逆容量[52]。在一次充放电循环后，容量就会趋于稳定并且表现出高的倍率性能和循环稳定性。由于以石墨烯直接做LIBs负极材料的理论容量有限，因此，科研人员进行了广泛的研究探索，发现通过化学改性以及与其他物质复合等方式，可显著增强石墨烯材料的储锂能力与稳定性能。

研究表明，元素掺杂能够有效提升石墨烯的储锂性能[53~55]。2010年，美国莱斯大学Ajayan等[53]利用在NH_3中的化学气相沉淀法，在铜电流收集器中可合成氮掺杂石墨烯，与未掺杂的石墨烯相比，其可逆放电容量提高1倍。2013年，中科院金属所成会明、吴忠帅等[54]分别在600℃ NH_3/Ar和800℃ BCl_3/Ar环境中对石墨烯进行热处理，得到氮掺杂和硼掺杂的石墨烯，在0.05A · g^{-1}电流密度下，其可逆容量可达1040mAh · g^{-1}。掺杂石墨烯卓越的储锂性能可归因于掺杂所造成的大量表面缺陷，从而提升了锂离子结合能力，增加了电极与电解液间的相容性。然而，2016年最新研究表明，并非所有的氮掺杂都能提高石墨烯的储锂能力[56]。事实上，只有氮修饰的单空位和双空位缺陷，尤其是石墨烯上的吡啶型氮原子缺陷，才能极大地提高可逆储锂性能。

将石墨烯与其他纳米碳材料(如富勒烯、碳纳米管及其他硬质碳等)复合，也能改善其储锂性能[57~59]。早在2008年，Honma等[50]将氧化石墨与酸处理过的碳纳米管以及富勒烯复合，储锂容量分别被提升至730mAh·g^{-1}和784mAh·g^{-1}，循环20次后容量分别为480mAh·g^{-1}和600mAh·g^{-1}。研究发现，碳纳米复合材料的尺寸、结构和比例是影响其电化学性能的重要因素。2011年，上海大学王勇等[57]通过原位生长合成了多层碳纳米管/石墨烯复合材料，实验结果显示，复合材料的电化学性能受相邻石墨片层之间距离的影响，碳纳米管的长短起着关键作用，最短的碳纳米管在0.074A·g^{-1}电流密度下表现出573mAh·g^{-1}的电容量，并且循环30次后仍能保持在518mAh·g^{-1}。2013年，加拿大西安大略大学孙学良等[59]制备出碳纳米管/石墨烯复合膜，发现石墨烯与碳纳米管的比例也是影响复合材料性能的重要因素，两者的最优比为1:2，在0.1A·g^{-1}电流密度下，对应的最高比电容为375mAh·g^{-1}，100次循环后比容量仍可保持在330mAh·g^{-1}以上。

与传统石墨材料相比，硅具有超高的理论比容量(4200mAh·g^{-1})和较低的脱锂电位(<0.5V)，且电压平台略高于石墨，在充电时也不宜发生表面析锂，安全性能更好。因此，硅在作为LIBs碳基负极材料方面具有巨大的应用潜力。将石墨烯与硅复合能够进一步提升其性能，可有效地降低硅负极材料的容量衰退[60]。2010年，韩国东亚大学Kung等[61]将硅纳米颗粒和氧化石墨均匀混合，使硅纳米颗粒分散到石墨表层形成复合膜后，该复合膜电极在100 mA·g^{-1}电流密度下，经过50次循环后其容量仍达2200mAh·g^{-1}以上，200次循环后容量保持在1500mAh·g^{-1}以上。为进一步提高石墨烯上硅颗粒分散的均匀性，2012年，中科院郭玉国等[62]利用带负电荷的氧化石墨和带正电荷改性(*N*，*N*′-二甲基二烯丙基氯化铵)的硅纳米颗粒的相互作用进行自组装，再经热还原制备硅/石墨烯复合材料。该方案已发展成为制备硅与石墨烯复合物最常用有效的方法。通过机械方法把石墨烯和硅聚合物充分混合在一起，也可得到结构均匀的硅/石墨烯复合物，在300mA·g^{-1}电流密度下，其储锂容量可达2753mA·h·g^{-1}[63]。

金属氧化物具有理论容量高、易合成、成本低等突出特点，已被广泛地用做LIBs正极材料，但作为负极材料的研究则相对较少。在负极体系中，被研究最多的金属氧化物有SnO_2、Co_3O_4、Fe_xO_y、Mn_xO_y、TiO_2和NiO等。石墨烯具有的二维平面结构、高比表面积和良好的导电性，将金属氧化物/石墨烯复合物用作LIBs负极材料能够有效防止金属复合物的聚合和体积膨胀的功能，耦合金属氧化物也能阻止石墨烯的片层堆积，两者之间的协同作用能够大幅度提高储锂能力，从而具有优异的电学性能。如图3-9所示，金属氧化物与石墨烯主要通过以下6种方式进行复合：石墨烯锚定金属氧化物纳米颗粒、石墨烯包裹金属氧化物纳米颗粒、石墨烯封装金属氧化物纳米颗粒、石墨烯与金属氧化物形成夹层复合物(其中石墨烯作为金属氧化物生长的模板)、石墨烯与金属氧化物形成层状复合物以及石墨烯与金属氧化物构筑三维混合型复合物。

在诸多金属氧化物中，具有1494mAh·g^{-1}高理论容量的SnO_2引起了较大关注[64]，其理论容量可由如下方程计算得到：

$$SnO_2 + 4Li^+ + 4e^- \longrightarrow Sn + 2Li_2O \quad (3-1)$$

$$Sn + xLi^+ + xe^- \longrightarrow Li_xSn \quad (0 \leqslant x \leqslant 4.4) \quad (3-2)$$

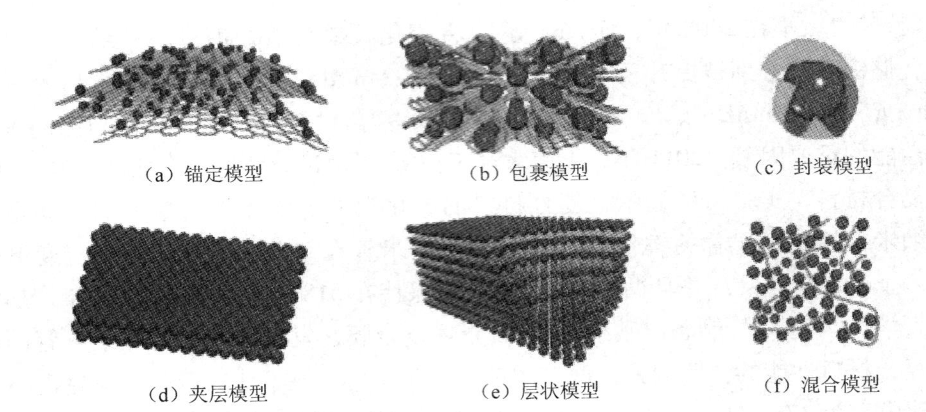

(a) 锚定模型　(b) 包裹模型　(c) 封装模型

(d) 夹层模型　(e) 层状模型　(f) 混合模型

图 3-9　金属氧化复合物/石墨烯的结构模型

为了进一步提高 SnO_2 的电化学性能，人们开发出多种石墨烯或氧化石墨片层与 SnO_2 纳米颗粒复合的方法。最简单直接的方法是将石墨烯片层和 SnO_2 纳米颗粒混合，随后石墨烯纳米片在 SnO_2 纳米颗粒表面聚集，从而得到 SnO_2/石墨烯复合物。在 50mA · g^{-1}电流密度下，该复合电极的首次放电比电容达 810mAh · g^{-1}，并且循环性能也得到提高，30 次循环后容量为 571mAh · g^{-1}，而纯 SnO_2 纳米颗粒循环 15 次后剩余比电容仅为 60mAh · g^{-1}。为提高复合物之间的相互作用，通过带有相反电荷的 Sn^{2+} 与氧化石墨或氨基化石墨烯的自组装，进而对氧化石墨还原可制得 SnO_2/石墨烯复合材料[65]。利用此方法制备的复合材料具有高稳定性的可逆储锂性能，0.1A · g^{-1}电流密度下循环 200 次后容量为 872mAh · g^{-1}。通过氧化石墨和 $SnCl_2$ 混合水溶液原位合成，再经加热还原氧化石墨以形成均匀 SnO_2/石墨烯复合材料，所制锂离子电池首次循环具有 765mAh · g^{-1}的可逆储锂容量，与 777mAh · g^{-1}的理论容量十分相近，并且稳定性能良好，经过 100 次循环后容量仍有 520mAh · g^{-1}[66]。通过微波加热还原含有 Sn^{2+} 的氧化石墨的方法可快速制备 SnO_2/石墨烯复合材料，由此材料组装成的锂离子电池表现出优异的稳定性，循环 50 次和 100 次后容量分别为600mAh · g^{-1}和 550mAh · g^{-1}[67]。通过气－液界面合成法可制备 SnO_2 纳米颗粒直径只有 2～6nm 的 SnO_2/石墨烯复合材料，在 0.1A · g^{-1}电流密度下储锂容量可达 1304mAh · g^{-1}[68]。

理论容量高达 890mAh · g^{-1}的 Co_3O_4 是另一种重要的 LIBs 负极材料。2010 年，上海大学王勇等[69]发明了一种借助微波作用制备纳米片型 Co_3O_4/石墨烯复合物的新方法，在 0.445A · g^{-1}和 4.45A · g^{-1}电流密度下，电容量分别为 1162mAh · g^{-1}和 931mAh · g^{-1}。此结果表明复合物具有优异的倍率性能，这主要归因于 Co_3O_4 纳米片和石墨烯的协同作用。Co_3O_4 纳米片能够阻止石墨烯纳片层的聚集，并且复合物的导电性和机械稳定性得到明显提升，石墨烯则可有效缓冲 Co_3O_4 纳米片的体积膨胀。2013 年，中科院上海硅酸盐研究所孙静课题组[70]通过真空过滤和热处理过程，开发出一种无粘结剂的 Co_3O_4/石墨烯复合物，Co_3O_4 和石墨烯通过静电相互作用结合在一起，将其直接用作 LIBs 负极，在 0.1A · g^{-1}电流密度下具有高达 1400mAh · g^{-1}的比容量，且具有优异的循环稳定性。

Fe_3O_4 具有成本低、资源丰富、易得以及理论容量高($926mAh \cdot g^{-1}$)等特点，是 LIBs 的电极负极材料的又一理想选择。与石墨烯材料复合也能够进一步提升 LIBs 的性能。2010 年，成会明等[71]通过在还原氧化石墨上原位还原氢氧化铁的方法可制备 Fe_3O_4/石墨烯复合物，并在 $0.035A \cdot g^{-1}$电流密度下表现出 $1026mAh \cdot g^{-1}$的高比容量，该值比理论比容量还要高，是由于氧化石墨片层上的含氧官能团发生了还原反应。2012 年，上海交通大学吴东清等[72]制备了具有核－壳纳米结构的 Fe_3O_4/石墨烯复合物，该核－壳结构能够在不降低导电性和催化活性的前提下解决 Fe_3O_4 纳米颗粒的体积变化问题。测试结果表明，在 $0.2A \cdot g^{-1}$电流密度下循环 100 次后，比容量为 $900mAh \cdot g^{-1}$，而不具备核－壳结构的 Fe_3O_4/石墨烯复合物在相同条件下比容量仅为 $50mAh \cdot g^{-1}$。

(2)正极材料

纯炭材料的储锂电压仅约 0.05V，因其电势太低而不能满足正极的需求，因此纯石墨烯不能作为 LIBs 正极材料。然而，通过功能化作用将石墨烯改性，在石墨烯片层上引入官能团作为氧化还原的中心，则其在 1.5～4.5V 的电压范围内能够具有约 $250mAh \cdot g^{-1}$的比容量[73]。此外，石墨烯还可以作为导电剂加入正极以提高其导电性，同时也能阻止活性组分的聚集。

$LiMO_2$(M = Co、Mn、Ni)、LiM_2O_4(M = Co、Mn、Ni)和 $LiMPO_4$(M = Fe、Co、Ni、Mn)是最常见的正极材料。其中，$LiMn_2O_4$ 和 $LiFePO_4$ 是用于电动汽车最主要的两种材料。因此，关于 $LiMn_2O_4$ 和 $LiFePO_4$ 与石墨烯复合的研究也最为广泛。与金属氧化物类似，$LiMn_2O_4$ 和 $LiFePO_4$ 与石墨烯复合主要有物理混合和原位生长两种方法。2011 年，中国科学院宁波材料技术与工程研究所刘兆平等[74]通过喷雾干燥和退火过程进一步完善了 $LiFePO_4$/石墨烯复合物的制备方法，在 10 C 充电和 20 C 放电速率下比容量为 $110mAh \cdot g^{-1}$，循环 1000 次后比电容能够保留 85%。原位生长技术也被广泛用于 $LiFePO_4$/石墨烯复合物的合成。2008 年，韩国庆尚大学 Kim 等[75]利用原位溶胶－凝胶(Sol-gel)方法将碳包裹到 $LiFePO_4$ 上，经 700℃热处理，即形成具有多孔结构的 $LiFePO_4$/石墨烯复合物，复合物在 0.1C 充电速率下展现出 $153mAh \cdot g^{-1}$的比容量。2013 年，孙静等[76]开发出一种以 Fe_2O_3 为前驱物，在石墨烯上直接生长 $LiFePO_4$ 纳米晶体的原位合成新方法。制备的 $LiFePO_4$/石墨烯复合物在 1 C 充放电速度下，循环 100 次后具有 $160mAh \cdot g^{-1}$的高比容量。2012 年，成会明等[77]研究开发出一种以 $LiFePO_4$/石墨烯复合物为正极材料、以 $Li_4Ti_5O_{12}$/石墨烯为负极材料的柔性 LIBs。在弯曲的情况下，电极依然能保持其比容量，可用于便携式电子设备，具有很好的应用前景，如图 3－10 所示。

2)超级电容器

超级电容器是 20 世纪七、八十年代发展起来的一种新型的储能装置，主要是利用电极/电解质界面电荷分离所形成的双电层，或借助电极表面及体相中欠电位吸附/脱附或快速的氧化/还原反应所产生的法拉第准电容来实现电荷和能量的储存，具有功率密度高、充放电时间短、循环寿命长、工作温度范围宽等突出特点，被广泛应用于汽车、

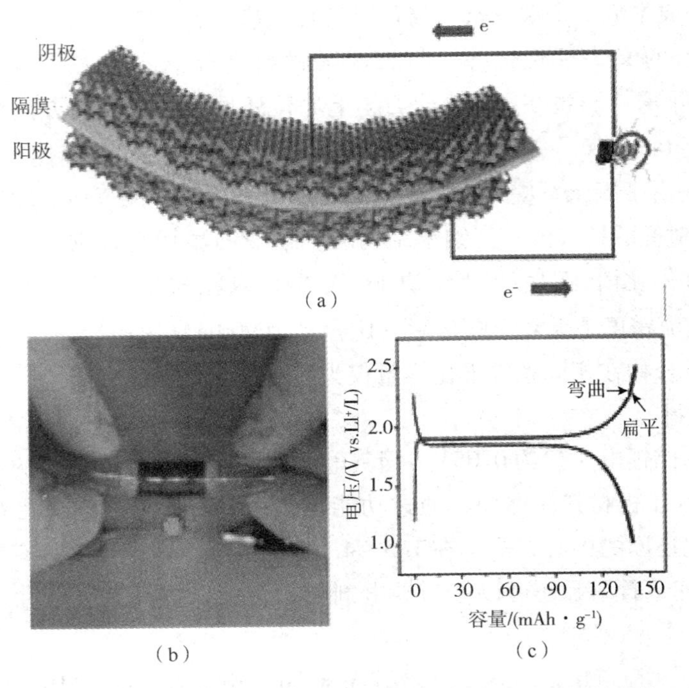

图3-10 $LiFePO_4$/石墨烯和 $Li_4Ti_5O_{12}$/石墨烯分别为阴极和阳极材料的LIBs[77]

电子、通信、航空航天、军事、医疗等领域。根据储能原理的不同，超级电容器可分为双电层电容器和赝电容电容器。两者都是通过分离电荷的方式来存储能量，但不同的是双电层电容器的分离过程发生在正极和负极，从而形成了两个双电层电极，每一电层相当于一个传统电容器。超级电容器主要的电极材料有碳材料、金属氧化物、导电聚合物等。石墨烯具有良好的电学、机械和电化学性能，可以制备成不同的多孔材料来进一步增大比电容。纯石墨烯、石墨烯混合物以及石墨烯复合材料都被研究用于制备高性能的超级电容器。

(1)纯石墨烯电极

碳材料具有大的比表面积和快速的电荷运输能力，是理想的双电层电容器电极材料。其中，碳材料的比表面积、孔结构和电导率是决定其电化学性能的三种关键因素。围绕这些关键因素，科研工作者开发出一系列基于纯石墨烯电极材料的超级电容器。

超级电容器所需石墨烯材料通常由氧化石墨烯还原得到。利用水合肼还原氧化石墨所制超级电容器，比电容达135F·g^{-1}，但所得石墨烯材料极易团聚，导致比表面积仅为705m^2·g^{-1}，远小于单层石墨烯的理论值(2630m^2·g^{-1})。制备电极时绝缘胶的引入也会降低电极的导电性，使其比电容值损失[78]。因此，2011年，中科院电工研究所马衍伟等[79]开发出弱氢溴酸还原氧化石墨的新方法。所得石墨烯材料不仅可以促进水的渗透，而且还引入了赝电容，在0.2A·g^{-1}的电流密度下，在1mol·L^{-1}的硫酸溶液及1-丁基-3-甲基咪唑六氟磷酸离子液体电解质中，分别表现出384F·g^{-1}和158F·g^{-1}的比电容。由于含氧官能团在充放电过程中减少，电容值在循环测试中表现出递增的趋势，直到2000

次循环后才不再增加。然而，不论利用哪种方法得到的还原氧化石墨烯，都难以避免其片层之间的团聚与堆积。

除化学还原法外，还可以通过热剥离氧化石墨的方式来制备石墨烯作为正极材料。2008 年，Vivekchand 等[80]在 1050℃下采用热剥离氧化石墨制备出石墨烯电极材料。所制石墨烯比表面积可达 $925m^2 \cdot g^{-1}$，将其组装成超级电容器后，在硫酸电解质中比电容值仅 $117F \cdot g^{-1}$，主要原因是电极材料的微孔未能被充分利用。为此，北京化工大学宋怀河等[81]改进了热还原方法，合成了具有介孔结构的石墨烯，将比电容值提高到 $150F \cdot g^{-1}$。2009 年，天津大学杨全红等[82]研发了一种高真空辅助条件下低温剥离石墨烯的新方法，如图 3-11 所示。在高真空负压环境下，石墨烯层周围温度能够得到有效降低，在低至 200℃条件下即可剥离出石墨烯产品，由此材料组装成的超级电容器比电容值可高达 264 $F \cdot g^{-1}$。在此研究基础上，研究者还发现氧化石墨烯会在多孔阳极氧化铝和氧化石墨烯溶液形成的固液界面上富集，进而自组装为氧化石墨烯凝胶。将凝胶冷冻干燥并热处理还原后，可得到具有三维网络结构的石墨烯气凝胶，用作超级电容器电极材料时表现出良好的电学性能[83]。

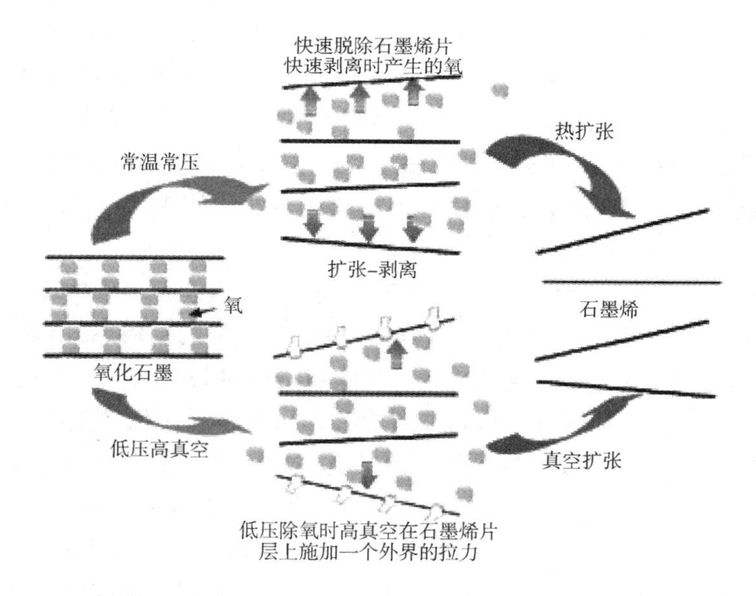

图3-11　在高温（1000℃）和低温（200℃）条件下热化学剥离石墨烯示意图[82]

化学还原和热还原方法均能制得双层电容器用石墨烯电极材料。然而，由于还原石墨烯一般孔隙较小，电解质离子难以在微小的孔隙中扩散，限制了电流密度的提高[84]。因此，优化石墨烯材料的多孔结构是进一步提升其电学性能的重要手段。石墨烯水凝胶具有三维网络多孔、比表面积大、导电性高、稳定性优良等诸多优点，是超级电容器电极材料的理想选择。2010 年，清华大学石高全等[85]将化学还原法与水热法结合在一起，在溶液中成功自组装出石墨烯凝胶，在电流密度为 $1A \cdot g^{-1}$时，比电容值达 $220F \cdot g^{-1}$。电流密度增加到 $100A \cdot g^{-1}$，电容保持率可达 74%，相应功率密度和能量密度分别为 30kW ·

kg^{-1}和5.7W·h·kg^{-1}，如图3-12所示。为进一步提高石墨烯水凝胶的导电性，可将微孔泡沫镍掺入还原氧化石墨水凝胶中，由于电子的传输距离缩短，能够大幅度提升电化学性能。基于氧化石墨烯凝胶和泡沫镍的混合电极材料可借助冻干再经热退火的方法合成[86]，将所制材料组装为超级电容器，在6mol·L^{-1}的KOH电解液中，在2A·g^{-1}的电流密度下，比电容值可达366F·g^{-1}。

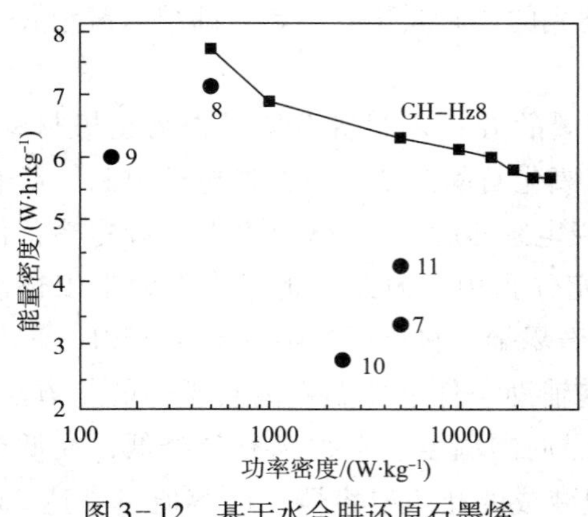

图3-12 基于水合肼还原石墨烯水凝胶的超级电容器的Ragone图[85]

将石墨烯基电极材料活化是提升其比电容值的重要手段之一。2011年，Ruoff等[87]利用KOH对微波剥离和热膨胀处理后的石墨烯进行活化，得到了比单层石墨烯具有更大比表面积的石墨烯材料(3100 m^2·g^{-1})，并且具有直径为1～10nm的小孔隙和高导电性的三维网状结构。将制备的材料制成多孔导电薄膜，用作超级电容器的电极，在电流密度为10A·g^{-1}时，功率密度可达500kW·kg^{-1}，相应的电容和能量密度分别为120F·g^{-1}和26W·h·kg^{-1}。另一个提高石墨烯电极比电容值的重要方法是引入隔离材料，以阻止还原氧化石墨烯的聚集[88]。隔离材料不仅可以提高电极材料与电解液的相容性，而且可以增加石墨烯片的纳米通道数和比表面积。如将铂纳米粒子嵌入到部分剥离的石墨烯中，能够使石墨烯的比表面积从44 m^2·g^{-1}增加到862m^2·g^{-1}，比电容值则从14F·g^{-1}增加到269F·g^{-1}[89]。

除上述方法外，元素掺杂也被公认为调整石墨烯电子性质最有效的途径。2011年，韩国科学技术研究所Jang等[90]利用等离子体掺杂的方法制备了氮掺杂石墨烯，在6mol·L^{-1}的KOH水溶液中，在1A·g^{-1}的电流密度下比电容值达到280F·g^{-1}。将氧化石墨和吡咯水热处理，然后经热剥离和还原，可得到具有2.1mg·cm^{-3}超低密度的三维氮掺杂石墨烯[91]。独特的石墨烯三维多孔结构可增强其与电解质溶液的相容性，有效增强超级电容的性能。在1mol·L^{-1}高氯酸锂水溶液中，其比电容值高达484F·g^{-1}，非常接近纯石墨烯在双电层中的理论值(550F·g^{-1})。同时，当电流密度增加到100A·g^{-1}，循环1000次后，比电容值仍然能够维持在415F·g^{-1}。除氮元素外，也可以利用硼元素对石墨烯进行掺杂。Ruoff等[92]在四氢呋喃中利用BH_3实现了石墨烯的硼掺杂，硼掺杂石墨烯的比表面积为486m^2·g^{-1}，以6mol·L^{-1}的KOH溶液为电解液，在0.1A·g^{-1}电流密度下，比电容值为200F·g^{-1}。当然，也可将氮硼两种元素同时掺杂到石墨烯中，氮硼双掺杂会导致石墨烯表面极性基团的密度增大，对比电容值的提高也具有一定的积极作用[93]。

(2)石墨烯基复合电极

尽管单独作为超级电容器电极材料具有较小的比电容值，但石墨烯独特的结构和性质使其成为高性能复合材料的基底与平台。通过与导电聚合物、金属氧化物或氢氧化物等高比电容值的物质进行复合，能够有效提升超级电容器的性能。

a) 导电聚合物/石墨烯复合电极

石墨烯具有优异的电学和机械性能，可以对导电聚合物的体积变化起到缓冲作用，从而提高其循环稳定性。此外，石墨烯还可以作为基板，制备导电聚合物独立电极。聚苯胺[94]是最先被用来与氧化石墨复合，通过表面原位聚合的方式可将聚苯胺与氧化石墨烯进行复合。研究表明，聚苯胺与氧化石墨之间的比例对复合电极的电容性能有重要影响。2010 年，南京理工大学王欣等[95]发现聚苯胺与氧化石墨质量比为 200∶1 时，复合物比电容值最大，为 746F · g^{-1}。当聚苯胺与氧化石墨质量比为 23∶1 时，复合电极经过 500 次循环后电容保持率为 73%，而纯聚苯胺的保持率仅为 20%。聚苯胺与石墨烯之间的静电作用、氢键、π－π 键等相互作用不仅会影响复合材料的形貌，也对电化学性能有着很大的影响。研究者进一步制备出垂直排列生长在氧化石墨片上的聚苯胺复合电极，并对其结构和电化学性能进行了考察（图 3－13）[96]。聚苯胺以纳米线的形式，原位聚合生长在石墨烯表面，由于石墨烯能够为聚苯胺的成核与电子转移提供活性位，故石墨烯/聚苯胺复合材料表现出优异的电化学性能，在 6 mol · L^{-1}的 KOH 溶液中，在 10mA · s^{-1}充放电速度下，比电容值高达 1046F · g^{-1}，能量密度和功率密度分别为 39W · h · kg^{-1}和 70kW · kg^{-1}。

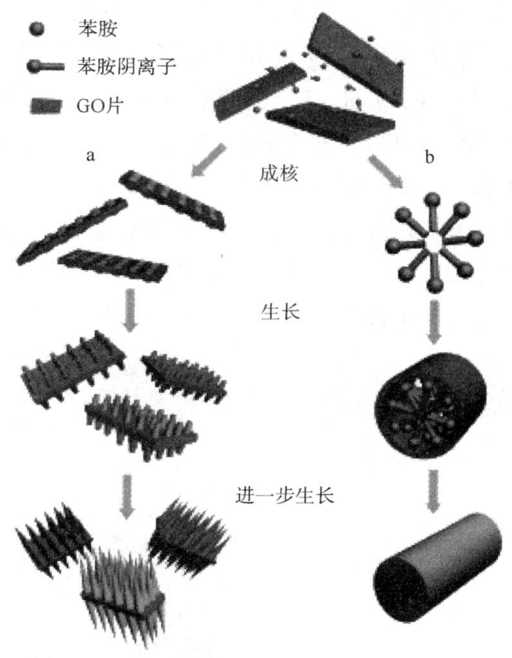

图 3－13　聚苯胺/氧化石墨烯复合物的纳米线生长示意图[96]

通过杂原子掺杂和调节石墨烯的形貌，可使石墨烯具有更多活性位，能进一步提高其电化学性能。2013 年，James 等[97]将石墨烯纳米带与聚苯胺复合，通过石墨烯纳米带为聚苯胺的聚合成核提供活性位。该复合材料在 1mol · L^{-1} 的硫酸溶液中的比电容值达 340F · g^{-1}，经过 4200 次循环后保持率高达 90%。2012 年，中科院阎兴斌等[98]开发出自组装和原位聚合法合成三维聚苯胺/石墨烯复合水凝胶的新方法。聚苯胺/石墨烯材料可由其中带正电的聚苯胺和带负电的氧化石墨烯通过静电层自组装制备复合膜，用于柔性薄膜电容器。聚苯胺和石墨烯之间的协同作用提供了高的导电性和化学稳定性。复合材料以 1mol · L^{-1}的硫酸溶液为电解质，在 3A · g^{-1}电流密度下，比电容值为 375F · g^{-1}，循环 500 次电容值保持率为 90.7%。

除聚苯胺外，聚吡咯与石墨烯的复合也是研究的重点。最简单的复合方法是将聚吡咯纳米管和还原氧化石墨烯直接物理混合，所制复合材料在 3A · g^{-1}的电流密度下比电容值为 400F · g^{-1}[99]。以氯化铁为氧化剂，通过原位聚合的合成方法可制备出更为均匀的聚吡咯/氧化石墨烯复合材料，比电容值为 421F · g^{-1}[100]。聚吡咯/石墨烯复合材料还可以通过静电相互作用来制备。石墨烯通过静电相互作用将聚吡咯夹在两层之间，带负电荷的氧化石墨烯和带正电荷的表面活性剂形成胶束，胶束再与吡咯单体聚合，如图 3-14 所示[101]。在 2mol · L^{-1}的硫酸溶液中，电流密度为 0.3A · g^{-1}时最高可获得 510F · g^{-1}的比电容值，1000 次循环充放电后其电容值仍能保持在 351F · g^{-1}，保持率达 70%。电化学聚合是合成聚吡咯材料通用而有效的方法，通过电化学聚合，能够将聚吡咯纳入三维的石墨烯泡沫中，从而具备良好的机械稳定性。以 3mol · L^{-1}的高氯酸钠水溶液为电解质，电流密度为 1.5A · g^{-1}时，比电容值为 350F · g^{-1}[102]。需要特别指出的是，该复合材料表现出惊人的稳定性，在 1000 次循环后其电容保持率几乎为 100%。

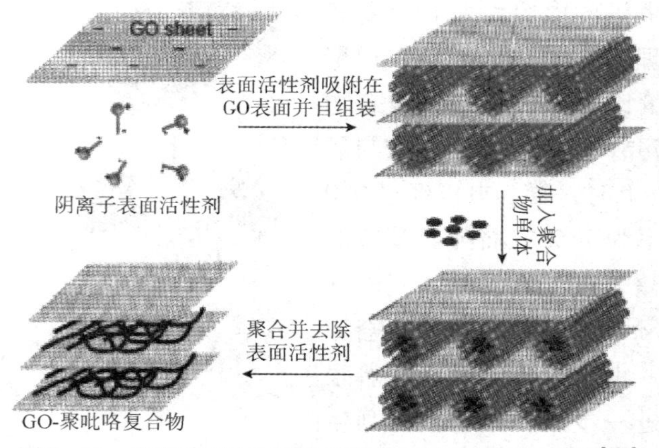

图 3-14　聚吡咯/氧化石墨烯复合材料的形成示意图[101]

b) 金属氧化物或氢氧化物/石墨烯混合电极

金属氧化物和氢氧化物是赝电容电容器最重要的电极材料，MnO_2、Mn_3O_4、Co_3O_4、RuO_2、$Ni(OH)_2$、$Co(OH)_2$ 等都具备非常高的理论赝电容比电容值。通过与石墨烯的复合，能够进一步提升其比电容值和稳定性。在众多金属氧化物或氢氧化物中，研究最多的是 MnO_2。2013 年，中科院刘维民等[103]在氧化石墨烯或还原氧化石墨烯表面接枝聚甲基丙烯酸钠，形成聚合物刷，并以之为模板负载 MnO_2 纳米颗粒。将复合物制成两电极体系，展现出优异的电化学性能。以 1mol · L^{-1}的硫酸溶液为电解液，电流密度为 0.5A · g^{-1}下比电容值为 372F · g^{-1}，经 4000 次充放电循环后，比电容值仅下降 8%。Ruoff 等[104]利用微波膨胀法制备出纳米 MnO_2(2~3nm)与多孔氧化石墨烯的复合物，由于复合物具有大比表面积的多孔结构，电化学性能得到进一步提升，比电容值为 256F · g^{-1}，功率密度和能量密度分别为 32.3kW · kg^{-1}和 20.8W · h · kg^{-1}。为了更贴近实际应用，2010 年，哈尔滨工程大学范壮军等[105]研发出快速、高效合成 MnO_2/石墨烯的新方法。如图 3-15 所示，该方法利用微波辐射将 MnO_2 沉积在石墨烯上，将复合物制备成电极，在 1mol · L^{-1}的 Na_2SO_4 水溶液电解质中，扫描速率为 2mV · s^{-1}时比电容值为 310F · g^{-1}，扫描速率提升到 500V · s^{-1}时比电容值仍保持在 228F · g^{-1}，显示出良好的储电性能。

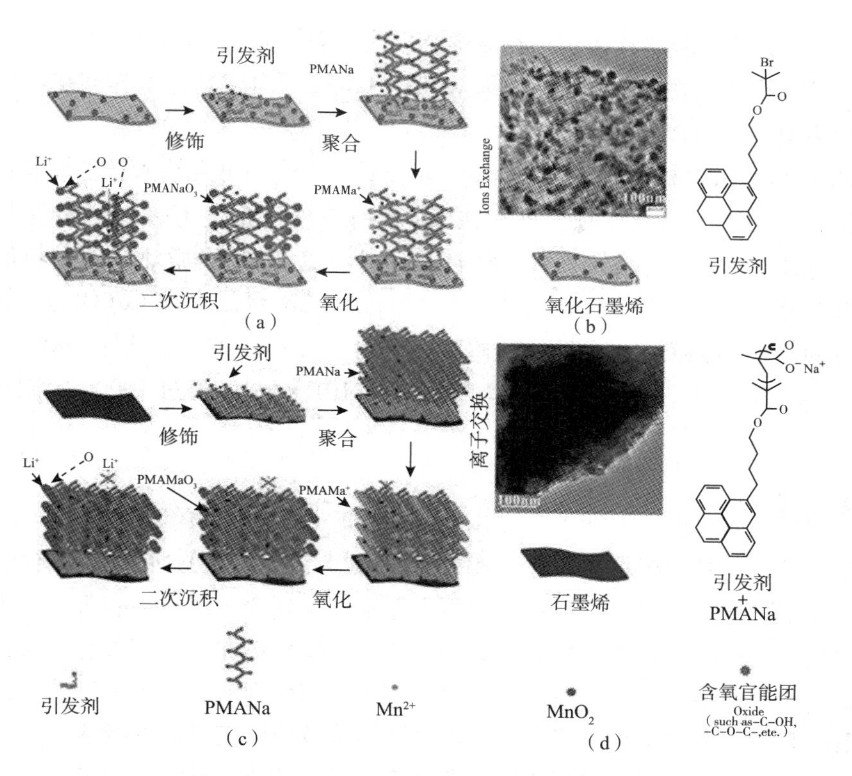

图 3-15 MnO_2/聚合物刷/石墨烯复合物制备路线图[103]

除 MnO_2 外，Mn_3O_4 也被引入石墨烯表面，以提升其电化学性能。2013 年，宋怀河等[106]通过一步法合成 Mn_3O_4/石墨烯复合材料，其比电容值在电流密度为 0.1A · g^{-1}时达 272F · g^{-1}。当电流密度增加到 10A · g^{-1}时，其比电容值为 180F · g^{-1}，经过 20000 次循环后，比电容保持率仍为 100%。Mn_3O_4/石墨烯一般不能独立作为电极，制备电极时通常需要添加绝缘粘结剂，粘结剂的使用会降低其电化学性能。此外，Mn_3O_4/石墨烯复合物主要在三电极系统中进行测试，过程中需要集流器，也可以进一步组装成非对称超级电容器[107]。

Co_3O_4 具有比表面积大、可逆性好、导电性高和循环稳定好等优点，引起了越来越多的关注[108]。范壮军等[109]借助微波辅助法将 Co_3O_4 与石墨烯复合，在 10mV · s^{-1}的充电速度下，复合物比电容值高达 243F · g^{-1}。而经煅烧处理的 Co_3O_4/石墨烯复合材料则拥有更为优异的电化学性能[110]，Co_3O_4 能够均匀地分布在 0.5 ~ 1μm 长、100 ~ 300nm 宽的石墨烯片层上，当 Co_3O_4 负载量(质量分数)为 7% 时，在 1.25A · g^{-1}电流密度下，最大比电容值可达 473F · g^{-1}。在循环充放电实验中，在循环 450 次时比电容值增加了 25.2%，继而在随后的 550 个循环略有下降，主要是由于纳米结构在初始的 450 次循环被逐步激活，随着 Co_3O_4 纳米片被完全活化而又逐渐减小。

被研究与石墨烯复合作为超级电容器电极材料的还有 RuO_2。2010 年，成会明等[111]通过溶胶凝胶法和低温退火技术制备了不同比例的 RuO_2/石墨烯复合材料。RuO_2 纳米颗粒负载在石墨烯表面，能够有效防止石墨烯片层的聚合，两者的协同作用使电化学性得到显著提高。当钌质量分数为38.3%、电流密度为1A·g^{-1}时，其比电容值高达570F·g^{-1}，1000次循环后电容值可保持97.9%。

除金属氧化物外，$Ni(OH)_2$、$Co(OH)_2$等金属氢氧化物可也掺入石墨烯制备高性能的超级电容器。$Ni(OH)_2$/石墨烯复合材料在2.8A·g^{-1}电流密度下表现出高达1335F·g^{-1}的比电容。同时，该复合物具有良好的循环稳定性，经2000次循环后比电容值没有明显的减小。2013年，浙江大学朱铁军等[112]通过原位一步法水热合成$Co(OH)_2$/石墨烯复合材料，在1mol·L^{-1}的KOH水溶液中，电流密度为10A·g^{-1}时，展现出540F·g^{-1}的高比电容。在初始的1000次循环中，比电容值增加到810F·g^{-1}，经过10000次循环后仍能维持在651F·g^{-1}。

3.4.2 催化

在石墨烯发现之前，碳材料在非均相催化领域就一直备受关注。因具有比表面积大、化学惰性、易于修饰等优点，活性炭、碳纳米纤维、富勒烯、碳纳米管等碳材料是固载催化活性物质理想的载体。石墨烯的问世进一步拓展了碳材料在非均相催化领域的应用。石墨烯材料在非均相催化中可以扮演多种角色，如图3-16所示，利用可行的方法将具有催化活性的有机官能团、有机小分子、有机聚合物等接枝或固定到石墨烯表面，为石墨烯提供了催化活性位点，形成石墨烯基非金属催化剂；巨大的比表面积和独特的二维结构决定了石墨烯可以成为无机纳米催化剂理想的载体，由石墨烯材料所固载的金属、金属氧化物、金属硫化物、金属配合物等体系被相继报道。经过与石墨烯材料的复合，催化剂整体以非均相催化的形式发挥作用，不仅可以实现催化剂的便捷分离和高效回收，而且对其催化活性产生积极的影响。

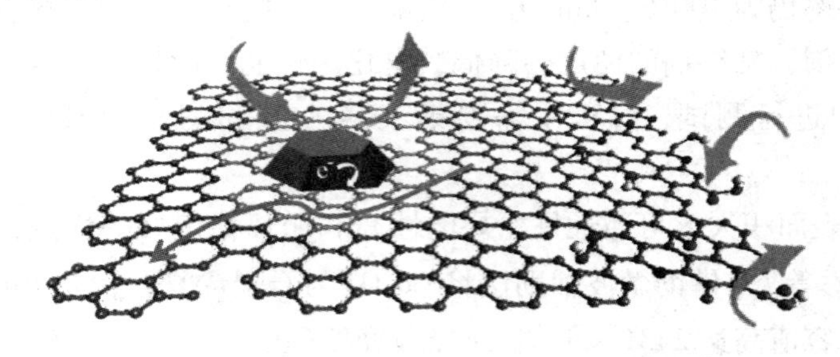

图3-16 石墨烯材料在非均相催化中的不同角色[113]

1)石墨烯基非金属催化剂

氧化石墨烯是石墨烯最特殊的功能化衍生物，表面含有丰富的含氧官能团，含氧官能团的存在使其具有特殊的化学性质，可以作为催化活性物质，在诸多非均相催化过程发挥作用(图3-17)。美国德克萨斯大学Bielawski等最早报道了氧化石墨烯的催化性能。2010年，Bielawski发现[114]氧化石墨烯可以直接用于催化多种醇、烯烃、炔烃的氧化。在100℃下，氧化石墨烯可以直接催化苯甲醇氧化生成苯甲醛，产率高达98%，进一步研究表明，空气中的氧是本质的氧化剂，氧化石墨烯起到了活化氧分子的作用。随后，Bielawski[115]利用氧化石墨烯成功地将二苯乙烯和二苯基甲烷氧化为对应的酮。研究表明，氧化石墨烯也可作为巯基氧化剂，将巯基氧化为对应的二硫化物和硫氧化物[116]。氧化石墨烯边缘处含有丰富的羧基，因而具有一定的酸性。2011 年，Bielawaki[114]等利用氧化石墨烯的酸性特性，将其作为催化炔烃水合反应的催化剂，使苯乙炔的转化率可达98%，其他一系列炔烃也都取得了较好的催化结果。2012 年，Garcia 等[117]报道氧化石墨烯可以在室温条件下催化环氧基的开环反应，氧化石墨烯用量(质量分数)仅为0.19%时，就能够取得良好的转化效果。

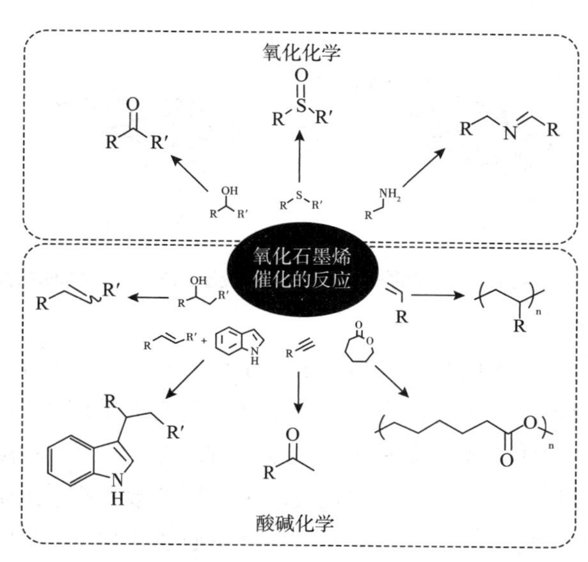

图 3-17　氧化石墨烯用于多种催化反应过程[118]

杂原子掺杂不仅可以拓宽石墨烯的带隙，将石墨烯由导体变为半导体，还会影响碳原子的自旋密度和电荷分布，如氮掺杂后使局部电子云密度增加，造成石墨烯表面碱性增强，从而产生催化活性位点。掺杂石墨烯制备过程简单、对氧还原反应(ORR)等具有高效催化活性，是代替贵金属铂、金、钯等的理想材料。2010 年，华中师范大学林跃河等[119]利用等离子注入法对石墨烯进行氮掺杂，制备的掺杂石墨烯表现出非常高的电催化氧还原活性，比金属铂催化剂具有更高的稳定性和选择性。2012 年，澳大利亚阿德莱德大学乔世璋等[120]采用硫和氮元素协同掺杂石墨烯，发现对于氧化还原反应，双掺石墨烯的活性高于单掺石墨烯。2013 年，中科院化学所万立骏等[121]利用空间限制诱导方案制备了吡咯型氮掺杂石墨烯，氮掺杂石墨烯具有优异的氧化还原反应电催化活性。

通过对石墨烯和氧化石墨烯的有机功能化改性，可以在石墨烯材料表面衍生出更多的活性基团、有机小分子或聚合物，用作固体酸或者固体碱催化剂。2011 年，天津大学吉俊懿等[122]采用磺酸基团对石墨烯进行修饰，制备了一种稳定的、具有高酸密度的固体酸催化剂，该催化剂在乙酸乙酯的水解反应中表现出高的活性，如图 3-18 所示。2012 年，中国科技大学闫立峰等[123]通过质子化和碳金属化亲核取代反应，对氧化石墨烯进行氨基化修饰，制成石墨烯固体碱催化剂，该催化剂对乙酸乙酯的水解反应同样具有较高的催化活性。2012 年，南洋理工大学 Kian Ping Loh 等[125]利用聚(3-己基噻吩-2，5-二基)(P3HT)对氧化石墨烯进行非共价功能化修饰，并通过曼尼希(Mannich)反应，对所制复合物进行了活性测试。所得产物的收率高达 93%，远高于均相的 P3HT(约 65%)，而传统的 TiO_2 光催化剂对应收率仅 58%，反应过程中石墨烯基底的电子转移作用被认为是催化增强效应的主要原因。2013 年，天津大学范晓彬等[124]通过自由基加成和硅烷化反应，将磺酸基和氨基同时接入石墨烯表面，制得石墨烯基酸碱双功能协同催化剂，对 Deacetalization-Nitroaldol 连续反应表现出优异的转化率和收率。

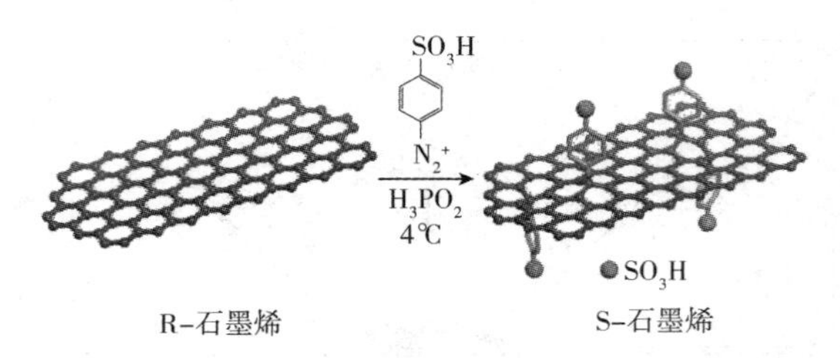

图 3-18 磺酸基团修饰的石墨烯用于乙酸乙酯的水解反应示意图[122]

2)石墨烯基金属催化剂

石墨烯具有独特的二维平面结构、高比表面积和丰富的含氧官能团等优点，使其在储能和能源转化等方面表现出巨大的潜力，可为多种催化剂提供理想的固载平台。石墨烯材料可以作为优良的固载载体，通过多种方式与金属纳米粒子、金属氧化物、金属硫化物、金属配合物等高活性物质复合，在多种催化反应中发挥高效的催化作用。石墨烯特殊的电子结构可以调控催化剂活性位的电子密度，与活性中心发生协同作用，从而有效提高催化剂的催化活性。此外，石墨烯作为催化剂载体，还可以有效阻止催化剂活性组分在反应中的团聚，并且有助于催化剂的回收与再利用。

(1)石墨烯固载纳米金属粒子

早在 2008 年，就有石墨烯负载金属纳米粒子用于有机合成的研究。王欣等[126]在水和乙二醇混合体系中还原金属前驱体，将 Pd、Au、Pt 等纳米颗粒固载在石墨烯表面，掀起了石墨烯固载金属纳米催化剂研究的热潮。2009 年，Scheuermann 等[127]利用氧化石墨烯吸附 Pd^{2+}，进一步通过水合肼和氢气还原制得了还原氧化石墨烯固载的 Pd 纳米颗粒催化剂，该催化剂对 Suzuki 偶联反应表现出优异的活性，转化频率 TOF 高达 $39000h^{-1}$，远高于钯/碳(Pd/C)催化剂，重复利用数次后催化剂活性只有微弱的下降(图 3-19)。2011 年，Siamakid 等[128]用微波法将直径为 7～9nm 的 Pd 纳米颗粒均匀密集地固载于石墨烯表面，发现该催化剂对 Heck 和 Suzuki 偶联反应皆有高效的催化活性。2010 年，新加坡国立大学 Zhao 等[129]将制备的 Au/石墨烯复合物用于光染料降解，在可见光下取得了良好的降解效果。同年，Berry 等[130]利用微波法在 2min 内即可合成出 Au/石墨烯复合物，所制催化剂不但具备良好的催化活性，同时具有显著的表面拉曼增强效应，电学性能比氧化石墨烯提高了数倍，在电学领域具有良好的应用前景。

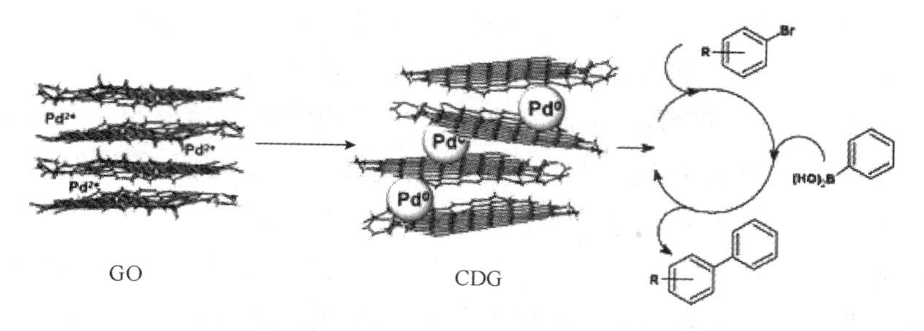

图 3-19　石墨烯固载钯纳米颗粒及其催化 Suzuki 偶联反应[127]

由于石墨烯独特的电学性质，Pt/石墨烯复合物在电催化转化过程有着广泛的应用。2010 年，兰州大学王春明等[131]以乙二醇为还原剂制备了还原氧化石墨烯固载的 Pt 纳米催化剂，由于石墨烯的优异电学性能，所制催化剂比 Pt/碳纳米管复合物对甲醇的氧化反应展现出更为优异的电催化活性。2014 年，吴明铂课题组与日本富山大学椿范立课题组合作[132,133]，开发出微波辅助乙二醇还原制备石墨烯负载金属催化剂的新方法（图 3-20）。金属 Pt 或 Rh 纳米颗粒均匀地镶嵌在还原氧化石墨烯表面，氢溢流效应使该催化体系具有高的催化活性，还原氧化石墨烯负载的 Pt 或 Rh 催化剂在缓和反应条件下，在纤维素/纤维二糖水解反应体系中即体现出很高的催化活性和选择性。通过控制氧化石墨烯含氧官能团的种类、位置和数量，可精确调控其亲水性，氢溢流效应有望扩展到还原氧化石墨烯及其周围的水溶液中，而非局限于传统催化剂表面。最近，两课题组又合作开发出对 5-羟甲基糠醛氧化反应具有高效催化性能的 Pt/石墨烯催化剂[134]和对 1-己烯加氢甲酰化反应具有高效活性的 Rh/石墨烯催化剂[135]。

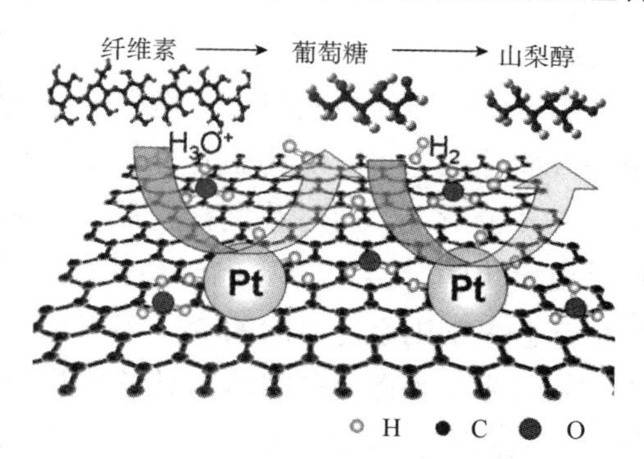

图 3-20　还原氧化石墨烯负载 Pt 催化生物质转化示意图[132]

石墨烯除了负载单金属纳米颗粒以外，石墨烯/双金属复合材料也受到了广泛的关注。与单金属纳米复合材料比，双金属纳米催化剂能表现出很多独特的性质。一方面，两种金属之间存在协同作用，可以提高催化活性；另外，双金属的独特结构可以降低贵金属的用量，进而降低成本。2012 年，南京师范大学蔡称心等[136]以石墨烯为基底制备了 Pt-Ni 双金属催化剂，通过研究催化剂结构、组成和载体性能对甲醇氧化过程的电催化活性和稳定性之间的关系，发现石墨烯载体具有最高的电催化活性。2013 年，中科院秦张峰等[137]将 Au-Pd 双金属纳米颗粒负载到石墨烯表面，双金属催化剂在甲醇氧化反应中表现出优异的催化性能，在 70℃下具有 90.2% 的转化率，生成甲酸的选择性为 100%。2015 年，苏州大学王穗东等[138]在石墨烯表面负载了 Au-Pd 合金，发现 Au 与 Pd 的比例是决定催化性能的关键因素。当 Au 与 Pd 质量比为 2∶1 时，催化剂对氧化反应和还原反应都表现出超高的催化活性。2015 年，武汉大学程功臻等[139]制备了 NiPt/石墨烯复合物，该复合催化剂在室温下即可将水合肼分解为氢气和氮气，25℃下转化频率(TOF)可达 $133h^{-1}$。随着温度的升高，转化速率会进一步提升，50℃时转化频率达 $415h^{-1}$。

通过二维石墨烯载体的负载，金属纳米粒子可以均匀密集地分布于石墨烯基底表面，从而有效降低金属催化剂的用量，不但降低了制备成本，而且便于催化剂的回收重复利用。更为有利的是，石墨烯独特的二维平面结构利于反应过程的传质，其优异的电学性质也能够有效改善金属纳米催化剂的电子结构，在许多复合体系都展现出协同促进效应，从而使金属纳米催化剂具备更为优异的催化活性和更高的应用价值。

(2)石墨烯固载纳米金属氧/硫化物

金属氧化物和金属硫化物多为半导体材料，而石墨烯具有极为独特的电学性质，两种物质的复合物在光催化、电催化以及光电催化等领域具有巨大的应用潜力。有关石墨烯固载金属氧化物、金属硫化物纳米粒子的研究尤为广泛[140]。TiO_2[141]、ZnO[142]、MnO_2[143]、Co_3O_4[144]、Cu_2O[145]、Fe_3O_4[146]等一系列金属氧化物都可以与石墨烯材料复合，在催化领域具有重要的应用。

为证明石墨烯在光催化过程中传输电子的可行性，2010 年，Kamat 等[147]设计了一个渐进性的可视化实验来验证电子转移过程。如图 3-21 所示，将 TiO_2 固载在还原氧化石墨烯上，并吸附 Ag^+ 后对其进行光照，石墨烯载体被还原，并且表面有 Ag 纳米粒子生成。这是由于 TiO_2 产生的光生电子会转移到石墨烯载体上，一部分电子会对载体进一步还原，另一部分电子则会将吸附的 Ag^+ 还原为 Ag 单质。以上实验充分说明了石墨烯材料可以作为高效的光纳米催化剂载体，具备存储和转移电子的能力，可有效防止光生电子和空穴的复合，从而大幅度提高光催化剂的效能。2010 年，清华大学李景虹等[148]利用一步水热法合成了 P25/石墨烯复合材料，在紫外光和可见光条件下，对该复合材料降解亚甲基蓝进行了研究。结果表明，石墨烯的大 π 键电子结构可以增强其对亚甲基蓝的吸附能力，同时石墨烯的加入将复合材料的光谱响应范围拓展至可见光区，大大提高了光催化剂的降解能力。2013 年，天津大学邹吉军等[149]通过原位还原的方法制备了 TiO_2/石墨烯薄膜纳米复合物，并考察了其光催化性能。研究结果表明，由于光生电子向石墨烯二维表面转移，有效促进了光生电子-空穴对的分离，因此，所制复合物的催化效率明显高于商业的二氧化钛 P25。

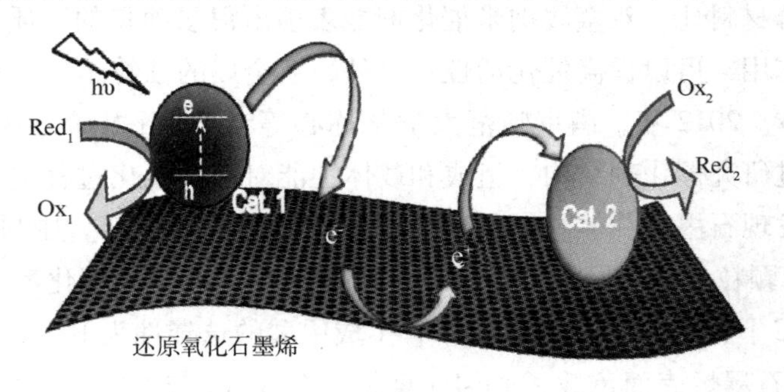

图 3-21　还原氧化石墨烯作为二维载体和转移载流子的高效通道示意图[147]

除了金属氧化物，石墨烯负载金属硫化物的研究也越来越受关注。MoS_2、CdS、ZnS

等金属硫化物也是优异的光催化剂，没有固载的纳米颗粒易聚集成较大的颗粒，使其比表面积降低，导致光电子和空穴对复合几率增加。通过与石墨烯复合，不仅能够提高催化剂的分散性能，还可以大幅度提高光生电子的迁移速率，从而有效抑制光生电子和空穴对的复合。2010 年，吉林大学王萍等[150]利用溶剂热法合成了石墨烯固载的 CdS 和 ZnS 量子点，测试表明石墨烯与量子点的复合物具有优异的光电效应，在光催化和光电器件方向具有广阔的应用前景。2011 年，美国斯坦福大学戴宏杰等[151]利用溶剂热合成法在石墨烯表面固载了 MoS_2 纳米颗粒，与无石墨烯固载的 MoS_2 纳米颗粒相比，MoS_2/石墨烯复合物对析氢反应（HER）展现出优异的催化效果，菲尔塔斜率只有 41mV · $decade^{-1}$，复合物优异的催化性能主要缘于石墨烯载体的边缘效应以及其优异的电学性质。

（3）石墨烯固载金属配合物

金属配位化合物简称金属配合物，是配位催化过程最重要的催化剂，在石油加工、高分子化学、有机合成、生物化学等领域得到广泛的应用，尤其在药物中间体、染料、香精香料等高附加值产品的不对称催化过程具有无可比拟的优势[152~156]。金属配合物虽催化活性高、选择性好、反应条件温和，但由于为均相催化剂，反应后难以分离回收，严重影响了其工业化应用进程。石墨烯具有比表面积大、机械强度高、导电导热性能优良和二维结构利于传质等独特性质，在金属配合物固载方面展现出得天独厚的优势和潜力，成为金属配合物非均相化的理想固载载体。

天津大学范晓彬等[157]最早开展了石墨烯材料固载金属配合物催化剂的研究。研究者采用氨基修饰的石墨烯与铑配合物催化剂[$RhCl(PPh_3)_3$]的共价键联制备了一种高效易分离的加氢催化剂，该催化剂在环己烯的加氢反应中表现出非常高的活性，催化活性甚至高于均相 $RhCl(PPh_3)_3$ 的催化剂，循环使用后催化剂活性没有明显的降低，其增强的催化活性归因于石墨烯二维结构利用传质扩散以及特殊的电子结构与配合物催化剂之间的协同作用。基于上述研究，以“Graft from”的接枝形式在石墨烯基底上生长铜席夫碱配合物，建立了金属配合物在石墨烯载体表面原位合成与固载的新方法，如图 3-22 所示[158]。这种原位生长的方法不仅大大降低了催化剂的制备成本，而且两面螯合的配位结构和双共价键联的接枝方式使得催化剂更为稳定和牢固，在循环测试中表现出优异的稳定性和复用性能，为工业化应用提供了新的研究方法。

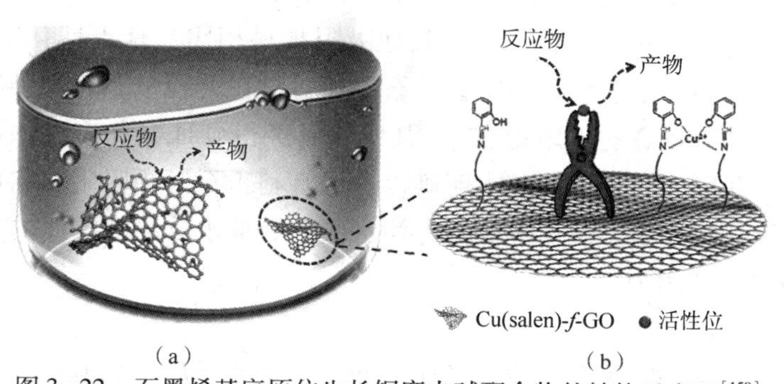

图 3-22 石墨烯基底原位生长铜席夫碱配合物的结构示意图[158]

除此之外，基于石墨烯载体的多种金属配位催化体系也被开发出来。2014 年，Khatri 等[159]首先将席夫碱配体与氧化石墨烯载体进行共价接枝，进而通过席夫碱配体与铼配合物的配位作用实现配合物的固载。结果表明，石墨烯固载的铼配合物对胺氧化反应具有良好催化性能，一系列反应底物获得了 54% ~99% 的转化率，同时催化剂稳定性良好，复用 6 次后催化活性只有微小的下降。厦门大学林文斌等[160]研究了石墨烯固载金属配合物的电化学性能，利用自由基加成反应将带有氨基的二联吡啶共价键联在石墨烯表面上，然后利用二联吡啶与 Fe^{3+}、Co^{2+}、Ni^{2+} 和 Cu^{2+} 的配位作用，制备了一系列石墨烯基金属配合物，并将合成的材料修饰电极用作水氧化催化剂(WOC)，在制备的固载型金属配合物复合物中，钴配合物催化剂对水氧化电催化反应催化活性最高，反应 TOF 达 17 s^{-1}。2014 年，Jain 等[161]利用氧化石墨烯边缘的羧基与 $FePc(SO_2NH_2)_4$ 的配体共价联接，将铁酞菁接枝于氧化石墨烯的片层边缘，在可见光和氧气条件下，所制催化剂对巯基化合物的氧化偶联反应具有较高的催化活性，从而将石墨烯基金属配合物的应用拓展到光催化领域。同年，Eduard 等[162]开展了石墨烯非共价固载金属配合物的研究，以还原氧化石墨烯为载体，通过还原氧化石墨烯与芘分子之间的 $\pi-\pi$ 共轭作用，实现了钯和钌卡宾环配合物的非共价固载。非均相催化剂对烯烃加氢和硝基的还原反应具有高的催化活性，收率可达 100%，而且非共价键作用力也很牢固，催化剂重复利用数十次后活性没有下降。2015 年，Blanco 等[163]利用氧化石墨烯羟基的酯化反应共价键联了卡宾环配体(NHC)，进而实现了 $[Ir(l\text{-}OMe)(cod)]_2$ 的固载，制备的非均相催化剂对于酮类的氢转移反应具有优异的催化性能，活性略高于均相类似物，其促进增强效果可归功于石墨烯载体的双键共轭结构。

3.4.3 环保

近年来，石墨烯材料在环境科学领域尤其是污水处理方面显示出巨大的应用潜力。石墨烯作为吸附材料具有许多天然优势。首先，石墨烯是单层结构，所有原子都是表面原子，石墨烯巨大的比表面积能够与污染物进行直接接触与吸附。污染物难以扩散进入碳纳米管(CNTs)的内表面，因而石墨烯的有效吸附表面甚至要比 CNTs 还要高。其次，与传统的吸附剂相比，石墨烯对污染物的吸附速率较快。石墨烯三维组装体材料的多孔结构，使污染物具有更高的扩散速率，从而具有更快的吸附速率。第三，相比于其它高效吸附材料，石墨烯材料的生产成本更加低廉。石墨烯主要的制备原料为石墨，价格低廉，而且随着石墨烯制备方法的不断开发，石墨烯与其他吸附材料相比，有望具有更低的生产成本。最后，石墨烯材料可同时处理多种污染物。石墨烯材料在处理重金属、染料、小分子有机污染物和油污等时都有较高的吸附量[164]，其优势已经得到证实和广泛认可，污染物在石墨烯上的吸附行为和影响因素也已基本明确，这也有利于石墨烯吸附材料的广泛应用。本节简要介绍石墨烯材料在重金属离子吸附、污水吸附和油水分离等方面的应用。

1)吸附污染物的作用力

(1)静电相互作用

石墨烯材料在污染物吸附和油水分离中的作用力主要是静电相互作用。含有阳离子的污染物接触到氧化石墨烯及复合材料时，其作用力主要是静电相互作用。氧化石墨烯表面含有大量的呈负电性的含氧官能团，更易于吸附阳离子污染物，如重金属、阳离子染料和其它带正电荷的污染物。而对于带负电荷的污染物，吸附则极为困难，主要因为污染物上的负电荷与石墨烯材料上的负电荷之间存在较大的静电排斥力。

静电作用还会影响石墨烯吸附剂的循环再生。因为静电作用较强，循环再生时破坏这种静电吸引较为困难。为了降低循环利用的难度，应适当降低石墨烯吸附材料与污染物之间的静电相互作用，在降低静电相互作用与降低吸附量之间找到平衡点。

(2)$\pi-\pi$相互作用

$\pi-\pi$相互作用是发生在芳环与石墨烯结构之间的相互作用。在$\pi-\pi$相互作用中，芳环和石墨烯平面的最优构象是平行或者呈T形[165]。计算和实验研究表明，$\pi-\pi$相互作用广泛存在，对石墨烯与含芳环污染物的吸附有较大贡献。类似的结果在CNTs研究中已被广泛接受，鉴于石墨烯有着与CNTs相似的大π键结构，并且很多有机污染物的结构中也有芳环，$\pi-\pi$相互作用对于石墨烯吸附材料的应用影响显著。但当污染物上有离子化基团时，相对于静电相互作用而言，$\pi-\pi$相互作用要弱的多。最典型例子是氧化石墨烯对亚甲基蓝的吸附量远高于结构相似但不带负电的其它吸附材料，如还原型石墨烯、剥离的石墨烯和CNTs，说明静电吸引的贡献远大于$\pi-\pi$相互作用[166]。

(3)疏水作用

疏水作用是促进石墨烯材料吸附污染物的一种重要作用力。疏水作用源于熵效应。熵效应是指将排列整齐的水分子从非极性的表面上排斥出去，广泛存在于疏水链与石墨烯结构之间的作用力。亲水的污染物(具有两亲结构)、油以及其它疏水污染物可以通过疏水相互作用吸附到石墨烯材料上。

(4)配位作用

吸附研究中很少提及配位作用，然而，用氧化石墨烯及其复合材料处理金属离子时，氧化石墨烯上的氧原子与金属离子之间的络合作用能明显促进吸附的发生。由于配位作用，Cu^{2+}能够导致氧化石墨烯片明显折叠，而相同离子强度的Na^{+}则不会[167]。除此之外，配位作用会引起Cu^{2+}光谱蓝移，这一结果已被紫外-可见吸收光谱数据所证实。

(5)其它作用力

氢键作用是发生于氢给体与受体之间的相互作用力。当利用氧化石墨烯及其复合材料时，氧化石墨烯层上的—COOH和—OH能够提供极性氧连接的氢原子，这些氢原子与其它极性原子(如O、N和S)形成氢键。由于水溶液中的水分子也能提供氢的给体与受体，因此，通常认为在石墨烯中，氢键的贡献很小，尽管氢键相较于其他次价键来说很强(5~30kJ·mol^{-1})。

范德华力能促进石墨烯对污染物的吸附。范德华力能在很大范围内(几百个pm)发挥作用，处在界面上的原子接触越紧密，范德华力就越强。在水溶液中，只有紧密接触的原子才会有净贡献。范德华力对单原子而言是较弱的作用力而污染物大多是大有机分子，因此，范德华力对石墨烯吸附污染物的贡献相对较小。

2）水中污染物的吸附

（1）重金属离子

一些工业废水含有 Pb^{2+}、Cd^{2+}、Cu^{2+}、Cr^{6+}、Hg^{2+}、Ni^{2+} 等重金属离子，用常规的处理方法很难将其去除。2010 年，上海大学王海芳等[167]根据氧化石墨烯在一定条件下可以折叠/聚集的特性，研究了氧化石墨烯对水体中的 Cu^{2+} 的吸附。结果表明，氧化石墨烯对水体中 Cu^{2+} 具有良好的去除效果，几乎是活性炭的十倍，Cu^{2+} 与氧化石墨烯配位以后会引起氧化石墨烯的折叠/聚集。2011 年，Ashish 等[168]用硝酸处理热剥离法获得的石墨烯，在其表面引入羧基、羰基、羟基等亲水官能团，结果发现该石墨烯对砷酸盐和亚砷酸盐的最大吸附量可达 142mg · g^{-1}和 139mg · g^{-1}，对海水中的 Na^{+}、Mg^{2+}、Ca^{2+}、K^{+} 离子也具有较强的吸附作用，可用于海水的淡化。石墨烯材料特别是改性的石墨烯或氧化石墨烯对金属离子的吸附效果较好，可以用于吸附去除重金属离子。2013 年，华南理工大学罗汉金等[169]用十六烷基三甲基溴化铵对石墨烯进行非共价键修饰，将其用来去除水中的 Cr^{6+}，在 293 K 下吸附量达 21. 6mg · g^{-1}，达到吸附平衡约需 40min，吸附效果优于碳纳米管。磁性纳米颗粒具有超顺磁性、在磁性环境中容易分离和吸附等优异的物理和化学性质[170~172]，基于这些特性，济南大学杜斌等[173]研究了经磁性铁酸钴修饰的氧化石墨烯对水体中 Pb^{2+} 和 Hg^{2+} 的吸附，结果表明当 pH = 5. 3、25℃时，其对 Pb^{2+} 的最大平衡吸附量达 299. 4mg · g^{-1}；当 pH = 4. 6、25℃时，对 Hg^{2+} 的最大平衡吸附量达 157. 9mg · g^{-1}。

（2）有机染料

有机染料主要来源于造纸、印染纺织等工厂所排放的废水，有机染料的特点是含有芳香结构，在废水中很难降解，对环境的污染和危害大。有机染料水溶性好、分子较小，用活性炭等吸附去除时存在吸附效率较低、可再生速度慢等问题。石墨烯及氧化石墨烯的出现，为废水中染料高效率的吸附去除带来了希望。2012 年，青岛大学李延辉等[174]探讨了用肼还原氧化石墨制备石墨烯来吸附水体中的有机染料亚甲蓝，在 293 K 时最大吸附容量达 153. 9mg · g^{-1}。此外，王海芳等[166]研究了氧化石墨烯去除水中的亚甲蓝，去除效率可以高达 99. 8 %。研究表明吸附作用力主要是静电作用力。同时，研究发现 pH 越大，吸附量则越高，这是由于在高 pH 下，氧化石墨烯上羧基电离，增强了氧化石墨烯与亚甲蓝之间的静电作用力。石墨烯材料与磁性纳米颗粒的复合物不仅能吸附废水中的重金属离子，而且对废水中的有机染料也有良好的吸附效果。2012 年，济南大学罗川南等[175]利用一种新型的生物吸附剂—磁性壳聚糖与氧化石墨烯复合物吸附废水中的亚甲蓝，其对亚甲蓝的吸附量可达 180. 8mg · g^{-1}。

2011 年，河北农业大学王志等[176]利用负载磁性的 Fe_3O_4 纳米颗粒的石墨烯材料吸附有机染料碱性品红，平衡吸附量为 49. 46mg · g^{-1}，与理论值 49. 50mg · g^{-1}基本相符，在乙醇溶液中解吸速率可达 94 %，可重复多次利用。同年，Ramesha 等[177]研究了石墨烯材料对阴阳离子染料的吸附，氧化石墨烯中的羧基电离后带负电荷，易于吸附阳离子型染料。研究石墨烯材料对有机染料亚甲蓝、甲基紫、罗丹明 B、橙黄 G 的吸附时发现，氧化石墨烯与染料甲基紫及亚甲蓝之间，主要是静电相互作用，与橙黄 G 之间则只有范德华力作用，与罗丹明 B 之间则两者都可能存在。

(3)无机非金属离子

对于水中无机阴离子的去除，由于氧化石墨烯带负电荷，所以效果并不好，部分无机阴离子可以用石墨烯以及石墨烯复合材料吸附。Ramesha 等[178]利用自制的石墨烯对 F^- 的吸附进行了研究，发现开始吸附很快，随着时间的增长，吸附速率降低，表明石墨烯对 F^- 的吸附属于单层吸附，且主要通过 F^- 与其表面的 OH^- 的交换作用来实现，在 pH =7 及 298 K 时，单层饱和吸附可达 35.6mg · g^{-1}。2011 年，林跃河等[179]通过一种电控离子转换法，发现石墨烯/聚吡咯纳米复合材料可以吸附水中的无机阴离子 ClO^{4-}，与聚吡咯吸附相比，去除效率大幅提升，是一种很好的 ClO^{4-} 阴离子去除方法。2012 年，Vasudevan 等[180]通过液相剥离法制备石墨烯，用于吸附水中的磷酸根离子，吸附效果良好，吸附量可达 89.4mg · g^{-1}。

(4)油品污染物

原油开采、成品油泄漏等会引起严重的环境和生态问题[181]，传统的方法通常会使用油栅、燃烧、浮油回收船等，但处理过程不仅效率低还会引起二次污染。石墨烯材料的疏水性使其作为吸附剂在处理石油污染时具有独特的优势，为更好地实现石墨烯材料在油水分离的应用，国内外研究者对石墨烯材料的孔道结构做了诸多改进，研究最多的是石墨烯气凝胶。

石墨烯气凝胶是由石墨烯片层堆积而成的具有海绵状三维多孔网络结构的宏观块体。海绵状的结构有利于污染物在其孔隙中扩散，相比单分散的片层结构，前者更易于处理和使用。石墨烯气凝胶已成为极具实用前景的石墨烯吸附材料。

2012 年，东南大学孙立涛[182]等通过水热还原氧化石墨烯溶液制备了具有微孔结构的石墨烯气凝胶材料，如图 3-23 所示，它可以吸附多种油类，例如辛烷、泵油、煤油以及豆油等。吸附效率可达其重量的 20 ~86 倍，用质量为 0.26g 的石墨烯气凝胶吸附 11.8g 的十二烷(沾染苏丹红 5B)，每隔 20 s 拍一次照片记录吸附过程，整个吸附过程只需 80s 即可完成。通过简单加热可以去除并回收吸附的油品(>99%)，同时，除掉油品的石墨烯材料可以继续循环使用，如图 3-24 所示。结果表明，石墨烯气凝胶材料对油水分离具有高效、环保的优势，具有很强的应用潜力。

2012 年，上海交通大学史子兴等[183]将石墨烯气凝胶用于处理菜籽油、石蜡油、煤油等油品，从而实现其在油水分离中的应用。同年，北京理工大学曲良体[184]报道石墨烯气凝胶能有效地吸附油类(包含橄榄油和汽油)，这种采用石墨烯气凝胶处理油品污染物的吸附过程更像是石墨烯的孔洞容纳了油品污染物。2013 年，浙江大学高超课题组[185]将碳纳米管和由化学氧化 - 还原得到的石墨烯进行组装，从而制备了全碳气凝胶，密度为 0.16mg · cm^{-3}，仅是空气密度的 1/6，是目前已知的最轻固体材料，如图 3-25 所示。这种石墨烯气凝胶具备高超弹性，被压缩 80% 后仍可恢复原状，对正己烷、乙醇、原油，甲苯、机油、菜籽油、离子液体、氯仿、四氯化碳等多种有机溶剂展现出超快、超高的吸附力，最高可吸附自身重量的 900 倍。同年，大连理工大学邱介山等[186]通过两步法快速制

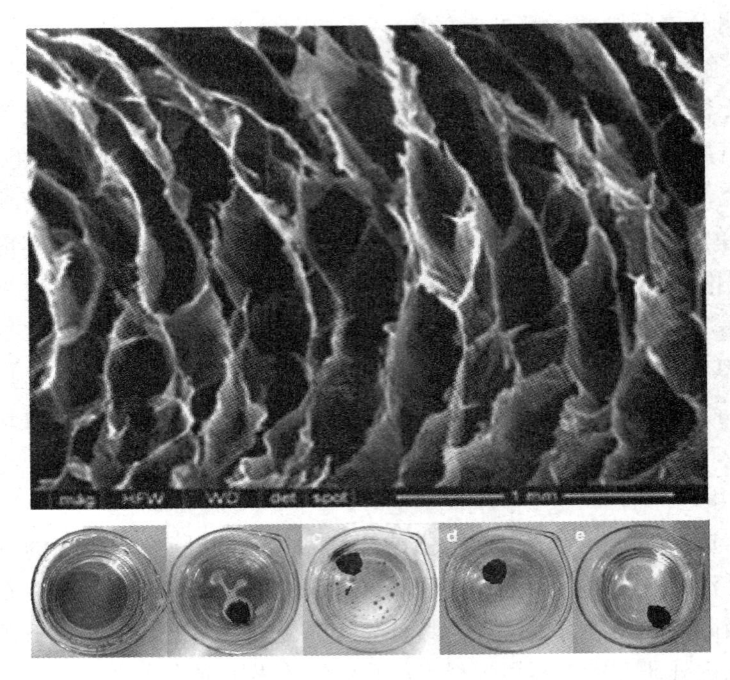

图 3-23　石墨烯气凝胶 SEM 图及其吸附十二烷(加入少量染苏丹红)的示意图[182]

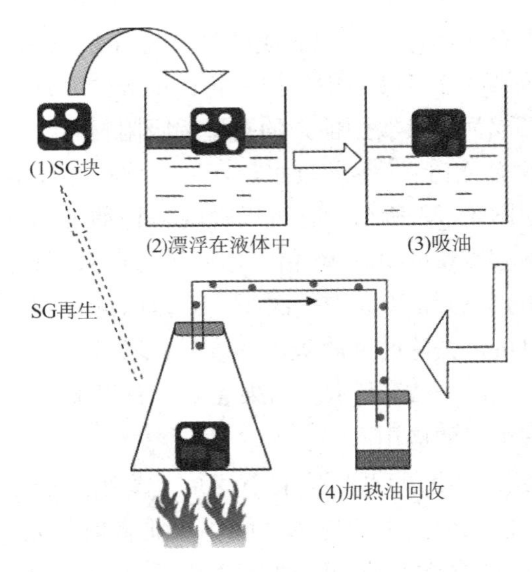

图 3-24　石墨烯气凝胶材料吸附的循环过程原理图[182]

备了超轻的石墨烯气凝胶，密度为 $3mg \cdot cm^{-3}$。在此研究基础上，制备了碳纳米管－石墨烯复合气凝胶，该气凝胶对泵油、植物油、柴油、汽油、乙酸乙酯等展现出优异的吸附性能[187]。由于孔状结构及其疏水特性，石墨烯气凝胶能够漂浮在污水的表面，同时具有吸附时间短、吸附量大、可循环利用、环境友好等特点，因而对实现油水分离的应用具有非常好的指导意义。

(a)石墨烯气凝胶的外观形貌图

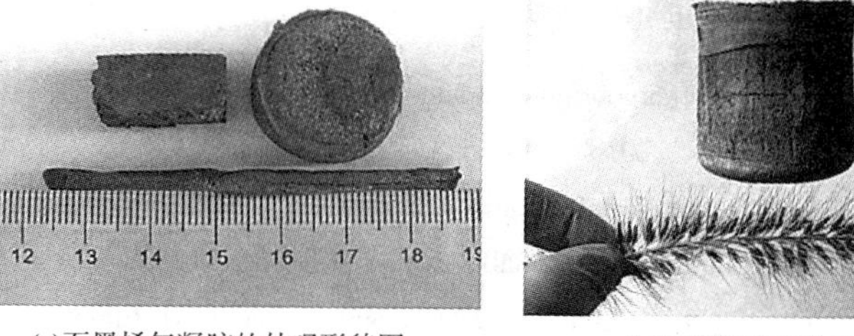

(b)石墨烯置于狗尾草上

图 3-25 石墨烯气凝胶外观形貌图[185]

从研究现状来看，石墨烯材料在水处理领域应用的主要突破在于材料、化学和环境治理的交叉研究。研究新型的石墨烯材料主要是依据材料本身去除污染物的特性，通过与其它碳材料复合，来增强其在吸附、电子传递及还原等方面的能力。石墨烯材料去除污染物的机理目前尚不清楚，从机理出发探求石墨烯基复合材料对水中重金属、无机物、有机污染物，特别是新型难降解污染物的去除有较大的研究空间。此外，石墨烯材料的稳定性还需提高，大批量制备质量稳定的石墨烯材料，也是石墨烯能否广泛应用于水处理的一大关键因素。

3.5 前景与展望

自 2004 年问世以来，石墨烯以其独特的二维晶体结构与奇特的物理化学性质迅速吸引了全世界的关注，引发了一波又一波的研究热潮。通过对石墨烯的深入研究和探索，人们对这一新型二维纳米材料的本征结构和性质有了更加深刻的认识，并在实际应用中更好地发挥其优势。自此，石墨烯已远远超出了纳米材料的范畴，横跨了物理、化学、化工、材料、储能、催化、生物、环保等多个学科研究领域，成为纳米科学与交叉科学领域的最重要的前沿阵地，取得了丰硕的研究成果。

需要指出的是，虽然目前已研究出化学气相沉积、化学氧化、机械剥离等多种制备石墨烯的方法，但为了满足其工业应用的需求，开发简单有效、成本低廉、大规模制备石墨烯的方法依然是石墨烯研究的核心课题。石墨烯材料在储能、催化、环保等领域的研究虽取得了很大进展，但目前仍处于基础研究阶段，石墨烯真正能够应用于实际工业生产仍需开展大量的研究。其中很多关键问题还需要进一步深入研究，对石墨烯的作用本质仍需更加深入的探索。作为未来锂离子二次电池和超级电容器最有前景的电极材料，如何在高比容量、高功率密度的同时实现其高循环稳定性，以及如何调整电极的成型和机械性能等都是目前急需解决的问题。在催化方面仍有诸多关键因素亟待研究清楚，如石墨烯与催化活性物质的相互作用与调控，催化反应传质模型，催化反应微观动力学等。石墨烯材料在环保方面展现出具有卓越的性能，如何进一步降低石墨烯材料的制备成本和实现大批量生产，是其真正实际应用的关键。以上相关课题将是未来石墨烯材料的研究重点，相关研究成果和理论将为石墨烯的大规模工业化应用提供必要的理论和研究基础。

参 考 文 献

[1]Liu M, Zhang R, Chen W. Graphene-supported nanoelectrocatalysts for fuel cells: synthesis, properties, and applications[J]. Chemical Reviews, 2014, 114:5117-5160.

[2]Wang H X, Wang Q, Zhou K G, et al. Graphene in Light: Design, Synthesis and Applications of Photo-active Graphene and Graphene-Like Materials[J]. Small, 2013, 9:1266-1283.

[3]Zheng Q, Li Z, Yang J, et al. Graphene oxide-based transparent conductive films[J]. Progress in Materials Science, 2014, 64:200-247.

[4]Roy-Mayhew J D, Aksay I A. Graphene materials and their use in dye-sensitized solar cells[J]. Chemical Reviews, 2014, 114:6323-6348.

[5]Huang X, Qi X, Boey F, et al. Graphene-based composites[J]. Chemical Society Reviews, 2012, 41: 666-686.

[6]Novoselov K S, Geim A K, Morozov S V, et al. Electric field effect in atomically thin carbon films [J]. Science, 2004, 306:666-669.

[7]Geim A K, Novoselov K S. The rise of graphene[J]. Nature materials, 2007, 6:183-191.

[8]Wallace P R, The band theory of graphite[J]. Physical Review, 1947, 71:622.

[9]Mermin N D, Wagner H. Absence of ferromagnetism or antiferromagnetism in one-or two-dimensional isotropic Heisenberg models[J]. Physical Review Letters, 1966, 17:1133.

[10]Novoselov K S, Geim A K, Morozov S, et al. Electric field effect in atomically thin carbon films [J]. Science, 2004, 306:666-669.

[11]Meyer J C, Geim A K, Katsnelson M I, et al. The structure of suspended graphene sheets[J]. Nature, 2007, 446:60-63.

[12]Fasolino A, Los J H, Katsnelson M I, Intrinsic ripples in graphene, Nature Materials[J]. 2007, 6:858-861.

[13]Rao C N R, Sood A K, Subrahmanyam K S, et al. Graphene: The New Two-Dimensional Nanomaterial [J]. Angewandte Chemie-International Edition, 2009, 48:7752-7777.

[14]Stoller M D, Park S J, Zhu Y W, et al. Graphene-based ultracapacitors[J]. Nano Letters, 2008, 8: 3498-3502.

[15]Bolotin K I, Sikes K, Jiang Z, et al. Ultrahigh electron mobility in suspended graphene[J]. Solid State Communications, 2008, 146:351-355.

[16]Novoselov K S, Jiang Z, Zhang Y, et al. Room-temperature quantum hall effect in graphene [J]. Science. 2007, 315:1379-1379.

[17]Ishigami M, Chen J H, Cullen W G, et al. Atomic structure of graphene on SiO_2[J]. Nano Letters, 2007, 7:1643-1648.

[18]Kim K S, Zhao Y, Jang H, et al. Large-scale pattern growth of graphene films for stretchable transparent electrodes[J]. Nature, 2009, 457:706-710.

[19]Nair R R, Blake P, Grigorenko A N, et al. Fine structure constant defines visual transparency of graphene [J]. Science, 2008, 320:1308-1308.

[20]Loh K P, Bao Q, Eda G, et al. Graphene oxide as a chemically tunable platform for optical applications

[J]. Nature Chemistry, 2010, 2:1015 - 1024.

[21] Nair R, Blake P, Grigorenko A, et al. Fine structure constant defines visual transparency of graphene [J]. Science, 2008, 320:1308 - 1308.

[22] Lee C, Wei X, Kysar J W, et al. Measurement of the elastic properties and intrinsic strength of monolayer graphene[J]. Science, 2008, 321:385 - 388.

[23] Balandin A A, Ghosh S, Bao W Z, et al. Superior thermal conductivity of single-layer graphene[J]. Nano Letters, 2008, 8:902 - 907.

[24] Lomeda J R, Doyle C D, Kosynkin D V, et al. Diazonium functionalization of surfactant-wrapped chemically converted graphene sheets[J]. Journal of the American Chemical Society, 2008, 130:16201 - 16206.

[25] Georgakilas V, Bourlinos A B, Zboril R, et al. Organic functionalisation of graphenes[J]. Chemical Communications, 2010, 46:1766 - 1768.

[26] Elias D, Nair R, Mohiuddin T, et al. Control of graphene's properties by reversible hydrogenation: evidence for graphane[J]. Science, 2009, 323:610 - 613.

[27] Subrahmanyam K, Kumar P, Maitra U, et al. Chemical storage of hydrogen in few-layer graphene [J]. Proceedings of the National Academy of Sciences, 2011, 108:2674 - 2677.

[28] Sofo J O, Chaudhari A S, Barber G D, Graphane: a two-dimensional hydrocarbon[J]. Physical Review B, 2007, 75:153401.

[29] Hernandez Y, Nicolosi V, Lotya M, et al. High-yield production of graphene by liquid-phase exfoliation of graphite [J]. Nature Nanotechnology, 2008, 3:563 - 568.

[30] Guardia L, Fernández-Merino M, Paredes J, et al. High-throughput production of pristine graphene in an aqueous dispersion assisted by non-ionic surfactants[J]. Carbon, 2011, 49:1653 - 1662.

[31] Wang X, Fulvio P F, Baker G A, et al. Direct exfoliation of natural graphite into micrometre size few layers graphene sheets using ionic liquids [J]. Chemical Communication, 2010, 46:4487 - 4489.

[32] Paton K R, Varrla E, Backes C, et al. Scalable production of large quantities of defect-free few-layer graphene by shear exfoliation in liquids[J]. Nature Materials, 2014, 13:624 - 630.

[33] Reina A, Jia X, Ho J, et al. Large area, few-layer graphene films on arbitrary substrates by chemical vapor deposition[J]. Nano Letters, 2008, 9:30 - 35.

[34] Sutter P W, Flege J I, Sutter E A. Epitaxial graphene on ruthenium [J]. Nature materials, 2008, 7: 406 - 411.

[35] Bae S, Kim H, Lee Y, et al. Roll-to-roll production of 30-inch graphene films for transparent electrodes [J]. Nature nanotechnology, 2010, 5:574 - 578.

[36] Yan K, Fu L, Peng H, et al. Designed CVD growth of graphene via process engineering [J]. Accounts of Chemical Research, 2013, 46:2263 - 2274.

[37] Yan K, Peng H, Zhou Y, et al. Formation of bilayer bernal graphene: layer-by-layer epitaxy via chemical vapor deposition[J]. Nano Letters, 2011, 11:1106 - 1110.

[38] Deng B, Hsu P C, Chen G, et al. Roll-to-roll encapsulation of metal nanowires between graphene and plastic substrate for high-performance flexible transparent electrodes[J]. Nano Letters, 2015, 15:4206 - 4213.

[39] Sun J, Chen Y, Priydarshi M K, et al. Direct chemical vapor deposition-derived graphene glasses targeting wide ranged applications[J]. Nano Letters, 2015, 15:5846 - 5854.

[40]Chen Y, Sun J, Gao J, et al. Growing uniform graphene disks and films on molten glass for heating devices and cell culture [J]. Advanced Materials, 2015, 27:7839-7846.

[41]Berger C, Song Z, Li X, et al. Electronic confinement and coherence in patterned epitaxial graphene [J]. Science, 2006, 312:1191-1196.

[42]Brodie B C. On the atomic weight of graphite[J]. Philosophical Transactions of the Royal Society of London, 1859, 249-259.

[43]Hummers W S, Offeman R E. Preparation of Graphitic Oxide[J]. Journal of the American Chemical Society, 1958, 80:1339-1339.

[44]Fan X B, Peng W C, Li Y, Li X Y, et al. Deoxygenation of exfoliated graphite oxide under alkaline conditions: a green route to graphene preparation[J]. Advanced Materials, 2008, 20:4490-4493.

[45]何孝军，张楠，刘自得，一种超级电容器用褶皱的石墨烯纳米片的制备方法[J]，中国专利，专利申请号：201510999039.

[46]Li P, Liu J, Liu Y, et al. Three-dimensional $ZnMn_2O_4$/porous carbon framework from petroleum asphalt for high performance lithium-ion battery[J]. Electrochimica Acta, 2015, 180:164-172.

[47]Han S, Wu D, Li S, et al. Graphene: A Two-Dimensional Platform for Lithium Storage[J]. Small, 2013, 9:1173-1187.

[48]Hu L H, Wu F Y, Lin C T, et al. Graphene-modified $LiFePO_4$ cathode for lithium ion battery beyond theoretical capacity[J]. Nature Communications, 2013, 4:1687.

[49]Gerouki A, Goldner M, Goldner R, et al. Density of states calculations of small diameter single graphene sheets[J]. Journal of the Electrochemical Society, 1996, 143: L262-L263.

[50]Yoo E, Kim J, Hosono E, et al. Large reversible Li storage of graphene nanosheet families for use in rechargeable lithium ion batteries[J]. Nano Letters, 2008, 8:2277-2282.

[51]Chen S, Bao P, Xiao L, et al. Large-scale and low cost synthesis of graphene as high capacity anode materials for lithium-ion batteries[J]. Carbon, 2013, 64:158-169.

[52]Wang G, Shen X, Yao J, et al. Graphene nanosheets for enhanced lithium storage in lithium ion batteries [J]. Carbon, 2009, 47:2049-2053.

[53]Reddy A L M, Srivastava A, Gowda S R, et al. Synthesis of nitrogen-doped graphene films for lithium battery application[J], ACS Nano, 2010, 4:6337-6342.

[54]Wu Z S, Ren W, Xu L, et al. Doped graphene sheets as anode materials with superhigh rate and large capacity for lithium ion batteries[J]. ACS Nano, 2011, 5:5463-5471.

[55]Yu Y X. Can all nitrogen-doped defects improve the performance of graphene anode materials for lithium-ion batteries? [J]. Physical Chemistry Chemical Physics, 2013, 15:16819-16827.

[56]Guo D, Shibuya R, Akiba C, et al. Active sites of nitrogen-doped carbon materials for oxygen reduction reaction clarified using model catalysts[J]. Science, 2016, 351:361-365.

[57]Chen S, Chen P, Wang Y. Carbon nanotubes grown in situ on graphene nanosheets as superior anodes for Li-ion batteries[J]. Nanoscale, 2011, 3:4323-4329.

[58]Chen T, Qiu L, Yang Z, et al. An integrated "energy wire" for both photoelectric conversion and energy storage[J]. Angewandte Chemie International Edition, 2012, 51:11977-11980.

[59]Hu Y, Li X, Wang J, et al. Free-standing graphene-carbon nanotube hybrid papers used as current collector and

binder free anodes for lithium ion batteries[J]. Journal of Power Sources, 2013, 237: 41 - 46.

[60] Wang X L, Han W Q. Graphene enhances Li storage capacity of porous single-crystalline silicon nanowires [J]. ACS Applied Materials & Interfaces, 2010, 2 : 3709 - 3713.

[61] Lee J K, Smith K B, Hayner C M, et al. Silicon nanoparticles-graphene paper composites for Li ion battery anodes[J]. Chemical Communications, 2010, 46 : 2025 - 2027.

[62] Zhou X, Yin Y X, Wan L J, et al. Self-assembled nanocomposite of silicon nanoparticles encapsulated in graphene through electrostatic attraction for lithium-ion batteries[J], Advanced Energy Materials, 2012, 2: 1086 - 1090.

[63] Xiang H, Zhang K, Ji G, et al. Graphene/nanosized silicon composites for lithium battery anodes with improved cycling stability[J]. Carbon, 2011, 49 : 1787 - 1796.

[64] Paek S M, Yoo E, Honma I. Enhanced cyclic performance and lithium storage capacity of SnO_2/graphene nanoporous electrodes with three-dimensionally delaminated flexible structure [J]. Nano Letters, 2008, 9: 72 - 75.

[65] Prabakar S, Hwang Y H, Bae E G, et al. SnO_2/Graphene Composites with Self-Assembled Alternating Oxide and Amine Layers for High Li-Storage and Excellent Stability [J]. Advanced Materials, 2013, 25: 3307 - 3312.

[66] Yao J, Shen X, Wang B, et al. In situ chemical synthesis of SnO_2-graphene nanocomposite as anode materials for lithium-ion batteries[J]. Electrochemistry Communications, 2009, 11 : 1849 - 1852.

[67] Zhang M, Lei D, Du Z, et al. Fast synthesis of SnO_2/graphene composites by reducing graphene oxide with stannous ions[J]. Journal of Materials Chemistry, 2011, 21 : 1673 - 1676.

[68] Lian P, Zhu X, Liang S, et al. High reversible capacity of SnO_2/graphene nanocomposite as an anode material for lithium-ion batteries[J]. Electrochimica Acta, 2011, 56 : 4532 - 4539.

[69] Chen S Q, Wang Y. Microwave-assisted synthesis of a Co_3O_4-graphene sheet-on-sheet nanocomposite as a superior anode material for Li-ion batteries[J]. Journal of Materials Chemistry, 2010, 20 : 9735 - 9739.

[70] Wang R, Xu C, Sun J, et al. Free-standing and binder-free lithium-ion electrodes based on robust layered assembly of graphene and Co_3O_4 nanosheets[J]. Nanoscale, 2013, 5 : 6960 - 6967.

[71] Zhou G, Wang D W, Li F, et al. Graphene-wrapped Fe_3O_4 anode material with improved reversible capacity and cyclic stability for lithium ion batteries[J]. Chemistry of Materials, 2010, 22 : 5306 - 5313.

[72] Su Y, Li S, Wu D, et al. Two-dimensional carbon-coated graphene/metal oxide hybrids for enhanced lithium storage[J]. ACS Nano, 2012, 6 : 8349 - 8356.

[73] Kim H, Lim H D, Kim S W, et al. Scalable functionalized graphene nano-platelets as tunable cathodes for high-performance lithium rechargeable batteries[J]. Scientific Reports, 2013, 3.

[74] Zhou X, Wang F, Zhu Y, et al. Graphene modified $LiFePO_4$ cathode materials for high power lithium ion batteries[J]. Journal of Materials Chemistry, 2011, 21 : 3353 - 3358.

[75] Kim J K, Choi J W, Chauhan G S, et al. Enhancement of electrochemical performance of lithium iron phosphate by controlled sol-gel synthesis [J]. Electrochimica Acta, 2008, 53 : 8258 - 8264.

[76] Wang R, Xu C, Sun J, et al. Controllable synthesis of nano-$LiFePO_4$ on graphene using Fe_2O_3 precursor for high performance lithium ion batteries[J]. Materials Letters, 2013, 112 : 207 - 210.

[77] Li N, Chen Z, Ren W, et al. Flexible graphene-based lithium ion batteries with ultrafast charge and dis-

charge rates[J]. Proceedings of the National Academy of Sciences, 2012, 109:17360 - 17365.

[78] Stoller M D, Park S, Zhu Y, et al. Graphene-based ultracapacitors [J]. Nano Letters, 2008, 8: 3498 - 3502.

[79] Chen Y, Zhang X, Zhang D, et al. High performance supercapacitors based on reduced graphene oxide in aqueous and ionic liquid electrolytes[J]. Carbon, 2011, 49:573 - 580.

[80] Vivekchand S, Rout C S, Subrahmanyam K, et al. Graphene-based electrochemical supercapacitors [J]. Journal of Chemical Sciences, 2008, 120:9 - 13.

[81] Du X, Guo P, Song H, et al. Graphene nanosheets as electrode material for electric double-layer capacitors [J]. Electrochimica Acta, 2010, 55:4812 - 4819.

[82] Lv W, Tang D M, He Y B, et al. Low-temperature exfoliated graphenes: vacuum-promoted exfoliation and electrochemical energy storage[J]. ACS Nano, 2009, 3:3730 - 3736.

[83] Shao J J, Wu S D, Zhang S B, et al. Graphene oxide hydrogel at solid/liquid interface[J], Chemical Communications. 2011, 47:5771 - 5773.

[84] Zhang X, Zhang H, Li C, et al. Recent advances in porous graphene materials for supercapacitor applications[J]. RSC Advances, 2014, 4:45862 - 45884.

[85] Xu Y, Sheng K, Li C, et al. Self-assembled graphene hydrogel via a one-step hydrothermal process [J]. ACS Nano, 2010, 4:4324 - 4330.

[86] Ye S, Feng J, Wu P. Deposition of three-dimensional graphene aerogel on nickel foam as a binder-free supercapacitor electrode[J]. ACS Applied Materials & Interfaces, 2013, 5:7122 - 7129.

[87] Zhu Y, Murali S, Stoller M D, et al. Carbon-based supercapacitors produced by activation of graphene [J]. Science, 2011, 332:1537 - 1541.

[88] Yang X, Zhu J, Qiu L, et al. Bioinspired effective prevention of restacking in multilayered graphene films: towards the next generation of high-performance supercapacitors[J]. Advanced Materials, 2011, 23:2833 - 2838.

[89] Moniruzzaman M, Winey K I. Polymer nanocomposites containing carbon nanotubes [J]. Macromolecules, 2006, 39:5194 - 5205.

[90] Jeong H M, Lee J W, Shin W H, et al. Nitrogen-doped graphene for high-performance ultracapacitors and the importance of nitrogen-doped sites at basal planes [J]. Nano Letters, 2011, 11:2472 - 2477.

[91] Guo H L, Su P, Kang X, et al. Synthesis and characterization of nitrogen-doped graphene hydrogels by hydrothermal route with urea as reducing-doping agents [J]. Journal of Materials Chemistry A, 2013, 1: 2248 - 2255.

[92] Han J, Zhang L L, Lee S, et al. Generation of B-doped graphene nanoplatelets using a solution process and their supercapacitor applications[J]. ACS Nano, 2012, 7:19 - 26.

[93] Wang C, Zhou Y, Sun L, et al. N/P-codoped thermally reduced graphene for high-performance supercapacitor applications[J]. The Journal of Physical Chemistry C, 2013, 117:14912 - 14919.

[94] Wang H, Hao Q, Yang X, et al. Graphene oxide doped polyaniline for supercapacitors[J]. Electrochemistry Communications, 2009, 11:1158 - 1161.

[95] Wang H, Hao Q, Yang X, et al. Effect of graphene oxide on the properties of its composite with polyaniline [J]. ACS Applied Materials & Interfaces, 2010, 2:821 - 828.

[96]Xu J, Wang K, Zu S Z, et al. Hierarchical nanocomposites of polyaniline nanowire arrays on graphene oxide sheets with synergistic effect for energy storage[J]. ACS Nano, 2010, 4:5019-5026.

[97]Li L, Raji A R O, Fei H, et al. Nanocomposite of polyaniline nanorods grown on graphene nanoribbons for highly capacitive pseudocapacitors[J]. ACS Applied Materials & Interfaces, 2013, 5:6622-6627.

[98]Tai Z, Yan X, Xue Q. Three-dimensional graphene/polyaniline composite hydrogel as supercapacitor electrode[J]. Journal of The Electrochemical Society, 2012, 159: A1702-A1709.

[99]Liu J, An J, Ma Y, et al. Synthesis of a graphene-polypyrrole nanotube composite and its application in supercapacitor electrode[J]. Journal of the Electrochemical Society, 2012, 159: A828-A833.

[100]Konwer S, Boruah R, Dolui S K. Studies on conducting polypyrrole/graphene oxide composites as supercapacitor electrode[J]. Journal of Electronic Materials, 2011, 40:2248-2255.

[101]Zhang L L, Zhao S, Tian X N, et al. Layered graphene oxide nanostructures with sandwiched conducting polymers as supercapacitor electrodes[J]. Langmuir, 2010, 26:17624-17628.

[102]Zhao Y, Liu J, Hu Y, et al. Highly Compression-Tolerant Supercapacitor Based on Polypyrrole-mediated Graphene Foam Electrodes[J]. Advanced Materials, 2013, 25:591-595.

[103]Zhang B, Yu B, Zhou F, et al. Polymer brush stabilized amorphous MnO_2 on graphene oxide sheets as novel electrode materials for high performance supercapacitors[J]. Journal of Materials Chemistry A, 2013, 1:8587-8592.

[104]Zhao X, Zhang L, Murali S, et al. Incorporation of manganese dioxide within ultraporous activated graphene for high-performance electrochemical capacitors [J]. ACS Nano, 2012, 6:5404-5412.

[105]Yan J, Fan Z, Wei T, et al. Fast and reversible surface redox reaction of graphene-MnO_2 composites as supercapacitor electrodes[J]. Carbon, 2010, 48:3825-3833.

[106]Zhu L, Zhang S, Cui Y, et al. One step synthesis and capacitive performance of graphene nanosheets/Mn_3O_4 composite[J]. Electrochimica Acta, 2013, 89:18-23.

[107]Gao H, Xiao F, Ching C B, et al. Flexible all-solid-state asymmetric supercapacitors based on free-standing carbon nanotube/graphene and Mn_3O_4 nanoparticle/graphene paper electrodes[J]. ACS Applied Materials & Interfaces, 2012, 4:7020-7026.

[108]Wang G, Zhang L, Zhang J. A review of electrode materials for electrochemical supercapacitors [J]. Chemical Society Reviews, 2012, 41:797-828.

[109]Yan J, Wei T, Qiao W, et al. Rapid microwave-assisted synthesis of graphene nanosheet/Co_3O_4 composite for supercapacitors[J]. Electrochimica Acta, 2010, 55:6973-6978.

[110]Wang X, Liu S, Wang H, et al. Facile and green synthesis of Co_3O_4 nanoplates/graphene nanosheets composite for supercapacitor[J]. Journal of Solid State Electrochemistry, 2012, 16:3593-3602.

[111]Wu Z S, Wang D W, Ren W, et al. Anchoring hydrous RuO_2 on graphene sheets for high-performance electrochemical capacitors[J]. Advanced Functional Materials, 2010, 20:3595-3602.

[112]Sun C Y, Zhu Y G, Zhu T J, et al. $Co(OH)_2$/graphene sheet-on-sheet hybrid as high-performance Facile and green synthesis of Co_3O_4 nanoplates/graphene nanosheets composite for supercapacitor electrochemical pseudocapacitor electrodes[J]. Journal of Solid State Electrochemistry, 2013, 17:1159-1165.

[113]Fan X, Zhang G, Zhang F. Multiple roles of graphene in heterogeneous catalysis[J]. Chemical Society Reviews, 2015, 44:3023-3035.

[114]Jia H P, Dreyer D R, Bielawski C W. Graphite Oxide as an Auto-Tandem Oxidation-Hydration-Aldol Coupling Catalyst[J]. Advanced Synthesis & Catalysis, 2011, 353:528-532.

[115]Long Y, Zhang C C, Wang X X, et al. Oxidation of SO_2 to SO_3 catalyzed by graphene oxide foams [J]. Journal of Materials Chemistry, 2011, 21:13934-13941.

[116]Dreyer D R, Jia H P, Todd A D, et al. Graphite oxide: a selective and highly efficient oxidant of thiols and sulfides[J]. Organic & Biomolecular Chemistry, 2011, 9:7292-7295.

[117]Dhakshinamoorthy A, Alvaro M, Concepcion P, et al. Graphene oxide as an acid catalyst for the room temperature ring opening of epoxides[J]. Chemical Communications, 2012, 48:5443-5445.

[118]Dreyer D R, Todd A D, Bielawski C W. Harnessing the chemistry of graphene oxide[J]. Chemical Society Reviews, 2014, 43:5288-5301.

[119]Shao Y Y, Zhang S, Engelhard M H, et al. Nitrogen-doped graphene and its electrochemical applications [J]. Journal of Materials Chemistry, 2010, 20:7491-7496.

[120]Liang J, Jiao Y, Jaroniec M, et al. Sulfur and Nitrogen Dual-Doped Mesoporous Graphene Electrocatalyst for Oxygen Reduction with Synergistically Enhanced Performance[J]. Angewandte Chemie-International Edition, 2012, 51:11496-11500.

[121]Ding W, Wei Z D, Chen S G, et al. Space-Confinement-Induced Synthesis of Pyridinic- and Pyrrolic-Nitrogen-Doped Graphene for the Catalysis of Oxygen Reduction[J]. Angewandte Chemie-International Edition, 2013, 52:11755-11759.

[122]Ji J, Zhang G, Chen H, et al. Sulfonated graphene as water-tolerant solid acid catalyst[J]. Chemical Science, 2011, 2:484-487.

[123]Yuan C F, Chen W F, Yan L F. Amino-grafted graphene as a stable and metal-free solid basic catalyst [J]. Journal of Materials Chemistry, 2012, 22:7456-7460.

[124]Li Y, Zhao Q S, Ji J Y, et al. Cooperative catalysis by acid-base bifunctional graphene[J]. RSC Advances, 2013, 3:13655-13658.

[125]Wang S, Nai C T, Jiang X F, et al. Graphene Oxide-Polythiophene Hybrid with Broad-Band Absorption and Photocatalytic Properties[J], Journal of Physical Chemistry Letters, 2012, 3:2332-2336.

[126]Xu C, Wang X, Zhu J W. Graphene-Metal Particle Nanocomposites[J]. Journal of Physical Chemistry C, 2008, 112:19841-19845.

[127]Scheuermann G M, Rumi L, Steurer P, et al. Palladium Nanoparticles on Graphite Oxide and Its Functionalized Graphene Derivatives as Highly Active Catalysts for the Suzuki-Miyaura Coupling Reaction[J]. Journal of the American Chemical Society, 2009, 131:8262-8270.

[128]Siamaki A R, Khder A E S, Abdelsayed V, et al. Microwave-assisted synthesis of palladium nanoparticles supported on graphene: A highly active and recyclable catalyst for carbon-carbon cross-coupling reactions [J]. Journal of Catalysis, 2011, 279:1-11.

[129]Xiong Z G, Zhang L L, Ma J Z, et al. Photocatalytic degradation of dyes over graphene-gold nanocomposites under visible light irradiation[J]. Chemical Communications, 2010, 46:6099-6101.

[130]Jasuja K, Linn J, Melton S, et al. Microwave-Reduced Uncapped Metal Nanoparticles on Graphene: Tuning Catalytic, Electrical, and Raman Properties[J]. Journal of Physical Chemistry Letters, 2010, 1: 1853-1860.

[131]Li Y, Gao W, Ci L, et al. Catalytic performance of Pt nanoparticles on reduced graphene oxide for methanol electro-oxidation[J]. Carbon, 2010, 48 : 1124 – 1130.

[132]Wang D, Niu W, Tan M, et al. Pt Nanocatalysts Supported on Reduced Graphene Oxide for Selective Conversion of Cellulose or Cellobiose to Sorbitol[J]. ChemSuschem, 2014, 7 : 1398 – 1406.

[133]Wang Y, Wang D, Tan M, et al. Monodispersed Hollow SO_3H-Functionalized Carbon/Silica as Efficient Solid Acid Catalyst for Esterification of Oleic Acid[J]. ACS Applied Materials & Interfaces, 2015, 7 : 26767 – 26775.

[134]Niu W, Wang D, Yang G, et al. Pt nanoparticles loaded on reduced graphene oxide as an effective catalyst for the direct oxidation of 5-hydroxymethylfurfural (HMF) to produce 2, 5-furandicarboxylic acid (FDCA) under mild conditions[J]. Bulletin of the Chemical Society of Japan, 2014, 87 : 1124 – 1129.

[135]Tan M, Yang G, Wang T, et al. Active and regioselective rhodium catalyst supported on reduced graphene oxide for 1-hexene hydroformylation[J]. Catalysis Science & Technology, 2016,

[136]Hu Y, Wu P, Yin Y, et al. Effects of structure, composition, and carbon support properties on the electrocatalytic activity of Pt-Ni-graphene nanocatalysts for the methanol oxidation [J]. Applied Catalysis B : Environmental, 2012, 111 : 208 – 217.

[137]Wang R, Wu Z, Chen C, et al. Graphene-supported Au-Pd bimetallic nanoparticles with excellent catalytic performance in selective oxidation of methanol to methyl formate[J]. Chemical Communications, 2013, 49: 8250 – 8252.

[138]Du Y, Su J, Luo W, et al. Graphene-Supported Nickel-Platinum Nanoparticles as Efficient Catalyst for Hydrogen Generation from Hydrous Hydrazine at Room Temperature[J]. ACS Applied Materials & Interfaces, 2015, 7 : 1031 – 1034.

[139]Liu C H, Liu R H, Sun Q J, et al. Controlled synthesis and synergistic effects of graphene-supported PdAu bimetallic nanoparticles with tunable catalytic properties[J]. Nanoscale, 2015, 7 : 6356 – 6362.

[140]Kamat P V. Graphene-based nanoarchitectures. Anchoring semiconductor and metal nanoparticles on a two-dimensional carbon support[J]. The Journal of Physical Chemistry Letters, 2009, 1 : 520 – 527.

[141]Zhang Y, Tang Z R, Fu X, et al. TiO_2 – graphene nanocomposites for gas-phase photocatalytic degradation of volatile aromatic pollutant : is TiO_2-graphene truly different from other TiO_2-carbon composite materials [J]. ACS Nano, 2010, 4 : 7303 – 7314.

[142]Li B, Cao H. ZnO@ graphene composite with enhanced performance for the removal of dye from water [J]. Journal of Materials Chemistry, 2011, 21 : 3346 – 3349.

[143]Qian Y, Lu S, Gao F. Synthesis of manganese dioxide/reduced graphene oxide composites with excellent electrocatalytic activity toward reduction of oxygen[J]. Materials Letters, 2011, 65 : 56 – 58.

[144]Liang Y, Li Y, Wang H, et al. Co_3O_4 nanocrystals on graphene as a synergistic catalyst for oxygen reduction reactio n[J], Nature Materials, 2011, 10 : 780 – 786.

[145]Tran P D, Batabyal S K, Pramana S S, et al. A cuprous oxide-reduced graphene oxide (Cu_2O-rGO) composite photocatalyst for hydrogen generation : employing rGO as an electron acceptor to enhance the photocatalytic activity and stability of Cu_2O[J]. Nanoscale, 2012, 4 : 3875 – 3878.

[146]Wu Z S, Yang S, Sun Y, et al. 3D nitrogen-doped graphene aerogel-supported Fe_3O_4 nanoparticles as efficient electrocatalysts for the oxygen reduction reaction[J]. Journal of the American Chemical Society, 2012,

134 : 9082 – 9085.
[147] Lightcap I V, Kosel T H, Kamat P V. Anchoring Semiconductor and Metal Nanoparticles on a Two-Dimensional Catalyst Mat. Storing and Shuttling Electrons with Reduced Graphene Oxide[J]. Nano Letters, 2010, 10 : 577 – 583.
[148] Zhang H, Lv X J, Li Y M, et al. P25-Graphene Composite as a High Performance Photocatalyst[J]. ACS Nano, 2010, 4 : 380 – 386.
[149] Tu W G, Zhou Y, Liu Q, et al. An In Situ Simultaneous Reduction-Hydrolysis Technique for Fabrication of TiO_2-Graphene 2D Sandwich-Like Hybrid Nanosheets : Graphene-Promoted Selectivity of Photocatalytic-Driven Hydrogenation and Coupling of CO_2 into Methane and Ethane[J]. Advanced Functional Materials, 2013, 23 : 1743 – 1749.
[150] Wang P, Jiang T F, Zhu C Z, et al. One-Step, Solvothermal Synthesis of Graphene-CdS and Graphene-ZnS Quantum Dot Nanocomposites and Their Interesting Photovoltaic Properties[J]. Nano Research, 2010, 3 : 794 – 799.
[151] Li Y G, Wang H L, Xie L M, et al. MoS_2 Nanoparticles Grown on Graphene : An Advanced Catalyst for the Hydrogen Evolution Reaction[J]. Journal of the American Chemical Society, 2011, 133 : 7296 – 7299.
[152] Beller M, Bolm C. Transition Metals for Organic Synthesis : Building Blocks and Fine Chemicals [J]. Wiley-VCH, Weinheim. 2004 : Vol. 1 and 2.
[153] Bauer E B. Chiral-at-metal complexes and their catalytic applications in organic synthesis[J]. Chemical Society Reviews, 2012, 41 : 3153 – 3167.
[154] Arockiam P B, Bruneau C, Dixneuf P H. Ruthenium(Ⅱ)-Catalyzed C-H Bond Activation and Functionalization[J]. Chemical Reviews, 2012, 112 : 5879 – 5918.
[155] Tlili A, Schranck J, Pospech J, et al. Ruthenium-Catalyzed Carbonylative C-C Coupling in Water by Directed C-H Bond Activation[J]. Angewandte Chemie, 2013, 125 : 6413 – 6417.
[156] Wdowik T, Samojlowicz C, Jawiczuk M, et al. Ruthenium nitronate complexes as tunable catalysts for olefin metathesis and other transformations[J]. Chemical Communications, 2013, 49 : 674 – 676.
[157] Zhao Q, Chen D, Li Y, et al. Rhodium complex immobilized on graphene oxide as an efficient and recyclable catalyst for hydrogenation of cyclohexene[J]. Nanoscale, 2013, 5 : 882 – 885.
[158] Zhao Q, Bai C, Zhang W, et al. Catalytic Epoxidation of Olefins with Graphene Oxide Supported Copper (Salen) Complex[J]. Industrial & Engineering Chemistry Research, 2014, 53 : 4232 – 4238.
[159] Khatri P K, Choudhary S, Singh R, et al. Grafting of a rhenium-oxo complex on Schiff base functionalized graphene oxide : an efficient catalyst for the oxidation of amines[J]. Dalton Transactions, 2014, 43 : 8054 – 8061.
[160] Zhou X, Zhang T, Abney C W, et al. Graphene-Immobilized Monomeric Bipyridine-M^{x+} (M^{x+} = Fe^{3+}, Co^{2+}, Ni^{2+}, or Cu^{2+}) Complexes for Electrocatalytic Water Oxidation[J]. ACS Applied Materials & Interfaces, 2014, 6 : 18475 – 18479.
[161] Kumar P, Singh G, Tripathi D, et al. Visible light driven photocatalytic oxidation of thiols to disulfides using iron phthalocyanine immobilized on graphene oxide as a catalyst under alkali free conditions[J]. RSC Advances, 2014, 4 : 50331 – 50337.
[162] Sabater S, Mata J A, Peris E. Catalyst Enhancement and Recyclability by Immobilization of Metal Comple-

xes onto Graphene Surface by Noncovalent Interactions[J]. ACS Catalysis, 2014, 4:2038-2047.

[163] Blanco M, Alvarez P, Blanco C, et al. Graphene-NHC-iridium hybrid catalysts built through -OH covalent linkage [J]. Carbon, 2015, 83:21-31.

[164] Zhao G, Wen T, Chen C, et al. Synthesis of graphene-based nanomaterials and their application in energy-related and environmental-related areas[J]. RSC Advances, 2012, 2:9286-9303.

[165] Yang S T, Wang H, Guo L, et al. Interaction of fullerenol with lysozyme investigated by experimental and computational approaches[J]. Nanotechnology, 2008, 19:395101.

[166] Yang S T, Chen S, Chang Y, et al. Removal of methylene blue from aqueous solution by graphene oxide [J]. Journal of Colloid and Interface Science, 2011, 359:24-29.

[167] Yang S T, Chang Y, Wang H, et al. Folding/aggregation of graphene oxide and its application in Cu^{2+} removal[J]. Journal of colloid and interface science, 2010, 351:122-127.

[168] Mishra A K, Ramaprabhu S. Functionalized graphene sheets for arsenic removal and desalination of sea water[J]. Desalination, 2011, 282:39-45.

[169] Wu Y, Luo H, Wang H, et al. Adsorption of hexavalent chromium from aqueous solutions by graphene modified with cetyltrimethylammonium bromide[J]. Journal of Colloid and Interface Science, 2013, 394:183-191.

[170] 陈庆梅，宗小林．磁性纳米材料及其在癌症诊疗中的应用[J]．微纳电子技术，2009，46：340-345.

[171] 鲁新环，夏清华．磁性纳米材料在分离及催化中的应用[J]．石油化工，2008，37：1225-1235.

[172] 周丽，邓慧萍，万俊力等．石墨烯基铁氧化物磁性材料的制备及在水处理中的吸附性能[J]．化学进展，2013，25：145-155.

[173] Zhang Y, Yan L, Xu W, et al. Adsorption of Pb (Ⅱ) and Hg (Ⅱ) from aqueous solution using magnetic $CoFe_2O_4$-reduced graphene oxide[J]. Journal of Molecular Liquids, 2014, 191:177-182.

[174] Liu T, Li Y, Du Q, et al. Adsorption of methylene blue from aqueous solution by graphene[J]. Colloids and Surfaces B: Biointerfaces, 2012, 90:197-203.

[175] Fan L, Luo C, Sun M, et al. Preparation of novel magnetic chitosan/graphene oxide composite as effective adsorbents toward methylene blue[J]. Bioresource Technology, 2012, 114:703-706.

[176] Wang C, Feng C, Gao Y, et al. Preparation of a graphene-based magnetic nanocomposite for the removal of an organic dye from aqueous solution[J]. Chemical Engineering Journal, 2011, 173:92-97.

[177] Ramesha G, Kumara A V, Muralidhara H, et al. Graphene and graphene oxide as effective adsorbents toward anionic and cationic dyes[J]. Journal of Colloid and Interface Science, 2011, 361:270-277.

[178] Li Y, Zhang P, Du Q, et al. Adsorption of fluoride from aqueous solution by graphene[J]. Journal of Colloid and Interface Science, 2011, 363:348-354.

[179] Zhang S, Shao Y, Liu J, et al. Graphene-polypyrrole nanocomposite as a highly efficient and low cost electrically switched ion exchanger for removing ClO_4^- from wastewater[J]. ACS Applied Materials & Interfaces, 2011, 3:3633-3637.

[180] Vasudevan S, Lakshmi J. The adsorption of phosphate by graphene from aqueous solution[J]. RSC Advances, 2012, 2:5234-5242.

[181] Toyoda M, Inagaki M. Sorption and recovery of heavy oils by using exfoliated graphite[J]. Spill Science &

Technology Bulletin, 2003, 8:467 -474.

[182]Bi H, Xie X, Yin K, et al. Spongy graphene as a highly efficient and recyclable sorbent for oils and organic solvents[J]. Advanced Functional Materials, 2012, 22:4421 -4425.

[183]Wang J, Shi Z, Fan J, et al. Self-assembly of graphene into three-dimensional structures promoted by natural phenolic acids[J]. Journal of Materials Chemistry, 2012, 22:22459 -22466.

[184]Zhao Y, Hu C, Hu Y, et al. A versatile, ultralight, nitrogen-doped graphene framework[J]. Angewandte Chemie, 2012, 124:11533 -11537.

[185]Sun H, Xu Z, Gao C. Multifunctional, ultra-flyweight, synergistically assembled carbon aerogels [J]. Advanced Materials, 2013, 25:2554 -2560.

[186]Hu H, Zhao Z, Wan W, et al. Ultralight and highly compressible graphene aerogels[J]. Advanced materials, 2013, 25:2219 -2223.

[187]Hu H, Zhao Z, Gogotsi Y, et al. Compressible carbon nanotube-graphene hybrid aerogels with superhydrophobicity and superoleophilicity for oil sorption[J]. Environmental Science & Technology Letters, 2014, 1:214 -220.

[188]李贺军，张守阳．新型碳材料[J]．新型工业化，2016，6(1)：15 -37.

第4章 碳纳米管

碳材料伴随着人类悠远古老的历史已经走过了几千年的旅程，并覆盖了社会生活的各个方面。尽管碳材料的历史很长，但人们在很长一段时间内一直以为碳的晶体结构只有三维结构的石墨和金刚石。1985 年，英国科学家 Kroto 和美国科学家 Smalley 发现了碳的其它存在形式，即零维富勒烯。1991 年日本 NEC 公司基础研究实验室的科学家饭岛澄男(Sumio Iijima)在高分辨透射电子显微镜下检验石墨电弧设备中产生的球状碳时，意外发现了碳纳米管(Carbon nanotube，又称为巴基管)。它的直径为纳米量级，长度可达数百微米，是典型的一维纳米材料。碳纳米管的发现进一步丰富了碳的同素异形体种类。2004 年二维石墨烯的发现，使碳成为元素周期表中目前唯一具有从零维到三维结构的元素。

碳纳米管的发现恰逢纳米材料研发兴起之时。因此，它自 1991 年诞生起就迅速成为纳米技术的宠儿，成为研究人员最热衷研究的碳材料形式之一。近年来，国际上碳纳米管的修饰改性技术越来越受到重视，各种新型改性碳纳米管的开发进一步拓展了其应用领域。其中，日本已有 300 多家相关企业致力于碳纳米管产业技术研发，期望抢占此技术领域制高点，进而加速碳纳米管的商业应用进程。据美国商务部市场调查机构 BCC 统计数据，在复合材料、电子材料、能源材料等领域中，2007 年全球碳纳米管市场产值达到 7910 万美元；2009 年的产值已经接近 3 亿美元，年均复合增长率达 38.7%。由此可以推测，全球碳纳米管未来几年的市场需求将出现迅速增长，全球碳纳米管的产量将达到数千吨的规模，产值将达数十亿美元，与其相关产品的产值将达数百亿美元。

碳纳米管独特的纳米中空结构、封闭的拓扑构型均赋予其大量特殊的优异性能，如高强度、高弹性、耐热、耐腐蚀、传热和导电性好等，使之在催化科学、能源技术、环境科学等方面具有广阔的应用前景。

4.1 简介

4.1.1 结构和分类

碳纳米管可以看作由六角网状的石墨烯片卷成的具有螺旋周期、中空内腔结构的准一维管状大分子。碳纳米管中的碳原子一般采取 sp^2 杂化，由于存在一定曲率，所以其中也有一小部分碳原子为 sp^3 杂化。碳原子和碳原子之间以碳 - 碳 σ 键结合，形成由六边形组成的蜂窝状结构作为碳纳米管的骨架。每个碳原子上未参与杂化的一对 p 电子相互之间形成跨越整个碳纳米管的共轭 π 电子云。碳纳米管不一定是笔直的，局部可能出现凹凸的现象，这是由于在六边形结构中混杂了五边形和七边形。出现五边形的地方，由于张力的关系可导致碳纳米管向外凸出，如果五边形恰好出现在碳纳米管的顶端，就会形成碳纳米管的封口；若有七边形出现，碳纳米管在该处则向内凹进。

根据石墨烯片的层数，碳纳米管可分为单壁碳纳米管和多壁碳纳米管。顾名思义，单壁碳纳米管(Single-walled nanotubes，SWNTs)就是仅由一层石墨烯片卷曲而成的碳纳米管，其典型直径约0.75～3nm，因为单壁碳纳米管的最小直径与富勒烯分子类似，故也有人称其为富勒管。多壁碳纳米管(Multi-walled nanotubes，MWNTs)则是由多于两层的石墨烯片按照同心方式卷曲而成，形状像同轴电缆，其层数从2～50不等，其典型直径在2～30nm，层间距为(0.34±0.01)nm，与石墨层间距(0.34nm)相当。与单壁和多壁碳纳米管相比，双壁碳纳米管在结构上既具有单壁碳纳米管的理想形态，又可看作是最简单的多壁碳纳米管，故双壁碳纳米管具有一些独特的性质。

单壁碳纳米管可以看作是平面石墨烯片在圆柱体上的映射，在映射过程中石墨烯片层中六元碳环网格和碳纳米管轴向之间可能出现夹角，如图4-1所示。根据碳纳米管中六元碳环网格沿其轴向的不同取向，可将之分为锯齿型、扶手椅型和螺旋型三种。其中锯齿型和扶手椅型碳纳米管结构中六元碳环和轴向之间的夹角分别为0°或30°，不产生螺旋，也没有手征；而夹角在0°至30°之间的碳纳米管，其六元碳环网格有螺旋性，根据手形可以将之分为左螺旋和右螺旋两种。

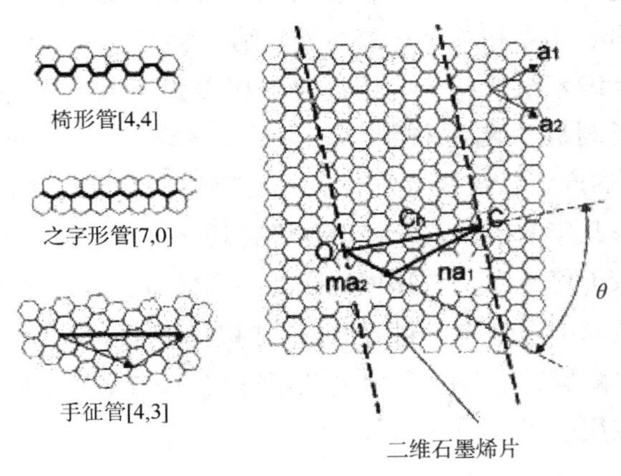

图4-1　按照不同螺旋角卷曲形成的三种碳纳米管[1]

按照碳纳米管的导电性，还可将其分为导体性碳纳米管和半导体性碳纳米管。单壁碳纳米管的导电性介于导体和半导体之间，其导电性能取决于其直径和螺旋角。半导体碳纳米管的带隙宽度与其直径呈反比关系，而导体性碳纳米管则可作为构筑纳米器件的导线，在微纳电子器件中得到应用。

除了碳纳米管外，还有一种被称为碳纳米纤维（Carbon nanofiber，CNF）的纳米碳材料。早在发现碳纳米管之前，人们在研究气相生长碳纤维的过程中，就发现了一种管状的纳米纤维。碳纳米管被发现后，人们认识到气相生长碳纳米纤维与碳纳米管在结构及性能上具有一定的相似性，碳纳米纤维和碳纳米管一样具有独特的物化性质。人们通常根据碳纳米管和碳纳米纤维的直径大小将它们加以区分，但区分的尺度并不十分严格、统一。根据研究结果和目前国内外同行的共识，认为碳纳米管的直径通常应限制在50nm以下，而碳纳米纤维的直径在50~200nm，然而目前的文献资料中，碳纳米管同碳纳米纤维并没有严格的加以区分，人们有时也把具有管状形态的碳纳米纤维称为碳纳米管。为了简化，本章将碳纳米纤维也统称为碳纳米管。

4.1.2 发展概况

1991年，日本电镜学家Iijima最初发现的碳纳米管是由2~50层石墨烯片卷曲而成，并随管壁曲卷结构的不同而呈现出半导体或良导体的特异导电性；1993年，Iijima和IBM公司的Bethune等分别发现了单壁碳纳米管，它只由一层石墨烯片构成，管径在0.7~2nm之间；1996年，中国科学院物理研究所解思深课题组首次报道了碳纳米管阵列的制备方法，并于1998年实现了毫米级超长定向碳纳米管的生长，该长度比当时报道的碳纳米管的长度(1~100μm)高1~2个数量级，标志着“碳纳米管进入超长阶段”；1999年，清华大学范守善等利用阳极氧化法结合掩膜技术，在硅基底上实现了碳纳米管的定向定位生长，为碳纳米管器件与硅器件的集成提供了可能。以此为契机，该课题组在随后十几年里，开展了超顺排列碳纳米管阵列的研制，并将其直接制成膜或者拉丝，在触摸屏、超细导线、瞬时加热器、超薄扬声器等多个领域开展大量的卓有成效的工作；同年，韩国研究小组制成碳纳米管阴极彩色显示器样管；2000年，日本电气公司的科学家制造出了直径仅0.4nm的碳纳米管，是当时世界上最小的稳定碳纳米管；2002年，Smalley领导的研究小组首次在独立的单壁碳纳米管中观察到荧光现象；2003年，美国科研人员发现碳纳米管具有理想的吸收与发散光波的特性，意味着碳纳米管材料具有传输、储存和恢复光波信号的新性能；2006年，IBM在单一“碳纳米管”分子上构建了首个完整电子集成电路，揭示了半导体性能新的发展方向；2010年，中美科学家成功合成世界上最小碳纳米管结构的富勒烯C90；2012年，碳纳米管应用在生物传感器，使原型生物传感器的速度几乎增加两倍；2014年，清华-富士康纳米科技研究中心共同成立了超顺排列碳纳米管阵列产业化项目，并建成以碳纳米管超顺排列的，阵列、薄膜、线材为主的生产线。随着科技的日新月异，碳纳米管必将有更大的应用和发展。

4.2 制备

科学家从理论和实验研究上已经证明碳纳米管具有优异的电学、化学和力学等性能，但是要将这些性能付诸于应用，前提条件是能够高收率、高纯度、低成本、可控性制备碳纳米管。目前已经发展了多种技术制备碳纳米管，如电弧放电法、激光蒸发合成法、化学气相沉积法、电解法、水热合成法等，其中电弧放电法、激光蒸发合成法、化学气相沉积法被认为是主导方法[2]。

4.2.1 电弧放电法

电弧放电法是早期制备碳纳米管最为常用的一种方法，其基本原理是利用电弧等离子体放电产生的高温使碳原子重组得到管状结构，Iijima 首次发现的多壁碳纳米管就是电弧放电的产物。电弧放电的主要工艺如下：在真空容器中充满一定压力的惰性气体或氢气，以掺有催化剂(金属镍、钴、铁等)的石墨为电极，电弧放电的过程中阳极石墨被蒸发消耗，同时在阴极石墨上沉积得到碳纳米管。电弧放电法能制备出高纯度的单壁或双壁碳纳米管，但其耗能大，成本高，不适合碳纳米管的大规模制备。由于传统的电弧放电方法通常以昂贵的高纯石墨作碳源前驱体，使得碳纳米管的价格一直居高不下。为了寻求廉价高效的碳纳米管电弧放电制备技术，大连理工大学邱介山等在国内较早开展了以煤为原料的碳纳米管电弧放电制备及填充技术研究[3]。他们发现，以煤为碳源前驱体时碳纳米管的生长遵循两种机制，即传统的石墨电弧机理和由煤的独特化学结构决定的“弱键”机理，表明价廉的煤炭是制备包括单壁、双壁及多壁碳纳米管的理想碳源。

4.2.2 激光蒸发法

激光蒸发法合成碳纳米管的基本原理是通过高能激光束使碳原子和金属催化剂蒸发形成碳原子团簇，在催化剂作用下，碳原子的团簇重组形成碳纳米管并随着载气的流动，沉积于收集器上。通过改变石墨靶上催化剂的种类、组合、载气流量、电炉温度和激光的辐射量，可以获得不同纯度和不同直径的单壁碳纳米管。激光蒸发制备碳纳米管的突出优点是所得碳纳米管的晶化程度和纯度都较高，不足之处在于设备复杂、昂贵，产量较小，成本很高，使得该方法的发展受到限制。

4.2.3 化学气相沉积法

化学气相沉积法(Chemical Vapor Deposition，简称 CVD)亦称为催化裂解法或有机气体的催化热解法，其原理是在一定反应温度下使碳氢化合物气体在超细金属催化剂颗粒表面发生裂解，裂解产生的碳在催化剂颗粒内通过溶解 - 扩散 - 过饱和析出，形成碳纳米管。由于 CVD 法具有成本相对较低、产量大、实验条件易于控制，作为碳源的原料气体可连续供给，结果重复性也比较好，而且通过控制催化剂的分布模式，还可得到定向或具有一定器件化的碳纳米管，因而受到广泛重视并进行了深入的研究。

研究表明，碳源、催化剂及反应条件等的选择对 CVD 法合成碳纳米管的产量、质量和形态等有重要作用[1]。CVD 法合成碳纳米管时常用的碳源有甲烷、乙烯、乙炔及 CO 等气体以及苯、环已烷、乙醇等液体。在用不同碳源合成碳纳米管时，不仅原料的活性有很大差别，而且碳纳米管的结构和性能也有差别。所选择的碳源需要与催化剂的特性结合起来。常用的催化剂主要是 Fe、Co、Ni 及其合金，它们在制备碳纳米管的过程中表现出较高的活性。采用 CVD 法，已经成功制备了单壁、双壁及多壁碳纳米管，并正在向阵列化、器件化的方向发展。我国科学家在碳纳米管方面的工作处于国际前沿，北京大学刘忠范课题组、中国科学院金属研究所成会明课题组、清华大学吴德海、范守善、魏飞课题组、中国科学院物理研究所解思深课题组、大连理工大学邱介山课题组等在碳纳米管的精确构筑、调控及功能化方面取得了一系列引人瞩目的成绩。

4.3 应用

4.3.1 催化

碳纳米管的众多潜在用途中，用作催化新材料是其中引人关注的一个方向。碳纳米管具有优异的电子传导性，这有助于在金属粒子和碳纳米管间形成特殊的金属－载体强相互作用，有利于提高其催化活性；碳纳米管可由其纳米级的中空管内腔、尺度较大的管间堆积孔等构成复合的孔结构，独特的孔结构可作为化学反应的重要场所，同时它还拥有较大的比表面积，有利于提高反应物的吸附、催化活性组分的分散以及反应物的转化率和产物的选择性；碳纳米管具有优异的力学性能，无论是强度还是韧性，都远优于其他纤维材料，同时它在惰性气氛中具有相当高的热稳定性，这些性能都有助于提高催化材料的活性和稳定性。上述独特的性能是碳纳米管在催化材料中具有巨大潜力的内在因素。

碳纳米管自身具有一定的催化活性，其较大的比表面积和独特的表面性质使之成为理想的催化剂载体；同时，碳纳米管具有“限域”空腔，可以营造独特的“管内限域反应空间”，从而可大大提高催化反应的效率。基于以上分析，下面按催化剂载体、碳纳米管催化剂及管内限域效应三个方面介绍碳纳米管在催化领域中的应用。

1)催化剂载体

一种高效催化剂不仅需要高的活性物种浓度，而且能够实现快速的传质。从原子水平上讲，碳纳米管是主要由石墨化碳组成，碳纳米管对大多数化学反应没有催化活性，难以直接应用在催化反应中。但是碳纳米管具有独特的中空管腔结构，以及优异的电子性质、吸附性能、力学及热力学稳定性能等，通过表面处理，可以进行官能团调控，从而易于负载于催化剂上，因此非常适合作为催化剂载体。催化剂负载到碳纳米管上制得的碳纳米管负载催化剂，在催化加氢、氨合成、燃料电池等方面已显示出很好的应用前景。

(1)加氢

对加氢反应来讲，作为非金属多相催化剂载体的碳纳米管和功能化的碳纳米管已引起人们的广泛关注。碳纳米管作为载体应用于加氢反应中具有以下优势[4~6]：①消除反应物和产物的内部扩散阻力；②金属和载体间的强相互作用；③碳纳米管和芳香类反应物间的 $\pi-\pi$ 相互作用；④催化剂的强还原能力。Roberto 等[7]制得多壁碳纳米管负载 Rh 的催化剂，并将其用于反式肉桂醛加氢反应中，其选择性可高达 100%，是活性炭负载 Rh 基催化剂的 3 倍以上。邱介山等发展了乙二醇液相还原法制备碳纳米管负载金属催化剂的方法，制备了 Co/CNT、Ag/CNT、Ru/CNT、Pd/CNT 等系列金属/CNT 催化剂，研究其对肉桂醛选择加氢性能的催化作用，发现 Ag/CNT 催化剂的选择性最好[8]。

一些研究者认为，未经处理的碳纳米管因其电子性质能完整保留而有利于反应过程中电子的传递，因此，尝试直接将未经处理的碳纳米管应用于催化过程中。未经处理的碳纳米管直接利用存在一个关键问题，即它们易通过 π－π 堆积发生团聚，从而需要液相处理进行分散[9~11]。碳纳米管的表面功能化对其催化性能有显著影响。例如，H_2O_2 功能化的碳纳米管在硝基苯和芳硝基化合物的加氢反应中能展现出优异的催化性能，远超过硝酸氧化碳纳米管的催化性能[12]。预氧化(酸处理)碳纳米管表面的含氧官能团可使负载在其表面的 Pt 阳离子物种稳定，从而阻止 Pt 纳米颗粒的团聚[13]。碳纳米管表面含氧官能团的去除，可以抑制酸催化副反应的进行，并且加快碳纳米管和 Pt 纳米颗粒之间的电子转移，进而提高肉桂醛加氢反应的活性和选择性[5]。由于 Pd－N 之间的相互作用，聚苯胺(PANI)功能化碳纳米管负载的 Pd 纳米颗粒分散均匀且稳定。在苯酚加氢制环己酮反应中，Pd-PANI/CNT 催化剂显示出较高的活性和选择性，显示其催化活性与 PANI/CNT 良好的导电性相关，而其高选择性可归因于 PANI/CNT 的含氮碱性位，如图 4－2[14]所示。

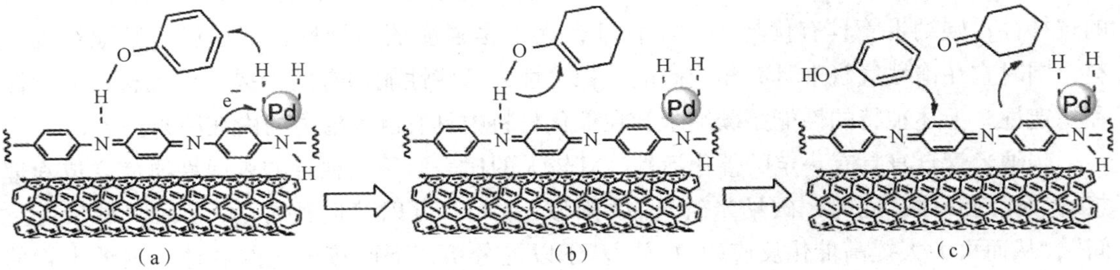

(a)　(b)　(c)

图 4－2　苯酚在 Pd-PANI/CNT 催化剂上的选择加氢反应机理[14]

独特的管状结构可赋予碳纳米管内外表面不同的加氢催化活性。吴明铂与椿范立等合作，分别制备了铜负载在碳纳米管的管内和管外催化剂，并将其用于乙酸甲酯加氢，结果表明管内负载的铜催化剂的催化活性明显高于管外[15]。他们还考察了不同管径的碳纳米管负载铜催化剂的乙酸甲酯加氢性能，发现小管径碳纳米管的加氢活性更高[16]。

(2)合成氨

氨合成反应是最重要的工业反应之一，鉴于目前的工业生产过程大都在高温、高压的条件下进行，因此，降低氨合成等反应中的能量消耗是化学工业的长期目标。研制在温和的反应条件下具有高活性的催化剂是实现这一目标的关键。

陈鸿博等研究了碱金属对 Ru/CNT 催化剂在合成氨反应过程中的催化作用，并与活性炭载体进行了比较[17]。结果发现，碳纳米管负载钌催化剂比活性炭负载钌的催化剂具有更高的催化活性。在加入碱金属作为助催化剂时，发现不同碱金属的助催化效果不同，金属 K 比 Na 和 Li 更能提高氨合成的活性。碳纳米管的高电导性是 Ru/CNT 催化剂活性高的主要原因，高导电的碳纳米管有助于从 K 到 Ru 之间的电子传递，从而加速了 N_2 和 H_2 的活化。梁长海等[18]以碳纳米管负载 Ru-Ba 的催化剂进行合成氨反应，在相同的条件下，Ru-Ba/CNT 的催化活性及稳定性都高于 Ru-Ba/活性炭。他们把 Ru-Ba/CNT 的高活性归于碳纳米管的高纯度、高电导性和 Ru 与碳纳米管的特殊相互作用。

(3)燃料电池

高活性、长寿命的电极催化剂是燃料电池商业化的一个基本要求。在燃料电池的电极催化剂中，载体发挥着至关重要的作用。用于燃料电池的电极催化剂载体应具备如下条件：①良好的电子传导性能；②合理的孔结构，即具有较多的中孔比例，满足反应气体、产物的传质要求；③优异的抗腐蚀性能。碳纳米管具有独特的中空管腔结构，以及奇异的导电性能，非常适合作为燃料电池的电极催化剂载体。

李文震等首次将 Pt/MWNT 催化剂应用于直接甲醇燃料电池的单池研究，在相同条件下，Pt/MWNT 催化剂的比电流密度，较之活性炭等常规碳载体负载的 Pt 催化剂要高 3 ~ 7 倍[19]。这可能与碳纳米管的独特电子结构性能、更少的硫含量及其独特的管状结构有关。Bessel 等以碳纳米管为催化剂载体用于燃料电池的甲醇氧化反应，质量分数 5% 担载量的 Pt/CNT 催化剂与质量分数 30% 担载量的 Pt/Vulcan XC - 72 催化剂的甲醇氧化活性相当[20]。究其原因，可能是：①Pt/CNT 催化剂对 CO 的毒化作用不敏感，可以在 CO 存在条件下继续发挥催化作用；②碳纳米管具有更好的导电性能；③与 Vulcan XC - 72 相比，碳纳米管含有更少的硫；④金属 - 碳纳米管之间的强相互作用使 Pt 的晶面形成择优取向。

2)活性组分

碳纳米管具有一定的催化活性，可以直接用于一些催化反应，如用于乙苯脱氢制苯乙烯和 NO 分解反应的研究。Mestl 等在乙苯脱氢制苯乙烯反应中，分别考察了以石墨、碳黑和碳纳米管为催化剂时，各自的反应活性和稳定性，发现炭黑在反应过程中存在燃烧的问题，碳纳米管则相当稳定；与石墨、炭黑相比，碳纳米管作为催化剂时苯乙烯的收率最高，而且催化剂的活性也最稳定[21]。Luo 等研究了碳纳米管在 NO 的分解反应中的作用，在 300℃即获得 8% 的 NO 转化率，当温度升至 600℃时可获得 100% 的 NO 转化率。他们认为，NO 分解产生的含氧物种能氧化碳纳米管，当温度小于 500℃时，碳纳米管作为一种催化剂起作用；当温度大于 500℃时还可作为一种还原剂[22]。

3)限域效应

开口的碳纳米管作为极化的“分子吸管”，可将极性分子吸入其内部空腔，该管腔可为纳米催化剂和催化反应提供特定的“几何限域环境”，其独特的电子结构对管内外物质有调节其电子转移特性的作用。

尽管碳纳米管的限域效应可为催化剂的理性设计提供新的空间，但是如何在碳纳米管内均匀负载催化剂是一大难题，因此碳纳米管限域催化的关键技术是寻找碳纳米管内填充的有效方法。结构完整的碳纳米管的端部是富勒烯半球结构，在碳纳米管填充之前，首先需要对碳纳米管剪裁使其开口。常用的碳纳米管剪裁方法是使用气相氧化剂(如 CO_2、O_2)或液相氧化剂(如 HNO_3)。氧化破坏碳纳米管端帽处的缺陷(通常认为由五元环和曲率变化产生的应力作用引起)，是在尽可能不损伤管壁的前提下将使碳纳米管的端部打开。碳纳米管长度一般在微米级，也可以利用机械球磨的方法打开碳纳米管端口。根据填充催化剂状态的不同，填充的方法可分为气相法和液相法。包信和等在碳纳米管的限域催化方面做了很多有特色的工作，发展了一种在碳纳米管孔道中高效组装催化活性组分的技术，该技术涉及对新制备的碳管进行清洁和化学剪裁，即在碳纳米管外表面控制沉积银和铁等金属粒子，通过其催化氧化在碳管表面引入缺陷，并进一步借助超声辅助的硝酸溶蚀，将微米尺度的碳纳米管剪裁成 100 ~ 500nm 长的片段。然后借助化学修饰并辅之超声波技术，可成功实现对一些金属或金属氧化物纳米粒子在管内高效(大于 75%)地控制填充，其粒子尺寸可控制在 2 ~ 5nm 范围[23]。

碳纳米管的限域效应对组装在其孔道的金属或氧化物的氧化还原特性有调变作用。内径 4 ~ 8nm 的多壁纳米碳管，组装在其孔道内的 Fe_2O_3 纳米粒子被还原为铁的温度比位于外壁的离子可降低近 200℃，如图 4-3 所示，并且随着碳管内径的减少，其还原温度将逐步下降[24]。相同条件下，金属铁被氧化为铁氧化物的性能也受到碳管管径的影响，管内金属铁的氧化反应活化能升高 $4kJ \cdot mol^{-1}$ 左右。因此，可以通过碳管的限域作用来调节过渡金属及氧化物纳米粒子的状态。包信和课题组进一步比较负载 Rh 基不同载体的催化剂(CNT 内外、CMK - 3、SBA - 15 和传统的 SiO_2)，以合成气制 C_2 含氧化物(乙醇，乙醛和乙酸)为探针反应，发现 Rh 基 CNT 催化剂上的 C_2 含氧化物的时空收率高于其它催化体系，甲烷选择性较低，稳定性较高。在此基础上，该课题组还将 Rh-Mn 纳米粒子组装到碳纳米管的空腔内，用作合成气制备乙醇的催化剂，提出了在碳纳米管内催化反应的模型。碳纳米管管腔的缺电子特性可改变催化剂活性组分的还原性能，促进一氧化碳分子在部分还原态 Rh-Mn 物种上的吸附和解离，因此催化生成碳二含氧化合物(主要为乙醇)的产率明显高于直接负载在相同碳纳米管外壁的催化剂[25]。该催化剂表现出的独特催化性能可归结为碳纳米管和金属纳米粒子体系的“协同限域效应”。因此可以推测，当碳管管径和层数减小，碳管的限域效应也将随之加强；与此同时，碳管因受卷曲方式不同所表现出的金属性或有一定带隙的半导体性，也对反应有调变作用。然而，小管径限域催化剂的制备技术以及有效的表征手段一直是个瓶颈。最近，该课题组成功地实现了在管径小至 1.5nm 左右的单壁碳管内，高效地组装限域催化剂[26]，并利用原位 X - 射线吸收光谱和拉曼光谱，分别跟踪反应过程中金属和碳管的电子结构变化，特别是通过单根碳管的实验，验证了上述预测，即碳管自身的电子结构直接决定着其对催化反应性能的调变作用。尽管金属性与半导体性碳纳米管的限域体系在形貌特征方面非常相似，但由于金属团簇与管壁之间的电子相互作用，导致金属性碳纳米管限域的化学态迥然不同。这一研究结果不仅可为限域体系主客体电子的相互作用提供直接实验证据，为一系列氧化还原反应设计高活性金属团簇催化剂提供了新思路，也为可逆调变碳纳米管的电子结构而不破坏其管壁提供了一条新途径。

4.3.2 储能

1)超级电容器

碳纳米管良好的导电性和大的孔径尺寸使其在无机、有机和新型离子液体电解液中都具有很高的表面利用率和突出的倍率性能，被认为是超级电容器尤其是高功率超级电容器

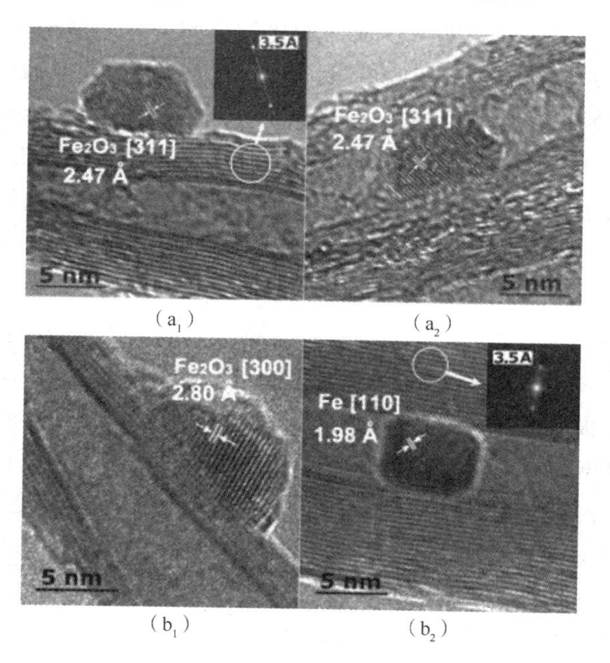

图 4-3　Fe_2O_3 纳米粒子在(a_1)碳纳米管外，20℃；(a_2)碳纳米管内，20℃；(b_1)碳纳米管外，600℃；(b_2)碳纳米管内，600℃的尺寸变化[23]

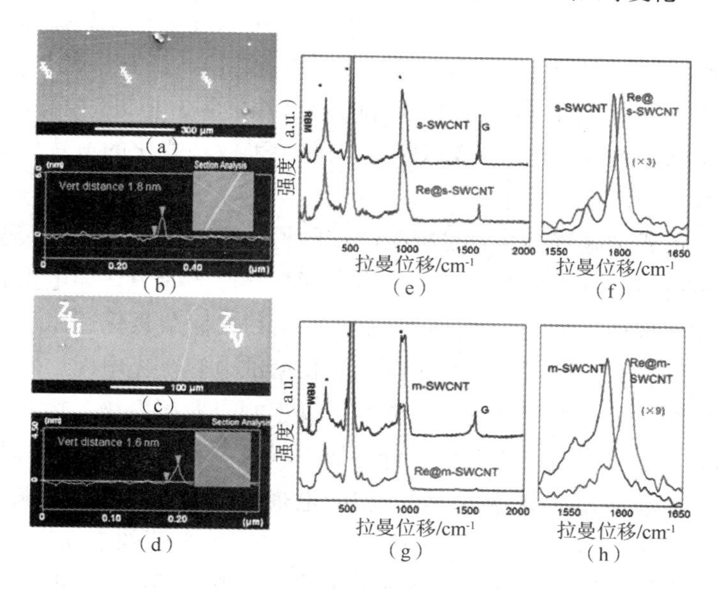

图 4-4　SWCNT 负载 Re 催化剂前后的(a，e)扫描电镜照片，(b，f)原子力显微镜照片，(c，d，g，h)拉曼光谱比较[26]

理想的电极材料。碳纳米管的实际比表面积一般为 100 ~ 400$m^2 \cdot g^{-1}$，对于单纯的碳纳米管，其比电容通常在 15 ~ 80$F \cdot g^{-1}$，能量密度为 7 ~ 20$W \cdot h \cdot kg^{-1}$。为了提高其电容性能，一般采取碳纳米管功能化的方法，或引入许多官能团和缺陷，或与金属氧化物或导电聚合物结合来提供赝电容。纯碳纳米管或功能化的碳纳米管制备电极时，可以与粘结剂、导电剂及集流体等一起构成电极；也可以发挥碳纳米管本身具有很高的杨氏模量，具有高断裂强度、极佳的韧性以及化学可调的表面等优势，将其加工成柔性薄膜/纸张，以避免“刚性”电极弯曲情况下容易诱发活性材料脱离集流体等缺陷。相比传统电极材料，柔性电极材料不需采用金属集流体，具有优越的力学性能，即使在弯曲的情况下也能够正常工作。下面从碳纳米管、功能化碳纳米管以及碳纳米管柔性电极三个方面分别介绍其在超级电容器中的应用。

(1)纯碳纳米管电极

在水溶液电解质和非水溶液电解质中，多壁碳纳米管和单壁碳纳米管都可作为基质材料用于开发高效率电极。据报道，当表面积的变化范围为 $120 \sim 500m^2 \cdot g^{-1}$，电容值相应的变化范围是 $5 \sim 200F \cdot g^{-1}$。碳纳米管与活性炭相比，显示出较低的串联效应。由于碳纳米管可以相互交织成网状，电解质溶液离子在多孔网上的扩散速率更快，即使在非常高的充放电速率下，它们也可以表现出可被接受的电容特性。例如，用取向的多壁碳纳米管和铝片作为集流板，在 $200A \cdot g^{-1}$ 的电流密度下产生的放电电容可高达 $10 \sim 15F \cdot g^{-1}$。同样的情况下，普通的活性炭电极则观察不到放电电容[27]。对于单层碳纳米管，在能量密度 $7W \cdot h \cdot kg^{-1}$ 时，测得的比电容为 $180F \cdot g^{-1}$，功率密度为 $20kW \cdot kg^{-1}$[28]。

(2)功能化碳纳米管电极

碳纳米管的功能化带来了更多的缺陷和赝电容，可以进一步提高提高比电容。采用氧化性较强的硫酸和硝酸的混合物作为氧化剂，在多壁碳纳米管的表面引入羧基后，可以使其电容增加3.2倍[29]。氧化后多壁碳纳米管的亲水性增强，但同时对其表面产生破坏作用，大大降低了多壁碳纳米管电极的导电性。因此，采取功能化的方法增加电容时，应考虑亲水性和导电性之间的平衡关系。

碳纳米管表面沉积导电聚合物，是提高电容的另一有效方法。导电聚合物是一种新型超级电容器的电极材料，其工作电压高，具有高能量存储的能力。导电聚合物的贮能机理是通过聚合物中发生快速可逆的n型、p型元素掺杂和去掺杂氧化还原反应，使聚合物达到很高的贮存电荷密度，因此可以产生很高的法拉第准电容。充电时，电荷在整个聚合物材料内贮存，比电容大。导电聚合物具有塑性，易于制成薄层电极，内阻小且成本低。由于导电聚合物具有快速的氧化还原反应、低等效串联效应和高功率密度等特点，使导电聚合物有望成为优异的新型超级电容器材料。但导电聚合物最大缺点是其循环稳定性差，在充放电过程中会持续地衰减、损坏甚至中断。通过在碳纳米管的表面上负载导电聚合物，则可以同时发挥导电聚合物高的赝电容及碳纳米管高导电性的优点，共同提高电极的电化学性能。聚苯胺(PANI)、聚吡咯(PPY)、聚丙烯腈(PAN)等是代表性的导电聚合物。

二氧化锰、氧化钌、五氧化二钒、四氧化三钴、氧化镍、氧化钛和三氧化二铁等过渡金属氧化物及其水合物本身具有很高的赝电容，其在电极/溶液界面反应所产生的法拉第准电容远大于碳材料的双电层电容，因此有望用作超级电容器的电极材料。因这些氧化物的低电导率又会降低电极材料的功率密度，过渡金属氧化物与碳纳米管复合后，过渡氧化物复合电极上可发生快速可逆的电极反应，同时具有大比表面积的碳纳米管网状结构和其良好的导电性使电子传递更容易进入电极内部，将能量存储于三维空间，最终可提高电极的比电容和能量密度。

(3)碳纳米管柔性电极

随着个人电子产品市场需求的不断增长，电子衣服、柔性手机等概念相继被提出，轻质、柔性的薄层电池也逐渐走入了人们的视线。为了更好地满足人们对于现代科技产品和高质量绿色生活的需求，发展具有高能量密度及高循环稳定性的轻质柔性储能器件势在必行。柔性的储能材料需要兼顾导电柔性及机械柔性，具体来讲，柔性储能不仅需要承受电池、电容器在充放电过程中的体积变化以及电极的机械、电、化学变化所需的基元材料的操作柔性，还需要器件整体能够具有对外场的柔性响应。碳纳米管作为一种典型的一维纳米材料，可构建二维/三维的柔性电极，其连续柔性基体来源有两种：一种是借助高分子、纸、纺织布等提供柔性骨架，碳纳米管作为活性材料附着在柔性骨架上；另一种则是碳纳米管有序自组装形成柔性电极。

碳纳米管/柔性基底复合物中，碳纳米管具有很高的电导率，可以采用浸润、打印等方法，将碳纳米管附着于纸、高分子、纺织布等基底上，充分利用基底提供复合电极的力学性能，而碳纳米管提供电化学储能活性。胡良兵等用碳纳米管制成墨水并将其负载在普通复印纸上制得电极[30]，得益于纸张的多孔结构以及毛细作用力，碳纳米管在纸张表面的负载非常均匀，碳纳米管可有效提升纸张的电导率。相较于塑料或玻璃等与碳纳米管之间缺乏亲和力的材料，纸张作为基底有显著的优势。虽然纸张、高分子或者纺织布等可以成功地搭建柔性电极，并具有较好的力学性能，但是基底对于电极容量并没有贡献，且增加了电极的质量，降低电池整体的容量，并有可能与电解液的反应。此外，碳纳米管和基底的界面相互作用，尤其是在充放电过程中如何保持稳固的界面仍然是一科学难题[31]。

相较于采用柔性基底与碳纳米管复合成电极，碳纳米管有序自组装形成柔性电极则在质量和厚度方面都更具优势。在自组装电极结构设计中，碳纳米管既是构建导电网络的基元，也是整个电极的支撑骨架。制备碳纳米管纸基柔性电极的流程，通常是将碳纳米管分散后进行真空抽滤成膜，再进行干燥等一系列处理，最后制得碳纳米管纸。通过浸润等方法可以直接将活性物质负载在碳纳米管纸上，或者先将合成活性物质的前驱体与碳纳米管纸复合，再进行活性物质的合成。刘长洪等以碳管纸为基底，原位合成了 CNT/PANI 复合的柔性电极并将其应用在超级电容器中[32]。由于该电极中，碳纳米管纸形成的导电网络有很高的比表面积和电导率，同时碳管间接触电阻较小，因此该柔性电极能达到较高的容量，如图 4-5(a)所示。蔡振波等在束状阵列管外，包覆聚苯胺制得了线状电极[33]。这种电极不仅有很高的容量，还可以作为基本结构单元进一步编织制得具有多级结构的电容器，如图 4-5(b)所示。但是，碳纳米管相互搭接形成的碳纳米管纸并不能具有诸如纺织布等的机械强度，因此这类电极在力学性能方面稍逊一筹。此外，碳纳米管纸的构建，对于碳纳米管的长径比、表面官能团化等都提出了很多技术要求，活性材料与碳纳米管之间的界面结合问题尚待进一步深入研究。

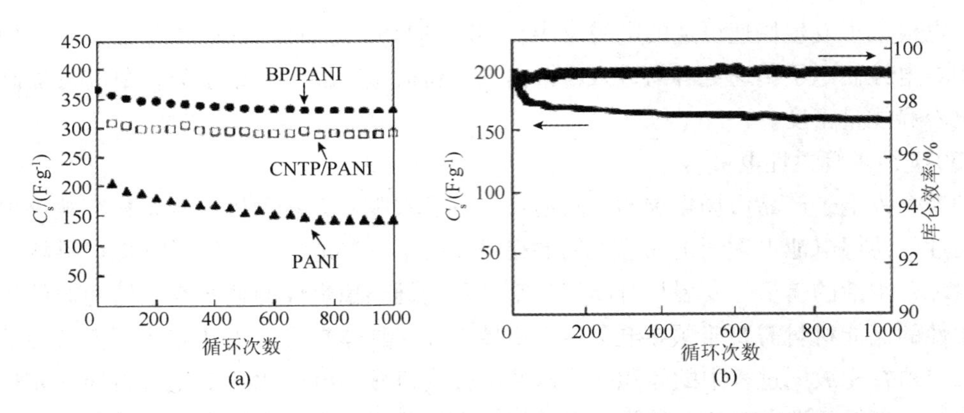

图 4-5 (a)CNT/PANI 电极及其对比电极在 1A · g^{-1}电流下的循环稳定性；[32]
(b)CNT/PANI 复合线状电极循环性能[33]

柔性电池还处于发展的初期，离规模化和市场化还有很长的一段距离。得益于良好的电学、力学等性质，碳纳米管有望作为柔性电极材料中的核心材料。但仅由碳纳米管和活性物质构成的不需要粘结剂和金属集流体的电极还存在很多问题，其力学强度、稳定性、导电性和储能性能尚不能满足现今实用化的需求。针对柔性储能器件可能的一些特殊应用领域，发展多功能储能器件将是未来的一大研究热点，如手机的透明屏幕或电子皮肤等。这些应用均需要改善电极其它方面的性能，如透明屏幕需要保证材料良好的透光率，电子皮肤需要电极具有良好的生物相容性等。值得注意的是，碳纳米管不仅在电学、力学性能上表现优异，也同时具有优越的光学、热学性能以及生物相容性。碳纳米管在未来的柔性储能器件中将具有重要地位。

2)锂离子电池

锂离子电池是碳纳米管最具潜力的应用方向之一。首先，碳纳米管自身就是一种优秀的锂离子电池负极材料；其次，碳纳米管尤其是化学气相沉积技术制备的定向生长的三维碳纳米管阵列具备优异的机械强度，并且由于其独特的弹道电子传导效应及抗电迁移能力，其电导率可高达 105S · m^{-1}。将其作为三维导电结构或导电添加剂加入到其他电极材料之中，不但可提高复合电极的电子与离子传输能力，还可显著增强电极的机械性能。这一领域的工作已有大量的报道，本部分仅对碳纳米管用作锂离子电池负极材料予以介绍[34]。

若锂离子可扩散并稳定地存储于单壁碳纳米管的内外表面以及紧密堆积的碳纳米管间隙中，则其理论储锂容量可高达 111mAh · g^{-1}。然而，现实情况是未经修饰碳纳米管负极的比容量大约仅为 100mAh · g^{-1}。碳纳米管用作负极材料存在下述不足之处：①第一次不可逆容量较大，首次充放电效率较低；②碳纳米管负极缺乏稳定的电压平台；③碳纳米管存在电位滞后现象。为了能将碳纳米管巨大的理论容量，转化为实际可应用的稳定、可逆容量，研究者们采用了优化碳纳米管制备方法和电极结构，以及通过机械与化学后处理等方法处理，目的是增加碳纳米管的导电能力与可逆嵌锂缺陷位的数量，以提升碳纳米管负极活性材料的性能。

碳纳米管用作负极时通常通过下述两种简单的方法进行处理：①通过均一的悬浮液把它沉积在集流体上；②将其生长在预先通过活性剂处理的集流体上。事实上，由于碳纳米管之间的 $\pi-\pi$ 键相互作用，采用过滤法得到的碳纳米管在没有额外粘结剂或集流器时也可单独用作电极，其整个电池的有效容量和能量密度也较大。除了离散的碳纳米管组装的电极外，利用化学气相沉积技术所制垂直定向生长的碳纳米管阵列电极，也可提供更为直接与通畅的电子导电路径，增强电极的倍率性能；柔韧的碳纳米管阵列极富弹性，可以有效缓解电极材料的体积变化，从而提升电极结构的循环稳定性。因无需额外使用导电添加剂与粘结剂，可极大提高整个电池的能量密度。此外，通过氮原子等掺杂的方法，不但可在碳纳米管上引入大量缺陷位，同时由于掺入的氮原子拥有一对孤对电子，可为电子导带提供额外的电子与电子载体，增强含氮碳纳米管的导电能力，从而提升电极的倍率性能与循环寿命。Oktaviano 等则通过改变碳纳米管的结构形貌(如管壁厚度、管径大小以及其缺陷生长位置等)对其锂电性能进行优化[35]。将造孔模板钴氧化物，嵌入生长在酸化提纯的多壁碳纳米管壁上，可使多孔碳纳米管壁上含有大量直径为4nm的中孔。存在的大量中孔有利于锂离子从碳纳米管的内壁嵌入脱出，同未处理的碳纳米管相比，多孔碳纳米管在库仑效率与可逆容量上都有明显提高。首次库仑效率由34%提升到40%，以 $25mA \cdot g^{-1}$ 电流充放电，20次循环后可逆容量为 $625mAh \cdot g^{-1}$，而未处理碳纳米管容量仅为 $421mA \cdot h \cdot g^{-1}$。

碳纳米管可显著提高储能电池的容量性能、倍率性能以及循环寿命，但若实现商业化应用还需要解决以下问题：①碳纳米管的导电能力对电极性能具有决定性的影响，因而需要不断完善与探索新的制备方法(如气相沉积法)与化学改性(如元素掺杂)方法，以制备高性能、高导电能力的碳纳米管；②提升碳纳米管的分散能力与复合结构制备技术。通过均匀分散，与活性材料良好接触是碳纳米管能否发挥其自身优势的关键；③开发新的应用模式。碳纳米管的应用不应仅限于其本身，还可通过与石墨烯等材料的复合，通过不同材料间的协同作用以构筑更为完善的导电结构。碳纳米管价格相对较高，在满足使用性能的情况下应尽可能降低其使用量。

4.3.3 环保

碳纳米管具有高比表面积，管之间在范德华力作用会形成不同大小和尺度的孔径结构，使其具有良好的吸附性能，在水中有机污染物和重金属处理、气体污染物检测、海面溢油吸附等方面显示出巨大的应用潜力。

1)水处理

水资源短缺及污水净化一直是全世界普遍关注的一大焦点问题。碳纳米管在吸附领域的研究始于1997年，并在过去的几十年来取得迅速发展。大量的有机化合物和重金属被用作目标污染物，研究考察具有不同物理结构和表面化学性质的碳纳米管的吸附性能。

(1)有机污染物的吸附脱除

研究表明，碳纳米管的比表面积和孔容对疏水有机物的吸附有一定影响，但并非决定吸附能力的唯一因素[36]。碳纳米管的特殊结构可以通过氢键、$\pi-\pi$ 堆叠、静电力、范德华力以及疏水作用等非共价键，与有机分子产生强相互作用，因此碳纳米管作为有机污染物吸附剂引起了越来越多的关注[37]。表4-1列举了近年来碳纳米管用于水溶液中有机污染物脱除的相关报道。多数情况下，碳纳米管的脱除效果是几种作用共同协作的结果。例如，碳纳米管外部的疏水作用更有利于吸附非共价的萘、菲、芘等有机分子，碳纳米管表面大量的 π 电子加强了芳香族污染物与碳纳米管表面的 π-π 耦合作用，从而大大增强了碳纳米管对有机分子的吸附作用[38]。

表4-1　碳纳米管用于水溶液中有机污染物的脱除[38]

吸附剂	污染物	去除效果
CNTs 及石墨化 CNTs	1，2-二氯苯（DCB）	石墨化的 CNT 较原 CNT 表面更光滑，不容易吸收有机污染物。在溶液 pH 值 3-10 的范围中，两种碳管去除 DCB 的能力变化不大。而当 pH 值超过 10 时，去除 DCB 的效率突然下降，可能是由于吸附在—COO—基团上的水分子太多，阻碍了 DCB 接近[39]
	稠环芳烃（PAHs）	碳管对的吸收能力与材料的比表面和孔容有关，其中单壁管对稠环芳烃的吸附能力更强一些[40]
	PAHs	污染物浓度较低时，PAH 的吸附性与它们的溶解性直接相关[41]
硝酸和硫酸纯化过的 CNT	苯甲酸，苯酚，临苯三酚，萘酚	亲疏水力，氢键，静电力，π-π 相互作用力四种吸附力同时发挥作用；直径较小的 CNTs 有较高的分布常数（K_d），随 pH 值的升高，三种极酚的 K_d 值会先增加，当 pH 值高于它们的 pKa 值时再减小[42]
	聚乙二醇辛基苯基醚系列表面活性剂	疏水性和 π-π 相互作用力是碳管与聚乙二醇辛基苯基醚系列表面活性剂间主要的相互作用方式。表面活性剂吸附在碳管表面也有利于碳管的分散。pH 值在 2~12 之间时，吸附作用保持稳定，这表明此时静电力和氢键还没成为主要作用力[43]
	铀	酸处理后 CNTs 的表面极性基团增加，因此 CNTs 的胶体稳定性以及吸附铀的能力也增加[44]
CNTs	莠去津和三氯乙烯	亲疏水作用力成为主要作用力，碳管中的杂质增加重量但不会增加吸附活性位[45]
KOH 活化的 CNTs	药物抗生素：磺胺甲恶唑，四环素，泰乐菌素	KOH 活化后，碳管对污染物的吸附能力和吸附-解吸附循环稳定性提高了。由于活化后的碳管具有更多连通的形状完整的孔，因此对抗生素的吸附能力提高了[46]
MWCNTs 及氧化 MWCNTs	离子型共轭聚合物（IACs）：萘胺，萘酚，苯酚	MWCNTs 对 IACs 吸附能力高于常规吸附剂。氧化使 MWCNTs 的比表面积提高，同时在表面引入较多的含氧官能团，对 IACs 在 MWCNTs 表面的吸附不利。当 pH > pKa 时，吸附作用一直较弱[47]
CVD 法生长的 MWCNTs	抗菌的氧氟沙星	CNT 对氧氟沙星的吸附能力比活性炭和碳气凝胶[48]强
CNTs	微囊藻毒素（MC）	与活性炭相比，CNTs 对 MCs 具有更强的吸附能力。主要是由于 CNTs 的孔大小与微囊藻毒素分子较匹配，较细外径的 CNTs 可以吸收更多的 MCs 分子[49]
MWCNTs	天然有机质（NOM）	较高分子量的 NOM 会被优先吸附[50]
水热法打开的 CNTs	苯酚	研究了水热法的工艺参数对 CNTs 表面化学组成及吸附能力的影响[51]

碳纳米管对有机污染物的吸附受其表面特性、吸附质分子特性和水质条件等因素影响[52]。通常情况下，经纯化后的碳纳米管中无定型碳杂质减少，比表面积增大，吸附量增大；富含表面含氧官能团的碳纳米管，由于其表面亲水性而形成表面水化层，会降低其对有机污染物的吸附，而经表面疏水化处理可提高对有机污染物的吸附能力，尤其可提高其对疏水有机物的吸附能力。对于非离子有机污染物，在高 pH 值的水溶液中，碳纳米管表面含氧官能团会发生电离和水化，在碳纳米管表面产生水化层，会降低碳纳米管对有机物的吸附。表面化学性质也是影响碳纳米管吸附行为的一个重要因素。碳纳米管通过酸氧化或空气氧化后，羟基、羧基和羰基等含氧官能团被引入其表面，因含氧官能团对水分子的吸附能力优于疏水的有机物，故碳纳米管的吸附位会被水分子占据而使有机物的吸附减小。同时，表面氧的存在不利于 π 电子的分散，进而降低了碳纳米管与芳香分子间的 π－π 作用。然而这些含氧官能团将使碳纳米管更加亲水，因此有利于其在水中更好地分散，从而暴露更多的吸附位。含氧官能团的引入有利于形成氢键，吸附一些低相对分子质量和极性污染物，如苯酚、二氯苯等。

(2)重金属离子的吸附脱除

重金属离子由于不能被降解，因此可长时间存在水中，被认为是一种主要的水污染物。近年来，碳纳米管被普遍用于水中重金属的脱除。图 4－6 汇总了最近发表的碳纳米管用于水中重金属脱除的文献。铅、铬、镉、砷、汞、铜、锌、镍等重金属离子被用于研究碳纳米管对重金属离子的吸附去除性能。Ihsanullah 等详细概述了碳纳米管对水中重金属离子的脱除效果[53]。

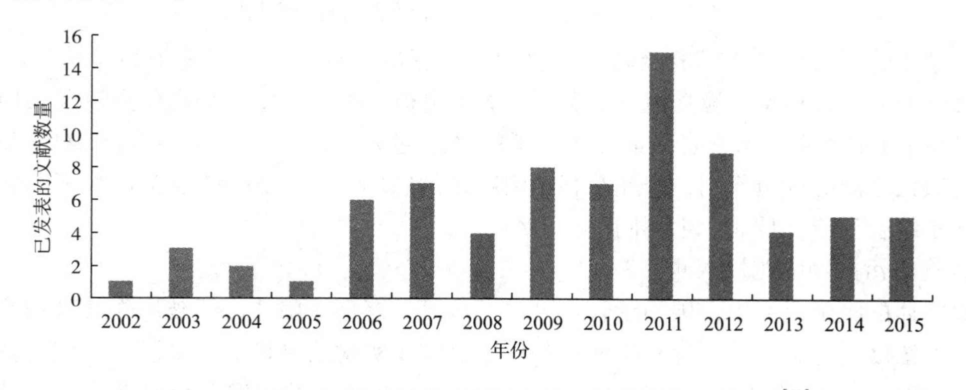

图 4－6　2002～2015 年碳纳米管用于重金属脱除的研究进展[53]

碳纳米管本身对无机污染物具有一定的吸附能力，由于碳纳米管具有高比表面积和丰富孔结构，因此在碳纳米管表面引入吸附无机离子的活性基团，将会显著提高其对无机离子的吸附效果。表面修饰引入吸附无机离子的活性基团的方法主要有化学氧化、浸渍金属或金属氧化物以及接枝功能化分子或官能团(图 4－7)。目前多采用化学氧化法在碳纳米管表面引入无机离子吸附活性基团，如在碳纳米管表面引入羟基(—OH)、羧基(—COOH)等活性基团。酸处理氧化的碳纳米管，不仅可以提高材料的亲水性，同时能够引入大量含氧官能团，从而增强材料的离子交换能力。经过硝酸处理的碳纳米管已被成功用于水中不同金属离子的吸附，如 Pb(Ⅱ)($97.08mg \cdot g^{-1}$)，Cu(Ⅱ)($24.49mg \cdot g^{-1}$)以及 Cd(Ⅱ)

(10.86mg · g^{-1})等，其吸附能力是活性炭吸附能力的3～4倍以上[54]。碳纳米管对无机污染物的吸附作用机理，目前一般认为是无机污染物与碳纳米管表面的含氧官能团之间进行了表面络合反应。碳纳米管吸附重金属离子后，一般可采用酸液洗脱的方法进行再生，再生后吸附效果无明显下降。

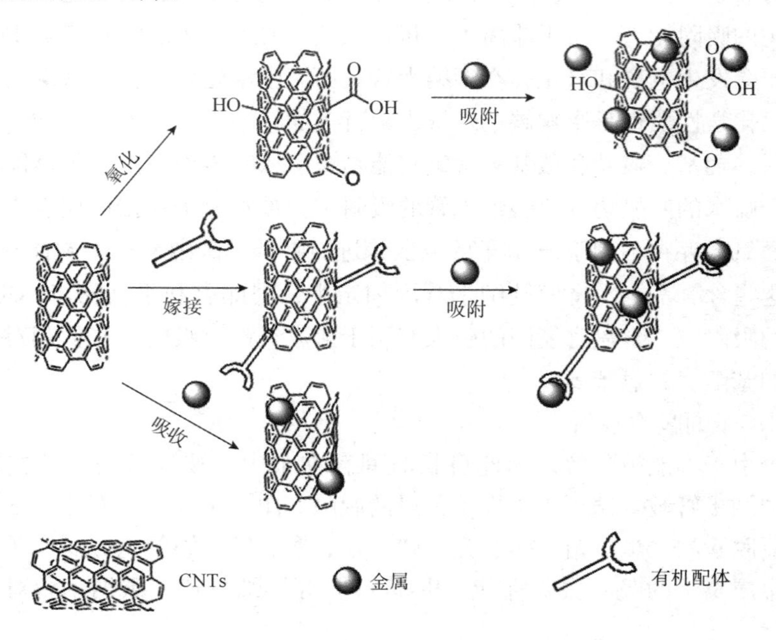

图4-7　碳纳米管表面修饰技术及金属离子吸附图

碳纳米管对重金属离子的吸附受很多因素的影响，包括重金属离子的初始浓度、pH值、接触时间、投料量、搅拌速度、温度、表面电荷、离子强度、等电位点以及杂质离子等。其中pH值对碳纳米管表面重金属离子的吸附起关键作用。高pH值可以增强阳离子与负性表面之间的静电作用，因此有利于阳离子的吸附。不同的pH值会影响不同金属离子的竞争络合反应，从而产生不同的吸附结果。

2)气体污染物的监控探测

对气体的吸附研究中，碳纳米管除可用于储氢、储存甲烷外，还被用作气敏剂来检测环境中低浓度的污染气体。近几年的一些理论研究及实验结果显示，室温下一些气体分子如NO、NO_2、NH_3等在很低浓度$(2\sim200)\times10^{-6}$mol · L^{-1}的情况下可显著影响碳纳米管的导电性和传导性，因此通过检测碳纳米管导电性能的改变，可以得出环境中污染气体的大致浓度。孔静等[55]发现，单壁碳纳米管在27℃、200×10^{-6}mol · L^{-1}的NO_2氛围中，电导率升高了3倍左右。为研究NO_2等气体与碳纳米管之间的结合机理，Yim等分析了NO_2在碳纳米管表面的吸附行为，提出NO_2基团易于吸附于碳纳米管的外表面，吸附过程为轻微吸热的可逆反应，且伴随有一个小的能垒[56]。碳纳米管与很多气体都有较强的亲和能力，如果其与某种污染气体分子有较强的结合作用，就适于用做该气体的气敏剂。对于某些作用不强的污染气体分子，也可通过化学修饰来增加碳纳米管对其的亲和能力。另外，碳纳米管对剧毒气体污染物二恶英也具有优异的吸附效能，其Langmuir吸附常数高达2.7

$\times 10^{52}$，而活性炭仅为 1.3×10^{18}，在低浓度的 Henry's Law 区内，碳纳米管的吸附量比活性炭高 10^{34} 倍。Penza 等发现碳纳米管在氢气气氛下可容易地检测出微量的乙醇、醋酸乙酯及甲苯等挥发性有机物[57]。碳纳米管在污染气体吸附方面的应用，主要表现在两个方面：一是利用碳纳米管对气体吸附的选择性和导电性，可将其做成气体传感器，用于检测环境中微量的污染气体，检测机理是碳纳米管的导电性随着外源气体成分的改变而改变；二是基于其独特的微孔结构表现出来的对污染气体超强的物理、化学吸附作用，直接用于污染气体的去除。

3）溢油的分离与回收

近年来，频繁的石油泄漏事故带来了严峻的生态问题，给环境带来几乎无法逆转的破坏。物理吸附法是目前常用于治理溢油的简单有效方法，而溢油的物理吸附中最重要的就是吸油材料的选择。理想的吸油材料应具有：大的吸附容量、疏水、吸油的速度快、可重复利用、良好的机械强度、化学性质稳定、热稳定、压缩性好、不带来二次污染等特点。以日本对吸油材料的要求为例：①对 B 类重油的吸油量应达到 $6g\cdot g^{-1}$ 和 $0.8g\cdot cm^{-3}$ 以上，吸水量应在 $1.5g\cdot g^{-1}$ 和 $0.1g\cdot cm^{-3}$ 以下；②具有较好的化学稳定性，在通常的保存状态下不易变质，吸油后能够长时间保持原来形状；③使用后容易回收，并且能够通过燃烧处理，燃烧时产生的有害气体少。碳纳米管具有疏水亲油性能，易于改性的碳纳米管的高吸附能力及重复利用性为溢油的吸收分离提供了巨大的应用潜力。鉴于粉体碳纳米管不易回收，桂许春等通过将碳纳米管与大量的铁结合，制备了磁性的碳纳米管海绵，如图 4−8所示[58]。这种海绵展示了高的柴油质量吸附能力($56\ g\cdot g^{-1}$)以及 99% 的体积吸附能力，并且具有很高的机械强度，吸附的油可以通过挤压回收。该材料所具有的磁性可以通过磁力回收和简单的加热脱附，具有很高的重复利用性能，使用 1000 次后仍然保持了原始结构和高吸附性能(图 4−9)。

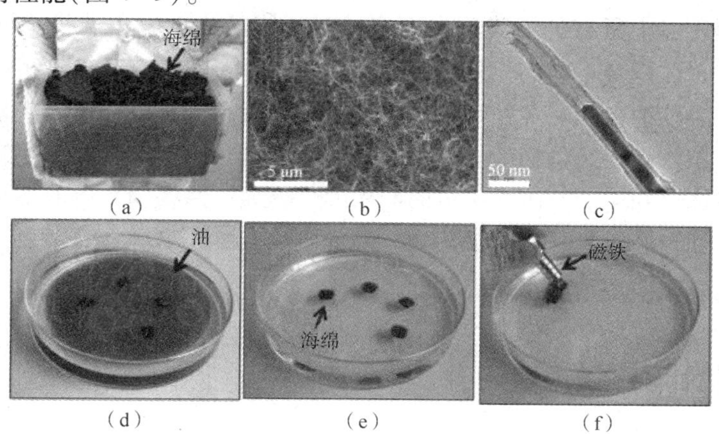

图 4−8　Me-CNT 海绵在磁性作用下吸附水面的溢油[58]：(a)一盒容积接近 5L 的海绵的光学图像；(b)多孔 CNT 的扫描电镜照片；(c)填充磁性 Fe 纳米线的 CNT 的透射电镜照片；(d)蓝色油铺展在水面，四块 Me-CNT 海绵放在油上；(e)油被海绵完全吸附后的水面；(f)使用磁铁收集海绵

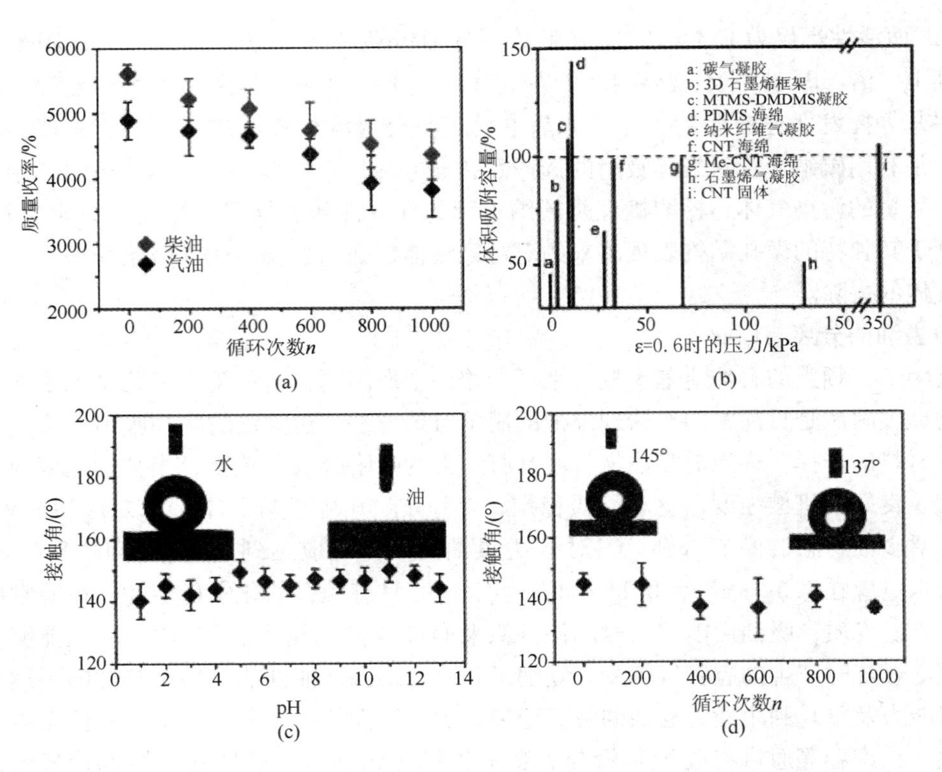

图 4-9　Me-CNT 海绵的循环使用性能[58]：(a)海绵在 1000 次循环内的质量吸附能力；(b)Me-CNT 海绵和其它吸附剂的容积吸附能力及机械强度；(c)海绵漂浮在不同 pH 值的水溶液中 24 h 后的接触角；(d)1000 次循环后海绵优异的疏水性

环境中的污染物种类繁多，不同污染物的物理、化学性质各不相同，所以不可能用同一种方法来治理环境中所有的污染物，而应针对不同的污染物，选择不同结构的碳纳米管、不同的改性方法以及不同的温度、pH 等条件，或与其他治理方法相结合，以达到高效去除的目的。因碳纳米管对多种污染物的吸附量都很高，所以今后有望取代活性炭和某些吸附性矿物，用作水中污染物的去除。不容忽视的是，碳纳米管在解决环境污染问题的同时，是否会对环境和人类健康产生负面的影响？譬如生产碳纳米管时造成的碳纳米管粉尘的排放问题、动物及人类吸收碳纳米管后的健康问题等。另外，目前碳纳米管的生产成本也是限制其在实际应用中的重要因素之一。

4.4　前景与展望

碳纳米管具有优异的物理、化学、电学、磁学等性能以及其独特的一维纳米空腔结构，自它诞生之日起研发者就一直对其寄予厚望。经过二十多年的发展，在碳纳米管结构、制备、性能、应用等方面都已取得了大量让人振奋的结果[59,60]。但是碳纳米管商业化应用仍有许多重要的问题有待深入探索和解决，所有的应用都是以结构可控的碳纳米管的量产为基础。遗憾的是，至今仍无法实现高质量的、尺寸均一的单壁、双壁及多壁碳纳米管的精确调控和规模制备。碳纳米管的规模化制备将成为制约其应用的最大瓶颈，也是未来碳纳米管真正实现工业化所必须解决的首要难题。

参考文献

[1]曲江英．化学气相沉积法可控制备碳纳米管组装体[D]．博士论文．大连理工大学，2009.

[2]成会明．纳米碳管：制备、结构、物性及应用[M]．北京：化学工业出版社，2002.

[3]王治宇．一维碳纳米材料及其复合结构的制备与表征[D]．博士论文．大连理工大学，2007.

[4]Onoe T，Iwamoto S，Inoue M. Synthesis and activity of the Pt catalyst supported on CNT[J]. Catalysis Communications，2007，8(4)：701 – 706.

[5]Guo Z，Chen Y，Li L，et al. Carbon nanotube-supported Pt-based bimetallic catalysts prepared by a microwave-assisted polyol reduction method and their catalytic applications in the selective hydrogenation[J]. Journal of Catalysis，2010，276(2)：314 – 326.

[6]Tavasoli A，Abbaslou R M M，Trepanier M，et al. Fischer-Tropsch synthesis over cobalt catalyst supported on carbon nanotubes in a slurry reactor[J]. Applied Catalysis A：General，2008，345(2)：134 – 142.

[7]Giordano R，Serp P，Kalck P，et al. Preparation of rhodium catalysts supported on carbon nanotubes by a surface mediated organometallic reaction[J]. European Journal of Inorganic Chemistry，2003(4)：610 – 617.

[8]Qiu J，Zhang H，Liang C，et al. Co/CNF catalysts tailored by controlling the deposition of metal colloids onto CNFs：preparation and catalytic properties[J]. Chemistry-A European Journal，2006，12(8)：2147 – 2151.

[9]Haddon R C. Carbon Nanotubes[J]. Accounts of Chemical Research，2002，35(12)：997.

[10]Coleman J N，Fleming A，Maier S，et al. Binding kinetics and SWNT bundle dissociation in low concentration polymer-nanotube dispersions[J]. The Journal of Physical Chemistry B，2004，108(11)：3446 – 3450.

[11]Rao C N R，Satishkumar B C，Govindaraj A，et al. Nanotubes[J]. ChemPhysChem，2001，2(2)：78 – 105.

[12]Wu S，Wen G，Schlogl R，et al. Carbon nanotubes oxidized by a green method as efficient metal-free catalysts for nitroarene reduction[J]. Physical Chemistry Chemical Physics，2015，17(3)：1567 – 1571.

[13]Plomp A J，Schubert T，Storr U，et al. Reducibility of platinum supported on nanostructured carbons [J]. Topics in Catalysis，2009，52(4)：424 – 430.

[14]Chen J，Zhang W，Chen L，et al. Direct selective hydrogenation of phenol and derivatives over polyaniline-functionalized carbon-nanotube-supported palladium[J]. ChemPlusChem，2013，78(2)：142 – 148.

[15]Wang D，Sun X，Xing C，et al. Copper nanoparticles decorated inside or outside carbon nanotubes used for methyl acetate hydrogenation[J]. Journal of Nanoscience and Nanotechnology，2013，13(2)：1274 – 1277.

[16]Wang D，Yang G，Ma Q，et al. Confinement effect of carbon nanotubes：copper nanoparticles filled carbon nanotubes for hydrogenation of methyl acetate[J]. ACS Catalysis，2012，2(9)：1958 – 1966.

[17]Chen H，Lin J，Cai Y，et al. Novel multi-walled nanotubes-supported and alkali-promoted Ru catalysts for ammonia synthesis under atmospheric pressure [J]. Applied surface science，2001，180(3 – 4)：328 – 335.

[18]Liang C，Li Z，Qiu J，et al. Graphitic nanofilaments as novel support of Ru-Ba catalysts for ammonia synthesis[J]. Journal of Catalysis，2002，211(1)：278 – 282.

[19]Li W, Liang C, Qiu J, et al. Carbon nanotubes as support for cathode catalyst of a direct methanol fuel cell [J]. Carbon, 2002, 40(5): 787 - 803.

[20]Bessel C A, Laubernds K, Rodriguez N M, et al. Graphite nanofibers as an electrode for fuel cell applications[J]. The Journal of Physical Chemical B, 2001, 105(6): 1115 - 1118.

[21]Mestl G, Maksimova N I, Keller N, et al. Carbon Nanofilaments in heterogeneous catalysis: an industrial application for new carbon materials? [J]. Angewandte Chemie International Edition, 2001, 40(11): 2066 - 2068.

[22]Luo J, Gao L, Leung Y L, et al. The decomposition of NO on CNTs and 1 wt% Rh/CNTs[J]. Catalysis Letters, 2000, 66(1): 91 - 97.

[23]Pan X, Bao X. Reactions over catalysts confined in carbon nanotubes[J]. Chemical Communications, 2008, 47: 6271 - 6281.

[24]Chen W, Pan X, Bao X, et al. Facile autoreduction of iron oxide/carbon nanotube encapsulates[J]. Journal of the American Chemical Society, 2006, 128(10): 3136 - 3137.

[25]Pan X, Fan Z, Chen W, et al. Enhanced ethanol production inside carbon nanotube reactors containing catalytic particles[J]. Nature Materials, 2007, 6(7): 507 - 511.

[26]Zhang F, Pan X, Hu Y, et al. Tuning the redox activity of encapsulated metal clusters via the metallic and semiconducting character of carbon nanotubes[J]. Proceedings of the National Academy of Sciences of the United States of America, 2013, 110(37): 14861 - 14866.

[27]Tashima D, Kurosawatsu K, Uota M, et al. Space charge distributions of an electric double layer capacitor with carbon nanotubes electrode[J]. Thin Solid Films, 2007, 515(9): 4234 - 4239.

[28]An K H, Kwan K, Jeon W S, et al. Characterization of supercapacitors using singlewalled carbon nanotube electrodes[J]. Journal of the Korean Physical Society, 2001, 39(6): 387 - 392.

[29]Obreja V V N. On the performance of supercapacitors with electrodes based on carbon nanotubes and carbon activated material—A review[J]. Physica E Low-dimensional Systems and Nanostructures, 2008, 40(7): 2596 - 2605.

[30]Hu L, Choi J W, Yang Y, et al. Highly conductive paper for energy-storage devices. Proceedings of the National Academy of Sciences of the United States of America, 2009, 106(51): 21490 - 21494.

[31]刘芯言，彭翃杰，黄佳琦，等．碳纳米管在柔性储能器件中的应用进展[J]．储能科学与技术，2013，2(5)：433 - 450.

[32]Meng C, Liu C, Fan S. Flexible carbon nanotube/polyaniline paper-like films and their enhanced electrochemical properties[J]. Electrochemistry Communications, 2009, 11(1): 186 - 189.

[33]Cai Z, Li L, Ren J, et al. Flexible, weavable and efficient microsupercapacitor wires based on polyaniline composite fibers incorporated with aligned carbon nanotubes[J]. Journal of Materials Chemistry A, 2013, 1(2): 258 - 261.

[34]李健，官亦标，傅凯，等．碳纳米管与石墨烯在储能电池中的应用[J]．化学进展，2014，26(7)：1233 - 1243.

[35]Oktaviano H S, Yamada K, Waki K. Nano-drilled multiwalled carbon nanotubes: characterizations and application for LIB anode materials[J]. Journal of Materials Chemistry, 2012, 22(48): 25167 - 25173.

[36]Apul O G, Karanfil T. Adsorption of synthetic organic contaminants by carbon nanotubes: A critical review

[J]. Water Research, 2015, 68: 34 – 55.

[37] Gupta V K, Saleh T A. Sorption of pollutants by porous carbon, carbon nanotubes and fullerene- An overview [J]. Environmental Science and Pollution Research, 2013, 20(5): 2828 – 2843.

[38] Liu X, Wang M, Zhang S, et al. Application potential of carbon nanotubes in water treatment: A review [J]. Journal of Environmental Sciences, 2013, 25(7): 1263 – 1280.

[39] Peng X, Li Yi, Luan Z, et al. Adsorption of 1, 2-dichlorobenzene from water to carbon nanotubes [J]. Chemical Physics Letters, 2003, 376(1 – 2): 154 – 158.

[40] Yang K, Zhu L, Xing B. Adsorption of polycyclic aromatic hydrocarbons by carbon nanomaterials [J]. Environmental Science and Technology, 2006, 40(6): 1855 – 1861.

[41] Kah M, Zhang X, Jonker MTO, et al. Measuring and modeling adsorption of PAHs to carbon nanotubes over a six order of magnitude wide concentration range [J]. Environmental Science and Technology, 2011, 45 (14): 6011 – 6017.

[42] Pan B, Xing B. Adsorption mechanisms of organic chemicals on carbon nanotubes [J]. Environmental Science and Technology, 2008, 42(24): 9005 – 9013.

[43] Bai Y, Lin D, Wu F, et al. Adsorption of Triton X-series surfactants and its role in stabilizing multi-walled carbon nanotube suspensions [J]. Chemosphere, 2010, 79(4): 362 – 367.

[44] Schierz A, Z-nker H. Aqueous suspensions of carbon nanotubes: Surface oxidation, colloidal stability and uranium sorption [J]. Environmental Pollution, 2009, 157(4): 1088 – 1094.

[45] Brooks AJ, Lim HN, Kilduff JE. Adsorption uptake of synthetic organic chemicals by carbon nanotubes and activated carbons [J]. Nanotechnology, 2012, 23(29): 294008.

[46] Ji L, Shao Y, Xu Z, et al. Adsorption of monoaromatic compounds and pharmaceutical antibiotics on carbon nanotubes activated by KOH etching [J]. Environmental Science and Technology, 2010, 44 (16): 6429 – 6436.

[47] Sheng G, Shao D, Ren X, et al. Kinetics and thermodynamics of adsorption of ionizable aromatic compounds from aqueous solutions by as-prepared and oxidized multiwalled carbon nanotubes [J]. Journal of Hazardous Materials, 2010, 178(1 – 3): 505 – 516.

[48] Carabineiro SAC, Thavorn-amornsri T, Pereira MFR, et al. Comparison between activated carbon, carbon xerogel and carbon nanotubes for the adsorption of the antibiotic ciprofloxacin [J]. Catalysis Today, 2012, 186(1): 29 – 34.

[49] Yan H, Gong A, He H, et al. Adsorption of microcystins by carbon nanotubes [J]. Chemosphere, 2006, 62(1): 142 – 148.

[50] Hyung H, Kim JH. Natural organic matter (NOM) adsorption to multi-walled carbon nanotubes: Effect of NOM characteristics and water quality parameters [J]. Environmental Science and Technology, 2008, 42 (12): 4416 – 4421.

[51] Wi-niewski M, Terzyk AP, Gauden PA, et al. Removal of internal caps during hydrothermal treatment of bamboo-like carbon nanotubes and application of tubes in phenol adsorption [J]. Journal of Colloid and Interface Science, 2012, 381(1): 36 – 42.

[52彭先佳，贾建军，栾兆坤，等．碳纳米管在水处理材料领域的应用[J]．化学进展，2009，21(9)：1987 – 1992.

[53] Ihsanullah, Abbas A, Al-Amer A M, et al. Heavy metal removal from aqueous solution by advanced carbon nanotubes: Critical review of adsorption[J]. Separation and Purification Technology, 2016, 157: 141-61.

[54] Li Y, Ding J, Luan Z, et al. Competitive adsorption of Pb^{2+}, Cu^{2+} and Cd^{2+} ions from aqueous solutions by multiwalled carbon nanotubes[J]. Carbon, 2003, 41(14): 2787-2792.

[55] Kong J, Franklin N R, Zhou C, et al. Nanotube molecular wires as chemical sensors[J]. Science, 2000, 287(5453): 622-625.

[56] Yin W L, Gong X, Liu Z. Chemisorption of NO_2 on carbon nanotubes[J]. Journal of Physical Chemistry B, 2003, 107(35): 9363-9369.

[57] Penza M, Antolini F, Antisari M V. Carbon nanotubes as SAW chemical sensors materials[J]. Sensors and Actuators B, 2004, 100(1-2): 47-59.

[58] Gui X, Zeng Z, Lin Z, et al. Magnetic and highly recyclable macroporous carbon nanotubes for spilled oil sorption and separation[J]. ACS Applied Materials & Interfaces, 2013, 5(12): 5845-5850.

[59]李贺军，张守阳．新型碳材料[J]．新型工业化，2016，6(1)：15-37.

[60] Iijima Sumio. Helical microtubules of graphitic carbon [J]. Nature, 1991, 354: 56-58.

第 5 章　石墨相氮化碳

5.1　简介

氮化碳是一种新型的碳质材料，在可见光条件下，表现出很好的光催化性能，受到科学家们的广泛青睐。石墨相氮化碳($g\text{-}C_3N_4$)是一种非金属有机半导体，由地球上含量较多的 C、N 元素组成，对可见光有一定的吸收，抗酸、碱、光的腐蚀，稳定性好，结构和性能易于调控，具有较好的光催化性能以及广泛的应用范围，因而迅速成为光催化领域的一大研究热点[19]。

石墨相氮化碳即 $g-C_3N_4$，一般认为它是自然条件下最稳定的碳氮物质。$g-C_3N_4$ 的历史可以追溯到其雏形“melon”，该物质首先由 Berzelius 合成，随后 Ligbig 将其命名为“melon”[20]，该物质通过二级胺氮将 3－s－三嗪连接起来形成线性结构(图 5-1)，也是人工最早合成的聚合物之一[21]。

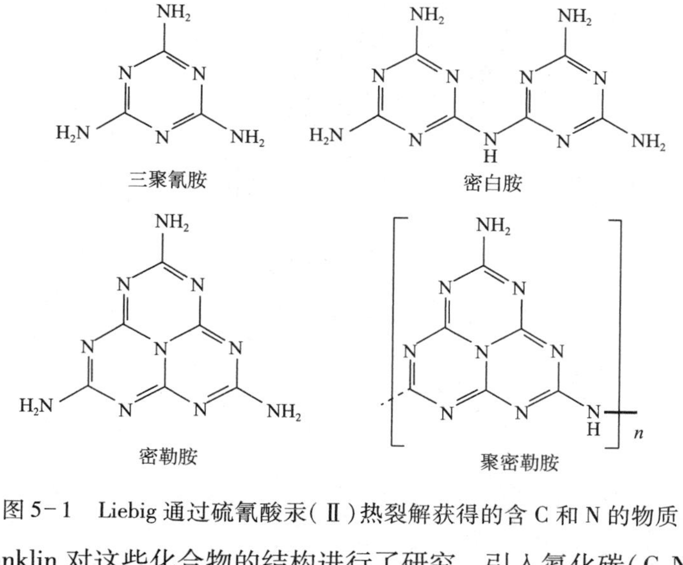

三聚氰胺　密白胺　密勒胺　聚密勒胺

图 5-1　Liebig 通过硫氰酸汞(Ⅱ)热裂解获得的含 C 和 N 的物质

1922 年，Franklin 对这些化合物的结构进行了研究，引入氮化碳(C_3N_4)的概念，并说明 C_3N_4 可通过加热一系列碳氨酸去氨基化得到[22]。1937 年，Pauling 和 Sturdivant 认为共平面的 3－s－三嗪是这些聚合衍生物的基本结构单元[23]。Redemann 和 Lucas 指出 melon 和石墨的类似性，即分子是平面的并且具有无限延伸性，推测 Franklin 的氮化碳与 21 个

2，5，8－三胺基－3－s－三嗪分子组成的 $C_{126}H_{21}N_{175}$ 最为接近[24]。基于上述研究，氮化碳可能并非由单一结构 Melon 组成，而可能是由不同尺寸大小和结构的聚合物组成。由于氮化碳的化学惰性和低溶解性，导致氮化碳作为一种未知材料被人们长期的忽视。氮化碳的低溶解性可能是造成其结构至今不为人知的原因之一。

1989 年，美国科学家 A. Y. Liu 和 M. L. Cohen 根据固体弹性模量的经验计算公式，并运用第一性原理计算方法，从理论上预言了 $\beta-C_3N_4$ 这种硬度可以和金刚石相媲美而在自然界中尚未发现的新化合物[25,26]。这一预言引起了许多科学工作者的关注，在理论研究和实验合成方面都开展了大量的工作[27~34]。1996 年，人们利用第一原理计算方法系统地研究了 C_3N_4 同素异形体的结构特点，提出了五种 C_3N_4 结构，分别是：$\beta-C_3N_4$、$\alpha-C_3N_4$、石墨相 C_3N_4、立方相 C_3N_4 和准立方相 C_3N_4[35]。这些结果激发了研究者努力合成和表征 $\beta-C_3N_4$。然而，这种单相 sp^3 杂化的氮化碳由于低的热力学稳定性而难以制备。进一步的理论研究发现，$g-C_3N_4$ 是自然条件下 C_3N_4 最稳定的同素异形体。但是，$g-C_3N_4$ 的合成和表征本身便是一个具有挑战性的工作。到目前为止，人们已经进行了大量实验研究，Kroke[36]、Antonietti[37]、Blinov[38] 和 Matsumoto[39] 都对 $g-C_3N_4$ 的研究进展进行了详细的叙述。

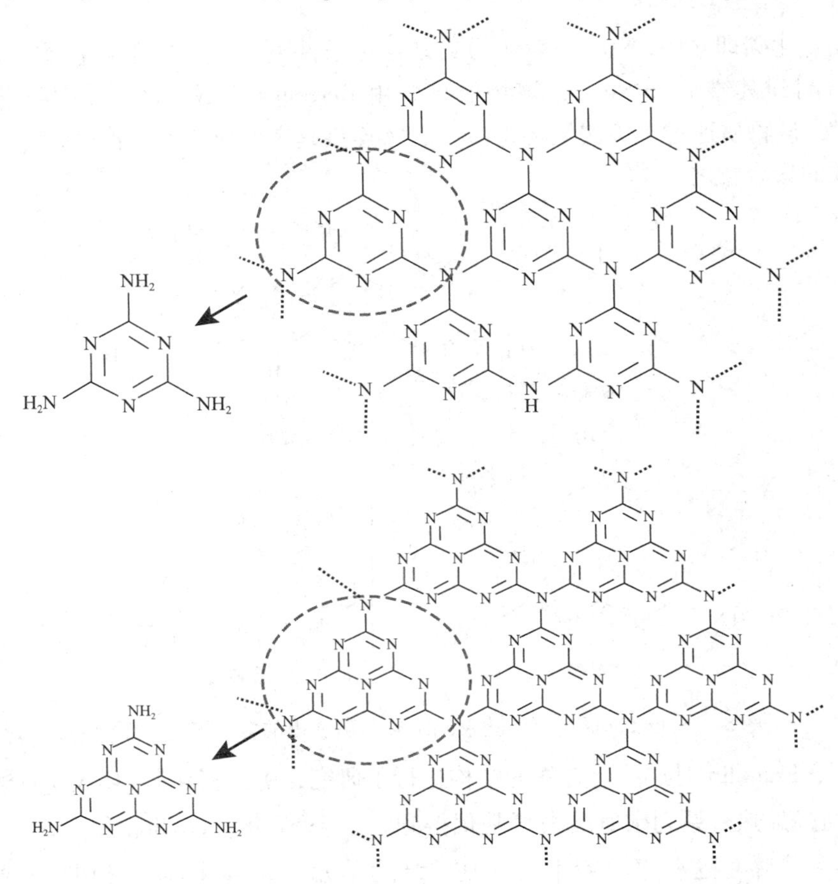

图 5－2　$g-C_3N_4$ 的构筑单元 s－三嗪（上方）和 3－s－三嗪（底部）

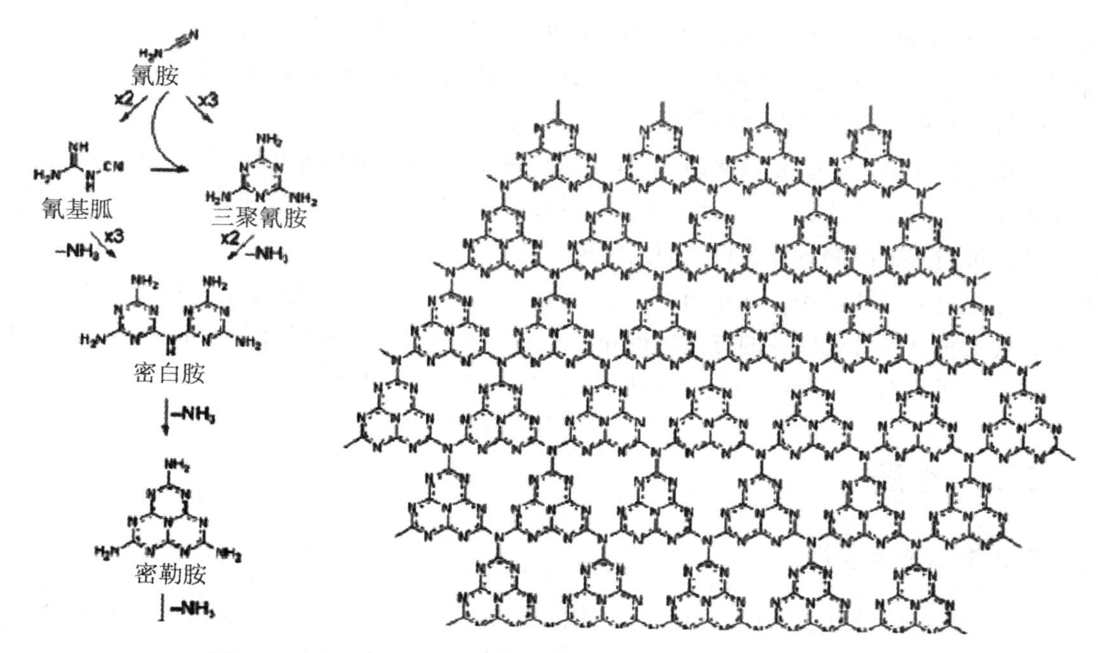

图 5-3　单氰胺的聚合反应中形成的低聚物、聚合物和延伸网络

尽管缺乏实验数据，人们仍认为理想化的 g - C_3N_4 和可能的结构模型是可以获得的。受这种石墨相结构的影响，三嗪（C_3N_3）曾一直被认为是 g - C_3N_4 的基本构筑单元（图 5-2）[35,36,40~43]。然而，另外一种可能的构筑单元为 3 - s - 三嗪，与三嗪基相比，3 - s - 三嗪的体系能量更低。3 - s - 三嗪通过三角形位置的氮原子连接起来组成 g - C_3N_4[20,22,44]，最近的研究也表明单氰胺、双氰胺或三聚氰胺等前驱体的热解产物也是基于 3 - s - 三嗪为基本单元的 g - C_3N_4[45~51]。然而，单氰胺、双氰胺、三聚氰胺及所有 Liebig 描述的 C/N 物质的聚合均会产生轻微的缺陷（图 5-3）。从物质结构角度方面来讲，合成完美 g - C_3N_4 晶体结构仍然充满挑战。

截止目前，除化学计量数和组成之外，其它表征数据仍然难以解释，这主要是因为其较差的结晶性和高度的无序性。仅有一些清晰纹理的 g - C_3N_4，但仍无法获得准确的结果。2001 年，Komatsu 报道了一种高度结晶的氮化碳，认为它是高相对分子质量的 melon[52,53]。Schnick 等也分离和鉴定出 heptazine 衍生物蜜勒胺 $C_6N_7(NH_2)_3$[50,54] 和蜜白胺 $[(H_2N)_2(C_3N_3)]_2NH$[55] 的晶体结构。这些工作为 g - C_3N_4 的构筑单元的确定提供了线索。同时，结果也说明高结晶氮化碳的合成也是可能的。2007 年，Mcmillan 等发现双氰胺在高温高压下确实能产生一种结晶氮化碳亚胺相 $C_2N_2(NH)$[56]。最近，通过在氯化锂和氯化钾熔融盐中双氰胺的自聚合获得了高结晶的氮化碳[49]。

大部分的多相催化剂，表面终端和缺陷可能是真正的活性位，而较完美的结晶仅贡献其体相性质，如石墨相结构、高温和化学稳定性和半导体电子结构[37,38]。鉴于大多数的光催化实验已证明含缺陷的 g - C_3N_4 的活性更高，因而在此不着重介绍完美结晶的类型。作为一种聚合物，氮化碳有多种合成方案，如线性和纳米结构设计或者模板法，从而获得高的比表面积。2006 年人们发现其可作为多相催化剂[57,58]。2009 年，福州大学王心晨教授等[59]发现 g－C_3N_4 可用于可见光下光催化分解水制氢，新的应用领域，如 CO_2 还原、污染物降解，有机合成及消毒灭菌等相继被报道。

本章将对 g－C_3N_4 基光催化剂在设计、制备和应用方面的研究进展进行介绍。首先介绍体相 g－C_3N_4 的性质、制备方法及纳米结构的设计方法，再通过原子水平的掺杂和分子水平的修饰对其带隙的设计进行全面的阐述，随后介绍 g－C_3N_4 基复合光催化材料的制备及其在光催化方面的应用，如水分解、CO_2 还原、污染物降解、有机合成和灭菌消毒等。其间，会对提高光催化活性的方法进行介绍，如加入碳材料和非贵金属助催化剂或构建 Z 型异质结。最后对 g－C_3N_4 基光催化剂未来的发展前景进行展望。

5.2 性质

5.2.1 热稳定性

g－C_3N_4 的热重分析（TGA）显示空气中温度达600℃时，其仍能稳定存在。在630℃出现明显的吸热峰，说明此时会发生分解和气化以致完全失重。Gillan[60]将 g－C_3N_4 封闭在密封的真空安瓿瓶中，并设定不同的温度梯度，发现在 450℃ 时会有缓慢的升华现象，650℃时升华会大幅度加快，750℃会完全分解，且无任何残余。g－C_3N_4 的热稳定性明显好于芳香聚酰胺和聚酰亚胺等常用高温聚合物，应是目前有机材料中热稳定性最高的一类。然而，对于不同制备方法，其稳定性也不相同，这可能是因聚合程度不同而引起的[48,60～63]。

5.2.2 化学稳定性

与石墨类似，在范德华力作用下，氮化碳层间易堆积，使其不溶于大多数溶剂。在水、乙醇、DMF、THF、乙醚和甲苯等传统的溶剂中，均没检测到氮化碳溶解和发生反应[60]。为了检测其稳定性和持久性，将氮化碳粉末分散于水、丙酮、乙醇、吡啶、乙氰、二氯甲烷、DMF、冰醋酸和0.1M 的 NaOH 溶液中，放置30 天后于80°C 下干燥10h，测量红外谱图，与原始 g－C_3N_4 相比较，并没有发现明显的变化。但有两种溶剂例外，熔融碱金属氢氧化物中氮化碳会发生水解；氮化碳在浓酸中加热会形成了胶体分散体系，但它们均可逆[64]。

5.2.3 光学和光电化学

氮化碳的光学性质可通过 UV/Vis 吸收和光致发光实验检测。理论计算表明氮化碳是一种典型的半导体材料，带隙可达 5eV，且与结构和吸附原子相关[65]。一般而言，g－C_3N_4 会显示出一种有机半导体的吸收方式，在420nm 处形成强烈的吸收[图5-4(a)]。这与其浅黄色的颜色是一致的[37,59,66]。

值得注意的是，不同的前驱体、制备方法以及聚合温度等工艺参数均会轻微地影响 $g-C_3N_4$ 的吸收带隙，这可能是由制备或改良过程中引起的不同的局域结构、堆积和缺陷引起的[59,67]。例如，$g-C_3N_4$ 不同的改良方法会引起吸收边界蓝移（如质子化[68]或硫掺杂[69]）或红移（硼与氟掺杂[70]，与巴比妥酸的共聚合[71]）。

$g-C_3N_4$ 光致发光的类型已有报道，其中一些发生了蓝移，可能是光致发光谱对聚合程度和层间堆积比较敏感[37,50,62,66]。一般而言，室温下聚合氮化碳都显示出很强的蓝色光，其范围一般为 430～550nm，最大发射位置为 470nm。

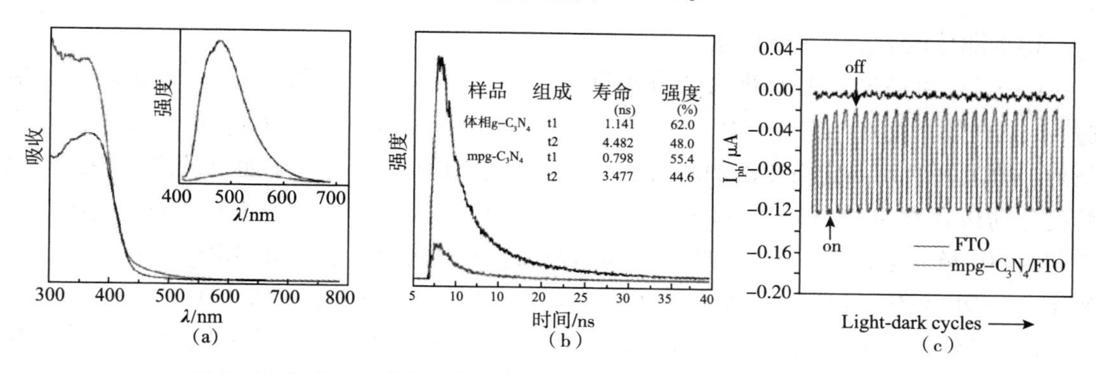

图 5－4（a）420nm 激发下漫反射吸收光谱和光致发光（PL）谱（插图）；
（b）420nm 激发下，520nm 处时间分辨光致发光谱，黑线和红线分别代表体相和 $mpg-C_3N_4$；
（c）两电极光电化学测试中，$mpg-C_3N_4$ 的周期性开/关
光电流 I_{ph} 响应（0 偏压，电解质：0.5 $mol\cdot L^{-1}$ Na_2SO_4 溶液）

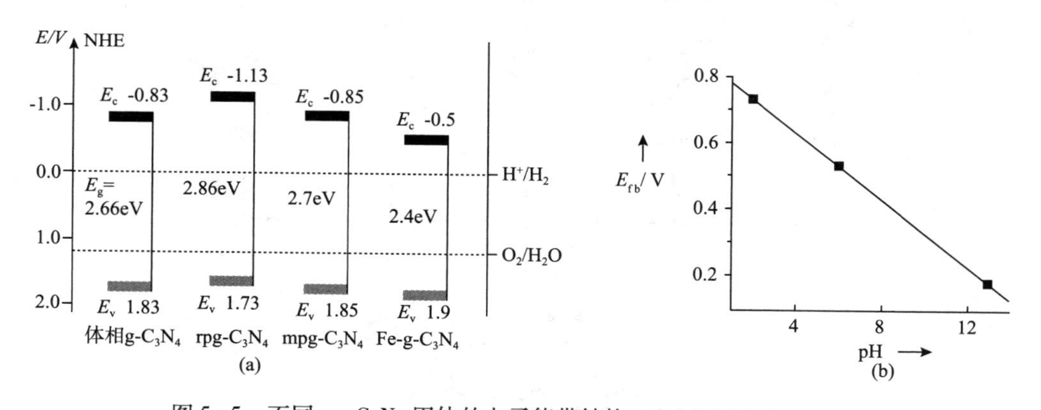

图 5－5　不同 $g-C_3N_4$ 固体的电子能带结构。（a）HOMO 和 LUMO；
（b）在 0.1mol/L KCl 溶液中，$mpg-C_3N_4$ 和 pH 的平带电势的相关性（vs. NHE）

适当的电子能带结构使 $g-C_3N_4$ 在太阳能转换系统有很大的应用潜力，如用于光电化学电池（图 5－4）[72]。在可见光照射下，可观察到体相 $g-C_3N_4$ 的光电流[71,73,74]。高的化学和热稳定性可使光电化学电池在氧气中稳定使用。此外，$g-C_3N_4$ 的电子能带结构可通过纳米形貌或掺杂进行调控（图 5－5）。这对光电流响应的提高提供了可能[68]。例如，介孔氮化碳（$mpg-C_3N_4$）由于大的比表面积和多重散射效应，对光电流的响应增强，其它的

改良方法包括掺杂和质子化也可提高光电流的响应。尽管 g－C_3N_4 的改良可部分地提高光电流，但其值仍相当低，这主要被认为是晶界缺陷造成的。考虑合成及改进的手段不断进步，期望将来可以解决这一问题[71,73,74]。

5.3 制备

5.3.1 g－C_3N_4 的制备

1)前驱体的类型及影响因素

g－C_3N_4 可通过简单的热聚合方法制得，单氰胺[75]、双氰胺[76]、三聚氰胺[61]、硫脲[77]、尿素[78]或其它廉价富含 N 的混合物[79]均可用作原料(图 5-6)。借助 X 射线粉末衍射(XRD)图，可判定氮化碳的相态。g－C_3N_4 的 XRD 图含有两个明显的衍射峰，衍射角度分别约为 27.4°和 13.0°[图 5-7(a)]。前者可以归属为 002 峰，表示芳香层间距；后者归为 001 峰，表示层内 s－三嗪单元间的距离。X 射线光电子能谱(XPS)可确定其 C 和 N 元素所处状态，包括 C—C(约 284.6eV)和 N—C ═N(约 288.1eV)的 sp^2 态 C，C—N ═C(约 398.7eV)和 N—$(C)_3$(约 400.3eV)的 sp^2 态 N，以及未完全聚合的氨基(C—N—H，约 401.4eV)的 sp^3 态 N。采用元素分析可确定 g－C_3N_4 物质中元素的含量。紫外－可见光漫反射谱结合简单的方程($E_g = 1240/\lambda$)，可粗略确定 g－C_3N_4 的带隙(E_g)大小，其中 λ[nm]为样品的吸收带边缘的波长。

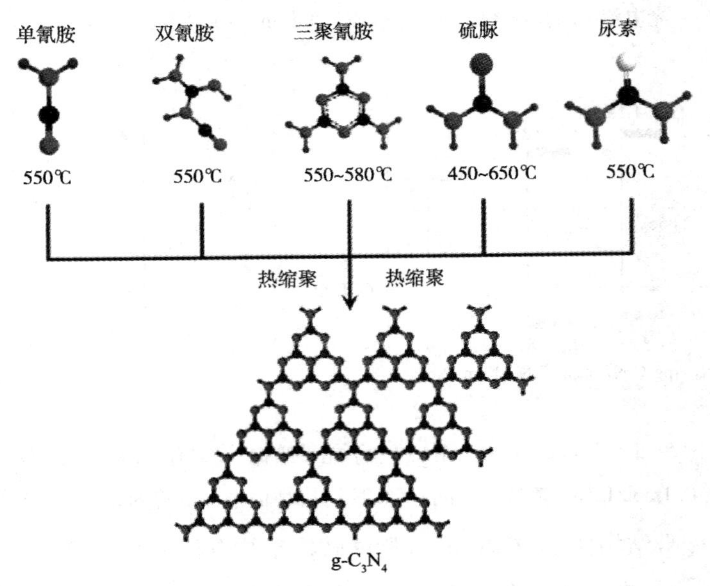

图 5-6 g－C_3N_4 的合成路径示意图。前驱体：单氰胺、双氰胺、三聚氰胺、硫脲和尿素，化学结构中的色标：C，黑色；N，红色；H，蓝色；S，紫色；O，白色

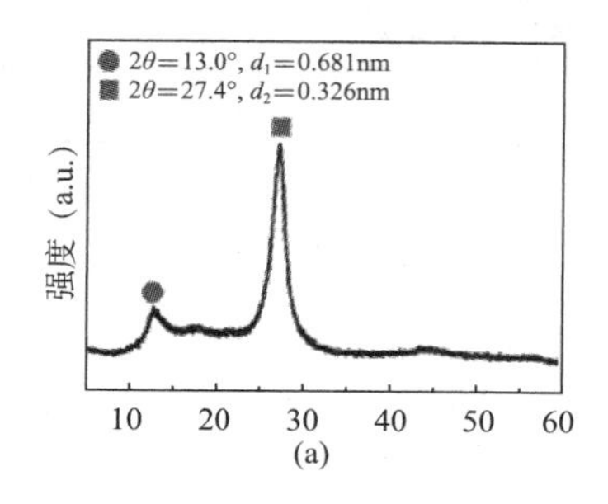

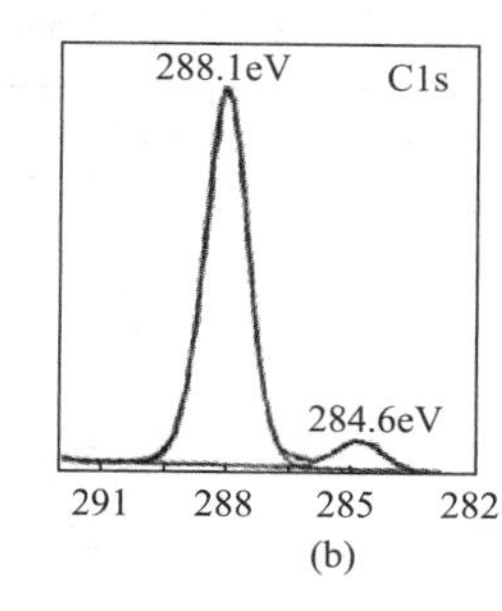

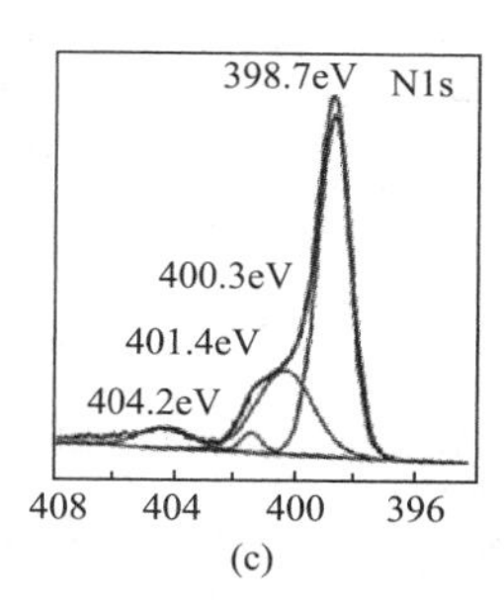

图 5-7 (a) $g-C_3N_4$ 的 XRD 图；(b，c) $g-C_3N_4$ 的 C1s (b) 和 N1s (c) 的高分辨 XPS 谱

一般来说，$g-C_3N_4$ 的物化性质与前驱体的类型和反应条件有关。南京大学邹志刚等[61]在不同温度下使用半封闭法加热三聚氰胺获得 $g-C_3N_4$，当加热温度从 500℃ 升至 580℃ 时，C/N 比从 0.721 增至 0.742（小于理想 $g-C_3N_4$ 的 C/N 比（0.75）带隙从 2.8eV 减至 2.75eV，这归因于胺基的不完全聚合。理想 $g-C_3N_4$ 很难制备，但少量缺陷的存在也有一些优点，一方面可调整 $g-C_3N_4$ 的带隙大小，另一方面，存在的胺基可减小 $g-C_3N_4$ 的表面惰性，促进与目标反应物的相互作用。然而，C/N 比较低时，过量的缺陷则会减弱其电荷的迁移和分离。另外，$g-C_3N_4$ 的比表面积大小也与其前驱体类型和合成条件有关，如以三聚氰胺为前驱体合成的 $g-C_3N_4$ 比表面积约为 $8m^2 \cdot g^{-1}$。福州大学王心晨等[77]在不同温度下加热硫脲制备出 $g-C_3N_4$。随着加热温度从 450℃ 到达 600℃，其缩聚程度也随之增加，这不仅提高了结构上的联通性，也加强了芳香层内电子的离域。然而，加热温度超过 650℃ 时会引起 $g-C_3N_4$ 的分解，因此会降低其颗粒尺寸。因此，在 450℃、550℃ 和 650℃ 的温度条件下，带隙分别为 2.71eV、2.58eV 和 2.76eV，其趋势为先下降后上升，其 Brunauer-Emmett-Teller（BET）比表面积可增加到 $52m^2 \cdot g^{-1}$。同时，人们发现尿素也可作为前驱体制备出高比表面积的 $g-C_3N_4$，该 $g-C_3N_4$ 为较小厚度的薄片状 $g-C_3N_4$ 构成[80~84]。重庆工商大学董藩等[78]人在 550℃ 下加热尿素，随着加热时间从 0 到 240min（不含升温时间）发现其厚度从 36nm 减小到 16nm，比表面积从 $31m^2 \cdot g^{-1}$ 增加到 $288m^2 \cdot g^{-1}$。四川大学闫红建等[85]发现用硫酸处理过的三聚氰胺作前驱体制备出的 $g-C_3N_4$，其比表面积（约 $16m^2 \cdot g^{-1}$）较未处理过的（约 $9m^2 \cdot g^{-1}$）大。这可能是因为硫酸改性后的三聚氰胺可抑制自身的升华，从而实现不同程度的聚合。王心晨等[86]在 650℃ 下的氮气流中将三聚氰胺和硫（S_8）加热 2h，与仅加热三聚氰胺相比，获得了更大的比表面积和更小的带隙。硫并不会参与掺杂，仅会影响其聚合过程。王心晨等[87]又报道了在 700℃ 下加热硫氰酸胍，实现了脱硫聚合，制备出的体相 $g-C_3N_4$ 具有高结晶度，低密度表面缺陷和高比表面积（$42m^2 \cdot g^{-1}$）。

表 5-1 总结了不同前驱体和反应条件制备的 $g-C_3N_4$ 的带隙和比表面积。研究表明：选择不同的前驱体、热处理时间和温度等参数，可优化电子结构和提高比表面积。在上述前驱体中，尿素可用来制备高比表面积的薄层 $g-C_3N_4$。然而，为简化 $g-C_3N_4$ 的合成条件并改善其性质，还需针对不同的前驱体材料进行深入系统研究，包括制备方法以及工艺参数。

表 5-1　典型 $g-C_3N_4$ 样品的带隙和比表面积

前躯体	反应温度、时间和气氛	带隙/eV	比表面积/($m^2 \cdot g^{-1}$)	文献
单氰胺	550℃，4h，空气	2.7	约10	[75]
三聚氰胺	550℃，2h，空气	2.8	约8	[61]
	580℃，2h，空气	2.75		
二氰二胺	550℃，2h，空气	2.75	约10	[77]
硫脲	450℃，2h，空气	2.71	约11	[77]
	550℃	2.58	约18	
	650℃	2.76	约52	
尿素	550℃，0h，空气	2.72	约31	[78]
硫酸酸化的三聚氰胺	600℃，4h，氩气	2.69	约16	[85]
硫掺杂的三聚氰胺	650℃，2h，氮气	2.65	约26	[86]
异硫氰酸胍	550℃，2h，氮气	2.74	约8	[87]
硫氰酸盐	700℃，2h，氮气	2.89	约42	

2）体相 $g-C_3N_4$ 的剥离

尽管理论上单层 $g-C_3N_4$ 具有巨大的比表面积，但是制备出的体相 $g-C_3N_4$ 由于层间堆积而具有较低的比表面积。为提高 $g-C_3N_4$ 的性能，研发新的层间分离手段非常必要。幸运的是，研究人员已经通过合适的方法将体相 $g-C_3N_4$ 成功剥离[88~95]。事实上，胶带剥离因能将石墨剥离成石墨烯而为人所知。通过溴离子的插层作用，也成功地剥离了氮化碳（聚三嗪酰亚胺）[89]。但是，至今没有将这些方法用于 $g-C_3N_4$ 的剥离。下面简要地总结 $g-C_3N_4$ 的一些剥离方法。

王心晨和 Ajayan 等[90]通过超声辅助液相剥离法成功地将体相 $g-C_3N_4$ 剥离成薄片状 $g-C_3N_4$纳米片。以低沸点的异丙醇作溶剂，在连续超声中实现了体相 $g-C_3N_4$ 的剥离，获得的 $g-C_3N_4$ 纳米层的厚度约为 2nm，并具有 $384m^2 \cdot g^{-1}$的高比表面积。电化学阻抗（EIS）研究表明，相对于体相 $g-C_3N_4$，该薄层 $g-C_3N_4$ 纳米片的电子迁移阻力（半圆的奈奎施特图）下降了 75%，表明其电荷分离和转移能力得到了提高。另外，$g-C_3N_4$ 的光致发光（PL）谱显示出其光致发光强度显著下降，与光生电子和空穴的低重组率相符。江苏大学李华明等[91]在 1，3－丁二醇中，超声作用下获得了比表面积约为 $33m^2 \cdot g^{-1}$的体相 $g-C_3N_4$，其厚度约为 3～6 个原子（约 0.9～2.1nm）。同时，EIS 显示薄片 $g-C_3N_4$ 的电子迁移阻抗下降了 60%。瞬态光电流测量显示在可见光照射下，该薄层 $g-C_3N_4$ 具有更强的光电流。结合光电化学分析表明，在薄层 $g-C_3N_4$ 纳米片中，载流子的分离和传递效率都得到了提高。Kumar 等[96]使用超声剥离的方法，在水和乙醇的混合溶液中将以三聚氰胺为前驱体的体相 $g-C_3N_4$ 制成了介孔的 $g-C_3N_4$，比表面积高达 $112m^2 \cdot g^{-1}$，远高于体相 $g-C_3N_4$（约 $8m^2 \cdot g^{-1}$）。

除了使用有机溶剂剥离外，酸或碱溶液也可将体相 $g-C_3N_4$ 剥离成薄层 $g-C_3N_4$。清华大学朱永法等[92]将双氰胺为前驱体制备的 $g-C_3N_4$ 和浓硫酸混合于去离子水中，通过超声，使 H_2SO_4 进入体相 $g-C_3N_4$ 的层间，成功地制备出单原子厚度（约 0.4nm）的 $g-C_3N_4$薄层，其比表面积约为 $206m^2 \cdot g^{-1}$，远高于体相 $g-C_3N_4$（约为 $4m^2 \cdot g^{-1}$）。在这些单原子厚度的纳米薄层中，光电流和 EIS 测量显示其光生载流子传递和分离效果均得到提高。Sano 等[88]在 NaOH 溶液中加热处理以三聚氰胺为前驱体制备的 $g-C_3N_4$，所获得的 $g-C_3N_4$的颗粒尺寸明显减小，并且形成了介孔结构，其相应的比表面积从 $8m^2 \cdot g^{-1}$增大到 $65m^2 \cdot g^{-1}$。

沈阳金属研究所牛萍等[93]使用简单的热氧化刻蚀方法，将以双氰胺为前驱体制备的体相 $g-C_3N_4$ 剥离成比表面积为 $306m^2 \cdot g^{-1}$，厚度为 2nm 的纳米薄层。在纳米片平面方向上，电流－电压特征表明其电子传递效率有所增强。时间分辨荧光衰减谱显示增长的光生载流子寿命，并归因于它的量子限域效应。李华明等[94]将 NH_4Cl 插入到以双氰胺为前驱体制备出的体相 $g-C_3N_4$ 层中，由此产生的 $g-C_3N_4/NH_4Cl$ 通过热剥离方法处理，形成的 $g-C_3N_4$ 的纳米层约为 6～9 个原子厚（约为 2～3nm），比表面积约为 $30m^2 \cdot g^{-1}$，并提高了电子传递能力。热剥离 $g-C_3N_4$ 的方法具有经济、环保和可大规模生产等优点。

此外，大连理工大学全燮等[95,97]将热剥离和超声联合起来，在异丙醇和甲醇等有机溶剂中将体相 $g-C_3N_4$ 剥离成厚度为 0.4～0.5nm 的单原子 $g-C_3N_4$ 层。$g-C_3N_4$ 的超薄层为载流子的迁移提供了较短的距离，使光电流提高了 17 倍，降低了电荷传递阻抗，从而获得了非常高的电荷分离率。此外，时间分辨荧光衰减谱显示光生载流子相对体相具有更长的寿命。

在有机溶剂或酸碱溶液中，通过液相剥离或简单的热剥离方法可将体相 $g-C_3N_4$ 剥离成薄层状 $g-C_3N_4$ 纳米片，如图 5-8 所示。更为重要的是，这些方法获得的 $g-C_3N_4$ 单层可帮助我们更好地理解 $g-C_3N_4$ 的物理化学性质。薄层 $g-C_3N_4$ 优异的性质与其大的比表面积，强的电子迁移能力和高的电荷分离效率有关。

3）$g-C_3N_4$ 的纳米结构设计

作为一种聚合物，$g-C_3N_4$ 具有多样的结构，因此在模板的辅助下可形成不同的形态。人们已经制备出多孔 $g-C_3N_4$，$g-C_3N_4$ 空心球和一维的 $g-C_3N_4$。下面对这些结构进行简单的介绍。

（1）多孔 $g-C_3N_4$

因为多孔结构提供了大的比表面积和大量的通道，利于扩散以及电荷的迁移和分离，

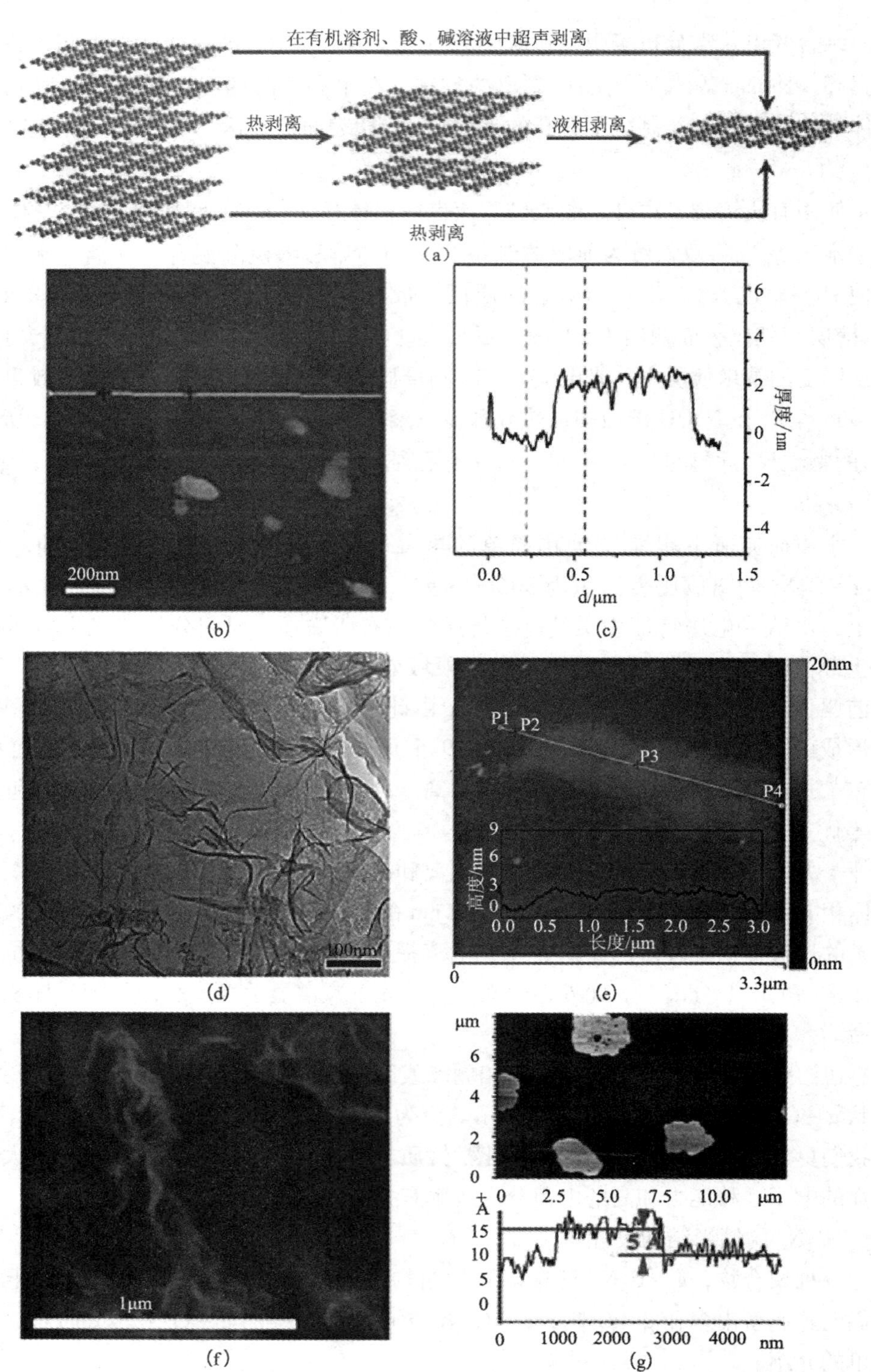

图5-8 (a) 体相 $g-C_3N_4$ 剥离成几层厚度 $g-C_3N_4$ 的路径示意图；(b, c) AFM 图(b)厚度解析，(c) 通过超声辅助液相剥离方法剥离的 $g-C_3N_4$ 纳米片；(d, e) TEM 图(d)和 AFM 图(e)，其中 $g-C_3N_4$ 纳米片通过热氧化刻蚀方法制备，(e)中插图为 P1 和 P4 连线间的纳米片高度曲线；(f, g) SEM 图(f)和 AFM 图(g)，$g-C_3N_4$ 纳米片通过热剥离和超声联合制得

故多孔 $g-C_3N_4$ 备受研究人员的欢迎。制备多孔 $g-C_3N_4$ 最常用的方法为硬模板法和软模板法，选择不同的模板还可以调节孔的结构。

使用硬模板 SiO_2 纳米颗粒，以氰胺[68,98]、硫氰酸按[99,100]、硫脲[101]和尿素[102]等为前躯体已成功制备出 mpg $-C_3N_4$。模板移除后可形成比表面积达 $373m^2\cdot g^{-1}$ 的三维互连结构，其孔径与 SiO_2 纳米颗粒的大小相一致。以六角有序介孔二氧化硅 SBA－15 为硬模板也可制备出结构有序的 mpg $-C_3N_4$。王心晨和 Antonietti 等[103]使用此模板，以单氰胺作前驱体制备出有序的 mpg $-C_3N_4$，其比表面积达 $239m^2\cdot g^{-1}$，孔体积为 $0.34cm^3\cdot g^{-1}$，孔径约为 5.3nm。但是，其孔径小于 SBA－15 模板(10.4nm)，通过研究发现该介孔结构是 SBA－15 反复制的结果，其大小并不符合 SBA－15 的孔径，但与模板的孔壁厚度相一致。为强化 SiO_2 模板和单氰胺的相互作用，王心晨等[104]使用稀盐酸预处理 SBA－15，然后超声和真空处理以增强单氰胺分子向 SBA－15 孔的渗透(图5-9)，结果所制得的 mpg $-C_3N_4$ 的比表面积为 $517m^2\cdot g^{-1}$，孔径为 $0.49cm^3\cdot g^{-1}$。Fukasawa 等[105]以密集堆积且均一的 SiO_2 纳米球为模板，单氰胺为前驱体制备出有序的介孔结构，通过改变 SiO_2 纳米球的大小(20～80nm)，制备出的 $g-C_3N_4$ 的孔径大小可以从 13nm 增大到 70nm。尽管 70nm 孔径的 $g-C_3N_4$ 具有最大的孔体积，但是 20nm 时其比表面积($230m^2\cdot g^{-1}$)最大。有趣地是，$g-C_3N_4$ 有序孔结构可进一步作为硬模板合成有序排列和尺寸可调的 Ta_3N_5 纳米粒子。

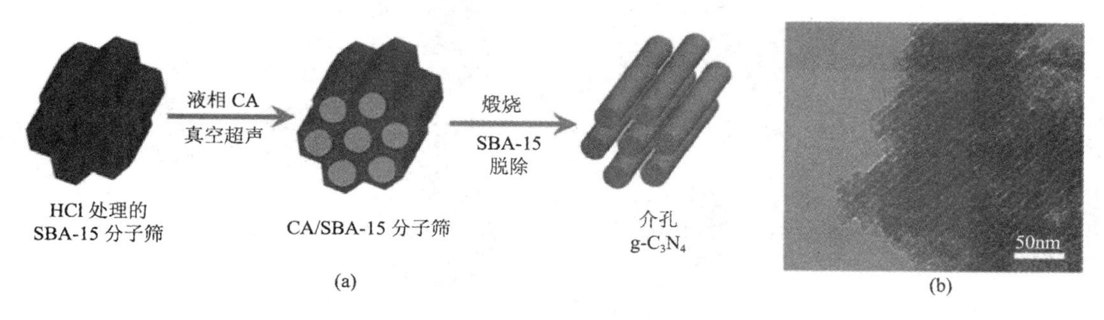

图5-9 (a)SBA－15 作硬模板合成有序 mpg $-C_3N_4$ 的示意图，CA 代表单氰胺；(b)该产物的 TEM 图

当然，不使用硬模板也可制备出多孔 $g-C_3N_4$。例如，使用软模板 Pluronic P123，以三聚氰胺为前驱体，制备出了比表面积达 $90m^2\cdot g^{-1}$ 的 mpg $-C_3N_4$，其光吸收波长可扩展到 800nm[106]。使用起泡剂硫脲[107]或尿素[108]，以双氰胺为前驱体，通过热处理过程中硫脲或尿素分解产生的气泡制备出多孔结构的 $g-C_3N_4$。与双氰胺制备的 $g-C_3N_4$ 相比，该多孔结构具有更高的比表面积。

另外，不使用模板也可制备多孔 $g-C_3N_4$。华中师范大学张礼知等[109]发现用盐酸蜜胺代替三聚氰胺作为前驱体，可制备出比表面积为 $69m^2\cdot g^{-1}$ 的多孔 $g-C_3N_4$。南京大学朱建华等[110]在不同大小窗口的半封闭系统中，通过勒夏特列原理调控双氰胺的分解，制备出的多孔 $g-C_3N_4$ 比表面积可达 $209m^2\cdot g^{-1}$，孔体积达 $0.52cm^3\cdot g^{-1}$。华侨大学陈亦琳等[111]使用三聚氰酸作为三聚氰胺的聚合抑制剂，制备出了不同结构等级的多孔$g-C_3N_4$。

(2)$g-C_3N_4$ 空心球

因为入射光可以多次反射，从而可产生更多的光生载流子，故在 $g-C_3N_4$ 空心球中进行光催化反应对光的吸收特别有利。然而，由于聚合过程中容易塌陷，所以 $g-C_3N_4$ 空心球不易制备。经过人们不断地努力，空心 $g-C_3N_4$ 已经成功制备出来。王心晨等[112]用薄的介孔 SiO_2 壳包覆单一分散的 SiO_2 纳米颗粒而成的核-壳结构作硬模板，单氰胺渗入介孔壳后，通过热聚合和核-壳模板的移除，可制备出$g\text{-}C_3N_4$空心纳米球(图 5-10)。采用不同壳厚度的介孔 SiO_2，$g-C_3N_4$ 空心纳米球的壳厚度可从 56nm 调控至 85nm。$g-C_3N_4$ 空心纳米球不仅可用作捕光天线，而且也可作为优异的平台构建光催化系统。例如，利用三嗪分子间的超分子化学作用实现了 $g-C_3N_4$ 空心结构的制备；三嗪分子的协同组合，如三聚氰酸-三聚氰胺混合物，形成了以氢键连接的超分子网状结构。该混合物通过使用不同溶剂可以形成不同的形态，如 3D 宏观组合[113]或二甲基亚砜中形成的花瓣状球形聚集体[114]和乙醇中有序的饼状结构[115]。热缩聚后，其前驱体的最初形态会被部分地保存并且在内部能形成空心 3D 组装体，介孔空心球或空心盒，而它们均显示出优异的光催化活性。

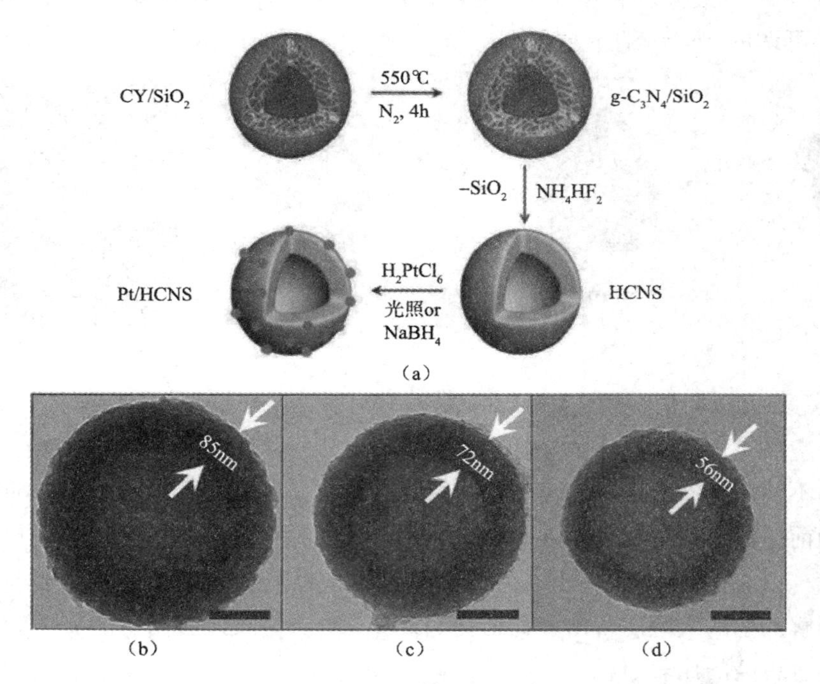

图 5-10 (a) $g-C_3N_4$ 空心球和金属负载的 $g-C_3N_4$ 空心纳米球混合物的合成路线图(CY 表示单氰胺)。(b-d)不同厚度的 $g-C_3N_4$ 空心纳米球的 TEM 图。尺寸条代表 0.5μm

(3)一维 $g-C_3N_4$

因通过调控长度、直径和长径比，可获得优异的化学、光学和电学性质，有利于提高光催化活性，故纳米棒、纳米线、纳米条和纳米管等一维纳米结构的光催化剂引起了人们的注意。王心晨等[116]使用阳极氧化铝(AAO)模板，通过单氰胺的热聚合制成了平均直径为260nm 的 $g-C_3N_4$ 纳米棒。AAO 模板的限制效应可提高 $g-C_3N_4$ 的结晶度和取相，从而提高载流子的流动性，所获得的 $g-C_3N_4$ 纳米棒也拥有更正的 VB 电位，代表更强的氧化能力。此外，使用 SBA-15 纳米棒为模板，通过纳米刻蚀，制备出 mpg $-C_3N_4$ 纳米棒(图 5-11)[117]。所获得的 $g-C_3N_4$ 纳米棒的直径约为100nm，比表面积为 110 ~ 200$m^2 \cdot g^{-1}$，介孔通道特别清晰，因此适合负载各种均一的金属纳米粒子用于不同的催化/光催化反应。清华大学朱永法等[118]在不使用模板情况下制备出 $g-C_3N_4$ 纳米棒，双氰胺先在 550℃加热4h，然后通过热处理方法制成 $g-C_3N_4$ 纳米片，并以此作为前驱体在甲醇和水的混合溶液中回流从而制备出 $g-C_3N_4$ 纳米棒，其直径为 100 ~ 150nm，这可能是在剥离-再生长和滚动共同作用下形成的。此外，$g-C_3N_4$ 纳米棒的有效晶格面增加，表面缺陷减少，有利于提高光催化反应。在亚临界乙氰溶剂中，以三聚氰胺和三聚氰氯作为前驱体，通过溶剂热方法制备出 $g-C_3N_4$ 纳米棒网络，制备时所需温度仅为 180℃，远低于传统的 500 ~ 600℃的固态制备温度。产物中纳米棒含量超过 90%，通过扫描电镜(SEM)和透射电镜(TEM)证实其平均尺寸在 50 ~60nm 之间，长度为几个微米(图 5-12)[119]。但在 160℃或 140℃的低温下，其形态特征并不明显，为确保形成 $g-C_3N_4$ 纳米棒网络时需要的足够的驱动力，96h 的溶剂热处理是必要的，少于 48h 或 24h 都无法保证分子构筑元的共价交联和组合。在溶剂热过程中，乙氰作为一种强极性溶剂可促进氮化碳的聚合和结晶，相比之下，苯、环已烷和四氯化碳等非极性溶剂，其聚合率则低于5%。此外，使用亚临界液体，在高温下可提高其溶解性和扩散能力，溶剂热条件下的压力可促进质量转移和加快聚合进程。尽管获得的氮化碳结晶度小于 550℃下三聚氰胺热聚合时的产物，但 $g-C_3N_4$ 纳米棒的光吸收范围可扩宽到 650nm。在催化方面，相比在 550℃下以三聚氰胺为前驱体制备的 $g-C_3N_4$，$g-C_3N_4$ 纳米棒对氯苯酚的降解活性更强。另外，在高曲率的硅藻表面上，通过单氰胺的缩聚可制备出氮化碳纳米线和纳米带[120]。Tahir 等证实在乙醇、乙二醇等不同溶剂中，用 HNO_3 预处理三聚氰胺，在不同温度下可制备出 $g-C_3N_4$ 纳米纤维[121]、纳米线[122]和纳米管[123]。天津大学巩金龙等[124]在不使用任何添加剂的情况下，加热紧密堆积的三聚氰胺，制备出 $g-C_3N_4$ 纳米管。可通过使用振荡器，快速振荡装有三聚氰胺的半封闭的氧化铝坩埚，以实现其紧密堆积。

上述方法说明：使用或不使用模板均可制备出不同纳米结构的 $g-C_3N_4$，前者对应的纳米结构更为均匀可控。对于多孔 $g-C_3N_4$，由于其大的比表面积可提供丰富的反应位点，多孔结构还可以提供有效孔道。此外，$g-C_3N_4$ 的一维纳米结构也具有较高的比表面积和载流子迁移率。

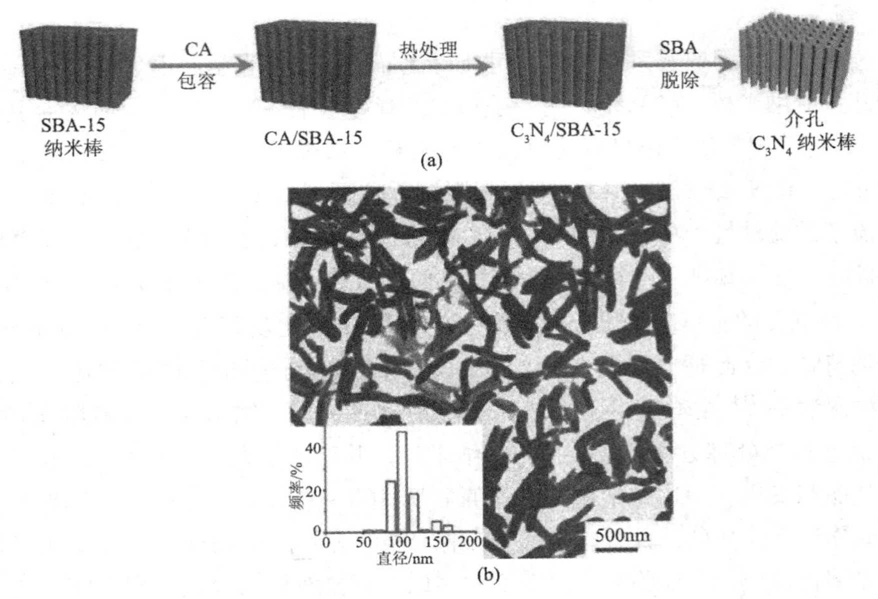

图 5-11(a)以 SBA-15 为模板，合成介孔 $g-C_3N_4$ 纳米棒的示意图。

CA 表示单氰胺；(b)典型 $mpg-C_3N_4$ 纳米棒的 TEM 图，插图代表粒径尺寸分布

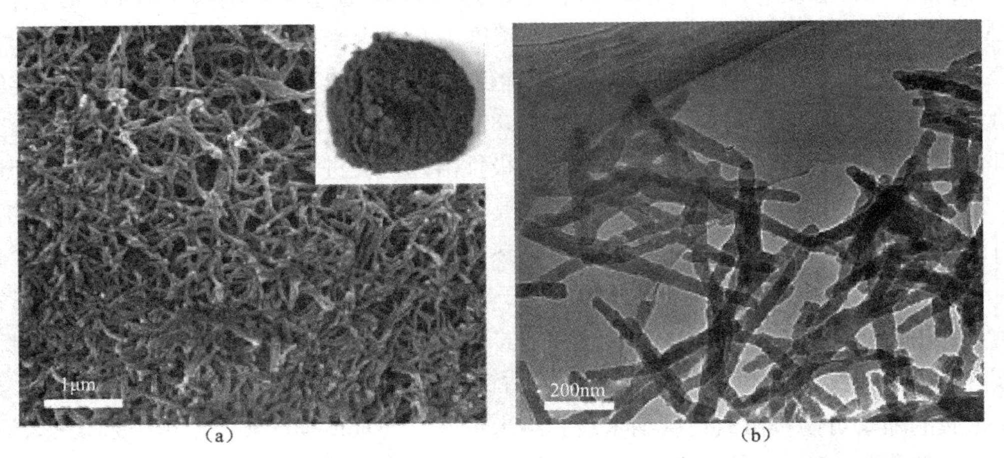

图 5-12 (a, b)$g-C_3N_4$ 纳米棒网状的 SEM(a) 和 TEM(b)图，插图(a)表示其数码照片

5.3.2 $g-C_3N_4$ 的带隙设计

通过 $g-C_3N_4$ 的带隙设计，可调控光的吸收能力和氧化还原电势，有利于提高其光催化性能。改变 $g-C_3N_4$ 的带隙一般是在原子水平(如元素掺杂)或分子水平(共聚合)进行，紫外-可见光吸收谱常用来测定其带隙大小，X 射线光电子能谱(XPS)的价带谱和紫外光电子能谱(UPS)用来测量价带。

1)$g-C_3N_4$ 的元素掺杂

(1)非金属掺杂

大量实验研究和密度泛函数理论计算都表明：相对于 $g-C_3N_4$ 中的 C 原子，S 原子更

易取代或吸附在 N 原子上[69,125~128]。南洋理工大学徐蓉[129]等提出，硫脲热聚合形成的原位硫掺杂的 mpg－C_3N_4 中，S 取代了部分 C 并降低了 CB(导带)。在多数情况下，离子掺杂可缩小 g－C_3N_4 的带隙和提高光吸收能力。王心晨等[70]发现通过 F 掺杂，使得 CN 基中形成 C—F 键，促进部分 C－sp^2 向 C－sp^3 转变，从而减小带隙并扩宽光吸收范围。南京大学邹志刚等[130]证实，在 g－C_3N_4 中，B 掺杂会形成 C—NB_2 或 2C—NB 基团，导致带隙轻微的下降，且两步即可实现制备。三聚氰胺和 B_2O_3 的混合物在 500℃下热聚合后会残留 C—NH_2 和 2C—NH 基团，此时 B_2O_3 并不会参与反应；热聚合温度高于 520℃时，C—NH_2 和 2C—NH 与 B_2O_3 反应，形成 2C—NB 或 C—NB_2 基团(图 5-13)。通过 XPS 谱证实了上述基团的存在，B1s 谱中有 C—NB 的特征峰，N1S 谱中有 C—NB_2 的特征峰。在≤ 520℃时，所制备的样品中并不含有上述特征峰。通过 UV－Vis 的光谱计算，g－C_3N_4 的价带最大值上升，带隙从 2.7eV 下降到 2.66eV。王心晨等[131]通过碘掺杂取代 sp^2 成键的 N，扩展了芳香族杂环，提高了光吸收能力。陈奕琳等[132]证明了在 H_2O_2 中，氧原子会部分取代 sp^2 杂化氮原子，并使 CB 最小值下移 0.21eV，但不改变 VB(价带)值。张礼知等[133]进一步证实了通过 H_2O_2 的水热处理，在 g－C_3N_4 的表面成功引入了氧原子。同时，通过 C 自掺杂来替代桥位 N 原子，所掺杂的 C 原子和芳香环杂化形成离域 π 键，以提高电子传递能力，同时也降低了带隙[134]。对于磷掺杂也有相关的理论研究[126]，并且实验表明磷掺杂能够提高 g－C_3N_4 的吸光能力[135]。

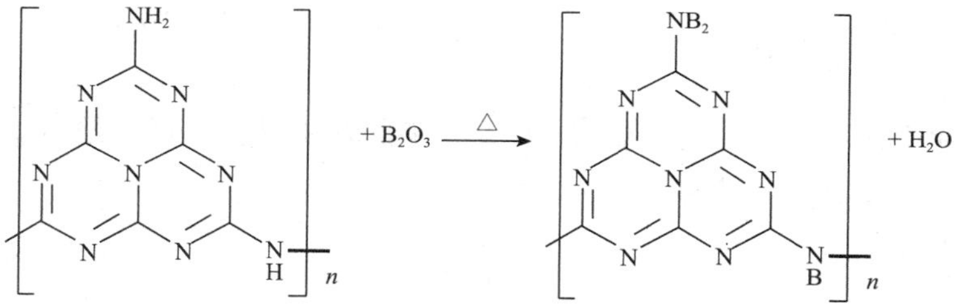

图 5-13　g－C_3N_4 硼掺杂示意图

(2)金属掺杂

除了非金属掺杂，金属掺杂也被用来修饰 g－C_3N_4 的电子结构。在第一原理计算的基础上，布朗大学高华健等[136]预测 Pt 和 Pd 等金属原子插入到 g－C_3N_4 纳米管的三角空隙中，可以有效地提高载流子的流动性，降低带隙和提高光吸收，以及其光催化反应的活性。另外，由于负电性的氮原子能与正离子相互作用，g－C_3N_4 具有良好的正离子吸附能力，能促进金属离子进入 g－C_3N_4 的结构框架内(图 5-14)[137]。王心晨和 Antonietti 等[138]证实 g－C_3N_4 结构中含有 Fe^{3+} 和 Zn^{2+}，可降低其带隙，扩宽可见光吸收范围。王心晨等[139]又证实过渡金属离子如 Fe^{3+}，Mn^{3+}，Co^{3+}，Ni^{3+} 和 Cu^{2+} 进入 g－C_3N_4 结构后，光吸收范围可扩展到更长的波长并降低光生电子和空穴的复合率。Fe^{3+}[140~143] 和 Zn^{2+}[144] 等过渡金属离子对 g－C_3N_4 的修饰也显示出类似的效果。Li^+，Na^+ 和 K^+ 等氯化物中的碱金属离子进入 g－C_3N_4 的结构后，在不同插层中会引起空间中载流子的分散[145]。另外，铕等稀土元素的掺杂也可以降低 $g-C_3N_4$ 的带隙[146]。

在调控 $g-C_3N_4$ 的电子结构时，元素掺杂发挥了重要作用。非金属掺杂通过 C 或 N 原子的替代来实现，并影响相关的 CB 和 VB。相比之下，金属掺杂通过金属离子插入 $g-C_3N_4$ 的结构实现。大多数情况下，元素掺杂会使带隙下降，光吸收能力加强，这是一种灵活的带隙设计方法。通过选择不同元素以及不同的含量进行掺杂，可以获得期望的带隙位置。

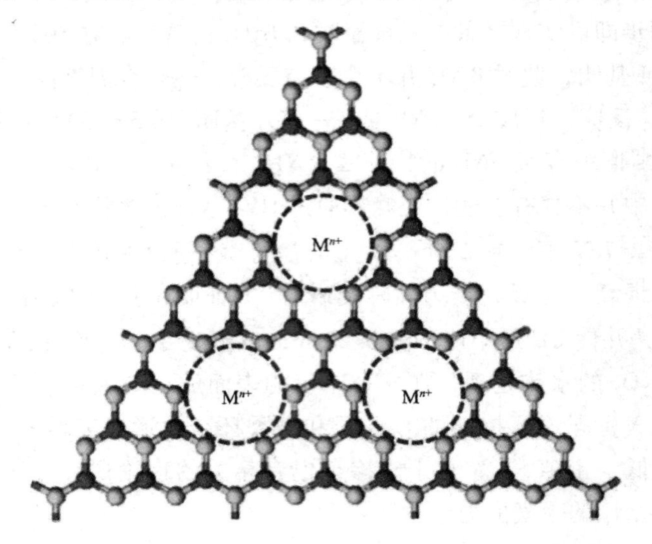

图 5-14 掺杂金属离子(M^{n+})的 $g-C_3N_4$ 的示意图。色彩设计：C，红色；N，黄色

2) $g-C_3N_4$ 的分子掺杂

在前驱体聚合过程中，通过添加结构匹配的有机添加剂，可适当地对 $g-C_3N_4$ 分子结构进行修饰，以改变其电子结构。

(1)共聚合

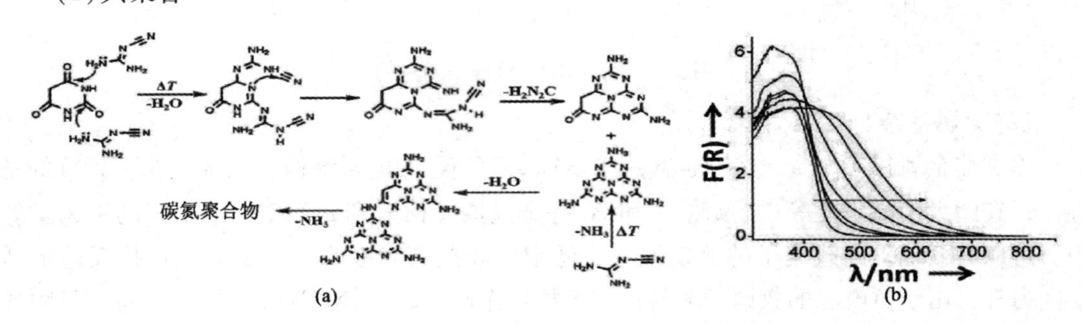

图 5-15 (a) 双氰胺和巴比妥酸共聚合过程示意图；
(b) $g-C_3N_4$ 和 CNB(巴比妥酸修饰的 $g-C_3N_4$)的 UV-Vis 漫反射谱图；
箭头方向：$g-C_3N_4$、CNB0.05、CNB0.1、CNB0.2、CNB0.5、CNB1.0 和 CNB2.0，样品名称中的 0.05，0.1，0.5，1，2 指所用巴比妥酸的质量

王心晨等合成了一系列具有固定有机基团的 3-s-三嗪基氮化碳，其反应物由不同的单体-共聚单体组成，如双氰胺-巴比妥酸[71]，双氰胺-2-氨基苯甲腈[147]，双氰胺-

二氨基马来腈[148]，尿素-苯基脲[149]和双氰胺-3-氨基噻吩-2-甲氰[71]。这种分子掺杂可实现有机基团与 g-C_3N_4 之间的键连，显著地降低带隙并加强捕光能力。例如，通过不同含量的巴比妥酸(BA)和双氰胺的共聚合，可获得 2.67～1.58eV 带隙范围的氮化碳，光吸收波长范围可延伸到约 750nm 处(图 5-15)[147]。邹志刚等通过蜜勒胺和均苯四甲酸二酐的共聚合作用，将均苯四甲酸二酐引入到 g-C_3N_4 的结构中，获得了聚酰亚胺结构，该反应可使 CB 和 VB 位置均降低[150]。

(2)后处理

除了共聚合修饰，通过加入结构匹配的有机添加剂，对 g-C_3N_4 进行后处理也能影响其电子结构。邹志刚等[150,151]使用均苯二甲酸二酐对所制备的 g-C_3N_4 进行后处理，这种方法会降低带隙，并扩宽其光吸收波长范围，这与蜜勒胺和均苯二甲酸二酐共聚合[152]所获得结果不同。共聚合方法能够同时降低 CB 和 VB 位置，并能适当扩宽带隙。当然，对硝基苯甲酸连接到 g-C_3N_4 上可以减小带隙，并增强光吸收能力[153]。

分子掺杂是一种改变 g-C_3N_4 带隙大小的特殊方式，但对无机半导体材料无效。通过向 g-C_3N_4 纳米片的边缘引入非常少的结构匹配的有机基团，可显著地改变其带隙和光吸收能力，改变有机添加剂的掺杂量可获得期望的带隙。为了说明元素掺杂和分子掺杂对带隙设计的影响，在图 5-16 中总结了一些典型的改性 g-C_3N_4 样品的能带结构。

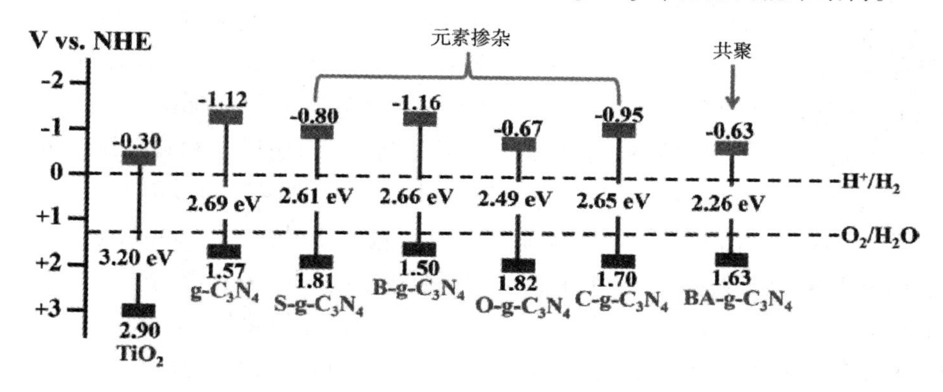

图 5-16　改性 g-C_3N_4 相对于 TiO_2 的能带结构示意图

5.3.3　g-C_3N_4 基复合半导体材料的制备

半导体-半导体异质结的构建可以有效地促进光生电子和空穴的分离，是一种提高光催化性能的有效方法。由于 g-C_3N_4 的聚合物特性，其结构具有多样性，因此在 g-C_3N_4 和半导体间可以形成紧密连接的异质结。目前，很多的半导体可与 g-C_3N_4 组成半导体-半导体异质结，包括金属氧化物(如 TiO_2[154～160]、ZnO[161～165]、WO_3[166～171]、Cu_2O[172,173]、In_2O_3[174,175]、Fe_2O_3[176,177]、MoO_3[178,179]、CeO_2[180]、SnO_2[181] 和 Nb_2O_5[182])，多金属氧化物(如 $ZnWO_4$[183,184]、$ZnFe_2O_4$[185,186]、Zn_2GeO_4[187]、$SrTiO_3$[188]、In_2TiO_5[189]、$DyVO_4$[190]、$GdVO_4$[191]、$LaVO_4$[192]、YVO_4[193]、$NaTaO_3$[194]，$NaNbO_3$[195,196]、HNb_3O_8[197]、$H_2Ta_2O_6$[198] 和 H_3PW_{12}

O_{40}[199]），金属氮氧化物（如 TaON[200,201] 和 ZnGaNO[202]），金属硫族化物（如 CdS[203~207]、$CuInS_2$[208] 和 $CuGaSe_2$[209]），铋基化合物（如 $BiPO_4$[210,211]、$BiVO_4$[212~218]、Bi_2WO_6[219~226]、BiOCl [227~230]、BiOBr[15,231~240]、BiOI [214,241~243]、$Bi_2O_2CO_3$[244,245] 和 $Bi_5Nb_3O_{15}$[246]）和有机半导体（如聚(3-己基噻吩[247,248])、聚吡咯[249]、石墨化聚丙烯氰[250]）。本章主要介绍传统Ⅱ型异质结和全固态 Z 型异质结。

1）$g-C_3N_4$ 基传统Ⅱ型异质结

$g-C_3N_4$ 基传统Ⅱ型异质结通过 $g-C_3N_4$ 和另外一种半导体材料构建而成，其中 $g-C_3N_4$ 的 CB 和 VB 位置均要低于或高于另一种半导体。两种半导体单元的化学结构的不同导致在异质结面上能带的弯曲，构成一个内部电场并驱动光生电子和空穴的反向迁移［图 5-17（a）］[256]。当照射异质结的光子能量大于两种半导体的带隙时，会同时激发异质结上的两个半导体单元。若半导体Ⅰ的 CB 位置比半导体Ⅱ的高，在半导体Ⅰ的 CB 中产生的光生载流子会迁移到半导体Ⅱ的 CB 上；若半导体Ⅱ的 VB 位置比半导体Ⅰ的低，则半导体Ⅱ的 VB 中产生的光生空穴便会迁移到半导体Ⅰ的 VB 上。另外，如果光仅能激发一种半导体，那么，另外一种半导体便可作为电子/空穴受体。因此，两种情况均能实现电子和空穴的空间积累。另一方面，两种半导体异质结之间大的接触表面积可实现高效空间电荷的再分配，不仅能够极大地促进电荷分离，而且能够提高光催化性能。王心晨等[257]通过表面辅助聚合过程，将 $g-C_3N_4$（前驱体为二氰胺）和硫改良的 $g-C_3N_4$（前驱体为三聚硫氰酸）组成同型异质结，相比两者的物理混合，所获得的 $g-C_3N_4$ 同型异质结具有更强的相互作用。未改良的 $g-C_3N_4$ 的 CB 和 VB 位置均高于硫改良的 $g-C_3N_4$，形成了可实现有效电荷分离的Ⅱ型异质结。相似地，董藩等[255]使用尿素和硫脲制备的 $g-C_3N_4$ 样品组成了 $g-C_3N_4$/ $g-C_3N_4$ 异质结，应用于空气中 NO 的高效光催化去除。同时 $g-C_3N_4$/CdS[204] 和 $g-C_3N_4/In_2O_3$[258] 异质结也可通过二甲基亚砜（DSMO）辅助溶解热法，CdS 量子点或 In_2O_3 纳米晶原位生长得到。这些异质结表明，在 CdS 或 In_2O_3 的 CB 上和 $g-C_3N_4$ 的 VB 上，可分别实现高效的光催化还原和光催化氧化反应。此外，通过 CdS 向 $g-C_3N_4$ 转移光生空穴，可极大地抑制 CdS 的自身侵蚀。四川大学闫红建等[247]在聚（3-己基噻吩）（P3HT）和 $g-C_3N_4$ 的氯仿溶液中，通过浸渍-蒸发方法制成了 $g-C_3N_4$/P3HT 聚合物异质结。由于 P3HT 的 CB 和 VB 位置都高于 $g-C_3N_4$，因此光生电子和空穴会在 $g-C_3N_4$ 的 CB 和 P3HT 的 VB 上实现再分配，这种空间电荷分离有助于提高光催化析氢能力。

2）$g-C_3N_4$ 基全固态 Z 型异质结

尽管使用传统的Ⅱ型异质结可使空间电荷得到有效分离，但是，由于半导体Ⅱ的 CB 位置较低以及半导体Ⅰ的 VB 位置较高，导致这类异质结中光生电子和空穴氧化还原能力较弱。在这种情况下，窄带隙的半导体对很难实现高的电荷分离效率。幸运地是，新型 $g-C_3N_4$ 基全固态 Z 型异质结可有效解决这一问题[259]。全固态 Z 型异质结包括半导体-半导体（S-S）Z 型半导体［图 5-17（b）］和半导体-导体-半导体（S-C-S）Z 型异质结［图 5-17（c）］。尽管不含任何电子接受体/供体对，但它们均显示出高的空间电荷分离效率，且具有高的氧化还原能力，并且这种异质结允许窄带隙的半导体对的使用，且不会丧失光

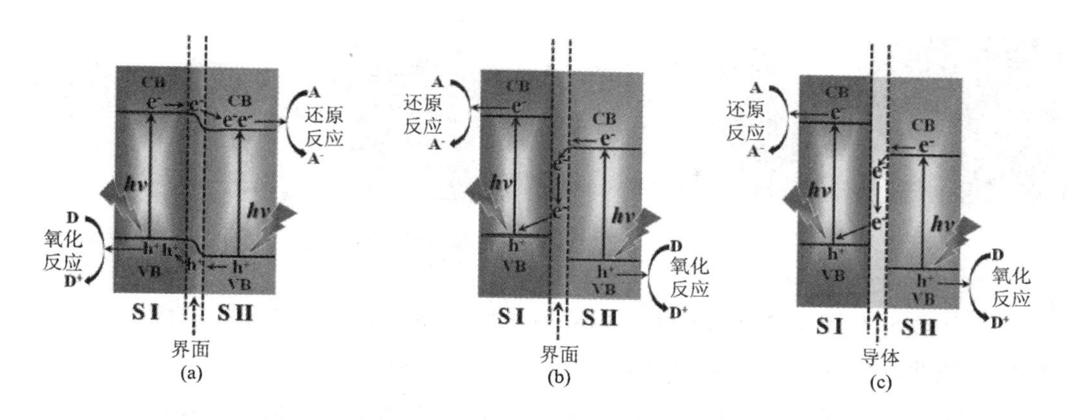

图 5-17　光催化反应中不同半导体异质结的示意图。

(a)传统的Ⅱ型异质结；(b)全固态 S-S Z 型异质结；(c)全固态 S-C-S Z 型异质结。

SⅠ，SⅡ，A 和 D 分别代表半导体Ⅰ，半导体Ⅱ，电子受体和电子供体

生电子和空穴的强氧化还原能力；另外一个优点是通过移走还原性电子(如银化合物)或氧化性空穴(如金属硫化物)，可抑制一些不稳定半导体的自身腐蚀。对于 S-S Z 型异质结，半导体Ⅱ的 CB 位置更低，产生的光生电子通过接触面转移至半导体Ⅰ的 CB 上，在半导体Ⅱ的 VB 上留下空穴。S-C-S Z 型异质结中的导体作为电子介质，能够将半导体Ⅱ中的光生电子转移至半导体Ⅰ上。

(1)$g-C_3N_4$ 基半导体-半导体 Z 型异质结

Kumar 等[164]通过分散-蒸发的方法制备出 N 掺杂 $ZnO/g-C_3N_4$ 混合核-壳纳米结构[图 5-18(a)]，并提出罗丹明 B 的光催化降解反应类型为直接的 Z 型机理。为证实其 Z 型异质结催化机理，Kumar 等分别在不同的条件下，如叔丁醇(tBuOH)存在时，鼓 N_2 除氧或加入 OH·、$O_2^{\cdot -}$ 和空穴的牺牲剂草酸铵(AO)，来进行实验。当 tBuOH 存在时，N 掺杂 $ZnO/g-C_3N_4$ 显示非常弱的光催化活性，N_2 清洗和 AO 存在时光催化活性也受到抑制，说明 OH·、$O_2^{\cdot -}$ 和空穴是降解罗丹明 B 的主要活性物质。另外，使用对苯二甲酸作为分子探针，证实了 OH—的存在。在光催化反应中，利用 5，5-二甲基-1-吡咯啉-N-氧化物(DMPO)的甲醇溶液进行电子自旋共振实验证实了 $O_2^{\cdot -}$ 的存在。由于 N 掺杂 ZnO 的 CB 位置低于 OH·$/H_2O$，因此使用传统的Ⅱ型异质结[图 5-18(b)]无法产生OH·和 $O_2^{\cdot -}$，结合其空穴的强氧化能力，认为 S-S Z 型催化过程[图 5-18(c)]、光还原和光氧化反应可分别发生在 $g-C_3N_4$ 的 CB 和 N 掺杂 ZnO 的 VB。另外，人们还获得用于甲醛的光催化氧化分解的 $g-C_3N_4-TiO_2$Z 型光催化剂[159]，其光催化还原和氧化过程分别发生在 $g-C_3N_4$ 的 CB 和 TiO_2 的 VB。类似的 S-S Z 型异质结还有 $g-C_3N_4$-S-掺杂 TiO_2[158]、$g-C_3N_4-WO_3$[158,170,171]、$g-C_3N_4-MoO_3$[179] 和 $g-C_3N_4$-BiOCl[228]。

(2)$G-C_3N_4$ 基半导体-导体-半导体 Z 型异质结

东北师范大学郭伊荇等[254]通过光还原 $AgBr/g-C_3N_4$ 的混合物制备出 Ag@ $AgBr/g-C_3N_4$ 光催化剂。其中，Ag 纳米粒子作为电子介质可促进光生电子从 AgBr 向 $g-C_3N_4$ 上转

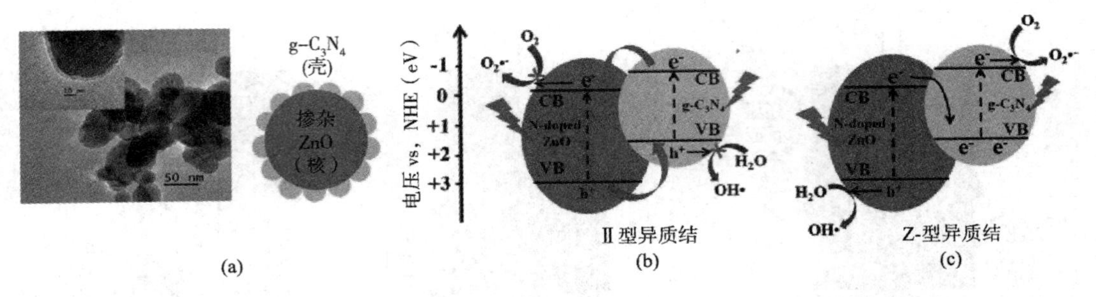

图 5-18 (a) N 掺杂 $ZnO/g-C_3N_4$ 混合核-壳纳米片；(b，c)传统Ⅱ型异质结电荷转移示意图；(b) 直接 Z 型异质结；(c) N 掺杂的 $ZnO/g-C_3N_4$ 光催化剂

移。在 $g-C_3N_4$ 更负的 CB 电位上的电子和 AgBr 中更正的 VB 上的空穴对降解甲基橙和罗丹明 B 均显示出强的还原和氧化能力。Katsumata 等[260]通过 Ag_3PO_4，Ag 和 $g-C_3N_4$ 组成类似的 S-C-S Z 型异质结，显示出快速的甲基橙脱色效果。

对 $g-C_3N_4$ 基半导体复合物的研究主要集中在传统的Ⅱ异质结(表 5-2)。尽管其实现了高效的空间电荷分离并促进光催化反应，但是却削弱了光生电子和空穴的氧化还原能力。相比之下，全固态 Z 型异质结成功地克服了这一缺点，它不仅具有较高的电荷分散能力，同时具有很强的光催化活性。因此，全固态 Z 型异质结方面的研究具有好的应用前景。

表 5-2 典型的 $g-C_3N_4$ 基复合半导体材料

Composites	Heterojunction type	Photocatalytic applications	Ref.
$g-C_3N_4/TiO_2$	Type Ⅱ	甲基橙降解	[155]
$g-C_3N_4$/S-doped TiO_2	S-S Z-scheme	乙醛降解	[158]
$g-C_3N_4/TiO_2$	S-S Z-scheme	甲醛降解	[159]
$g-C_3N_4/ZnO$	Type Ⅱ	甲基蓝降解	[161]
$g-C_3N_4$/N-doped ZnO	S-S Z-scheme	罗丹明 B 降解	[164]
$g-C_3N_4/WO_3$	Type Ⅱ	甲基蓝和 4-氯苯酚降解	[168]
$g-C_3N_4/WO_3$	S-S Z-scheme	乙醛降解	[169]
$g-C_3N_4/WO_3$	S-S Z-scheme	甲基蓝和洋红降解	[170]
$g-C_3N_4/WO_3$	S-S Z-scheme	放氢	[161]
$g-C_3N_4/Cu_2O$	Type Ⅱ	放氢	[251]
$g-C_3N_4/In_2O_3$	Type Ⅱ	放氢和 CO_2 还原	[174]
$g-C_3N_4/Fe_2O_3$	Type Ⅱ	罗丹明 B 降解	[176]
$g-C_3N_4/MoO_3$	Type Ⅱ	甲基蓝降解	[178]
$g-C_3N_4/MoO_3$	Type Ⅱ and S-S Z-scheme	甲基橙、甲基蓝和罗丹明 B 降解	[179]
$g-C_3N_4/CeO_2$	Type Ⅱ	甲基蓝和 4-氯苯酚降解	[180]
$g-C_3N_4/SnO_2$	Type Ⅱ	甲基橙降解	[181]
$g-C_3N_4$/N-doped Nb_2O_5	Type Ⅱ	罗丹明 B 降解	[182]
$g-C_3N_4/ZnWO_4$	Type Ⅱ	甲基蓝和苯酚降解	[183]

续表

Composites	Heterojunction type	Photocatalytic applications	Ref.
g－C_3N_4/$ZnFe_2O_4$	Type Ⅱ	甲基橙降解	[185]
g－C_3N_4/$ZnGeO_4$	Type Ⅱ	甲基蓝降解	[187]
g－C_3N_4/N－doped In_2TiO_5	Type Ⅱ	罗丹明 B 降解	[188]
g－C3N4/GdVO4	Type Ⅱ	罗丹明 B 降解	[191]
g－C_3N_4/N－doped $H_2Ta_2O_6$	Type Ⅱ	放氢	[198]
g－C_3N_4/$H_3PW_{12}O_{40}$	Type Ⅱ	甲基橙和邻苯二甲酸二乙酯降解	[199]
g－C_3N_4/TaON	Type Ⅱ	罗丹明 B 降解	[201]
g－C_3N_4/CdS	Type Ⅱ	放氢	[204]
g－C_3N_4/$BiPO_4$	Type Ⅱ	罗丹明 B 降解	[210]
g－C_3N_4/$BiVO_4$	Type Ⅱ	罗丹明 B 降解	[216]
g－C_3N_4/Bi2WO_6	Type Ⅱ	罗丹明 B 降解	[220]
g－C_3N_4/BiOCl	S-S Z－scheme	罗丹明 B 降解	[228]
g－C_3N_4/BiOBr	Type Ⅱ	NO 移除	[235]
g－C_3N_4/BiOI	Type Ⅱ	双酚 A 降解	[252]
g－C_3N4/$Bi_2O_2CO_3$	Type Ⅱ	罗丹明 B 降解	[245]
g－C3N4/$Bi_5Nb_3O_{15}$	Type Ⅱ	甲基橙和 4－氯苯酚降解	[253]
g－C_3N_4/Ag/Ag_3PO_4	S-C－S Z－scheme	甲基橙降解	[180]
g－C_3N_4/Ag/AgBr	S-C－S Z－scheme	甲基橙和罗丹明 B 降解	[254]
g－C_3N_4/poly（3－hexylthiophene）	Type Ⅱ	放氢	[247]
g－C_3N_4/polypyrrole	Type Ⅱ	放氢	[249]
g－C_3N_4/g－C_3N_4	Type Ⅱ	NO 移除	[255]

5.4 应用

尽管有关半导体光催化的反应已经研究了几十年，但直到近年来，它才逐渐受到人们的特别关注。借助半导体光催化剂，开发利用取之不竭的太阳光并避免二次污染问题，有助于解决日益严峻的环境污染问题和能源危机问题。光催化反应一般包括三步：高于或等于半导体带隙的光子激发半导体，在 CB 和 VB 上分别产生同等数量的电子和空穴；光生电子和空穴转移至半导体的表面；在这些表面上的载流子和目标反应物之间发生光还原和光氧化反应。因此，一种理想的光催化剂应具备以下特征：优异的光吸收能力，如窄带隙和大的吸收系数；有效的电荷分离能力；长期的稳定性。目前，商业光催化剂 Degussa P25 已经取得广泛的实际应用。P25 是一种混合的 TiO_2 纳米粉末，约由 80% 锐钛矿和 20% 的金红石组成，它在紫外区域活性较高，并且较廉价，但是不能吸收可见光，极大地限制了它的应用。$g-C_3N_4$ 的主要优势在于，其在可见光区域也具有良好的光催化活性，并且具有多种用途。然而，与很多单一组分的光催化剂一样，载流子的快速重组并不利于其催化反应，促使人们采用多种方法来对 $g-C_3N_4$ 进行改性，实现高效光子吸收能力和载流子分离效率。下面简要地总结 $g-C_3N_4$ 基光催化剂在光催化领域中的应用。

5.4.1 光催化析氢

众所周知，全球正面临着能源短缺和环境恶化的严峻挑战，解决这两大问题是我国实现可持续发展、提高人民生活质量和保障国家安全的迫切需要。光催化材料具有光分解水制氢、光降解污染物等功能，利用光催化材料既可将低密度的太阳能转化为可储存的高密度的氢能，也可充分利用太阳能降解和矿化环境中的污染物，因此光催化材料在解决能源和环境问题方面具有重要的应用前景[1~5]。

1972 年 Fujishima 和 K. Honda[6]在 n 型半导体 TiO_2 单晶电极上实现了光电催化水分解制氢气，多相光催化技术开始引起各行业科技工作者的关注。1976 年 Carey 等[7]在光催化降解水中污染物方面进行了开拓性的工作，开辟了光催化技术在环保领域的应用，从此掀起了全世界范围内对半导体光催化技术这一新兴领域的研究热潮。需要指出的是，以 TiO_2 为代表的传统光催化材料只能利用短波长的紫外光，太阳光利用率较低，因此应用受到极大限制。为扩大和促进光催化材料在清洁能源生产与环境净化方面的应用，亟待发展新一代光催化材料。开发新型高效的光催化材料已成为当前国际材料领域重大前沿科学探索之一。目前，已开发出的光催化剂大体可分为三种：金属氧化物、硫化物（如 TiO_2[8,9]、ZnO[10,11]、CdS[12,13]等），贵金属半导体（如 Bi_2MoO_6[14]、BiOBr[15]、Ag_3PO_4[16]等）和非金属半导体（如 $g-C_3N_4$[17]、红磷[18]等）。ZnO（3.3eV）和 TiO_2（3.2eV）带隙较宽，仅能利用只占太阳能 4% 的紫外光。CdS（2.4eV）带隙较窄，但稳定性较差。Bi_2MoO_6（2.9eV）和 BiOBr（2.8eV）带隙适中，但含有贵金属元素，价格较高。

理论上，凭借其合适的 CB 和 VB 位置，$g-C_3N_4$ 可用于光催化水还原和氧化反应，然而关于其在光催化析氧[59,75,79,116,125,152,261,262]及 H_2O 全裂解析氢和析氧[263]的报道却很少，这是由于析氧反应是四电子反应过程，比析氢过程更为复杂。在析氢分析检测中，由于 H_2 优异的热传导性，使用带有热导检测器的气相色谱仪便可对产生的 H_2 进行定量的检测。下面就 $g-C_3N_4$ 基光催化剂光催化析氢方面的研究进行简要概述。

近些年来，$g-C_3N_4$ 作为光催化析氢催化剂的研究较多，但是纯 $g-C_3N_4$ 的催化活性较低，因此人们在不断对 $g-C_3N_4$ 进行改性[264]。来源于不同前驱体的 $g-C_3N_4$[77,79,83,265,266]，因产物的结构不同，显示出不同的光催化析氢活性。如以尿素为前驱体制备的 $g-C_3N_4$，在 400nm 处的量子产率可达 26.5%，比已知的其它前驱体制备的 $g-C_3N_4$ 光催化剂的都要高[267]。氮的缺失[268~270]或表面氢键[271]网络均可能改变其电子结构，增强析氢的效果，光反应器的安装也可能影响到析氢过程[272]，因此，在重复性实验中，暴露在不同的环境中的光催化效果也会有一些不同[273]。事实上，5.3 节中描述的方法可显著地增强光催化析氢的效果。例如，$g-C_3N_4$ 纳米片厚度的减小可以增加表面积和活性位点[84,90,92]；多孔结构的形成可增加表面积并且可提供扩散通道[68,103,104,106,274]；元素掺杂和分子掺杂可以缩小带隙或提高氧化还原能力[70,129,132,134,137,149,275]；半导体-半导体异质结的结构可促进电荷的分离[157,160,171,247,249~251,258,276~278]。上面的所有方法均能显著地提高 $g-C_3N_4$ 的光催化析氢活性。除了上述常用的方法，还有一些方法也能有效增强光催化析氢活性，如镁酞箐[279]、黄色曙红[280,281]、赤藓红 B[282]和酞箐锌衍生物[283,284]等染料敏化后，可吸收长波长的光，能激发染料中的电子转移至 $g-C_3N_4$ 的 CB 上，增强 $g-C_3N_4$ 基光催化系统的量子效率。

由于其高的导电性，优异的电子迁移率和高的理论比表面积[285,286]，石墨烯是一种可促进电荷分离和转移的理想半导体催化剂。而 $g-C_3N_4$ 和石墨烯的结合可显著提高前者的光催化活性，这是由于增加的接触面积和电荷迁移速率引起的[287~289]。Jaroniec 等[290]通过氧化石墨烯的化学还原得到不同石墨烯含量的石墨烯/$g-C_3N_4$ 复合材料[图 5-19(a)，(b)]，以甲醇为牺牲剂，质量分数 1.0% 石墨烯改性的 $g-C_3N_4$ 的可见光光催化析氢速率达 451μmol·h^{-1}·g^{-1}，超出纯 $g-C_3N_4$ 三倍[图 5-19(c)]，这是因为石墨烯的导电通道实现了光生电子和空穴的有效分离。如图 5-19(d)所示，可见光激发 $g-C_3N_4$，在 CB 和 VB 上分别产生电子和空穴，其中大部分的光生载流子重新结合，仅有少量参与到随后的表面反应。幸运地是，在复合材料中，良导体石墨烯可作为电子受体或介质捕捉 $g-C_3N_4$ 的 CB 上的电子，并积累在 Pt 助催化剂上，最终将 H_2O 还原成 H_2。同时，留在 VB 上的空穴与甲醇反应，从而完成整个反应。这项研究的主要贡献在于成功构建了廉价有效的 $g-C_3N_4$/碳材料复合催化剂。以单氰胺为前躯体制备的 $g-C_3N_4$，通过与分量分数 2.0% 的多壁炭纳米管(MWCNTs)复合，显示出 3.7 倍高的析氢速率[291]。陈亦琳等[292]报道了类似用于光催化析氢的 $g-C_3N_4$/MWCNTs 复合材料。另外，氮化碳中还引入黑炭来充当导电性物质，促进了载流子的分离和迁移并提高了析氢速率[293]。

最近，昆士兰大学王连洲等[294]将聚(3，4-亚乙基二氧噻吩)(PEDOT)和 Pt 负载到 $g-C_3N_4$上，增强了其可见光光催化析氢活性。PEDOT 是一种优良的导电聚合物，充当空穴迁移介质；同时，Pt 充当电子陷阱(图 5-20)。载流子的空间分离可实现高效的光催化还原和光催化氧化反应。使用三乙醇胺作牺牲剂，2% PEDOT 和 1% Pt 组成的 $g-C_3N_4$-PEDOT-Pt 复合材料显示出最优的析氢速率(32.7μmol·h^{-1}，0.1g 催化剂)，比 $g-C_3N_4$-Pt 复合物的四倍还高。

需要说明的是，一种高效的光催化析氢系统需要 $g-C_3N_4$ 基光催化剂与助催化剂间形成强烈的偶联作用。一方面，助催化剂作为电子陷阱可促进电荷分离，另一方面，可减小活化能或过电位来促进水的还原反应。迄今为止，贵金属 Pt 被认为是光催化析氢的最有效的助催化剂，广泛地应用于 $g-C_3N_4$ 基光催化系统。由于等离子体效应，Au[295]和 Ag[296,297]也显示出优异的助催化剂的性质。等离子体增强光催化活性主要体现在三个方面，首先，在金属纳米结构上发生光辐射诱导的表面等离子共振(SPR)激发作用。这种 SPR 激发作用可在金属/$g-C_3N_4$ 界面制造出可达几个数量级的强局域电场。在这种电场作用下电子和空穴很容易分离，因此，会显著提高这些区域的载流子的分离效率；第二，金属 SPR 激发会产生局部的光热效应，从而提高局部反应温度，促进光催化反应；第三，金属纳米粒子作为金属陷阱，从 g－C_3N_4 的 CB 上捕捉光生电子，从而抑制电子和空穴的复合，并进一步提高金属/g－C_3N_4 复合材料的光催化性能。

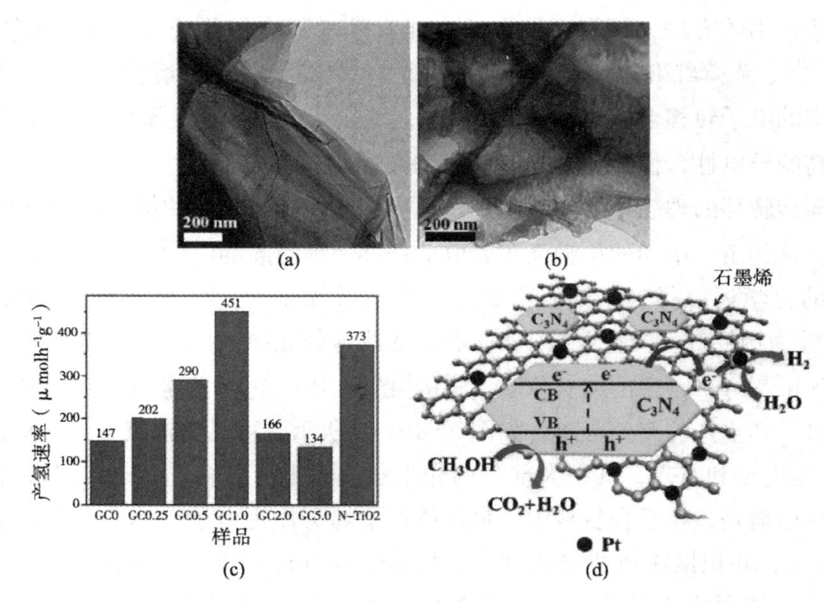

图 5－19 （a，b）氧化石墨烯的 TEM 图（a）和 GC1.0 样品（b）；（c）不同样品的光催化析氢的比较，GCx 代表含 *x*%（质量分数）石墨烯的石墨烯/g－C_3N_4 复合材料；（d）石墨烯/g－C_3N_4 复合材料析氢的光催化机理

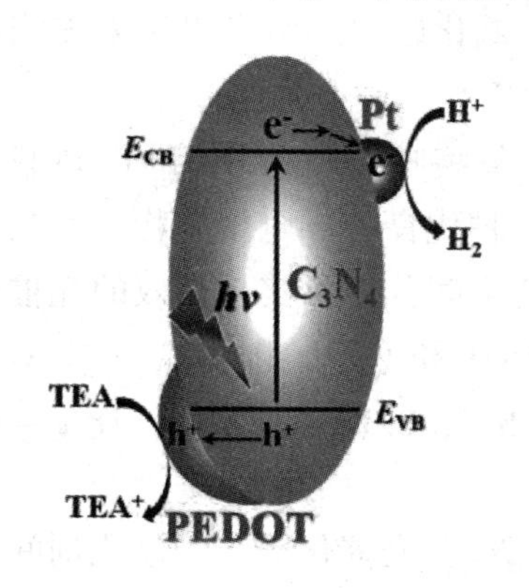

图 5－20 g－C_3N_4－PEDOT－Pt 复合材料在光催化析氢反应中光生载流子过程的示意图。TEA 代表三乙醇胺

遗憾的是，贵金属稀少且昂贵，因此对于未来的实际应用，探索非贵金属助催化剂非常重要。非贵金属助催化剂和 g－C_3N_4 的偶联作用可构建廉价的光催化系统，为清洁能源的生产提供一种可行的方法。这方面的研究已经取得了实质性进展，一些非金属助催化剂复合的 g－C_3N_4 基光催化剂已经应用于光催化析氢过程，其中主要是 $Ni(OH)_2$[298]、NiS[299,300]、NiS_2[301]、[Ni(TEOA)$_2$]Cl_2（TEOA＝三乙醇胺）[302]、镍－硫脲－三乙醇胺混合物（Ni－Tu－TETN）[303]、丁二酮肟镍（Ni(dmgH)$_2$）[304]、MoS_2[305,306]、WS_2[307]、$Cu(OH)_2$[308] 和钴肟[309～311]（见表 5－3）。例如，用少量的 $Ni(OH)_2$ 作为助催化剂（图 5－21），使用简单的沉积法修饰 g－C_3N_4，使用带有紫外截止滤光片（$\lambda > 400$nm）的 350 W 的氙弧灯，光强度约为180mW · cm^{-2}，以三乙醇胺作牺牲剂进行光催化析氢测试[298]。其中，0.5 mol% $Ni(OH)_2$ 负载的 $Ni(OH)_2$/

$g-C_3N_4$ 复合物显示出最佳的析氢活性（产率：7.6μmol·h^{-1}，0.05g 催化剂，80mL 10%的三乙醇胺的水溶液），在 420nm 下，其表观量子产率为 1.1%。$Ni(OH)_2$ 的助催化性能主要是因为 Ni^{2+}/Ni 的电势低于 $g-C_3N_4$，使 $Ni(OH)_2$ 可以捕捉来自 $g-C_3N_4$ 的光生电子，且 Ni^{2+}/Ni 的电势绝对值足够可以驱动水还原进程。此外，$Ni(OH)_2/g-C_3N_4$ 复合材料在循环测试中显示出良好的光催化性能。徐蓉等[299]通过简单的水热方法制备出 $NiS/g-C_3N_4$ 光催化剂。其中含 1.1% NiS 的 0.1g 催化剂在 100mL 15%三乙醇胺水溶液中，可实现最佳的可见光光催化析氢速率：42.8μmol·h^{-1}，在 440nm 处其表观量子产率达 1.9%。Hon 等[305]制备了二维的 $g-C_3N_4$ 和 MoS_2 的复合材料，电子从 MoS_2 向 $g-C_3N_4$ 转移，随后在 MoS_2 的表面进行 H_2O 的还原反应。在 100mL10%乳酸的水溶液中，装有 420nm 截止滤光片的 300 W 氙灯照射下，含 0.2% MoS_2 的 $MoS_2/g-C_3N_4$ 可达最佳光催化析氢速率（产率大于 25μmol·h^{-1}，0.02g 催化剂），在 420nm 处其表观速率可达 2.1%。值得一提的是，$Ni(OH)_2$，NiS 和 MoS_2 的助催化性能可与 Pt 相提并论（见图 5-21）。因此，我们有理由相信，用于清洁能源生产的廉价光催化系统有美好的未来。

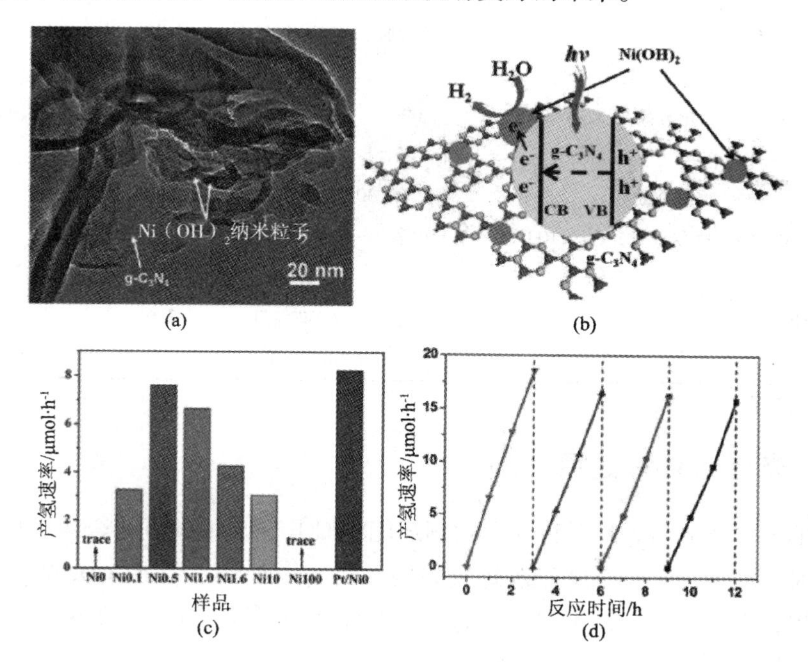

图 5-21 (a) Ni0.5 样品的 TEM 图；(b) $Ni(OH)_2/g-C_3N_4$ 复合物可见光光催化机理示意图；(c) 在三乙醇胺水溶液中分别使用 $Ni(OH)_2$ 和 Pt 沉积的 $g-C_3N_4$ 样品进行光催化析氢比较，Nix 代表含 x mol% $Ni(OH)_2$ 的 $Ni(OH)_2/g-C_3N_4$；(d) Ni0.5 光催化析氢的循环测试

在可见光照射下，含 $g-C_3N_4$ 基催化剂在析氢反应中具有巨大的应用潜力。但是，由于贵金属助催化剂不够经济廉价，所以使用由炭材料和非贵金属助催化剂组成的 $g-C_3N_4$ 基光催化剂是较为可行的。

表 5-3 负载非贵金属助催化剂的 $g-C_3N_4$ 的光催化析氢

助催化剂	含量	催化剂质量/mg	牺牲剂	光源	活性/$\mu mol \cdot h^{-1}$	量子产率/%	文献
$Ni(OH)_2$	0.5%(摩尔分数)	50	三乙醇胺	350W 氙灯(>400nm)	7.6	1.1 (420nm)	[298]
NiS	1.1%(质量分数)	100	三乙醇胺	300W 氙灯(>420nm)	48.2	1.9 (440nm)	[299]
NiS	1.5%(摩尔分数)	100	三乙醇胺	300W 氙灯(>420nm)	44.77	—	[300]
NiS_2	2.0%(质量分数)	10	三乙醇胺	300W 氙灯(>420nm)	4.06	—	[301]
$[Ni(TEOA)_2]Cl_2$	2.0%(质量分数)	2	三乙醇胺	500W 氙灯(>400nm)	4.87	1.51 (400nm)	[302]
Ni-Tu-TETN	—	100	三乙醇胺	300W 氙灯(模拟太阳)	51	0.2(420nm)	[312]
$Ni(dmgH)_2$	3.5%(质量分数)	5	三乙醇胺	300W 氙灯(>420nm)	1.18	—	[304]
MoS_2	0.2%(质量分数)	20	乙酸	300W 氙灯(>420)	>25	2.1(420nm)	[305]
WS_2	0.3%(质量分数)	50	乙酸	300W(>420nm)	ca. 12	—	[307]
$Cu(OH)_2$	0.34%(摩尔分数)	100	甲醇	300W 氙灯(>400nm)	4.87	—	[308]
$Co^{III}(dmgH)_2pyCl$	—	12	三乙醇胺	300W 氙灯(350~740nm)	2.6	0.62 (365nm)	[309]

(溶剂均为水溶液)

5.4.2 光催化 CO_2 还原

除了光催化水解制氢,半导体光催化剂还能将 CO_2 还原成碳氢化合物燃料,在降低温室效应的同时,有助于解决全球能源短缺问题。如反应 5-1,还原 CO_2 的反应是一个多电子转移过程,在该过程中,不同大小的还原电势可分别将其转化为蚁酸、一氧化碳、甲醛、甲醇和甲烷[313,314]。

研究表明 $g-C_3N_4$ 可作为潜在的催化剂驱动 CO_2 的光催化还原[174,315~318]。张礼知等[109]发现以盐酸蜜胺为前驱体制备的 $g-C_3N_4$,在水蒸气氛围中和可见光照射下,不使用任何助催化剂时,可有效地将 CO_2 还原为 CO。武汉大学彭天右等[319]以尿素为前躯体制备了 $g-C_3N_4(u-g-C_3N_4)$,与以三聚氰胺为前躯体制备的 $g-C_3N_4(m-g-C_3N_4)$,因其介孔片状结构具有大的表面积和小的晶体尺寸,故 $u-g-C_3N_4$ 具有更高的光催化还原 CO_2 的活性。有趣的是,$u-g-C_3N_4$ 的光催化产物是 CH_3OH 和 C_2H_5OH,而 $m-g-C_3N_4$ 的仅有 C_2H_5OH(图 5-22)。研究表明 Pt 助催化剂在紫外-可见光下可

以提高 CO_2 还原成 CH_4、CH_3OH 和 HCHO 的催化活性和选择性[320]。中国科学技术大学熊宇杰等[321]在 g－C_3N_4 上负载不同晶面的 Pt 助催化剂，发现 Pt[111]对 CO_2 还原效果优于 Pt[100]。Maeda 等[322]以钌配合物为催化中心，联合 g－C_3N_4，在可见光下可有效地将 CO_2 还原为 HCOOH，选择性可达 80% 以上。Lin 等[315]构建了光催化系统，以 g－C_3N_4 作为光催化剂，CoO_x 作为氧化性助催化剂，Co－二吡啶配体 $Co(bpy)_3^{2+}$ 作为电子介质(图 5-23)，该系统可将 CO_2 还原成 CO，并显示高效的可见光光催化活性。另外，CO 的产率和 g－C_3N_4 的紫外－可见光漫反射谱的一致性表明：在该光催化还原 CO_2 的过程中，电荷的产生、分离和转移占主导，且该光催化系统具有良好的稳定性。除此之外，半导体异质结材料，如 g－C_3N_4/In_2O_3[174] 和 g－C_3N_4/红色磷光体[318]，也能将 CO_2 转化为 CH_4。

$$CO_2 + 2H^+ + 2H^- \xrightarrow[E^0_{redox} = -0.61V(VS.\ NHE\ at\ pH7)]{} HCOOH \quad (1)$$

$$CO_2 + 2H^+ + 2H^- \xrightarrow[E^0_{redox} = -0.53V(VS.\ NHE\ at\ pH7)]{} CO + H_2O \quad (2)$$

$$CO_2 + 4H^+ + 4H^- \xrightarrow[E^0_{redox} = -0.48V(VS.\ NHE\ at\ pH7)]{} HCHO + H_2O \quad (3)$$

$$CO_2 + 6H^+ + 6H^- \xrightarrow[E^0_{redox} = -0.38V(VS.\ NHE\ at\ pH7)]{} CH_3OH + H_2O \quad (4)$$

$$CO_2 + 8H^+ + 8H^- \xrightarrow[E^0_{redox} = -0.24V(VS.\ NHE\ at\ pH7)]{} CH_4 + 2H_2O \quad (5)$$

反应 5－1 CO_2 的还原过程

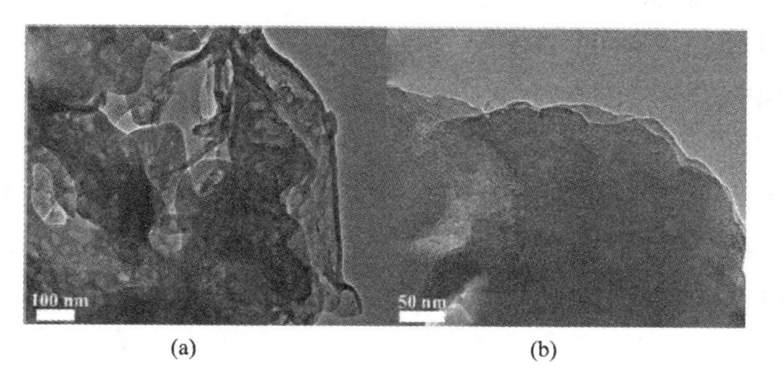

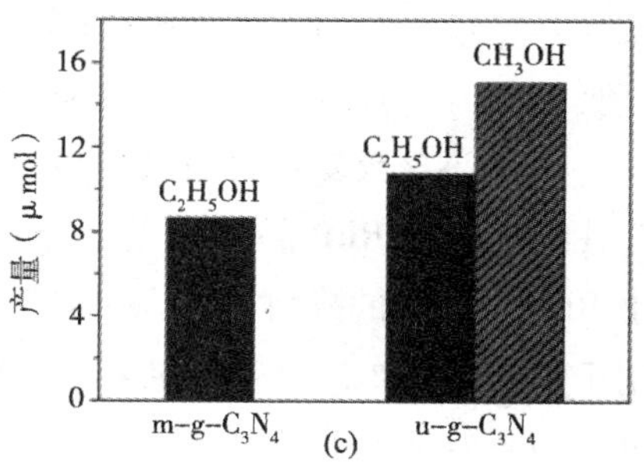

图 5-22　(a，b)u－g－C_3N_4(a)和 m－g－C_3N_4；(b)的 TEM 图；(c)在 12h 可见光(λ＞420nm)照射下不同样品的光催化 CO_2 的还原

上述研究表明 CO_2 还原的效率和选择性与 g－C_3N_4 基催化剂和助催化剂的结构密切相关。将非贵金属助催化剂与 g－C_3N_4 结合，生产出一种廉价的光催化还原 CO_2 的催化体系。但是，目前这些材料的效率和稳定性还有待于提高。因此，需要长期不断地努力来提高光催化剂以及助催化剂的催化活性。

5.4.3　污染物降解

半导体光催化是解决环境问题的一种有效且经济的方式。由于独特的电子结构和理化性质，g－C_3N_4 已经广泛地应用于多种污染物的光催化降解，其中包括甲基橙

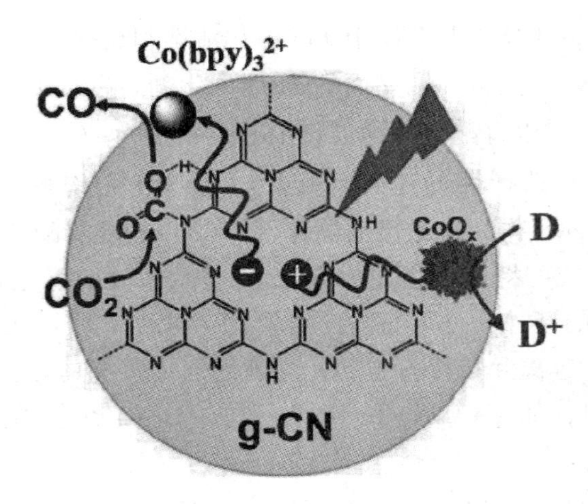

图5-23 在 $g-C_3N_4$(g-CN)表面 Co-二吡啶配合物和 CoO_x 光催化还原 CO_2 的协同作用

(MO)[323~328]、罗丹明 B(RhB)[329~336]、亚甲基蓝(MB)[337~342]、芳香化合物[343~346]、乙醛[169,344]等。另外，还应用于空气中无机毒气 NO 的移除[347,348]和重金属离子[Cr(Ⅵ)]的还原[349]。

Au[325]或 Ag 纳米粒子[326]负载 $g-C_3N_4$ 显示出优异的降解甲基橙(MO)的光催化活性，这是由等离子体共振和 Au 或 Ag 纳米粒子电子沉积效应的协同作用的结果。中国石油大学(北京)戈磊等[328]将 Co_3O_4 引入 $g-C_3N_4$ 中来捕获 $g-C_3N_4$ 产生的光生电子，促进了 MO 的降解。美国威斯康星大学陈君红等[341]制备了 $g-C_3N_4$/氮掺杂石墨烯/MoS_2 三元纳米体系，并显示出对 MB 降解和 Cr(Ⅵ)还原的高效可见光光催化性能，这主要归功于其增强的光吸收能力，有效的电荷迁移和界面电荷分离能力。

$g-C_3N_4$/炭复合材料已经显示出对多种不同的污染物的降解作用，如 $g-C_3N_4$/有序介孔炭应用于 RhB 的降解[350]，$g-C_3N_4$/石墨烯应用于 RhB 的降解[351]，$g-C_3N_4/C_{60}$应用于 RhB 和 MB 的降解[352]，$g-C_3N_4$/CNT 应用于 MB 的降解[353]，$g-C_3N_4$/氧化石墨烯应用于 RhB[354]和2，4-二氯苯酚的降解[355]等，主要归因于以下原因：一是导电性炭材料可作为有效的电荷转移通道和接收器来提高光生电子-空穴对的分离；二是炭材料可作为助催化剂提供光催化降解的活性位点；三是黑炭材料可以吸收更多长波长的光。尽管长波长的光不能激发 $g-C_3N_4$ 产生电子和空穴，但是所产生的光热效应可促进光催化反应。需要注意的是，过量的黑炭会对光吸收带来负的屏蔽效应。

需要强调的是，相比纯 $g-C_3N_4$，$g-C_3N_4$ 基全固态 Z 型异质对有机污染物的降解显示出更强的光催化活性。例如，纯 $g-C_3N_4$ 几乎检测不到甲醇和乙醇的降解，但 Z 型异质结材料，如 $g-C_3N_4-TiO_2$[159]、$g-C_3N_4$-硫掺杂 TiO_2[158] 和 $g-C_3N_4-WO_3$[169] 却可以。另外，$g-C_3N_4-MoO_3$ 显示出对不同染料都有降解能力，包括 MO、RhB 和 MB[179]。在光催化反应中，光生空穴(h^+)、羟基自由基(·OH)和超氧负离子自由基($O_2^{\cdot -}$)是主要的反应类型，它们可以氧化降解有机污染物。由于 $g-C_3N_4$ 的 VB 值小于 ·OH/H_2O 的电势(约2.27V)[356]，故氧化力不足以驱动 H_2O 氧化成 ·OH。相反的是，在 Z 型异质结材料中，

如 $g-C_3N_4-TiO_2$，光生电子和空穴分别位于 $g-C_3N_4$ 的 CB 和 TiO_2 的 VB 上，这不仅可促进载流子的空间分离，而且光生电子和空穴仍保持着强的还原和氧化能力[图 5-24(a)]。因此，对比 P25，最佳的 $g-C_3N_4-TiO_2$ 样品显示出两倍多高的甲醇降解活性[图 5-24(b)]。由于高的空间电荷分离效率以及优异的氧化还原能力，使得 $g-C_3N_4$ 基全固态 Z 型异质结材料具有更高的光催化降解有机污染物的能力。

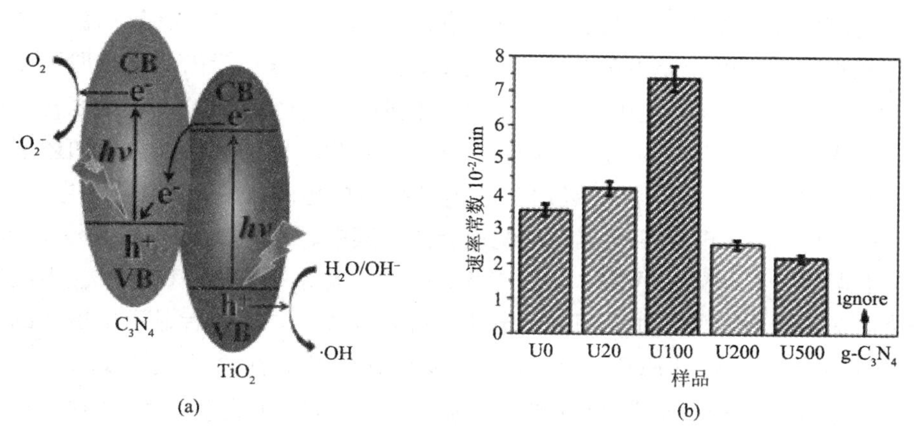

图 5-24 (a)在紫外灯照射下，Z 型 $g-C_3N_4-TiO_2$ 光催化剂催化机理示意图；(b)不同的样品中光催化降解 HCHO 的速率常数，Ux 中 x 代表尿素($g-C_3N_4$ 的前驱体)与 P25 的质量比

5.4.4 有机合成

$g-C_3N_4$ 基光催化剂已经在温和条件下成功地合成了一些有机物。王心晨等通过一系列研究证实 $g-C_3N_4$ 基光催化剂可有效地光催化氧化芳香族化合物，包括氧化苯为苯酚[357-359]、氧化芳香醇为芳香醛[360,361]、氧化芳香胺为亚胺[362]等。Fe 配合物修饰的 $g-C_3N_4$，如 Fe/ $g-C_3N_4$在 H_2O_2 中，可见光条件下可显著提高氧化苯为苯酚的活性[357,359]。浙江大学王勇等[363]使用 $FeCl_3$ 修饰的介孔氮化碳在可见光下活化 H_2O_2，其氧化苯为苯酚的转化率可达 38%，选择性达 97%。介孔氮化碳在可见光下也能将苯甲醇氧化成苯甲醛[360]，胺基转化为亚胺[362]，甲苯基硫醚转化为苯甲亚砜(选择性达 99%)[364]，此外也能在 N-芳基四氢异喹啉和硝基烷或戊二酸二甲酯之间形成新的 C-C 键[365]。Antonietti 等[366]开发了一种负载 Pd 纳米粒子的 $g-C_3N_4$ 的莫特-肖特恩光催化剂，$g-C_3N_4$ 上产生的光生电子可高效地向 Pd 转移，可在室温下将卤代芳烃和不同的化合物单元以 C-C 形式连接起来。Antonietti[367]等用硅藻土结构的 $g-C_3N_4$ 催化还原 $\beta-NAD^+$，使烟酰胺腺嘌呤二核苷酸磷酸氢(NADH)再生，该反应在有无电子介质时均可发生。尤其是当$[Cp*Rh(bpy)H_2O]^{2+}$作为电子介质存在时，1，4-NADH 可实现 100% 的转化率。在过氧化氢酶的作用下，产物 NADH 可进一步还原 H_2O_2 成 H_2O。其他的研究也表明 $g-C_3N_4$ 可使苯甲醛和乙醇实现高效的脂化反应[368]；介孔 $g-C_3N_4$ 可使 a-羟基酮 C-C 键氧化断裂[369]；$g-C_3N_4$联合 N-羟基化合物可使化合物烯丙位氧化[370]；复合 CdS/$g-C_3N_4$ 光催化剂可选

择性催化氧化芳香族醇成醛，还原硝基苯为苯胺[371]。另外，O_2 存在和可见光照射下，在乙醇/水的混合物中，g－C_3N_4 可选择性光催化产生过氧化氢，作为一种重要的清洁氧化剂，H_2O_2 可用作有机合成[372]。

5.4.5 灭菌

相比传统的氯化和紫外灭菌法等，光催化灭菌作为一种无毒、有效和稳定的方法，效果更好。最近的研究已经证实在可见光照射下，g－C_3N_4 基光催化剂具有抑菌活性。香港中文大学余济美等[373]通过使用环辛硫（a－S_8）包裹的石墨烯和 g－C_3N_4 纳米片，证实其可光催化灭活大肠杆菌；不同包裹顺序的复合物也显示出不同的灭活能力。如还原的石墨烯（rGO）（中间层）处于 g－C_3N_4（外层）和 a－S_8（内层）的包围之中，rGO 作为电荷传递介质，可实现 g－C_3N_4 和 a－S_8 间空间电荷的快速分离，其中，光生电子积累在 a－S_8 的 CB 中，光生空穴积累在 g－C_3N_4 的 VB 中；但是当 g－C_3N_4 被 rGO（外层）和 a－S_8（内层）包围时，rGO 作为电荷传递介质便不能实现空间电荷的有效分离。导致前者显示出更高的光催化灭活大肠杆菌的能力，究其原因是因为其能够有效地形成活性氧化物如 OH·、$O_2^{\cdot-}$ 和 H_2O_2。大连理工大学全燮等[95]也发现原子级单层 g－C_3N_4 可完全破坏大肠杆菌，介孔 g－C_3N_4 更为有效且可循环使用，并指出该催化过程可能是空穴主导的氧化过程。

上述研究说明在可见光照射条件下，g－C_3N_4 基光催化剂具有良好的灭菌活性。但是，这一领域的研究才刚开始，g－C_3N_4 基光催化剂在催化灭菌方面还需要进行更深入的研究。

5.5 总结和展望

g－C_3N_4 是一种很有潜力的可见光光催化剂，它不仅具有奇特的电子结构（如窄带隙和适合的导带和价带值），而且在高温、酸、碱和有机溶剂下均能稳定存在。另外，g－C_3N_4 可使用廉价富氮的前驱体通过简单的热聚合制备，因此它是一种廉价易得并且环境友好的光催化剂。尽管以纳米片堆积形式存在的 g－C_3N_4，其比表面积较低，但是通过选择不同的前驱体、液相剥离或热剥离方法，可减小其厚度，从而获得大的比表面积。基于模板法、超分子－化学法和无模板法进行纳米结构的设计，可提供大比表面积或强捕光能力的多孔结构、空心球和一维纳米结构，甚至还能提高载流子迁移率。C 和 N 元素结合，能在原子水平上有效地修饰 g－C_3N_4（如元素掺杂）和在分子水平上（如共聚合）调控带隙结构从而实现良好的捕光能力或更强的氧化还原能力。另外，g－C_3N_4 基半导体复合材料可有效地促进电荷的传递和分离，提高光催化活性，如传统的Ⅱ型异质结和全固态 Z 型异质结。这些修饰方法可制造出一系列 g－C_3N_4 基的光催化剂，并且具有广泛的光催化应用，如水裂解、CO_2 的还原、污染物的降解、有机合成和灭菌消毒等。在 g－C_3N_4 基光催化析氢领域，通过染料敏化，炭材料的杂化或非贵金属助催化剂的引入，已取得卓有成效的进展。当然，g－C_3N_4/炭复合材料和 g－C_3N_4 基全固态 Z 型异质结也显示出对有机污染物优异的降解能力。

尽管 $g-C_3N_4$ 基光催化领域已经取得了显著的进展，但是，可见光光催化效率仍相对较低，远不能满足实际应用的需要。尽管有很多关于单层 $g-C_3N_4$ 纳米片的报道，但是其表面积还远小于理论值。因此，必须发展新型的合成和剥离方法来制备高质量的单层 $g-C_3N_4$。此外 $g-C_3N_4$ 也用作纳米粒子的载体，极大地限制了 $g-C_3N_4$ 异质结的构建，导致低的电荷分离和迁移效率。就此而言，应该探索不同的方法来实现 $g-C_3N_4$ 的表面功能化。此外，$g-C_3N_4$ 基 Z 型异质结具有很好的电荷分离效率和强的氧化还原能力，因此应加强 $g-C_3N_4$ 基 Z 型异质结光催化材料的研发。另一方面，目前 $g-C_3N_4$ 基 Z 型异质结主要用于有机污染物的光催化降解，很少应用于析氢反应，因此应扩展 $g-C_3N_4$ 基 Z 型异质结的应用范围。$g-C_3N_4$ 的类似聚合物结构，如 $C_3N_4S_3$[374]、$g-C_4N_3$[375]、聚（三嗪酰亚胺）[376~378]，在可见光下也显示出很高的活性，为 $g-C_3N_4$ 的分子结构修饰开辟了新路径。另外，为了获得廉价高效的光催化体系，需要发展高性能的 $g-C_3N_4$ 基光催化剂以及相匹配的非贵金属助催化剂。最后，全面地理解催化机理可帮助我们对其进行深一步的优化，因此需要我们加强基于材料特性的原位观测研究和基于计算机模拟的基础研究。

本章撰写时，详细参考了美国肯特州立大学 Mietek Jaroniec 和武汉理工大学余家国的综述[379]，也借鉴了 Markus Antonietti、王心晨、楚增勇等的综述[380~382]，从这些材料中学习到很多宝贵知识，在此表示衷心感谢。

参 考 文 献

[1] Dupont J, De Souza R F, Suarez Pa Z. Ionic liquid (molten salt) phase organometallic catalysis[J]. Chemical Reviews, 2002, 102(10): 3667-3691.

[2] Galian R E, Perez-Prieto J. Catalytic processes activated by light[J]. Energy & Environmental Science, 2010, 3(10): 1488-1498.

[3] Corma A. Materials chemistry catalysts made thinner[J]. Nature, 2009, 461(7261): 182-183.

[4] Macfarlane D R, Seddon K R. Ionic liquids-Progress on the fundamental issues[J]. Australian Journal of Chemistry, 2007, 60(1): 3-5.

[5] Anastas P T, Kirchhoff M M. Origins, current status, and future challenges of green chemistry[J]. Accounts of Chemical Research, 2002, 35(9): 686-694.

[6] Fujishima A, Honda K. Electrochemical photolysis of water at a semiconductor electrode[J]. Nature, 1972, 238(5358): 37-38.

[7] Carey J H, Lawrence J, Tosine H M. Photodechlorination of PCB's in the presence of titanium dioxide in aqueous suspensions[J]. Bulletin of Environmental Contamination and Toxicology, 1976, 16(6): 697-701.

[8] Yu J G, Li Q, Liu S W, et al. Ionic-Liquid-Assisted Synthesis of Uniform Fluorinated B/C-Codoped TiO_2 Nanocrystals and Their Enhanced Visible-Light Photocatalytic Activity[J]. Chemistry-A European Journal, 2013, 19(7): 2433-2441.

[9] Yu J G, Low J X, Xiao W, et al. Enhanced Photocatalytic CO_2-Reduction Activity of Anatase TiO_2 by Coexposed {001} and {101} Facets[J]. Journal of the American Chemical Society, 2014, 136(25):

8839 - 8842.

[10] Jang E S, Won J H, Hwang S J, et al. Fine tuning of the face orientation of ZnO crystals to optimize their photocatalytic activity[J]. Advanced Materials, 2006, 18(24): 3309.

[11] Wang X, Liao M Y, Zhong Y T, et al. ZnO Hollow Spheres with Double-Yolk Egg Structure for High-Performance Photocatalysts and Photodetectors[J]. Advanced Materials, 2012, 24(25): 3421 - 3425.

[12] Hu Y, Gao X H, Yu L, et al. Carbon-Coated CdS Petalous Nanostructures with Enhanced Photostability and Photocatalytic Activity[J]. Angewandte Chemie International Edition, 2013, 52(21): 5636 - 5639.

[13] Xiang Q J, Cheng B, Yu J G. Hierarchical porous CdS nanosheet-assembled flowers with enhanced visible-light photocatalytic H_2 production performance[J]. Applied Catalysis B: Environmental, 2013, 138: 299 - 303.

[14] Miao Y, Pan G, Huo Y, et al. Aerosol-spraying preparation of Bi_2MoO_6: A visible photocatalyst in hollow microspheres with a porous outer shell and enhanced activity[J]. Dyes and Pigments, 2013, 99(2): 382 - 389.

[15] Ye L Q, Liu J Y, Jiang Z, et al. Facets coupling of BiOBr-g-C_3N_4 composite photocatalyst for enhanced visible-light-driven photocatalytic activity[J]. Applied Catalysis B: Environmental, 2013, 142: 1 - 7.

[16] Bai S, Shen X, Lv H, et al. Assembly of Ag_3PO_4 nanocrystals on graphene-based nanosheets with enhanced photocatalytic performance[J]. Journal of Colloid and Interface Science, 2013, 405: 1 - 9.

[17] Wang X C, Blechert S, Antonietti M. Polymeric Graphitic Carbon Nitride for Heterogeneous Photocatalysis [J]. ACS Catalysis, 2012, 2(8): 1596 - 1606.

[18] Wang F, Ng W K H, Yu J C, et al. Red phosphorus: An elemental photocatalyst for hydrogen formation from water[J]. Applied Catalysis B: Environmental, 2012, 111: 409 - 414.

[19] Ran J, Zhang J, Yu J, et al. Earth-abundant cocatalysts for semiconductor-based photocatalytic water splitting[J]. Chemical Society Reviews, 2014, 43(22): 7787 - 7812.

[20] Liebig J V. About some nitrogen compounds[J]. Annals of Pharmacotherapy, 1834, 10(10).

[21] Zheng Y, Liu J, Liang J, et al. Graphitic carbon nitride materials: controllable synthesis and applications in fuel cells and photocatalysis[J]. Energy & Environmental Science, 2012, 5(5): 6717 - 6731.

[22] Franklin E C. The ammono carbonic acids[J]. Journal of the American Chemical Society, 1922, 44(3): 486 - 509.

[23] Pauling L, Sturdivant J. The structure of cyameluric acid, hydromelonic acid and related substances [J]. Proceedings of the National Academy of Sciences of the United States of America, 1937, 23(12): 615.

[24] Redemann C, Lucas H. Some derivatives of cyameluric acid and probable structures of melam, melem and melon[J]. Journal of the American Chemical Society, 1940, 62(4): 842 - 846.

[25] Cohen M L. Calculation of bulk moduli of diamond and zinc-blende solids[J]. Physical Review B, 1985, 32 (12): 7988.

[26] Liu A Y, Cohen M L. Prediction of new low compressibility solids[J]. Science, 1989, 245(4920): 841 - 842.

[27] Cohen M L. Predicting useful materials[J]. Science, 1993, 261(5119).

[28] Maya L, Cole D R, Hagaman E W. Carbon-nitrogen pyrolyzates: attempted preparation of carbon nitride [J]. Journal of the American Ceramic Society, 1991, 74(7): 1686 - 1688.

[29] Niu C, Lu Y Z, Lieber C M. Experimental realization of the covalent solid carbon nitride[J]. Science, 1993, 261(5119): 334 - 337.

[30] Marton D, Boyd K, Al-Bayati A, et al. Carbon nitride deposited using energetic species: a two-phase system[J]. Physical review letters, 1994, 73(1): 118.

[31] Yu K M, Cohen M L, Haller E, et al. Observation of crystalline C_3N_4[J]. Physical Review B, 1994, 49(7): 5034.

[32] Ren Z M, Du Y C, Qiu Y, et al. Carbon nitride films synthesized by combined ion-beam and laser-ablation processing[J]. Physical Review B, 1995, 51(8): 5274.

[33] Riviere J, Texier D, Delafond J, et al. Formation of the crystalline β-C_3N_4 phase by dual ion beam sputtering deposition[J]. Materials Letters, 1995, 22(1): 115-118.

[34] Yang Y, Nelson K A, Adibi F. Optical measurement of the elastic moduli and thermal diffusivity of a C-N film[J]. Journal of Materials Research, 1995, 10(01): 41-48.

[35] Teter D M, Hemley R J. Low-compressibility carbon nitrides[J]. Science, 1996, 271(5245): 53-55.

[36] Kroke E, Schwarz M. Novel group 14 nitrides[J]. Coordination Chemistry Reviews, 2004, 248(5): 493-532.

[37] Thomas A, Fischer A, Goettmann F, et al. Graphitic carbon nitride materials: variation of structure and morphology and their use as metal-free catalysts[J]. Journal of Materials Chemistry, 2008, 18(41): 4893-4908.

[38] Semencha A, Blinov L. Theoretical prerequisites, problems, and practical approaches to the preparation of carbon nitride: A Review[J]. Glass Physics and Chemistry, 2010, 36(2): 199-208.

[39] Matsumoto S, Xie E Q, Izumi F. On the validity of the formation of crystalline carbon nitrides, C_3N_4[J]. Diamond and Related Materials, 1999, 8(7): 1175-1182.

[40] Miyamoto Y, Cohen M L, Louie S G. Theoretical investigation of graphitic carbon nitride and possible tubule forms[J]. Solid state communications, 1997, 102(8): 605-608.

[41] Liu A Y, Wentzcovitch R M. Stability of carbon nitride solids[J]. Physical Review B, 1994, 50(14): 10362.

[42] Lowther J. Relative stability of some possible phases of graphitic carbon nitride[J]. Physical Review B, 1999, 59(18): 11683.

[43] Ortega J, Sankey O F. Relative stability of hexagonal and planar structures of hypothetical C_3N_4 solids[J]. Physical Review B, 1995, 51(4): 2624.

[44] Gmelin L. Ueber einige Verbindungen des Melon's[J]. Annalen der Pharmacie, 1835, 15(3): 252-258.

[45] Kroke E, Schwarz M, Horath-Bordon E, et al. Tri-s-triazine derivatives. Part I. From trichloro-tri-s-triazine to graphitic C_3N_4 structures[J]. New journal of Chemistry, 2002, 26(5): 508-512.

[46] Sehnert J, Baerwinkel K, Senker J. Ab initio calculation of solid-state NMR spectra for different triazine and heptazine based structure proposals of g-C_3N_4[J]. The Journal of Physical Chemistry B, 2007, 111(36): 10671-10680.

[47] Horvath-Bordon E, Kroke E, Svoboda I, et al. Potassium melonate, $K_3[C_6N_7(NCN)_3]\cdot 5H_2O$, and its potential use for the synthesis of graphite-like C_3N_4 materials[J]. New journal of chemistry, 2005, 29(5): 693-699.

[48] Komatsu T, Nakamura T. Polycondensation/pyrolysis of tris-s-triazine derivatives leading to graphite-like carbon nitrides[J]. Journal of Materials Chemistry, 2001, 11(2): 474-478.

[49] Bojdys M J, Müller J O, Antonietti M, et al. Ionothermal synthesis of crystalline, condensed, graphitic carbon nitride[J]. Chemistry-A European Journal, 2008, 14(27): 8177 - 8182.

[50] Jürgens B, Irran E, Senker J, et al. Melem (2, 5, 8-triamino-tri-s-triazine), an important intermediate during condensation of melamine rings to graphitic carbon nitride: Synthesis, structure determination by X-ray powder diffractometry, solid-state NMR, and theoretical studies[J]. Journal of the American Chemical Society, 2003, 125(34): 10288 - 10300.

[51] Lotsch B V, Schnick W. From triazines to heptazines: novel nonmetal tricyanomelaminates as precursors for graphitic carbon nitride materials[J]. Chemistry of Materials, 2006, 18(7): 1891 - 1900.

[52] Komatsu T. Attempted chemical synthesis of graphite-like carbon nitride[J]. Journal of Materials Chemistry, 2001, 11(3): 799 - 801.

[53] Komatsu T. Prototype carbon nitrides similar to the symmetric triangular form of melon[J]. Journal of Materials Chemistry, 2001, 11(3): 802 - 803.

[54] Sattler A, Schnick W. Zur Kenntnis der Kristallstruktur von Melem $C_6N_7(NH_2)_3$[J]. Zeitschrift für anorganische und allgemeine Chemie, 2006, 632(2): 238 - 242.

[55] Lotsch B V, Schnick W. New light on an old story: formation of melam during thermal condensation of melamine[J]. Chemistry-A European Journal, 2007, 13(17): 4956 - 4968.

[56] Horvath-Bordon E, Riedel R, Mcmillan P F, et al. High - Pressure Synthesis of Crystalline Carbon Nitride Imide, $C_2N_2(NH)$[J]. Angewandte Chemie International Edition, 2007, 46(9): 1476 - 1480.

[57] Goettmann F, Fischer A, Antonietti M, et al. Chemical synthesis of mesoporous carbon nitrides using hard templates and their use as a metal-free catalyst for friedel-crafts reaction of benzene[J]. Angewandte Chemie International Edition, 2006, 45(27): 4467 - 4471.

[58] Goettmann F, Fischer A, Antonietti M, et al. Metal-free catalysis of sustainable Friedel-Crafts reactions: direct activation of benzene by carbon nitrides to avoid the use of metal chlorides and halogenated compounds [J]. Chemical Communications, 2006, (43): 4530 - 4532.

[59] Wang X C, Maeda K, Thomas A, et al. A metal-free polymeric photocatalyst for hydrogen production from water under visible light[J]. Nature Materials, 2009, 8(1): 76 - 80.

[60] Gillan E G. Synthesis of nitrogen-rich carbon nitride networks from an energetic molecular azide precursor [J]. Chemistry of Materials, 2000, 12(12): 3906 - 3912.

[61] Yan S C, Li Z S, Zou Z G. Photodegradation Performance of g-C_3N_4 Fabricated by Directly Heating Melamine[J]. Langmuir, 2009, 25(17): 10397 - 10401.

[62] Miller D R, Wang J, Gillan E G. Rapid, facile synthesis of nitrogen-rich carbon nitride powders[J]. Journal of Materials Chemistry, 2002, 12(8): 2463 - 2469.

[63] Kawaguchi M, Nozaki K. Synthesis, structure, and characteristics of the new host material $[(C_3N_3)_2(NH)_3]_n$[J]. Chemistry of Materials, 1995, 7(2): 257 - 264.

[64] Zhang Y, Thomas A, Antonietti M, et al. Activation of carbon nitride solids by protonation: morphology changes, enhanced ionic conductivity, and photoconduction experiments[J]. Journal of the American Chemical Society, 2008, 131(1): 50 - 51.

[65] Deifallah M, Mcmillan P F, Corà F. Electronic and structural properties of two-dimensional carbon nitride graphenes[J]. The Journal of Physical Chemistry C, 2008, 112(14): 5447 - 5453.

[66]Wang J, Miller D R, Gillan E G. Photoluminescent carbon nitride films grown by vapor transport of carbon nitride powders[J]. Chemical Communications, 2002, (19): 2258 -2259.

[67]Yan S, Li Z, Zou Z. Photodegradation performance of g-C_3N_4 fabricated by directly heating melamine [J]. Langmuir, 2009, 25(17): 10397 -10401.

[68]Wang X C, Maeda K, Chen X F, et al. Polymer Semiconductors for Artificial Photosynthesis: Hydrogen Evolution by Mesoporous Graphitic Carbon Nitride with Visible Light[J]. Journal of the American Chemical Society, 2009, 131(5): 1680.

[69]Liu G, Niu P, Sun C H, et al. Unique Electronic Structure Induced High Photoreactivity of Sulfur-Doped Graphitic C_3N_4[J]. Journal of the American Chemical Society, 2010, 132(33): 11642 -11648.

[70]Wang Y, Di Y, Antonietti M, et al. Excellent Visible-Light Photocatalysis of Fluorinated Polymeric Carbon Nitride Solids[J]. Chem Mat, 2010, 22(18): 5119 -5121.

[71]Zhang J S, Chen X F, Takanabe K, et al. Synthesis of a Carbon Nitride Structure for Visible-Light Catalysis by Copolymerization[J]. Angewandte Chemie International Edition, 2010, 49(2): 441 -444.

[72]Zhang Y, Antonietti M. Photocurrent generation by polymeric carbon nitride solids: an initial step towards a novel photovoltaic system[J]. Chemistry-An Asian Journal, 2010, 5(6): 1307.

[73]Wang Y, Zhang J, Wang X, et al. Boron - and Fluorine - Containing Mesoporous Carbon Nitride Polymers: Metal - Free Catalysts for Cyclohexane Oxidation [J]. Angewandte Chemie International Edition, 2010, 49(19): 3356 -3359.

[74]Wang Y, Zhang J, Wang X, et al. Boron-and Fluorine-Containing Mesoporous Carbon Nitride Polymers: Metal-Free Catalysts for Cyclohexane Oxidation[J]. Angewandte Chemie International Edition, 2010, 122(19): 3428.

[75]Maeda K, Wang X C, Nishihara Y, et al. Photocatalytic Activities of Graphitic Carbon Nitride Powder for Water Reduction and Oxidation under Visible Light[J]. Journal of Physical Chemistry C, 2009, 113(12): 4940 -4947.

[76]Ji H, Chang F, Hu X, et al. Photocatalytic degradation of 2, 4, 6-trichlorophenol over g-C_3N_4 under visible light irradiation[J]. Chemical Engineering Journal, 2013, 218: 183 -190.

[77]Zhang G G, Zhang J S, Zhang M W, et al. Polycondensation of thiourea into carbon nitride semiconductors as visible light photocatalysts[J]. Journal of Materials Chemistry, 2012, 22(16): 8083 -8091.

[78]Dong F, Wang Z Y, Sun Y J, et al. Engineering the nanoarchitecture and texture of polymeric carbon nitride semiconductor for enhanced visible light photocatalytic activity[J]. Journal of Colloid and Interface Science, 2013, 401: 70 -79.

[79]Jorge A B, Martin D J, Dhanoa M T S, et al. H_2 and O_2 Evolution from Water Half-Splitting Reactions by Graphitic Carbon Nitride Materials[J]. Journal of Physical Chemistry C, 2013, 117(14): 7178 -7185.

[80]Liu J H, Zhang T K, Wang Z C, et al. Simple pyrolysis of urea into graphitic carbon nitride with recyclable adsorption and photocatalytic activity[J]. Journal of Materials Chemistry, 2011, 21(38): 14398 -14401.

[81]Dong F, Wu L W, Sun Y J, et al. Efficient synthesis of polymeric g-C_3N_4 layered materials as novel efficient visible light driven photocatalysts [J]. Journal of Materials Chemistry, 2011, 21(39): 15171 -15174.

[82]Sakata Y, Yoshimoto K, Kawaguchi K, et al. Preparation of a semiconductive compound obtained by the py-

rolysis of urea under N_2 and the photocatalytic property under visible light irradiation[J]. Catalysis Today, 2011, 161(1): 41-45.

[83]Zhang Y W, Liu J H, Wu G, et al. Porous graphitic carbon nitride synthesized via direct polymerization of urea for efficient sunlight-driven photocatalytic hydrogen production [J]. Nanoscale, 2012, 4 (17): 5300-5303.

[84]Yuan Y P, Xu W T, Yin L S, et al. Large impact of heating time on physical properties and photocatalytic H_2 production of g-C_3N_4 nanosheets synthesized through urea polymerization in Ar atmosphere [J]. International Journal of Hydrogen Energy, 2013, 38(30): 13159-13163.

[85]Yan H J, Chen Y, Xu S M. Synthesis of graphitic carbon nitride by directly heating sulfuric acid treated melamine for enhanced photocatalytic H_2 production from water under visible light[J]. International Journal of Hydrogen Energy, 2012, 37(1): 125-133.

[86]Zhang J S, Zhang M W, Zhang G G, et al. Synthesis of Carbon Nitride Semiconductors in Sulfur Flux for Water Photoredox Catalysis[J]. ACS Catalysis, 2012, 2(6): 940-948.

[87]Long B H, Lin J L, Wang X C. Thermally-induced desulfurization and conversion of guanidine thiocyanate into graphitic carbon nitride catalysts for hydrogen photosynthesis[J]. Journal of Materials Chemistry A, 2014, 2(9): 2942-2951.

[88]Sano T, Tsutsui S, Koike K, et al. Activation of graphitic carbon nitride (g-C_3N_4) by alkaline hydrothermal treatment for photocatalytic NO oxidation in gas phase[J]. Journal of Materials Chemistry A 2013, 1(21): 6489-6496.

[89]Bojdys M J, Severin N, Rabe J P, et al. Exfoliation of Crystalline 2D Carbon Nitride: Thin Sheets, Scrolls and Bundles via Mechanical and Chemical Routes[J]. Macromolecular Rapid Communications, 2013, 34 (10): 850-854.

[90]Yang S B, Gong Y J, Zhang J S, et al. Exfoliated Graphitic Carbon Nitride Nanosheets as Efficient Catalysts for Hydrogen Evolution Under Visible Light[J]. Advanced Materials, 2013, 25(17): 2452-2456.

[91]She X J, Xu H, Xu Y G, et al. Exfoliated graphene-like carbon nitride in organic solvents: enhanced photocatalytic activity and highly selective and sensitive sensor for the detection of trace amounts of Cu^{2+} [J]. Journal of Materials Chemistry A, 2014, 2(8): 2563-2570.

[92]Xu J, Zhang L W, Shi R, et al. Chemical exfoliation of graphitic carbon nitride for efficient heterogeneous photocatalysis[J]. Journal of Materials Chemistry A, 2013, 1(46): 14766-14772.

[93]Niu P, Zhang L L, Liu G, et al. Graphene-Like Carbon Nitride Nanosheets for Improved Photocatalytic Activities[J]. Advanced Functional Materials, 2012, 22(22): 4763-4770.

[94]Xu H, Yan J, She X J, et al. Graphene-analogue carbon nitride: novel exfoliation synthesis and its application in photocatalysis and photoelectrochemical selective detection of trace amount of Cu^{2+} [J]. Nanoscale, 2014, 6(3): 1406-1415.

[95]Zhao H X, Yu H T, Quan X, et al. Fabrication of atomic single layer graphitic-C_3N_4 and its high performance of photocatalytic disinfection under visible light irradiation[J]. Applied Catalysis B: Environmental, 2014, 152: 46-50.

[96]Kumar S, Surendar T, Kumar B, et al. Synthesis of highly efficient and recyclable visible-light responsive mesoporous g-C_3N_4 photocatalyst via facile template-free sonochemical route[J]. RSC Advances, 2014, 4

(16): 8132 - 8137.

[97]Zhao H X, Yu H T, Quan X, et al. Atomic single layer graphitic-C_3N_4: fabrication and its high photocatalytic performance under visible light irradiation[J]. RSC Advances, 2014, 4(2): 624 - 628.

[98]Yang J H, Kim G, Domen K, et al. Tailoring the Mesoporous Texture of Graphitic Carbon Nitride [J]. Journal of Nanoscience and Nanotechnology, 2013, 13(11): 7487 - 7492.

[99]Cui Y J, Zhang J S, Zhang G G, et al. Synthesis of bulk and nanoporous carbon nitride polymers from ammonium thiocyanate for photocatalytic hydrogen evolution [J]. Journal of Materials Chemistry, 2011, 21 (34): 13032 - 13039.

[100]Cui Y J, Huang J H, Fu X Z, et al. Metal-free photocatalytic degradation of 4-chlorophenol in water by mesoporous carbon nitride semiconductors [J]. Catalysis Science & Technology, 2012, 2 (7): 1396 - 1402.

[101]Dong F, Li Y H, Ho W K, et al. Synthesis of mesoporous polymeric carbon nitride exhibiting enhanced and durable visible light photocatalytic performance [J]. Chinese Science Bulletin, 2014, 59 (7): 688 - 698.

[102]Lee S C, Lintang H O, Yuliati L. A Urea Precursor to Synthesize Carbon Nitride with Mesoporosity for Enhanced Activity in the Photocatalytic Removal of Phenol[J]. Chemistry-An Asian Journal, 2012, 7(9): 2139 - 2144.

[103]Chen X F, Jun Y S, Takanabe K, et al. Ordered Mesoporous SBA - 15 Type Graphitic Carbon Nitride: A Semiconductor Host Structure for Photocatalytic Hydrogen Evolution with Visible Light[J]. Chemistry of Materials, 2009, 21(18): 4093 - 4095.

[104]Zhang J S, Guo F S, Wang X C. An Optimized and General Synthetic Strategy for Fabrication of Polymeric Carbon Nitride Nanoarchitectures[J]. Advanced Functional Materials, 2013, 23(23): 3008 - 3014.

[105]Fukasawa Y, Takanabe K, Shimojima A, et al. Synthesis of Ordered Porous Graphitic-C_3N_4 and Regularly Arranged Ta_3N_5 Nanoparticles by Using Self-Assembled Silica Nanospheres as a Primary Template [J]. Chemistry-An Asian Journal, 2011, 6(1): 103 - 109.

[106]Yan H J. Soft-templating synthesis of mesoporous graphitic carbon nitride with enhanced photocatalytic H_2 evolution under visible light[J]. Chemical Communications, 2012, 48(28): 3430 - 3432.

[107]Xu J, Wang Y J, Zhu Y F. Nanoporous Graphitic Carbon Nitride with Enhanced Photocatalytic Performance [J]. Langmuir, 2013, 29(33): 10566 - 10572.

[108]Zhang M, Xu J, Zong R L, et al. Enhancement of visible light photocatalytic activities via porous structure of g-C_3N_4[J]. Applied Catalysis B: Environmental, 2014, 147: 229 - 235.

[109]Dong G H, Zhang L Z. Porous structure dependent photoreactivity of graphitic carbon nitride under visible light[J]. Journal of Materials Chemistry, 2012, 22(3): 1160 - 1166.

[110]Han K K, Wang C C, Li Y Y, et al. Facile template-free synthesis of porous g-C_3N_4 with high photocatalytic performance under visible light[J]. RSC Advances, 2013, 3(24): 9465 - 9469.

[111]Shen B, Hong Z H, Chen Y L, et al. Template-free synthesis of a novel porous g-C_3N_4 with 3D hierarchical structure for enhanced photocatalytic H_2 evolution[J]. Materials Letters, 2014, 118: 208 - 211.

[112]Sun J H, Zhang J S, Zhang M W, et al. Bioinspired hollow semiconductor nanospheres as photosynthetic nanoparticles[J]. Nature Communications, 2012, 3.

[113]Jun Y S, Park J, Lee S U, et al. Three-Dimensional Macroscopic Assemblies of Low-Dimensional Carbon Nitrides for Enhanced Hydrogen Evolution[J]. Angewandte Chemie International Edition, 2013, 52(42): 11083 - 11087.

[114]Jun Y S, Lee E Z, Wang X C, et al. From Melamine-Cyanuric Acid Supramolecular Aggregates to Carbon Nitride Hollow Spheres[J]. Advanced Functional Materials, 2013, 23(29): 3661 - 3667.

[115]Shalom M, Inal S, Fettkenhauer C, et al. Improving Carbon Nitride Photocatalysis by Supramolecular Pre-organization of Monomers[J]. Journal of the American Chemical Society, 2013, 135(19): 7118 - 7121.

[116]Li X H, Zhang J S, Chen X F, et al. Condensed Graphitic Carbon Nitride Nanorods by Nanoconfinement: Promotion of Crystallinity on Photocatalytic Conversion[J]. Chemistry of Materials, 2011, 23(19): 4344 - 4348.

[117]Li X H, Wang X C, Antonietti M. Mesoporous g-C_3N_4 nanorods as multifunctional supports of ultrafine metal nanoparticles: hydrogen generation from water and reduction of nitrophenol with tandem catalysis in one step[J]. Chemical Science, 2012, 3(6): 2170 - 2174.

[118]Bai X, Wang L, Zong R, et al. Photocatalytic Activity Enhanced via g-C_3N_4 Nanoplates to Nanorods[J]. Journal of Physical Chemistry C, 2013, 117(19): 9952 - 9961.

[119]Cui Y J, Ding Z X, Fu X Z, et al. Construction of Conjugated Carbon Nitride Nanoarchitectures in Solution at Low Temperatures for Photoredox Catalysis[J]. Angewandte Chemie International Edition, 2012, 51(47): 11814 - 11818.

[120]Liu J, Huang J H, Dontosova D, et al. Facile synthesis of carbon nitride micro-/nanoclusters with photocatalytic activity for hydrogen evolution[J]. RSC Advances, 2013, 3(45): 22988 - 22993.

[121]Tahir M, Cao C B, Mahmood N, et al. Multifunctional g-C_3N_4 Nanofibers: A Template-Free Fabrication and Enhanced Optical, Electrochemical, and Photocatalyst Properties[J]. ACS Applied Materials & Interfaces, 2014, 6(2): 1258 - 1265.

[122]Tahir M, Cao C B, Butt F K, et al. Large scale production of novel g-C_3N_4 micro strings with high surface area and versatile photodegradation ability[J]. Crystengcomm, 2014, 16(9): 1825 - 1830.

[123]Tahir M, Cao C B, Butt F K, et al. Tubular graphitic-C_3N_4: a prospective material for energy storage and green photocatalysis[J]. Journal of Materials Chemistry A, 2013, 1(44): 13949 - 13955.

[124]Wang S P, Li C J, Wang T, et al. Controllable synthesis of nanotube-type graphitic C_3N_4 and their visible-light photocatalytic and fluorescent properties[J]. Journal of Materials Chemistry A, 2014, 2(9): 2885 - 2890.

[125]Zhang J S, Sun J H, Maeda K, et al. Sulfur-mediated synthesis of carbon nitride: Band-gap engineering and improved functions for photocatalysis[J]. Energy & Environmental Science, 2011, 4(3): 675 - 678.

[126]Ma X G, Lv Y H, Xu J, et al. A Strategy of Enhancing the Photoactivity of g-C_3N_4 via Doping of Nonmetal Elements: A First-Principles Study[J]. Journal of Physical Chemistry C, 2012, 116(44): 23485 - 23493.

[127]Chen G, Gao S P. Structure and electronic structure of S-doped graphitic C_3N_4 investigated by density functional theory[J]. Chinese Physics B, 2012, 21(10).

[128]Stolbov S, Zuluaga S. Sulfur doping effects on the electronic and geometric structures of graphitic carbon nitride photocatalyst: insights from first principles[J]. Journal of Physics Condensed Matter, 2013, 25(8).

[129]Hong J D, Xia X Y, Wang Y S, et al. Mesoporous carbon nitride with in situ sulfur doping for enhanced

photocatalytic hydrogen evolution from water under visible light[J]. Journal of Materials Chemistry, 2012, 22(30): 15006 - 15012.

[130] Yan S C, Li Z S, Zou Z G. Photodegradation of Rhodamine B and Methyl Orange over Boron-Doped g-C_3N_4 under Visible Light Irradiation[J]. Langmuir, 2010, 26(6): 3894 - 3901.

[131] Zhang G G, Zhang M W, Ye X X, et al. Iodine Modified Carbon Nitride Semiconductors as Visible Light Photocatalysts for Hydrogen Evolution[J]. Advanced Materials, 2014, 26(5): 805 - 809.

[132] Li J H, Shen B A, Hong Z H, et al. A facile approach to synthesize novel oxygen-doped g-C_3N_4 with superior visible-light photoreactivity[J]. Chemical Communications, 2012, 48(98): 12017 - 12019.

[133] Dong G H, Ai Z H, Zhang L Z. Efficient anoxic pollutant removal with oxygen functionalized graphitic carbon nitride under visible light[J]. RSC Advances, 2014, 4(11): 5553 - 5560.

[134] Dong G H, Zhao K, Zhang L Z. Carbon self-doping induced high electronic conductivity and photoreactivity of g-C_3N_4[J]. Chemical Communications, 2012, 48(49): 6178 - 6180.

[135] Zhang L G, Chen X F, Guan J, et al. Facile synthesis of phosphorus doped graphitic carbon nitride polymers with enhanced visible-light photocatalytic activity[J]. Materials Research Bulletin, 2013, 48(9): 3485 - 3491.

[136] Pan H, Zhang Y W, Shenoy V B, et al. Ab Initio Study on a Novel Photocatalyst: Functionalized Graphitic Carbon Nitride Nanotube[J]. ACS Catalysis, 2011, 1(2): 99 - 104.

[137] Gao H L, Yan S C, Wang J J, et al. Ion coordination significantly enhances the photocatalytic activity of graphitic-phase carbon nitride[J]. Dalton Transactions, 2014, 43(22): 8178 - 8183.

[138] Wang X C, Chen X F, Thomas A, et al. Metal-Containing Carbon Nitride Compounds: A New Functional Organic-Metal Hybrid Material[J]. Advanced Materials, 2009, 21(16): 1609.

[139] Ding Z X, Chen X F, Antonietti M, et al. Synthesis of Transition Metal-Modified Carbon Nitride Polymers for Selective Hydrocarbon Oxidation[J]. ChemSusChem, 2011, 4(2): 274 - 281.

[140] Tian J Q, Liu Q, Asiri A M, et al. Ultrathin graphitic carbon nitride nanosheets: a novel peroxidase mimetic, Fe doping-mediated catalytic performance enhancement and application to rapid, highly sensitive optical detection of glucose[J]. Nanoscale, 2013, 5(23): 11604 - 11609.

[141] Song X F, Tao H, Chen L X, et al. Synthesis of Fe/g-C_3N_4 composites with improved visible light photocatalytic activity[J]. Materials Letters, 2014, 116: 265 - 267.

[142] Hu S Z, Jin R R, Lu G, et al. The properties and photocatalytic performance comparison of Fe^{3+}-doped g-C_3N_4 and Fe_2O_3/g-C_3N_4 composite catalysts[J]. RSC Advances, 2014, 4(47): 24863 - 24869.

[143] Tonda S, Kumar S, Kandula S, et al. Fe-doped and -mediated graphitic carbon nitride nanosheets for enhanced photocatalytic performance under natural sunlight[J]. Journal of Materials Chemistry A, 2014, 2(19): 6772 - 6780.

[144] Yue B, Li Q Y, Iwai H, et al. Hydrogen production using zinc-doped carbon nitride catalyst irradiated with visible light[J]. Science and Technology of Advanced Materials, 2011, 12(3): 034401.

[145] Gao H L, Yan S C, Wang J J, et al. Towards efficient solar hydrogen production by intercalated carbon nitride photocatalyst[J]. Physical Chemistry Chemical Physics, 2013, 15(41): 18077 - 18084.

[146] Xu D D, Li X N, Liu J, et al. Synthesis and photocatalytic performance of europium-doped graphitic carbon nitride[J]. Journal of Rare Earths, 2013, 31(11): 1085 - 1091.

[147]Zhang J S, Zhang G G, Chen X F, et al. Co-Monomer Control of Carbon Nitride Semiconductors to Optimize Hydrogen Evolution with Visible Light[J]. Angewandte Chemie International Edition, 2012, 51(13): 3183-3187.

[148]Zhang G G, Wang X C. A facile synthesis of covalent carbon nitride photocatalysts by Co-polymerization of urea and phenylurea for hydrogen evolution[J]. Journal of Catalysis, 2013, 307: 246-253.

[149]Zhang J S, Zhang M W, Lin S, et al. Molecular doping of carbon nitride photocatalysts with tunable bandgap and enhanced activity[J]. Journal of Catalysis, 2014, 310: 24-30.

[150]Guo Y, Chu S, Yan S C, et al. Developing a polymeric semiconductor photocatalyst with visible light response[J]. Chemical Communications, 2010, 46(39): 7325-727.

[151]Guo Y, Yang J C, Chu S, et al. Theoretical and experimental study on narrowing the band gap of carbon nitride photocatalyst by coupling a wide gap molecule[J]. Chemical Physics Letters, 2012, 550: 175-180.

[152]Chu S, Wang Y, Guo Y, et al. Band Structure Engineering of Carbon Nitride: In Search of a Polymer Photocatalyst with High Photooxidation Property[J]. ACS Catalysis, 2013, 3(5): 912-919.

[153]Guo Y, Kong F, Wang C C, et al. Molecule-induced gradient electronic potential distribution on a polymeric photocatalyst surface and improved photocatalytic performance[J]. Journal of Materials Chemistry A, 2013, 1(16): 5142-5147.

[154]Lu X F, Wang Q L, Cui D L. Preparation and Photocatalytic Properties of g-C_3N_4/TiO_2 Hybrid Composite [J]. Journal of Materials Science and Technology, 2010, 26(10): 925-930.

[155]Zhou X S, Peng F, Wang H J, et al. Carbon nitride polymer sensitized TiO_2 nanotube arrays with enhanced visible light photoelectrochemical and photocatalytic performance[J]. Chemical Communications, 2011, 47(37): 10323-10325.

[156]Yang N, Li G Q, Wang W L, et al. Photophysical and enhanced daylight photocatalytic properties of N-doped TiO_2/g-C_3N_4 composites[J]. Journal of Physics and Chemistry of Solids, 2011, 72(11): 1319-1324.

[157]Yan H J, Yang H X. TiO_2-g-C_3N_4 composite materials for photocatalytic H_2 evolution under visible light irradiation[J]. Journal of Alloys and Compounds, 2011, 509(4): L26-L29.

[158]Kondo K, Murakami N, Ye C, et al. Development of highly efficient sulfur-doped TiO_2 photocatalysts hybridized with graphitic carbon nitride[J]. Applied Catalysis B: Environmental, 2013, 142: 362-367.

[159]Yu J G, Wang S H, Low J X, et al. Enhanced photocatalytic performance of direct Z-scheme g-C_3N_4-TiO_2 photocatalysts for the decomposition of formaldehyde in air[J]. Physical Chemistry Chemical Physics, 2013, 15(39): 16883-16890.

[160]Obregon S, Colon G. Improved H_2 production of Pt-TiO_2/g-C_3N_4-MnOx composites by an efficient handling of photogenerated charge pairs[J]. Applied Catalysis B: Environmental, 2014, 144: 775-782.

[161]Wang Y J, Shi R, Lin J, et al. Enhancement of photocurrent and photocatalytic activity of ZnO hybridized with graphite-like C_3N_4[J]. Energy & Environmental Science, 2011, 4(8): 2922-2929.

[162]Liu W, Wang M L, Xu C X, et al. Significantly enhanced visible-light photocatalytic activity of g-C_3N_4 via ZnO modification and the mechanism study[J]. Journal of Molecular Catalysis A: Chemical, 2013, 368: 9-15.

[163] Chen D M, Wang K W, Xiang D G, et al. Significantly enhancement of photocatalytic performances via core-shell structure of ZnO@ mpg-C_3N_4 [J]. Applied Catalysis B: Environmental, 2014, 147: 554 - 561.

[164] Kumar S, Baruah A, Tonda S, et al. Cost-effective and eco-friendly synthesis of novel and stable N-doped ZnO/g-C_3N_4 core-shell nanoplates with excellent visible-light responsive photocatalysis [J]. Nanoscale, 2014, 6(9): 4830 - 4842.

[165] Li X F, Li M, Yang J H, et al. Synergistic effect of efficient adsorption g-C_3N_4/ZnO composite for photocatalytic property [J]. Journal of Physics and Chemistry of Solids, 2014, 75(3): 441 - 446.

[166] Zang Y P, Li L P, Zuo Y, et al. Facile synthesis of composite g-C_3N_4/WO_3: a nontoxic photocatalyst with excellent catalytic activity under visible light [J]. RSC Advances, 2013, 3(33): 13646 - 13650.

[167] Katsumata K, Motoyoshi R, Matsushita N, et al. Preparation of graphitic carbon nitride (g-C_3N_4)/WO_3 composites and enhanced visible-light-driven photodegradation of acetaldehyde gas [J]. Journal of Hazardous Materials, 2013, 260: 475 - 482.

[168] Huang L Y, Xu H, Li Y P, et al. Visible-light-induced WO_3/g-C_3N_4 composites with enhanced photocatalytic activity [J]. Dalton Transactions, 2013, 42(24): 8606 - 8616.

[169] Jin Z Y, Murakami N, Tsubota T, et al. Complete oxidation of acetaldehyde over a composite photocatalyst of graphitic carbon nitride and tungsten (VI) oxide under visible-light irradiation [J]. Applied Catalysis B: Environmental, 2014, 150: 479 - 485.

[170] Chen S F, Hu Y F, Meng S G, et al. Study on the separation mechanisms of photogenerated electrons and holes for composite photocatalysts g-C_3N_4-WO_3 [J]. Applied Catalysis B: Environmental, 2014, 150: 564 - 573.

[171] Katsumata H, Tachi Y, Suzuki T, et al. Z-scheme photocatalytic hydrogen production over WO_3/g-C_3N_4 composite photocatalysts [J]. RSC Advances, 2014, 4(41): 21405 - 21409.

[172] Tian Y L, Chang B B, Fu J, et al. Graphitic carbon nitride/Cu_2O heterojunctions: Preparation, characterization, and enhanced photocatalytic activity under visible light [J]. Journal of Solid State Chemistry, 2014, 212: 1 - 6.

[173] Chen J, Shen S H, Guo P H, et al. In-situ reduction synthesis of nano-sized Cu_2O particles modifying g-C_3N_4 for enhanced photocatalytic hydrogen production [J]. Applied Catalysis B: Environmental, 2014, 152: 335 - 341.

[174] Cao S W, Liu X F, Yuan Y P, et al. Solar-to-fuels conversion over In_2O_3/g-C_3N_4 hybrid photocatalysts [J]. Applied Catalysis B: Environmental, 2014, 147: 940 - 946.

[175] Chen L Y, Zhang W D. In_2O_3/g-C_3N_4 composite photocatalysts with enhanced visible light driven activity [J]. Applied Surface Science, 2014, 301: 428 - 435.

[176] Ye S, Qiu L G, Yuan Y P, et al. Facile fabrication of magnetically separable graphitic carbon nitride photocatalysts with enhanced photocatalytic activity under visible light [J]. Journal of Materials Chemistry A, 2013, 1(9): 3008 - 3015.

[177] Liu Y, Yu Y X, Zhang W D. Photoelectrochemical study on charge transfer properties of nanostructured Fe_2O_3 modified by g-C_3N_4 [J]. International Journal of Hydrogen Energy, 2014, 39(17): 9105 - 9113.

[178] Huang L Y, Xu H, Zhang R X, et al. Synthesis and characterization of g-C_3N_4/MoO_3 photocatalyst with improved visible-light photoactivity [J]. Applied Surface Science, 2013, 283: 25 - 32.

[179]He Y M, Zhang L H, Wang X X, et al. Enhanced photodegradation activity of methyl orange over Z-scheme type MoO_3-g-C_3N_4 composite under visible light irradiation[J]. RSC Advances, 2014, 4(26): 13610 - 13619.

[180]Huang L Y, Li Y P, Xu H, et al. Synthesis and characterization of CeO_2/g-C_3N_4 composites with enhanced visible-light photocatatalytic activity[J]. RSC Advances, 2013, 3(44): 22269 - 22279.

[181]Zang Y P, Li L P, Li X G, et al. Synergistic collaboration of g-C_3N_4/SnO_2 composites for enhanced visible-light photocatalytic activity[J]. Chemical Engineering Journal, 2014, 246: 277 - 286.

[182]Wang X, Chen G, Zhou C, et al. N-Doped Nb_2O_5 Sensitized by Carbon Nitride Polymer-Synthesis and High Photocatalytic Activity under Visible Light[J]. European Journal of Inorganic Chemistry, 2012, (11): 1742 - 1749.

[183]Sun L M, Zhao X, Jia C J, et al. Enhanced visible-light photocatalytic activity of g-C_3N_4-$ZnWO_4$ by fabricating a heterojunction: investigation based on experimental and theoretical studies[J]. Journal of Materials Chemistry, 2012, 22(44): 23428 - 23438.

[184]Wang Y J, Wang Z X, Muhammad S, et al. Graphite-like C_3N_4 hybridized $ZnWO_4$ nanorods: Synthesis and its enhanced photocatalysis in visible light[J]. Crystengcomm, 2012, 14(15): 5065 - 5070.

[185]Zhang S W, Li J X, Zeng M Y, et al. In Situ Synthesis of Water-Soluble Magnetic Graphitic Carbon Nitride Photocatalyst and Its Synergistic Catalytic Performance[J]. ACS Appl Mater Interfaces, 2013, 5(23): 12735 - 12743.

[186]Chen J, Shen S H, Guo P H, et al. Spatial engineering of photo-active sites on g-C_3N_4 for efficient solar hydrogen generation[J]. Journal of Materials Chemistry A, 2014, 2(13): 4605 - 4612.

[187]Sun L M, Qi Y, Jia C J, et al. Enhanced visible-light photocatalytic activity of g-C_3N_4/Zn_2GeO_4 heterojunctions with effective interfaces based on band match[J]. Nanoscale, 2014, 6(5): 2649 - 2659.

[188]Xu X X, Liu G, Randorn C, et al. g-C_3N_4 coated $SrTiO_3$ as an efficient photocatalyst for H_2 production in aqueous solution under visible light irradiation[J]. International Journal of Hydrogen Energy, 2011, 36(21): 13501 - 13507.

[189]Liu Y, Chen G, Zhou C, et al. Higher visible photocatalytic activities of nitrogen doped In_2TiO_5 sensitized by carbon nitride[J]. Journal of Hazardous Materials, 2011, 190(1 - 3): 75 - 80.

[190]He Y M, Cai J, Li T T, et al. Synthesis, Characterization, and Activity Evaluation of $DyVO_4$/g-C_3N_4 Composites under Visible-Light Irradiation[J]. Industrial & Engineering Chemistry Research, 2012, 51(45): 14729 - 14737.

[191]He Y M, Cai J, Li T T, et al. Efficient degradation of RhB over $GdVO_4$/g-C_3N_4 composites under visible-light irradiation[J]. Chemical Engineering Journal, 2013, 215: 721 - 730.

[192]He Y M, Cai J, Zhang L H, et al. Comparing Two New Composite Photocatalysts, *t*-$LaVO_4$/g-C_3N_4 and *m*-$LaVO_4$/g-C_3N_4, for Their Structures and Performances[J]. Industrial & Engineering Chemistry Research, 2014, 53(14): 5905 - 5915.

[193]Cai J, He Y M, Wang X X, et al. Photodegradation of RhB over YVO_4/g-C_3N_4 composites under visible light irradiation[J]. RSC Advances, 2013, 3(43): 20862 - 20868.

[194]Kumar S, Kumar B, Surendar T, et al. g-C_3N_4/$NaTaO_3$ organic-inorganic hybrid nanocomposite: High-performance and recyclable visible light driven photocatalyst[J]. Materials Research Bulletin, 2014, 49:

310 - 318.

[195]Shi H, Chen G, Zhang C, et al. Polymeric g-C_3N_4 Coupled with $NaNbO_3$ Nanowires toward Enhanced Photocatalytic Reduction of CO_2 into Renewable Fuel[J]. ACS Catalysis, 2014, 4(10): 3637 - 3643.

[196]Song C, Fan M, Hu B, et al. Synthesis of a g-C_3N_4-sensitized and $NaNbO_3$-substrated Ⅱ-type heterojunction with enhanced photocatalytic degradation activity[J]. Crystengcomm, 2015, 17(24): 4575 - 4583.

[197]Pan H Q, Li X K, Zhuang Z J, et al. g-C_3N_4/SiO_2-HNb_3O_8 composites with enhanced photocatalytic activities for rhodamine B degradation under visible light[J]. Journal of Molecular Catalysis A: Chemical, 2011, 345(1-2): 90 - 95.

[198]Li Q Y, Yue B, Iwai H, et al. Carbon Nitride Polymers Sensitized with N-Doped Tantalic Acid for Visible Light-Induced Photocatalytic Hydrogen Evolution[J]. Journal of Physical Chemistry C, 2010, 114(9): 4100 - 4105.

[199]Li K X, Yan L S, Zeng Z X, et al. Fabrication of $H_3PW_{12}O_{40}$-doped carbon nitride nanotubes by one-step hydrothermal treatment strategy and their efficient visible-light photocatalytic activity toward representative aqueous persistent organic pollutants degradation[J]. Applied Catalysis B: Environmental, 2014, 156: 141 - 152.

[200]Wang Z, Hou J, Yang C, et al. Hierarchical metastable gamma-TaON hollow structures for efficient visible-light water splitting[J]. Energy & Environmental Science, 2013, 6(7): 2134 - 2144.

[201]Yan S C, Lv S B, Li Z S, et al. Organic-inorganic composite photocatalyst of g-C_3N_4 and TaON with improved visible light photocatalytic activities[J]. Dalton Transactions, 2010, 39(6): 1488 - 1491.

[202]Yang M, Huang Q, Jin X Q. ZnGaNO solid solution-C_3N_4 composite for improved visible light photocatalytic performance[J]. Materials Science and Engineering B-Advanced Functional Solid-State Materials, 2012, 177(8): 600 - 605.

[203]Ge L, Zuo F, Liu J K, et al. Synthesis and Efficient Visible Light Photocatalytic Hydrogen Evolution of Polymeric g-C_3N_4 Coupled with CdS Quantum Dots[J]. Journal of Physical Chemistry C, 2012, 116(25): 13708 - 13714.

[204]Cao S W, Yuan Y P, Fang J, et al. In-situ growth of CdS quantum dots on g-C_3N_4 nanosheets for highly efficient photocatalytic hydrogen generation under visible light irradiation[J]. International Journal of Hydrogen Energy, 2013, 38(3): 1258 - 1266.

[205]Zhang J, Wang Y, Jin J, et al. Efficient Visible-Light Photocatalytic Hydrogen Evolution and Enhanced Photostability of Core/Shell CdS/g-C_3N_4 Nanowires[J]. ACS Applied Materials & Interfaces, 2013, 5(20): 10317 - 10324.

[206]Fu J, Chang B B, Tian Y L, et al. Novel C_3N_4-CdS composite photocatalysts with organic-inorganic heterojunctions: in situ synthesis, exceptional activity, high stability and photocatalytic mechanism[J]. Journal of Materials Chemistry A, 2013, 1(9): 3083 - 3090.

[207]Jiang F, Yan T T, Chen H, et al. A g-C_3N_4-CdS composite catalyst with high visible-light-driven catalytic activity and photostability for methylene blue degradation[J]. Applied Surface Science, 2014, 295: 164 - 172.

[208]Yang F, Kuznietsov V, Lublow M, et al. Solar hydrogen evolution using metal-free photocatalytic polymeric carbon nitride/$CuInS_2$ composites as photocathodes[J]. Journal of Materials Chemistry A, 2013, 1(21): 6407 - 6415.

[209] Yang F, Lublow M, Orthmann S, et al. Metal-Free Photocatalytic Graphitic Carbon Nitride on p-Type Chalcopyrite as a Composite Photocathode for Light-Induced Hydrogen Evolution[J]. ChemSusChem, 2012, 5(7): 1227 - 1232.

[210] Pan C S, Xu J, Wang Y J, et al. Dramatic Activity of $C_3N_4/BiPO_4$ Photocatalyst with Core/Shell Structure Formed by Self-Assembly[J]. Advanced Functional Materials, 2012, 22(7): 1518 - 1524.

[211] Li Z S, Yang S Y, Zhou J M, et al. Novel mesoporous g-C_3N_4 and $BiPO_4$ nanorods hybrid architectures and their enhanced visible-light-driven photocatalytic performances[J]. Chemical Engineering Journal, 2014, 241: 344 - 351.

[212] Ji Y X, Cao J F, Jiang L Q, et al. G-$C_3N_4/BiVO_4$ composites with enhanced and stable visible light photocatalytic activity[J]. Journal of Alloys and Compounds, 2014, 590: 9 - 14.

[213] Ji Y, Cao J, Jiang L, et al. G-$C_3N_4/BiVO_4$ composites with enhanced and stable visible light photocatalytic activity[J]. Journal of Alloys and Compounds, 2014, 590: 9 - 14.

[214] Huang H, He Y, Du X, et al. A General and Facile Approach to Heterostructured Core/Shell BiVO4/BiOI p-n Junction: Room-Temperature in Situ Assembly and Highly Boosted Visible-Light Photocatalysis [J]. ACS Sustainable Chemistry & Engineering, 2015, 3(12): 3262 - 3273.

[215] Tian Y L, Chang B B, Yang Z C, et al. Graphitic carbon nitride-$BiVO_4$ heterojunctions: simple hydrothermal synthesis and high photocatalytic performances[J]. RSC Advances, 2014, 4(8): 4187 - 4193.

[216] Li C J, Wang S P, Wang T, et al. Monoclinic Porous $BiVO_4$ Networks Decorated by Discrete g-C_3N_4 Nano-Islands with Tunable Coverage for Highly Efficient Photocatalysis [J]. Small, 2014, 10(14): 2783 - 2790.

[217] Li C, Wang S, Wang T, et al. Monoclinic Porous $BiVO_4$ Networks Decorated by Discrete g-C_3N_4 Nano-Islands with Tunable Coverage for Highly Efficient Photocatalysis [J]. Small, 2014, 10(14): 2783 - 2790.

[218] Cao S W, Yin Z, Barber J, et al. Preparation of Au-$BiVO_4$ Heterogeneous Nanostructures as Highly Efficient Visible-Light Photocatalysts[J]. ACS Appl Mater Interfaces, 2012, 4(1): 418 - 423.

[219] Liu L, Qi Y, Lu J, et al. Dramatic activity of a Bi_2WO_6@ g-C_3N_4 photocatalyst with a core@ shell structure[J]. RSC Advances, 2015, 5(120): 99339 - 99346.

[220] Wang Y J, Bai X J, Pan C S, et al. Enhancement of photocatalytic activity of Bi_2WO_6 hybridized with graphite-like C_3N_4[J]. Journal of Materials Chemistry, 2012, 22(23): 11568 - 11573.

[221] Sun Q, Jia X, Wang X, et al. Facile synthesis of porous Bi_2WO_6 nanosheets with high photocatalytic performance[J]. Dalton Transactions, 2015, 44(32): 14532 - 14539.

[222] Tian Y L, Chang B B, Lu J L, et al. Hydrothermal Synthesis of Graphitic Carbon Nitride-Bi_2WO_6 Heterojunctions with Enhanced Visible Light Photocatalytic Activities[J]. ACS Applied Materials & Interfaces, 2013, 5(15): 7079 - 7085.

[223] Tian Y, Chang B, Lu J, et al. Hydrothermal Synthesis of Graphitic Carbon Nitride-Bi_2WO_6 Heterojunctions with Enhanced Visible Light Photocatalytic Activities[J]. ACS Applied Materials & Interfaces, 2013, 5(15): 7079 - 7085.

[224] Ge L, Han C C, Liu J. Novel visible light-induced g-C_3N_4/Bi_2WO_6 composite photocatalysts for efficient degradation of methyl orange[J]. Applied Catalysis B: Environmental, 2011, 108(1 - 2): 100 - 107.

[225] Wang H H, Lu J, Wang F Q, et al. Preparation, characterization and photocatalytic performance of g-C_3N_4/Bi_2WO_6 composites for methyl orange degradation [J]. Ceramics International, 2014, 40(7): 9077-9086.
[226] Gui M S, Wang P F, Yuan D, et al. Synthesis and Visible-Light Photocatalytic Activity of Bi_2WO_6/g-C_3N_4 Composite Photocatalysts[J]. Chinese Journal Of Inorganic Chemistry, 2013, 29(10): 2057-2064.
[227] Chang F, Xie Y, Zhang J, et al. Construction of exfoliated g-C_3N_4 nanosheets-BiOCl hybrids with enhanced photocatalytic performance[J]. RSC Advances, 2014, 4(54): 28519-28528.
[228] Bai Y, Wang P Q, Liu J Y, et al. Enhanced photocatalytic performance of direct Z-scheme BiOCl-g-C_3N_4 photocatalysts[J]. RSC Advances, 2014, 4(37): 19456-19461.
[229] Shi S, Gondal M A, Al-Saadi A A, et al. Facile preparation of g-C_3N_4 modified BiOCl hybrid photocatalyst and vital role of frontier orbital energy levels of model compounds in photoactivity enhancement[J]. Journal of Colloid and Interface Science, 2014, 416: 212-219.
[230] Wang X J, Wang Q, Li F T, et al. Novel BiOCl-C_3N_4 heterojunction photocatalysts: In situ preparation via an ionic-liquid-assisted solvent-thermal route and their visible-light photocatalytic activities[J]. Chemical Engineering Journal, 2013, 234: 361-371.
[231] Wang Y, Shi Z, Fan C, et al. Synthesis, characterization, and photocatalytic properties of BiOBr catalyst [J]. Journal of Solid State Chemistry, 2013, 199: 224-229.
[232] Xia J, Di J, Yin S, et al. Solvothermal synthesis and enhanced visible-light photocatalytic decontamination of bisphenol A (BPA) by g-C_3N_4/BiOBr heterojunctions[J]. Materials Science in Semiconductor Processing, 2014, 24: 96-103.
[233] Di J, Xia J X, Yin S, et al. Reactable ionic liquid assisted synthesis of Pd modified BiOBr flower-like microsphere with high dispersion and their enhanced photocatalytic performances[J]. Materials Technology, 2015, 30(2): 113-121.
[234] Xia J, Ge Y, Zhao D, et al. Microwave-assisted synthesis of few-layered MoS_2/BiOBr hollow microspheres with superior visible-light-response photocatalytic activity for ciprofloxacin removal [J]. Crystengcomm, 2015, 17(19): 3645-3651.
[235] Sun Y J, Zhang W D, Xiong T, et al. Growth of BiOBr nanosheets on C_3N_4 nanosheets to construct two-dimensional nanojunctions with enhanced photoreactivity for NO removal[J]. Journal of Colloid and Interface Science, 2014, 418: 317-323.
[236] Sun Y, Zhang W, Xiong T, et al. Growth of BiOBr nanosheets on C_3N_4 nanosheets to construct two-dimensional nanojunctions with enhanced photoreactivity for NO removal[J]. Journal of Colloid and Interface Science, 2014, 418: 317-323.
[237] Di J, Xia J X, Yin S, et al. A g-C_3N_4/BiOBr visible-light-driven composite: synthesis via a reactable ionic liquid and improved photocatalytic activity[J]. RSC Advances, 2013, 3(42): 19624-19631.
[238] Chang F, Li C, Chen J, et al. Enhanced photocatalytic performance of g-C_3N_4 nanosheets-BiOBr hybrids [J]. Superlattices and Microstructures, 2014, 76: 90-104.
[239] Fu J, Tian Y L, Chang B B, et al. BiOBr-carbon nitride heterojunctions: synthesis, enhanced activity and photocatalytic mechanism[J]. Journal of Materials Chemistry, 2012, 22(39): 21159-21166.
[240] Yang Z, Li J, Cheng F, et al. BiOBr/protonated graphitic C_3N_4 heterojunctions: Intimate interfaces by e-

lectrostatic interaction and enhanced photocatalytic activity[J]. Journal of Alloys and Compounds, 2015, 634: 215 - 222.

[241]Di J, Xia J X, Yin S, et al. Preparation of sphere-like g-C_3N_4/BiOI photocatalysts via a reactable ionic liquid for visible-light-driven photocatalytic degradation of pollutants[J]. Journal of Materials Chemistry A, 2014, 2(15): 5340 - 5351.

[242]Di J, Xia J, Yin S, et al. Preparation of sphere-like g-C_3N_4/BiOI photocatalysts via a reactable ionic liquid for visible-light-driven photocatalytic degradation of pollutants[J]. Journal of Materials Chemistry A, 2014, 2(15): 5340 - 5351.

[243]Jiang D L, Chen L L, Zhu J J, et al. Novel p-n heterojunction photocatalyst constructed by porous graphite-like C_3N_4 and nanostructured BiOI: facile synthesis and enhanced photocatalytic activity[J]. Dalton Transactions, 2013, 42(44): 15726 - 15734.

[244]Wang R, Li X, Cui W, et al. In situ growth of Au nanoparticles on 3D $Bi_2O_2CO_3$ for surface plasmon enhanced visible light photocatalysis[J]. New Journal of Chemistry, 2015, 39(11): 8446 - 8453.

[245]Xiong M, Chen L, Yuan Q, et al. Facile fabrication and enhanced photosensitized degradation performance of the g-C_3N_4-$Bi_2O_2CO_3$ composite[J]. Dalton Transactions, 2014, 43(22): 8331 - 8337.

[246]Zhang S, Yang Y, Guo Y, et al. Preparation and enhanced visible-light photocatalytic activity of graphitic carbon nitride/bismuth niobate heterojunctions [J]. Journal of Hazardous Materials, 2013, 261: 235 - 245.

[247]Yan H J, Huang Y. Polymer composites of carbon nitride and poly(3-hexylthiophene) to achieve enhanced hydrogen production from water under visible light [J]. Chemical Communications, 2011, 47 (14): 4168 - 4170.

[248]Yang S Y, Zhou W Y, Ge C Y, et al. Mesoporous polymeric semiconductor materials of graphitic-C_3N_4: general and efficient synthesis and their integration with synergistic AgBr NPs for enhanced photocatalytic performances[J]. RSC Advances, 2013, 3(16): 5631 - 5638.

[249]Sui Y, Liu J H, Zhang Y W, et al. Dispersed conductive polymer nanoparticles on graphitic carbon nitride for enhanced solar-driven hydrogen evolution from pure water[J]. Nanoscale, 2013, 5(19): 9150 - 9155.

[250]He F, Chen G, Yu Y G, et al. Facile Approach to Synthesize g-PAN/g-C_3N_4 Composites with Enhanced Photocatalytic H_2 Evolution Activity [J]. ACS Applied Materials & Interfaces, 2014, 6 (10): 7171 - 7179.

[251]Chen J, Shen S, Guo P, et al. In-situ reduction synthesis of nano-sized Cu_2O particles modifying g-C_3N_4 for enhanced photocatalytic hydrogen production [J]. Applied Catalysis B: Environmental, 2014, 152: 335 - 341.

[252]Chang C, Zhu L Y, Wang S F, et al. Novel Mesoporous Graphite Carbon Nitride/BiOI Heterojunction for Enhancing Photocatalytic Performance Under Visible-Light Irradiation[J]. ACS Applied Materials & Interfaces, 2014, 6(7): 5083 - 5093.

[253]Zhang S Q, Yang Y X, Guo Y N, et al. Preparation and enhanced visible-light photocatalytic activity of graphitic carbon nitride/bismuth niobate heterojunctions[J]. Journal of Hazardous Materials, 2013, 261: 235 - 245.

[254]Yang Y X, Guo W, Guo Y N, et al. Fabrication of Z-scheme plasmonic photocatalyst Ag@ AgBr/g-C_3N_4

with enhanced visible-light photocatalytic activity [J] . Journal of Hazardous Materials, 2014, 271: 150 – 159.

[255] Dong F, Zhao Z W, Xiong T, et al. In Situ Construction of g-C_3N_4/g-C_3N_4 Metal-Free Heterojunction for Enhanced Visible-Light Photocatalysis [J] . ACS Applied Materials & Interfaces, 2013, 5 (21): 11392 – 11401.

[256] Wang Y J, Wang Q S, Zhan X Y, et al. Visible light driven type II heterostructures and their enhanced photocatalysis properties: a review[J]. Nanoscale, 2013, 5(18): 8326 – 8339.

[257] Zhang J S, Zhang M W, Sun R Q, et al. A Facile Band Alignment of Polymeric Carbon Nitride Semiconductors to Construct Isotype Heterojunctions [J] . Angewandte Chemie International Edition, 2012, 51 (40): 10145 – 10149.

[258] Cao S W, Liu X F, Yuan Y P, et al. Solar-to-fuels conversion over In_2O_3/g-C_3N_4 hybrid photocatalysts [J]. Applied Catalysis B: Environmental, 2014, 147: 940 – 946.

[259] Zhou P, Yu J G, Jaroniec M. All-Solid-State Z-Scheme Photocatalytic Systems[J]. Advanced Materials, 2014, 26(29): 4920 – 4935.

[260] Katsumata H, Sakai T, Suzuki T, et al. Highly Efficient Photocatalytic Activity of g-C_3N_4/Ag_3PO_4 Hybrid Photocatalysts through Z-Scheme Photocatalytic Mechanism under Visible Light[J]. Industrial & Engineering Chemistry Research, 2014, 53(19): 8018 – 8025.

[261] Zhang J S, Grzelczak M, Hou Y D, et al. Photocatalytic oxidation of water by polymeric carbon nitride nanohybrids made of sustainable elements[J]. Chemical Science, 2012, 3(2): 443 – 446.

[262] Ge L, Han C C, Xiao X L, et al. In situ synthesis of cobalt-phosphate (Co-Pi) modified g-C_3N_4 photocatalysts with enhanced photocatalytic activities[J]. Applied Catalysis B: Environmental, 2013, 142: 414 – 422.

[263] Lee R L, Tran P D, Pramana S S, et al. Assembling graphitic-carbon-nitride with cobalt-oxide-phosphate to construct an efficient hybrid photocatalyst for water splitting application[J]. Catalysis Science & Technology, 2013, 3(7): 1694 – 1698.

[264] Cao S W, Yu J G. g-C_3N_4-Based Photocatalysts for Hydrogen Generation[J]. Chemical Physics Letters, 2014, 5(12): 2101 – 2107.

[265] Martha S, Nashim A, Parida KM. Facile synthesis of highly active g-C_3N_4 for efficient hydrogen production under visible light[J]. Journal of Materials Chemistry A, 2013, 1(26): 7816 – 7824.

[266] Zhong Y J, Wang Z Q, Feng J Y, et al. Improvement in photocatalytic H_2 evolution over g-C_3N_4 prepared from protonated melamine[J]. Applied Surface Science, 2014, 295: 253 – 259.

[267] Martin D J, Qiu K P, Shevlin S A, et al. Highly Efficient Photocatalytic H_2 Evolution from Water using Visible Light and Structure-Controlled Graphitic Carbon Nitride[J]. Angewandte Chemie International Edition, 2014, 53(35): 9240 – 9245.

[268] Niu P, Liu G, Cheng H M. Nitrogen Vacancy-Promoted Photocatalytic Activity of Graphitic Carbon Nitride [J]. Journal of Physical Chemistry C, 2012, 116(20): 11013 – 11018.

[269] Hong Z H, Shen B A, Chen Y L, et al. Enhancement of photocatalytic H_2 evolution over nitrogen-deficient graphitic carbon nitride[J]. Journal of Materials Chemistry A, 2013, 1(38): 11754 – 11761.

[270] Wang X L, Fang W Q, Yang S, et al. Structure disorder of graphitic carbon nitride induced by liquid-assisted grinding for enhanced photocatalytic conversion[J]. RSC Advances, 2014, 4(21): 10676 – 10679.

[271] Wang X L, Fang W Q, Wang H F, et al. Surface hydrogen bonding can enhance photocatalytic H_2 evolution efficiency[J]. Journal of Materials Chemistry A, 2013, 1(45): 14089-14096.

[272] Schwarze M, Stellmach D, Schroder M, et al. Quantification of photocatalytic hydrogen evolution [J]. Physical Chemistry Chemical Physics, 2013, 15(10): 3466-3472.

[273] Liu J H, Zhang Y W, Lu L H, et al. Self-regenerated solar-driven photocatalytic water-splitting by urea derived graphitic carbon nitride with platinum nanoparticles [J]. Chemical Communications, 2012, 48(70): 8826-8828.

[274] Kailasam K, Epping J D, Thomas A, et al. Mesoporous carbon nitride-silica composites by a combined sol-gel/thermal condensation approach and their application as photocatalysts[J]. Energy & Environmental Science, 2011, 4(11): 4668-4674.

[275] Ge L, Han C C, Xiao X L, et al. Enhanced visible light photocatalytic hydrogen evolution of sulfur-doped polymeric g-C_3N_4 photocatalysts[J]. Materials Research Bulletin, 2013, 48(10): 3919-3925.

[276] Chai B, Peng T Y, Mao J, et al. Graphitic carbon nitride (g-C_3N_4)-Pt-TiO_2 nanocomposite as an efficient photocatalyst for hydrogen production under visible light irradiation[J]. Physical Chemistry Chemical Physics, 2012, 14(48): 16745-16752.

[277] Wang J X, Huang J, Xie H L, et al. Synthesis of g-C_3N_4/TiO_2 with enhanced photocatalytic activity for H_2 evolution by a simple method[J]. International Journal of Hydrogen Energy, 2014, 39(12): 6354-6363.

[278] Jiang D L, Chen L L, Xie J M, et al. Ag_2S/g-C_3N_4 composite photocatalysts for efficient Pt-free hydrogen production. The co-catalyst function of Ag/Ag_2S formed by simultaneous photodeposition[J]. Dalton Transactions, 2014, 43(12): 4878-4885.

[279] Takanabe K, Kamata K, Wang X C, et al. Photocatalytic hydrogen evolution on dye-sensitized mesoporous carbon nitride photocatalyst with magnesium phthalocyanine [J]. Physical Chemistry Chemical Physics, 2010, 12(40): 13020-13025.

[280] Min S X, Lu G X. Enhanced Electron Transfer from the Excited Eosin Y to mpg-C_3N_4 for Highly Efficient Hydrogen Evolution under 550 nm Irradiation [J]. Journal of Physical Chemistry C, 2012, 116(37): 19644-19652.

[281] Xu J Y, Li Y X, Peng S Q, et al. Eosin Y-sensitized graphitic carbon nitride fabricated by heating urea for visible light photocatalytic hydrogen evolution: the effect of the pyrolysis temperature of urea[J]. Physical Chemistry Chemical Physics, 2013, 15(20): 7657-7665.

[282] Wang Y B, Hong J D, Zhang W, et al. Carbon nitride nanosheets for photocatalytic hydrogen evolution: remarkably enhanced activity by dye sensitization [J]. Catalysis Science & Technology, 2013, 3(7): 1703-1711.

[283] Zhang X H, Yu L J, Zhuang C S, et al. Highly Asymmetric Phthalocyanine as a Sensitizer of Graphitic Carbon Nitride for Extremely Efficient Photocatalytic H-2 Production under Near-Infrared Light[J]. ACS Catalysis, 2014, 4(1): 162-170.

[284] Yu L J, Zhang X H, Zhuang C S, et al. Syntheses of asymmetric zinc phthalocyanines as sensitizer of Pt-loaded graphitic carbon nitride for efficient visible/near-IR-light-driven H_2 production[J]. Physical Chemistry Chemical Physics, 2014, 16(9): 4106-4114.

[285] Xiang Q J, Yu J G, Jaroniec M. Graphene-based semiconductor photocatalysts[J]. Chemical Society Re-

views, 2012, 41(2): 782 - 796.

[286] Xiang Q J, Yu J G. Graphene-Based Photocatalysts for Hydrogen Generation[J]. J Chemical Physics Letters, 2013, 4(5): 753 - 759.

[287] Du A J, Sanvito S, Li Z, et al. Hybrid Graphene and Graphitic Carbon Nitride Nanocomposite: Gap Opening, Electron-Hole Puddle, Interfacial Charge Transfer, and Enhanced Visible Light Response [J]. Journal of the American Chemical Society, 2012, 134(9): 4393 - 4397.

[288] Li X R, Dai Y, Ma Y D, et al. Graphene/g-C_3N_4 bilayer: considerable band gap opening and effective band structure engineering[J]. Physical Chemistry Chemical Physics, 2014, 16(9): 4230 - 4235.

[289] Low J X, Cao S W, Yu J G, et al. Two-dimensional layered composite photocatalysts[J]. Chemical Communications, 2014, 50(74): 10768 - 10777.

[290] Xiang Q J, Yu J G, Jaroniec M. Preparation and Enhanced Visible-Light Photocatalytic H_2 Production Activity of Graphene/C_3N_4 Composites[J]. Journal of Physical Chemistry C, 2011, 115(15): 7355 - 7363.

[291] Ge L, Han C C. Synthesis of MWNTs/g-C_3N_4 composite photocatalysts with efficient visible light photocatalytic hydrogen evolution activity[J]. Applied Catalysis B: Environmental, 2012, 117: 268 - 274.

[292] Chen Y, Li J, Hong Z, et al. Origin of the enhanced visible-light photocatalytic activity of CNT modified g-C_3N_4 for H_2 production[J]. Physical Chemistry Chemical Physics, 2014, 16(17): 8106 - 8113.

[293] Wu Z C, Gao H L, Yan S C, et al. Synthesis of carbon black/carbon nitride intercalation compound composite for efficient hydrogen production[J]. Dalton Transactions, 2014, 43(31): 12013 - 12017.

[294] Xing Z, Chen Z G, Zong X, et al. A new type of carbon nitride-based polymer composite for enhanced photocatalytic hydrogen production[J]. Chemical Communications, 2014, 50(51): 6762 - 6764.

[295] Di Y, Wang X C, Thomas A, et al. Making Metal-Carbon Nitride Heterojunctions for Improved Photocatalytic Hydrogen Evolution with Visible Light[J]. ChemCatChem, 2010, 2(7): 834 - 838.

[296] Chen J, Shen S H, Guo P H, et al. Plasmonic Ag@ SiO_2 core/shell structure modified g-C_3N_4 with enhanced visible light photocatalytic activity[J]. Journal of Materials Research, 2014, 29(1): 64 - 70.

[297] Bai X J, Zong R L, Li C X, et al. Enhancement of visible photocatalytic activity via Ag@ C_3N_4 core-shell plasmonic composite[J]. Applied Catalysis B: Environmental, 2014, 147: 82 - 91.

[298] Yu J G, Wang S H, Cheng B, et al. Noble metal-free $Ni(OH)_2$/g-C_3N_4 composite photocatalyst with enhanced visible-light photocatalytic H_2 production activity[J]. Catalysis Science & Technology, 2013, 3(7): 1782 - 1789.

[299] Hong J D, Wang Y S, Wang Y B, et al. Noble-Metal-Free NiS/C_3N_4 for Efficient Photocatalytic Hydrogen Evolution from Water[J]. ChemSusChem, 2013, 6(12): 2263 - 2268.

[300] Chen Z H, Sun P, Fan B, et al. In Situ Template-Free Ion-Exchange Process to Prepare Visible-Light-Active g-C_3N_4/NiS Hybrid Photocatalysts with Enhanced Hydrogen Evolution Activity[J]. Journal of Physical Chemistry C, 2014, 118(15): 7801 - 7807.

[301] Yin L S, Yuan Y P, Cao S W, et al. Enhanced visible-light-driven photocatalytic hydrogen generation over g-C_3N_4 through loading the noble metal-free NiS_2 cocatalyst [J]. RSC Advances, 2014, 4(12): 6127 - 6132.

[302] Dong J F, Wang M, Li X Q, et al. Simple Nickel-Based Catalyst Systems Combined With Graphitic Carbon Nitride for Stable Photocatalytic Hydrogen Production in Water[J]. ChemSusChem, 2012, 5(11): 2133 - 2138.

[303]Wang D, Zhang Y, Chen W. A novel nickel-thiourea-triethylamine complex adsorbed on graphitic C_3N_4 for low-cost solar hydrogen production[J]. Chemical Communications, 2014, 50(14): 1754–1756.

[304]Cao S W, Yuan Y P, Barber J, et al. Noble-metal-free g-C_3N_4/Ni(dmgH)$_2$ composite for efficient photocatalytic hydrogen evolution under visible light irradiation[J]. Applied Surface Science, 2014, 319: 344–349.

[305]Hou Y D, Laursen A B, Zhang J S, et al. Layered Nanojunctions for Hydrogen-Evolution Catalysis [J]. Angewandte Chemie International Edition, 2013, 52(13): 3621–3625.

[306]Ge L, Han C C, Xiao X L, et al. Synthesis and characterization of composite visible light active photocatalysts MoS_2-g-C_3N_4 with enhanced hydrogen evolution activity[J]. International Journal of Hydrogen Energy, 2013, 38(17): 6960–6969.

[307]Hou Y D, Zhu Y S, Xu Y, et al. Photocatalytic hydrogen production over carbon nitride loaded with WS_2 as cocatalyst under visible light[J]. Applied Catalysis B: Environmental, 2014, 156: 122–127.

[308]Zhou X S, Luo Z H, Tao P F, et al. Facile preparation and enhanced photocatalytic H_2-production activity of Cu(OH)$_2$ nanospheres modified porous g-C_3N_4[J]. Materials Chemistry and Physics, 2014, 143(3): 1462–1468.

[309]Cao S W, Liu X F, Yuan Y P, et al. Artificial photosynthetic hydrogen evolution over g-C_3N_4 nanosheets coupled with cobaloxime[J]. Physical Chemistry Chemical Physics, 2013, 15(42): 18363–18366.

[310]Song X W, Wen H M, Ma C B, et al. Efficient photocatalytic hydrogen evolution with end-group-functionalized cobaloxime catalysts in combination with graphite-like C_3N_4[J]. RSC Advances, 2014, 4(36): 18853–18861.

[311]Li X B, Ward A J, Masters A F, et al. Solar Hydrogen from an Aqueous, Noble-Metal-Free Hybrid System in a Continuous-Flow Sampling Reaction System[J]. Chemistry-A European Journal, 2014, 20(24): 7345–7350.

[312]Wang D H, Zhang Y W, Chen W. A novel nickel-thiourea-triethylamine complex adsorbed on graphitic C_3N_4 for low-cost solar hydrogen production[J]. Chemical Communications, 2014, 50(14): 1754–1756.

[313]Habisreutinger S N, Schmidt-Mende L, Stolarczyk JK. Photocatalytic Reduction of CO_2 on TiO_2 and Other Semiconductors[J]. Angewandte Chemie International Edition, 2013, 52(29): 7372–7408.

[314]Marszewski M, Cao S W, Yu JG, et al. Semiconductor-based photocatalytic CO_2 conversion[J]. Materials Horizons, 2015, 2(3): 261–278.

[315]Lin J L, Pan Z M, Wang X C. Photochemical Reduction of CO_2 by Graphitic Carbon Nitride Polymers [J]. ACS Sustainable Chemistry & Engineering, 2014, 2(3): 353–358.

[316]Niu P, Yang Y Q, Yu J C, et al. Switching the selectivity of the photoreduction reaction of carbon dioxide by controlling the band structure of a g-C_3N_4 photocatalyst[J]. Chemical Communications, 2014, 50(74): 10837–10840.

[317]Wang S B, Lin J L, Wang X C. Semiconductor-redox catalysis promoted by metal-organic frameworks for CO_2 reduction[J]. Physical Chemistry Chemical Physics, 2014, 16(28): 14656–14660.

[318]Yuan Y P, Cao S W, Liao Y S, et al. Red phosphor/g-C_3N_4 heterojunction with enhanced photocatalytic activities for solar fuels production[J]. Applied Catalysis B: Environmental, 2013, 140: 164–168.

[319]Mao J, Peng T Y, Zhang X H, et al. Effect of graphitic carbon nitride microstructures on the activity and selectivity of photocatalytic CO_2 reduction under visible light[J]. Catalysis Science & Technology, 2013, 3

(5): 1253 - 1260.

[320] Yu J G, Wang K, Xiao W, et al. Photocatalytic reduction of CO_2 into hydrocarbon solar fuels over g-C_3N_4-Pt nanocomposite photocatalysts [J]. Physical Chemistry Chemical Physics, 2014, 16 (23): 11492 - 11501.

[321] Bai S, Wang X J, Hu C Y, et al. Two-dimensional g-C_3N_4: an ideal platform for examining facet selectivity of metal co-catalysts in photocatalysis[J]. Chemical Communications, 2014, 50(46): 6094 - 6097.

[322] Maeda K, Sekizawa K, Ishitani O. A polymeric-semiconductor-metal-complex hybrid photocatalyst for visible-light CO_2 reduction[J]. Chemical Communications, 2013, 49(86): 10127 - 10129.

[323] Zhang S W, Zhao L P, Zeng M Y, et al. Hierarchical nanocomposites of polyaniline nanorods arrays on graphitic carbon nitride sheets with synergistic effect for photocatalysis[J]. Catalysis Today, 2014, 224: 114 - 121.

[324] Li Q, Zhang N, Yang Y, et al. High Efficiency Photocatalysis for Pollutant Degradation with MoS_2/C_3N_4 Heterostructures[J]. Langmuir, 2014, 30(29): 8965 - 8972.

[325] Cheng N Y, Tian J Q, Liu Q, et al. Au-Nanoparticle-Loaded Graphitic Carbon Nitride Nanosheets: Green Photocatalytic Synthesis and Application toward the Degradation of Organic Pollutants[J]. ACS Applied Materials & Interfaces, 2013, 5(15): 6815 - 6819.

[326] Yang Y X, Guo Y N, Liu F Y, et al. Preparation and enhanced visible-light photocatalytic activity of silver deposited graphitic carbon nitride plasmonic photocatalyst[J]. Applied Catalysis B: Environmental, 2013, 142: 828 - 837.

[327] Peng W C, Li X Y. Synthesis of MoS_2/g-C_3N_4 as a solar light-responsive photocatalyst for organic degradation[J]. Catalysis Communications, 2014, 49: 63 - 67.

[328] Han C C, Ge L, Chen C F, et al. Novel visible light induced Co_3O_4-g-C_3N_4 heterojunction photocatalysts for efficient degradation of methyl orange[J]. Applied Catalysis B: Environmental, 2014, 147: 546 - 553.

[329] Ishida Y, Chabanne L, Antonietti M, et al. Morphology Control and Photocatalysis Enhancement by the One-Pot Synthesis of Carbon Nitride from Preorganized Hydrogen-Bonded Supramolecular Precursors [J]. Langmuir, 2014, 30(2): 447 - 451.

[330] Pawar R C, Khare V, Lee C S. Hybrid photocatalysts using graphitic carbon nitride/cadmium sulfide/reduced graphene oxide (g-C_3N_4/CdS/RGO) for superior photodegradation of organic pollutants under UV and visible Light[J]. Dalton Transactions, 2014, 43(33): 12514 - 12527.

[331] Dong F, Sun Y J, Wu L W, et al. Facile transformation of low cost thiourea into nitrogen-rich graphitic carbon nitride nanocatalyst with high visible light photocatalytic performance[J]. Catalysis Science & Technology, 2012, 2(7): 1332 - 1335.

[332] Cui Y J, Ding Z X, Liu P, et al. Metal-free activation of H_2O_2 by g-C_3N_4 under visible light irradiation for the degradation of organic pollutants [J]. Physical Chemistry Chemical Physics, 2012, 14 (4): 1455 - 1462.

[333] Wang D S, Sun H T, Luo Q Z, et al. An efficient visible-light photocatalyst prepared from g-C_3N_4 and polyvinyl chloride[J]. Applied Catalysis B: Environmental, 2014, 156: 323 - 330.

[334] Shalom M, Inal S, Neher D, et al. SiO_2/carbon nitride composite materials: The role of surfaces for enhanced photocatalysis[J]. Catalysis Today, 2014, 225: 185 - 190.

[335] Li Y B, Zhang H M, Liu P R, et al. Cross-Linked g-C_3N_4/rGO Nanocomposites with Tunable Band Struc-

ture and Enhanced Visible Light Photocatalytic Activity[J]. Small, 2013, 9(19): 3336-3344.

[336] Oh J, Lee S, Zhang K, et al. Graphene oxide-assisted production of carbon nitrides using a solution process and their photocatalytic activity[J]. Carbon, 2014, 66: 119-125.

[337] Zhang J F, Hu Y F, Jiang X L, et al. Design of a direct Z-scheme photocatalyst: Preparation and characterization of Bi_2O_3/g-C_3N_4 with high visible light activity[J]. Journal of Hazardous Materials, 2014, 280: 713-722.

[338] Zhu Y P, Li M, Liu Y L, et al. Carbon-Doped ZnO Hybridized Homogeneously with Graphitic Carbon Nitride Nanocomposites for Photocatalysis [J]. Journal of Physical Chemistry C, 2014, 118 (20): 10963-10971.

[339] Li Y P, Zhan J, Huang L Y, et al. Synthesis and photocatalytic activity of a bentonite/g-C_3N_4 composite [J]. RSC Advances, 2014, 4(23): 11831-11839.

[340] Chang F, Xie Y C, Li C L, et al. A facile modification of g-C_3N_4 with enhanced photocatalytic activity for degradation of methylene blue[J]. Applied Surface Science, 2013, 280: 967-974.

[341] Hou Y, Wen Z H, Cui S M, et al. Constructing 2D Porous Graphitic C3N4 Nanosheets/Nitrogen-Doped Graphene/Layered MoS_2 Ternary Nanojunction with Enhanced Photoelectrochemical Activity[J]. Advanced Materials, 2013, 25(43): 6291-6297.

[342] Dai K, Lu L H, Liu Q, et al. Sonication assisted preparation of graphene oxide/graphitic-C_3N_4 nanosheet hybrid with reinforced photocurrent for photocatalyst applications[J]. Dalton Transactions, 2014, 43(17): 6295-6299.

[343] Zhang Z Y, Huang J D, Zhang M Y, et al. Ultrathin hexagonal SnS_2 nanosheets coupled with g-C_3N_4 nanosheets as 2D/2D heterojunction photocatalysts toward high photocatalytic activity[J]. Applied Catalysis B: Environmental, 2015, 163: 298-305.

[344] Liu C, Jing L Q, He L M, et al. Phosphate-modified graphitic C_3N_4 as efficient photocatalyst for degrading colorless pollutants by promoting O_2 adsorption [J]. Chemical Communications, 2014, 50 (16): 1999-2001.

[345] Chang C, Fu Y, Hu M, et al. Photodegradation of bisphenol A by highly stable palladium-doped mesoporous graphite carbon nitride (Pd/mpg-C_3N_4) under simulated solar light irradiation[J]. Applied Catalysis B: Environmental, 2013, 142: 553-560.

[346] Hu X F, Ji H H, Chang F, et al. Simultaneous photocatalytic Cr(VI) reduction and 2, 4, 6-TCP oxidation over g-C_3N_4 under visible light irradiation[J]. Catalysis Today, 2014, 224: 34-40.

[347] Dong F, Wang Z, Li Y, et al. Immobilization of Polymeric g-C_3N_4 on Structured Ceramic Foam for Efficient Visible Light Photocatalytic Air Purification with Real Indoor Illumination[J]. Environmental Science & Technology, 2014, 48(17): 10345-10353.

[348] Dong F, Ou M Y, Jiang Y K, et al. Efficient and Durable Visible Light Photocatalytic Performance of Porous Carbon Nitride Nanosheets for Air Purification[J]. Industrial & Engineering Chemistry Research, 2014, 53(6): 2318-2330.

[349] Dong G H, Zhang L Z. Synthesis and Enhanced Cr(VI) Photoreduction Property of Formate Anion Containing Graphitic Carbon Nitride[J]. Journal of Physical Chemistry C, 2013, 117(8): 4062-4068.

[350] Shi L, Liang L, Ma J, et al. Remarkably enhanced photocatalytic activity of ordered mesoporous carbon/g-C_3N_4

composite photocatalysts under visible light dagger[J]. Dalton Transactions, 2014, 43(19): 7236-7244.

[351]Min Y L, Qi X F, Xu Q J, et al. Enhanced reactive oxygen species on a phosphate modified C_3N_4/graphene photocatalyst for pollutant degradation[J]. Crystengcomm, 2014, 16(7): 1287-1295.

[352]Chai B, Liao X, Song F K, et al. Fullerene modified C_3N_4 composites with enhanced photocatalytic activity under visible light irradiation[J]. Dalton Transactions, 2014, 43(3): 982-989.

[353]Bai X J, Wang L, Wang Y J, et al. Enhanced oxidation ability of g-C_3N_4photocatalyst via C_{60} modification [J]. Applied Catalysis B: Environmental, 2014, 152: 262-270.

[354]Xu Y G, Xu H, Wang L, et al. The CNT modified white C_3N_4 composite photocatalyst with enhanced visible-light response photoactivity[J]. Dalton Transactions, 2013, 42(21): 7604-7613.

[355]Liao G Z, Chen S, Quan X, et al. Graphene oxide modified g-C_3N_4 hybrid with enhanced photocatalytic capability under visible light irradiation[J]. Journal of Materials Chemistry, 2012, 22(6): 2721-2726.

[356]Fujishima A, Zhang X T. Titanium dioxide photocatalysis: present situation and future approaches [J]. Comptes Rendus Chimie, 2006, 9(5-6): 750-760.

[357]Chen X F, Zhang J S, Fu X Z, et al. Fe-g-C_3N_4-Catalyzed Oxidation of Benzene to Phenol Using Hydrogen Peroxide and Visible Light[J]. Journal of the American Chemical Society, 2009, 131(33): 11658-11659.

[358]Ye X J, Cui Y J, Wang X C. Ferrocene-Modified Carbon Nitride for Direct Oxidation of Benzene to Phenol with Visible Light[J]. ChemSusChem, 2014, 7(3): 738-742.

[359]Ye X J, Cui Y J, Qiu X Q, et al. Selective oxidation of benzene to phenol by Fe-CN/TS-1 catalysts under visible light irradiation[J]. Applied Catalysis B: Environmental, 2014, 152: 383-389.

[360]Su F Z, Mathew S C, Lipner G, et al. mpg-C_3N_4-Catalyzed Selective Oxidation of Alcohols Using O_2 and Visible Light[J]. Journal of the American Chemical Society, 2010, 132(46): 16299-16301.

[361]Long B H, Ding Z X, Wang X C. Carbon Nitride for the Selective Oxidation of Aromatic Alcohols in Water under Visible Light[J]. ChemSusChem, 2013, 6(11): 2074-2078.

[362]Su F Z, Mathew S C, Mohlmann L, et al. Aerobic Oxidative Coupling of Amines by Carbon Nitride Photocatalysis with Visible Light[J]. Angewandte Chemie International Edition, 2011, 50(3): 657-660.

[363]Zhang P F, Gong Y T, Li H R, et al. Selective oxidation of benzene to phenol by $FeCl_3$/mpg-C_3N_4 hybrids [J]. RSC Advances, 2013, 3(15): 5121-5126.

[364]Zhang P F, Wang Y, Li H R, et al. Metal-free oxidation of sulfides by carbon nitride with visible light illumination at room temperature[J]. Green Chemistry, 2012, 14(7): 1904-1908.

[365]Mohlmann L, Baar M, Riess J, et al. Carbon Nitride-Catalyzed Photoredox C-C Bond Formation with N-Aryltetrahydroisoquinolines[J]. Advanced Synthesis & Catalysis, 2012, 354(10): 1909-1913.

[366]Li X H, Baar M, Blechert S, et al. Facilitating room-temperature Suzuki coupling reaction with light: Mott-Schottky photocatalyst for C-C-coupling[J]. Scientific Reports, 2013, 3.

[367]Liu J, Antonietti M. Bio-inspired NADH regeneration by carbon nitride photocatalysis using diatom templates [J]. Energy & Environmental Science, 2013, 6(5): 1486-1493.

[368]Song L M, Zhang S J, Wu X Q, et al. Graphitic C_3N_4 Photocatalyst for Esterification of Benzaldehyde and Alcohol under Visible Light Radiation [J]. Industrial & Engineering Chemistry Research, 2012, 51(28): 9510-9514.

[369]Zhan H, Liu W, Fu M, et al. Carbon nitride-catalyzed oxidative cleavage of carbon-carbon bond of alpha-

hydroxy ketones with visible light and thermal radiation[J]. Applied Catalysis A: General, 2013, 468: 184 - 189.

[370]Zhang P F, Wang Y, Yao J, et al. Visible-Light-Induced Metal-Free Allylic Oxidation Utilizing a Coupled Photocatalytic System of g-C_3N_4 and N-Hydroxy Compounds[J]. Advanced Synthesis & Catalysis, 2011, 353(9): 1447 - 1451.

[371]Dai X, Xie M L, Meng S G, et al. Coupled systems for selective oxidation of aromatic alcohols to aldehydes and reduction of nitrobenzene into aniline using CdS/g-C_3N_4 photocatalyst under visible light irradiation [J]. Applied Catalysis B: Environmental, 2014, 158: 382 - 390.

[372]Shiraishi Y, Kanazawa S, Sugano Y, et al. Highly Selective Production of Hydrogen Peroxide on Graphitic Carbon Nitride (g-C_3N_4) Photocatalyst Activated by Visible Light[J]. ACS Catalysis, 2014, 4(3): 774 - 780.

[373]Wang W J, Yu J C, Xia D H, et al. Graphene and g-C_3N_4 Nanosheets Cowrapped Elemental alpha-Sulfur As a Novel Metal-Free Heterojunction Photocatalyst for Bacterial Inactivation under Visible-Light [J]. Environmental Science and Technology, 2013, 47(15): 8724 - 8732.

[374]Zhang Z Z, Long J L, Yang L F, et al. Organic semiconductor for artificial photosynthesis: water splitting into hydrogen by a bioinspired $C_3N_3S_3$ polymer under visible light irradiation[J]. Chemical Science, 2011, 2(9): 1826 - 1830.

[375]Li X W, Zhang S H, Wang Q. Stability and physical properties of a tri-ring based porous g-C_4N_3 sheet [J]. Physical Chemistry Chemical Physics, 2013, 15(19): 7142 - 7146.

[376]Schwinghammer K, Mesch M B, Duppel V, et al. Crystalline Carbon Nitride Nanosheets for Improved Visible-Light Hydrogen Evolution [J]. Journal of the American Chemical Society, 2014, 136(5): 1730 - 1733.

[377]Mcdermott E J, Wirnhier E, Schnick W, et al. Band Gap Tuning in Poly(triazine imide), a Nonmetallic Photocatalyst[J]. Journal of Physical Chemistry C, 2013, 117(17): 8806 - 8812.

[378]Schwinghammer K, Tuffy B, Mesch M B, et al. Triazine-based Carbon Nitrides for Visible-Light-Driven Hydrogen Evolution[J]. Angewandte Chemie International Edition, 2013, 52(9): 2435 - 2439.

[379]Cao S, Low J, Yu J, et al. Polymeric Photocatalysts Based on Graphitic Carbon Nitride[J]. Advanced Materials, 2015, 27(13): 2150 - 2176.

[380]Wang Y, Wang X C, Antonietti M. Polymeric Graphitic Carbon Nitride as a Heterogeneous Organocatalyst: From Photochemistry to Multipurpose Catalysis to Sustainable Chemistry[J]. Angewandte Chemie International Edition, 2012, 51(1): 68 - 89.

[381]Zheng Y, Lin L, Wang B, et al. Graphitic Carbon Nitride Polymers toward Sustainable Photoredox Catalysis[J]. Angewandte Chemie International Edition, 2015, 54(44): 12868 - 12884.

[382]楚增勇，原博，颜廷楠．g-C_3N_4 光催化性能的研究进展[J]．无机材料学报，2014，29(8)：785 - 794.

第6章 多 孔 炭

多孔炭是指以碳为基本骨架且具有不同尺寸大小孔之物质[1]。多孔炭中，孔的大小可从相当于分子尺寸的纳米级微孔直至适于微生物繁殖及活动的微米级大孔。传统多孔炭(即活性炭)、超级多孔炭(即高比表面积活性炭)、介孔碳、多孔炭微球、多孔炭纤维、碳分子筛等不同形态、不同孔结构的碳材料都属于多孔炭的范畴。有关多孔炭的理论研究主要集中在孔结构(物理性质)和表面化学结构(化学性质)两个方面。所谓多孔炭的孔结构，是指由不同大小的单一粒子(Primary particles)或由其聚集构成的二次结构(Secondary particles)组成的超微粒子围绕而成的孔隙；而多孔炭的表面化学结构主要指其表面官能团的种类和结构等。多孔炭的孔结构和表面化学结构，共同决定了多孔炭独特的吸附、储能及催化等性能。多孔炭具有碳材料的一系列优点，如耐高温、耐腐蚀、导电、传热以及化学稳定性高和生物相容性好等。多孔炭除用作传统的吸附分离材料外，也可作为催化材料、能源材料、生物材料等。从古至今，多孔炭一直是碳材料研究的热点之一，近年来这一趋势仍然不减。另外，由一维碳纳米管和二维石墨烯等新型纳米碳材料构筑有特定结构和形态的三维多孔炭研究也方兴未艾。

任何含有碳元素的物质均可通过热裂解、热缩合等反应生成以碳为主体的碳材料。多孔炭最初是以含碳的天然植物或矿物为原料制得，这些原料包括：果壳、果核、木材、煤炭和石油等。随着多孔炭用途的不断扩展，其原料向相反的两个方向发展；一方面是为制造应用量大、适用面广、性能一般但价格低廉的普通多孔炭，主要是利用低品位煤炭(泥煤或褐煤)、重质油、木材边角料、竹材、纸浆废液、废橡胶轮胎及废塑料、各种废弃的农副产品等；另一方面则是制造可长期使用或可回收利用的具有特殊功能和形态的高级多孔炭，如超级多孔炭、多孔炭纤维及碳分子筛等，大多使用特制的高价原料。鉴于我国有数以亿吨的富含芳烃的石油沥青、石油焦等重质油，本章重点讲述以石油焦或石油沥青为原料制备多孔炭的研究，并探讨多孔炭在储能、催化等领域的应用。

6.1 制备

多孔炭的制备方法通常包括：物理活化法、化学活化法、物理－化学复合活化法、催化活化法、聚合物共炭化法、模板法、微波法等。

6.1.1 物理活化法

物理活化法，也称热活化法：先将原料炭化后再利用水蒸气或二氧化碳在高温下进行活化，即该过程包括炭化和活化两个步骤[1]。炭化的目的是把有机原料在惰性气体保护下加热，先以除去其中的非碳元素，如氧、氢、氮、硫等，以制造适合第二步活化的碳质材料的过程。炭化温度通常是控制在1000℃以下：分为三个阶段，即400℃以下、400～700℃和700～1000℃。400℃以下主要发生脱水、脱酸等一次分解反应，此时原料中的—O—键不发生分解；400～700℃时，—O—键发生断裂，氧以H_2O、CO_2、CO等形态逸出，原料的挥发分逐渐减少，到700℃时几乎降为零；700～1000℃主要为脱氢反应，芳香族分子间通过聚合反应形成大量的键，最终形成一种高度聚合碳材料。原料经炭化后，即可进行活化反应。所谓活化，是指炭化产物中的碳原子与二氧化碳、水蒸气等气体活化剂发生反应，产生大量的孔隙，并伴随重量的损失和比表面积的增大。活化过程是控制多孔炭的孔结构、决定其吸附等性能的关键步骤。

6.1.2 化学活化法

化学活化法是先将原料粉碎或分类，再把活化剂加入原料中，然后在惰性气氛中加热，进行炭化和活化的一种方法[1]。活化过程可与炭化过程同时进行，也可在炭化后进行。所用的活化剂主要为具有刻蚀作用的一些化学试剂，如KOH、NaOH等碱金属氢氧化物；K_2CO_3、Na_2HPO_4等碱金属盐；$ZnCl_2$、$AlCl_3$等氯化物；磷酸等。化学活化法的原理因活化剂的不同而不同。其中，碱金属氢氧化物及碱金属盐是先形成插层化合物后，再在活化过程中使石墨层状结构剥离，同时使部分碳原子气化，进而形成孔隙结构；而氯化物和磷酸因为具有强烈的脱水效应和刻蚀功能，在活化初期将原料中氢元素和氧元素脱除后，再刻蚀碳原子形成孔隙结构。采用KOH活化法制备多孔炭时，在300～600℃主要发生分子交联或缩聚反应，此时其中一些非碳原子的脱除和焦油类物质的挥发是其失重的主要原因。由于KOH的加入抑制了焦油的生成，因而可显著提高多孔炭的收率。物理活化所得多孔炭收率一般低于30%，而化学活化所得多孔炭收率可高达60%。此外，由于KOH的加入，使得活化反应的实际温度降低了约100℃，即在540℃左右即可发生反应，此时KOH的加入可加快非碳原子N、H等的脱除。KOH活化造孔的机理是：通过KOH与原料中的碳反应，把其中的部分碳刻蚀掉，再经过洗涤把生成的含钾物质洗去，从而在被刻蚀的位置留下孔。发生的主要以下反应[2]：

$$4KOH + —CH_2 \longrightarrow K_2CO_3 + K_2O + 3H_2$$

$$8KOH + 2—CH \longrightarrow 2K_2CO_3 + 2K_2O + 5H_2$$

$$K_2O + C \longrightarrow 2K + CO$$

$$K_2CO_3 + 2C \longrightarrow 2K + 3CO$$

与物理活化相比，化学活化法具有活化温度低、活化剂用量易于控制、碳收率高等优点。但是，化学活化引入的化学试剂容易对生产设备造成腐蚀，活化剂不易回收或回收成本高，排放后会污染环境。

6.1.3 物理-化学复合活化法

物理－化学复合活化法是将原料与化学活化剂混合后，在化学活化的同时向反应器通入水蒸气、二氧化碳或少量空气进行物理活化。物理－化学复合活化法也可制得高性能的多孔炭。与单纯的物理活化及化学活化相比，采用物理－化学复合活化法所得多孔炭收率相对较低。

6.1.4 催化活化法

催化活化法是在碳前驱体中添加金属及其化合物，利用金属及其化合物对碳气化的催化作用进行造孔。在活化过程中，金属纳米颗粒在碳材料中发生迁移，形成孔径较大的孔隙结构，或者与金属颗粒接触的碳在催化作用下优先发生气化从而形成中孔含量较高的多孔炭。大部分金属对碳气化具有催化作用，但是催化剂不同，催化活性也不相同。用于多孔炭制备的催化剂主要有铁、镍、钴、稀土金属、二氧化钛、硼酸盐、硝酸盐等，其中过渡金属对碳材料气化的催化活性最高。根据催化剂加入方式的不同，催化活化法可分为浸渍法、预混法和离子交换法等。

催化活化法制得的多孔炭含有较多的中孔，孔径分布较为集中，适合做超级电容器用碳复合材料。但是，由于使用金属催化剂，因此所制多孔炭中金属的残余偏高，需要充分洗涤。

6.1.5 聚合物共炭化法

聚合物共炭化法，又称溶胶-凝胶法，是将预先设计好的具有不同纳米尺度的原料引入到聚合物中，由于所选用的聚合物热稳定不同，它们会在炭化过程中发生微相分离。热稳定较好的聚合物称为母体，热稳定性较低的为造孔剂。在炭化过程中，母体则经过高温炭化形成碳基体，而造孔剂在较低温度时即分解气化，形成孔隙结构。根据母体和造孔剂的比例及相容性不同，可以对孔径结构进行调控。由于该法所制备的多孔炭主要是网状或者交联的碳颗粒，故又称作“碳凝胶”。

6.1.6 模板法

模板法，又被称为“分子印刻法”、“纳米浇铸法”。该法是指将具有特定空间结构和基团的物质——模板引入到碳前驱体中，随后将模板脱除以制备具有“模板识别部位”基材的一种方法。根据所使用的模板不同，模板法分为硬模板法和软模板法。硬模板法又称为“固有模板碳化法”，所用的模板剂主要为具有纳米孔隙结构的无机物，如层状结构材料（蒙脱土、云母等）、沸石、多孔硅和铝阳极氧化物等；软模板法又称为“同步模板炭化法”，所用模板剂多为表面活性剂，如三嵌段聚合物（F123、P108、P123），正硅酸乙酯（TEOS）等。

模板法制备多孔炭的最大优点是所得制品的孔结构可以控制，孔径分布也较窄。硬模板法制备的多孔炭，其孔结构主要由模板自身的结构参数决定；而软模板法则因可以选用不同的模板剂，从而可以对孔结构进行更为灵活地控制。安徽工业大学何孝军等采用模板协同化学活化法研制了石油沥青基多孔炭[3]：将2.0g石油沥青、19.0g纳米氧化锌、6.0g氢氧化钾充分混合研磨，得到的粉末状混合物转移到刚玉舟中，以氩气（$60mL\cdot min^{-1}$）为保护气，在管式炉中以$5K\cdot min^{-1}$加热至473K，恒温30min后，再以$5K\cdot min^{-1}$加热到1123K，恒温60min，通过对产物的多次酸洗与水洗后，可得到内部孔相互连接的多孔炭。产物$IPC_{2-19-6-850}$的下标表示该批次的实验条件，即石油沥青的质量为2g，氧化锌的质量为19g，氢氧化钾的质量为6g，终温为850℃。

图6-1(a)是$IPC_{2-19-6-850}$的扫描电镜图，可以看出样品中有大量的相互连接的带有凹槽的层状结构，这种结构可在一定程度上提高其比表面积、缩短电解液离子的扩散距离、提高材料的导电性。与其他样品相比，$IPC_{2-19-6-850}$有更多的联系紧密的多孔炭层。通过改变活化终温和石油沥青/氧化锌/氢氧化钾的质量比，可得到不同比表面积和孔径分布的多孔炭样品。与此同时，这些紧密连接的碳层结构可以提高多孔炭的导电性，缩短电解液离子的传输距离并最终提高其电化学性能。图6-1(c)和(e)分别是$IPC_{3-18-6-850}$和$IPC_{3-18-6-900}$的扫描电镜图。图6-1(b)、(d)、(e)分别是$IPC_{2-19-6-850}$；$IPC_{3-18-6-850}$；$IPC_{3-18-6-900}$三个样品的透射电镜图。可以看出，这些样品在电子束照射下透明，说明其极薄的厚度，极薄碳片上存在的孔长很短，可以缩短离子的传输距离，提高电极材料的速率性能。

图6-2(a)是相对压力为0.5～1.0时所制多孔炭吸脱附氮的等温线，可以看出，吸脱附等温线中有明显的滞后环，属于典型的IV吸附，表明所制多孔炭材料含有一定量的中孔和大孔。图6-2(b)是样品的孔径分布图。表6-1是所得多孔炭样品的孔结构参数。从图6-2(b)和表6-1中可以看出，活化终温和原料的质量比是影响多孔炭孔结构参数的重要因素。在同一比例下，随着活化终温的提高，孔容与比表面皆下降。$IPC_{3-18-6-800}$、$IPC_{3-18-6-850}$和$IPC_{3-18-6-900}$的比表面积分别是$2399m^2\cdot g^{-1}$、$1979m^2\cdot g^{-1}$和$1766m^2\cdot g^{-1}$，与之相对应的孔容分别是$1.23cm^3\cdot g^{-1}$、$1.11cm^3\cdot g^{-1}$和$0.96cm^3\cdot g^{-1}$。上述结果可能是由于活化温度的升高，导致部分孔的坍塌，造成比表面积和孔容的减小。在1123 K的活化终温下，通过降低碳源的质量，同时提高氧化锌模板的质量，得到了比表面积更高和孔容更大的样品$IPC_{2-19-6-850}$，其比表面积高达$2464m^2\cdot g^{-1}$，孔容为$1.47cm^3\cdot g^{-1}$，平均孔径为2.23nm。高的比表面积有利于离子吸附和电能的存储。

图6-2(c)是IPC的XPS谱图，从图6-2(c)可以看出，主要存在C1s和O1s两个峰。样品中的含氧官能团主要包括：C═O，C—O和—OH[图6-2(d)]。含氧官能团主要是由氢氧化钾对包裹在氧化锌模板外面、在纳米模板形成限域空间内薄层碳的有效活化而生成，这些含氧官能团可以提高多孔炭的润湿性。为了进一步研究IPC的结构，用拉曼光谱对其进行了表征。在图6-2(e)中，可以清楚地看到两个明显的D峰（$\sim1346cm^{-1}$）和G峰（$\sim1593cm^{-1}$）。D峰是由氢氧化钾活化形成的缺陷碳引起，G峰则是sp^2杂化的碳对应的

峰。D 峰和 G 峰的比值（I_D/I_G）约为 1.0，表明所得多孔炭具有一定的石墨化度。图 6-2（f）是 $IPC_{2-19-6-850}$ 样品的 X 射线衍射图，可以看出所制多孔炭也含有一定的无定型碳，这主要由氢氧化钾活化作用造成的。

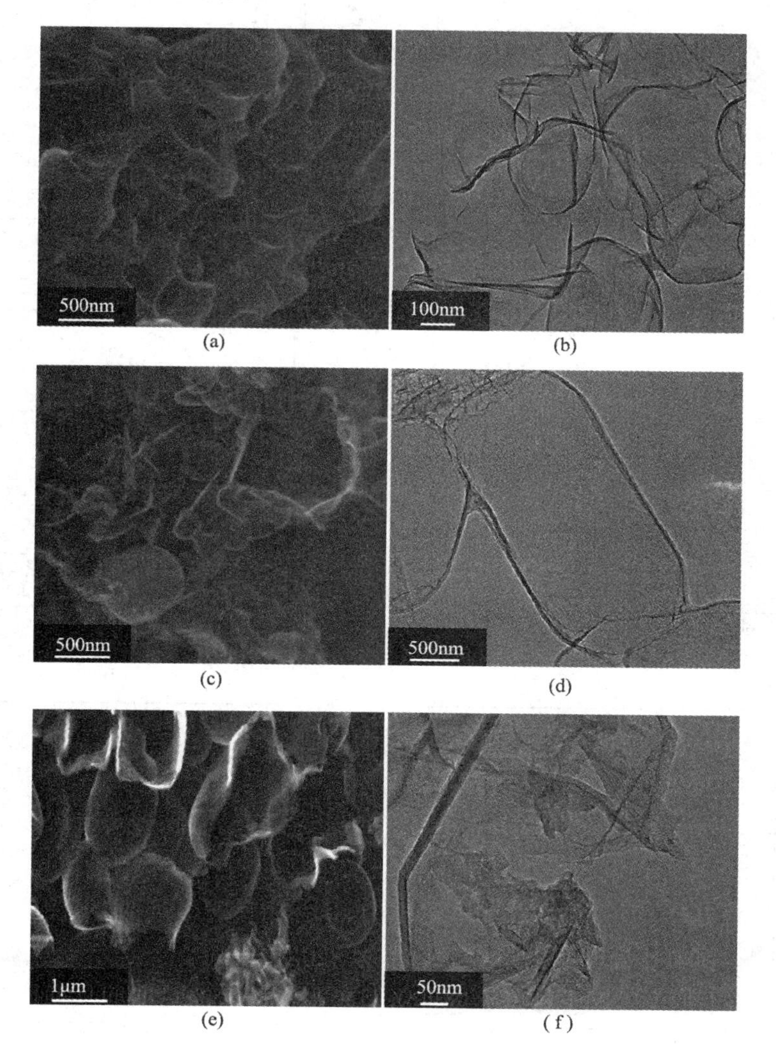

(a) (b) (c) (d) (e) (f)

图 6-1　石油沥青基相互连接的多孔炭的扫描电镜照片：
（a）$IPC_{2-19-6-850}$；（c）$IPC_{3-18-6-850}$；（e）$IPC_{3-18-6-900}$；
透射电镜照片：（b）$IPC_{2-19-6-850}$；（d）$IPC_{3-18-6-850}$；（f）$IPC_{3-18-6-900}$

上述多孔炭制备方法中，物理活化法、化学活化法、物理化学活化法及催化活化法所制备的多孔炭以微孔为主，比表面积大，且制备时间相对较短，但孔径分布难以控制；其他方法所制多孔炭孔径分布较窄，且灰分少，孔径可调控，但是制备条件苛刻，过程冗长，费用偏高。为了简化制备过程、降低多孔炭的制备成本、实现节能减排的目的，近年来，微波辅助化学活化法引起了人们的研究兴趣。

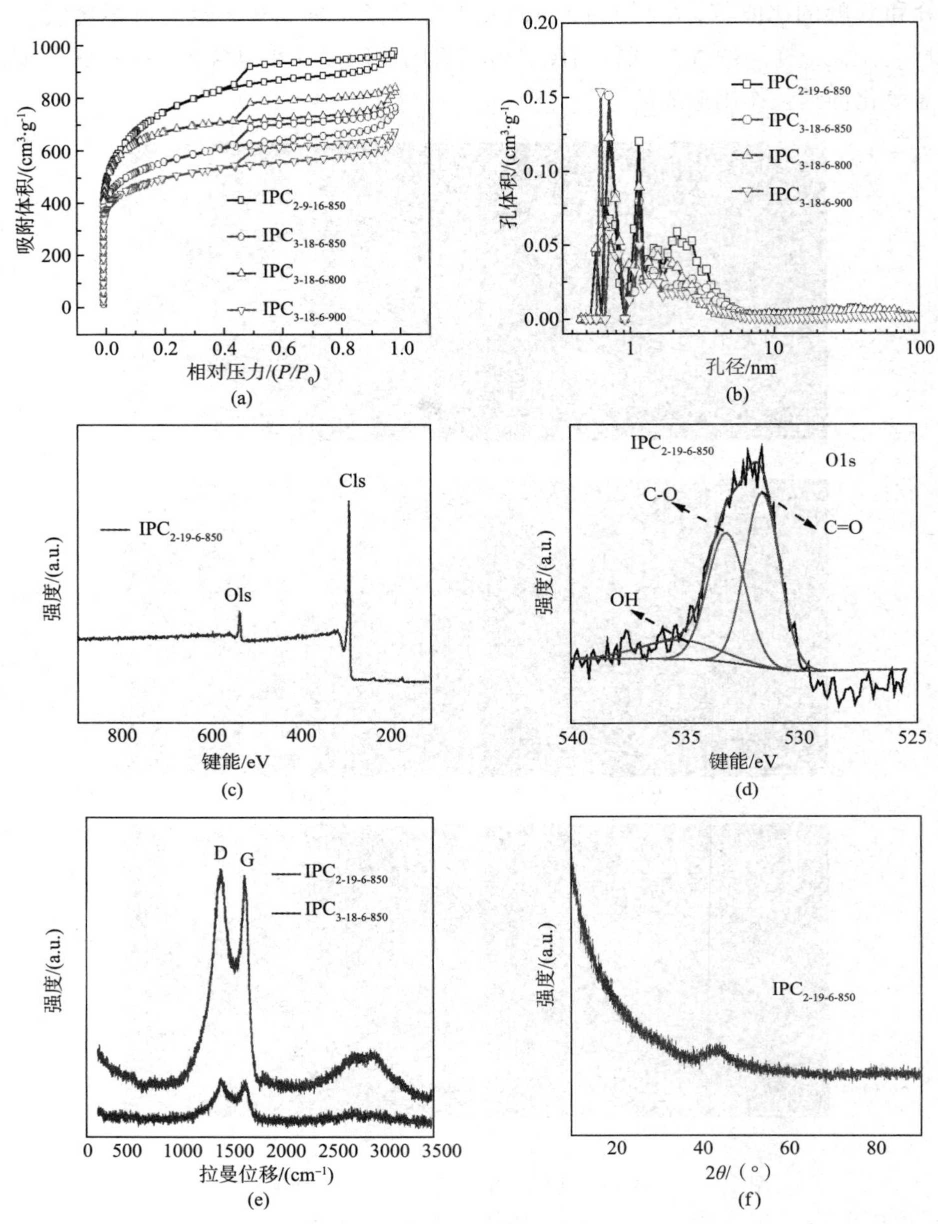

图6-2 (a)相互连接的多孔炭的氮吸脱附等温线；(b)孔径分布；(c)XPS光谱；(d)$IPC_{2-19-6-850}$的O1s光谱；(e)拉曼光谱；(f)XRD光谱

表6-1 相互连接的多孔炭的孔结构参数及收率

IPC Samples	D_{ap}/nm	S_{BET}/($m^2\cdot g^{-1}$)	V_t/($cm^3\cdot g^{-1}$)	V_{mic}/($cm^3\cdot g^{-1}$)	Yield/%
$IPC_{2-19-6-850}$	2.23	2646	1.47	1.08	30.5
$IPC_{3-18-6-800}$	2.05	2399	1.23	1.01	44.9
$IPC_{3-18-6-850}$	2.25	1979	1.11	0.78	31.9
$IPC_{3-18-6-900}$	2.18	1766	0.96	0.71	27.8

6.1.7 微波法

常规电炉加热是制备多孔炭的传统加热方式，但常规电炉加热存在温度分布不均的缺陷，造成多孔炭的质量存在差异。为了提高多孔炭的质量，可采用微波法加热制备多孔炭。所谓微波加热，是指在高频电磁场作用下，极性分子从原来的随机分布状态转向依照电场的极性排列取向，并按交变电磁的频率不断变化，这一过程造成分子的运动和内摩擦从而产生热量。此时交变电场的场能转化为材料内的热能，使材料温度不断升高，从而达到加热的目的。

安徽工业大学何孝军等系统地开展了微波加热制备多孔炭的研究[4~7]，采用单因素考察了碱焦比、活化时间对多孔炭性能的影响，其主要研究内容如下：

1）活化时间

图 6-3 为微波活化时间与多孔炭收率之间的变化关系图。从图 6-3 可以看出，随着活化时间的增加，多孔炭收率降低。当活化时间为 27min 的时候，活化时间较短，石油焦中的 C 与 KOH 反应不充分，消耗的碳较少，产生的孔较少。随着活化时间的增长，反应越来越充分，生成的 CO_2 与 C 也会发生反应，且产生大量钾蒸气，碳的表面被刻蚀，碳损耗的越来越多，多孔炭收率越来越低。因此，随着活化时间的延长，活化反应程度加深，多孔炭收率降低。

图 6-4 为不同活化时间下微波活化制备的多孔炭红外光谱图。PC-37 等四种多孔炭红外光谱图形状相似，在 3200 ~ 3500cm^{-1} 处存在明显的—O—H 振动峰；2846cm^{-1} 和 2925cm^{-1} 附近的吸收峰归属于—CH_2 的—C—H 伸缩振动；1650cm^{-1} 附近为羰基中的—C═O 伸缩振动[8,9]；1384cm^{-1} 附近为—C—H 的弯曲振动[10]。而 1112cm^{-1} 附近的吸收峰是羧基中—C—O 伸缩振动。以上结果表明，所制多孔炭含有一定量的含氧官能团，这些含氧官能团可以提高多孔炭的润湿性和催化性能。

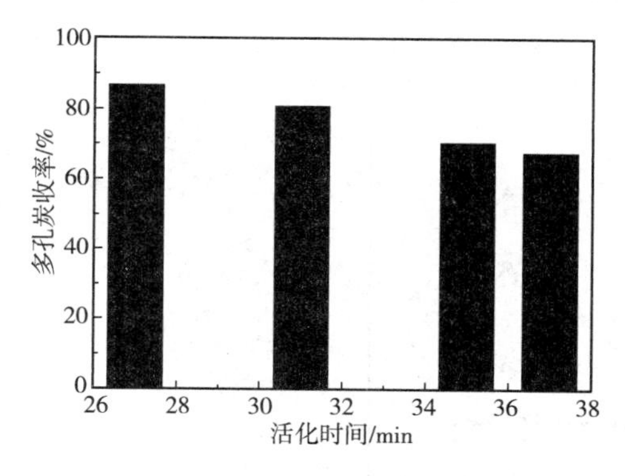

图 6-3　活化时间对多孔炭收率的影响

（微波功率 =250W，碱焦比 =5∶1，

活化时间为 27，31，35，37min，所制备的

多孔炭依次标记为 PC-27，PC-31，PC-35，PC-37）

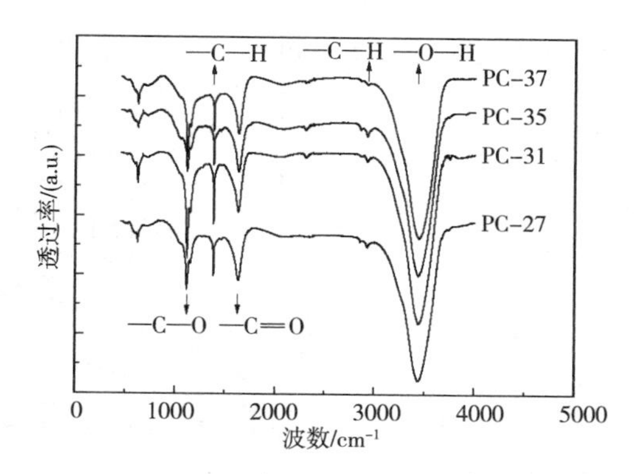

图 6-4　不同活化时间下多孔炭的红外光谱图

图6-5为不同活化时间与多孔炭对亚甲基蓝吸附量的关系图。亚甲基兰吸附量的大小常用来表征多孔炭的吸附能力。结果表明，PC-35对亚甲基蓝的吸附值最高，达631.0mg·g^{-1}，说明其孔容最大。

图6-6为四种多孔炭样品的吸脱附等温线。从图中可以看出四种多孔炭的吸脱附等温线均呈典型的I型特征，属朗格谬尔(Langmuri)单分子层吸附，且基本无脱附滞后环，表明它们吸脱附可逆性好，以微孔为主。在相对压力为0~0.1的区域内，多孔炭样品对N_2的吸附呈现出较快的增加。在相对压力较高的0.2~1.0区域，吸附等温线表现为一条近似平滑的直线，说明四种多孔炭基本上都能吸附饱和。从图6-6还可以看出，PC-35对N_2的吸附量远高于PC-31、PC-37、PC-27，说明PC-35吸附能力最好，比表面积相对最高。PC-31、PC-37、PC-27的N_2吸附量差别较小，说明三种多孔炭吸附能力相差不大，比表面积变化较小。

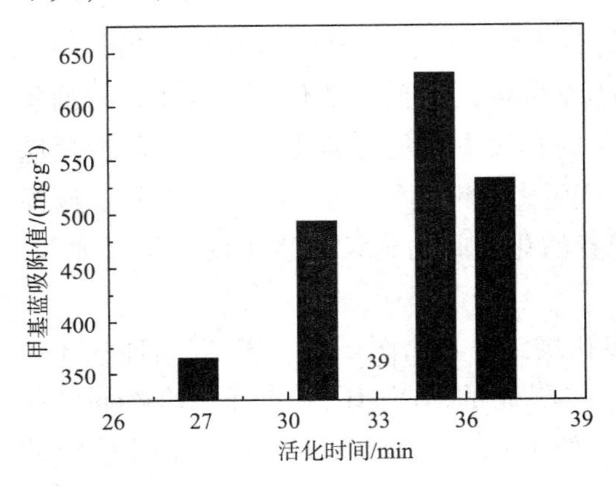

图6-5 活化时间与亚甲基蓝吸附量的关系图

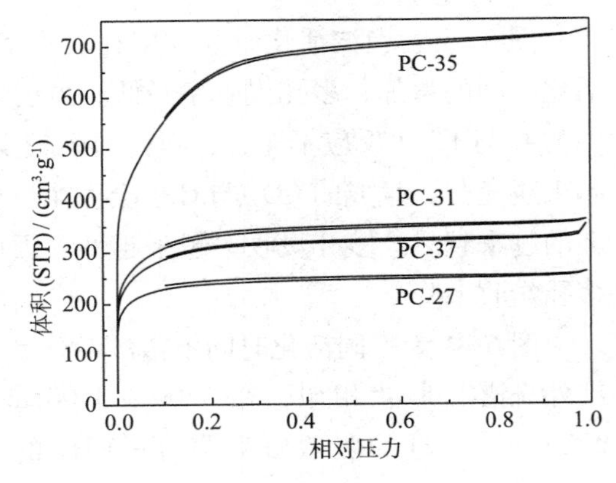

图6-6 不同活化时间所制多孔炭的吸附等温线

活化时间对孔容的影响如图6-7所示。随着活化时间的增大，多孔炭的微孔孔容逐渐增大。当活化时间为35min时，多孔炭(PC-35)的孔容达最大值。

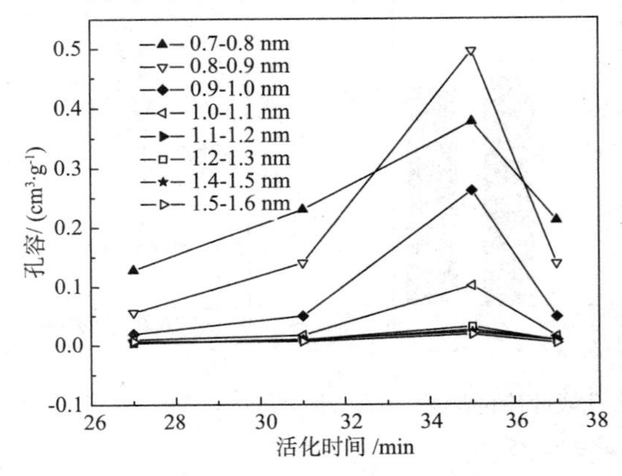

图6-7 活化时间对孔容的影响(图中的孔容都是累计孔容，0.8~0.9nm对应的孔容是小于0.9nm的孔容减去小于0.8nm的孔容)

表 6-2 为不同活化时间下的多孔炭孔结构参数。从表中可以看出，PC -35 比表面积、总孔容、微孔孔容均最高。

表 6-2　不同活化时间下的多孔炭孔结构参数

样品	S_{BET}/($m^2 \cdot g^{-1}$)	D_{ap}/nm	V_{tot}/($cm^3 \cdot g^{-1}$)	V_{mic}/($cm^3 g^{-1}$)	(V_{mic}/ V_{tot})/%
PC -27	791	2.03	0.40	0.37	92.50
PC -31	1120	1.99	0.56	0.53	94.64
PC -35	2312	1.95	1.13	1.05	92.92
PC -37	1053	2.07	0.55	0.49	89.09

注：S_{BET}：比表面积；D_{ap}：平均孔径；V_{mic}：微孔孔容（<2nm）；V_{tot}：总孔容。

上述结果说明，活化时间小于 35min 时，造孔速率大于扩孔速率，生成更多的新孔，故活化时间为 27min、31min 和 35min 时，吸附能力呈上升趋势。继续延长活化时间，KOH 与先前生成的孔壁上的碳进一步反应，使得先前生成的微孔被破坏，且一部分孔隙被过分烧蚀塌陷的碳骨架堵塞。因此，活化时间为 37min 时，多孔炭比表面积和吸附能力反而下降。

多孔炭的元素分析如表 6-3 所示。由于活化在高温下进行，含氮及硫官能团发生热分解，故在活化过程中氮、硫两种元素含量减少。而氧原子的电负性非常强，具有较大偶极矩，因此在炭化及活化过程中，氧会与多孔炭表面原子发生反应，生成表面含氧官能团。由于氧与碳的反应活化能在 0 ~40 kJ · mol^{-1} 范围内，因此碳在有水分存在时，与氧反应的过程会持续很长时间，有的甚至长达数月，所得多孔炭的氧含量增加非常明显；而碳原子在活化过程中，经钾刻蚀及气化反应会损失一部分，同时因氧含量的急剧增加，多孔炭中的碳含量将显著减少。

表 6-3　多孔炭的元素分析　　%（质量分数）

产品序号	N	C	S	H	O*
PC -3 -400 -30	1.25	63.47	0.50	3.55	31.23
PC -3 -550 -40	0.45	73.26	0.50	5.39	20.40
PC -3 -700 -50	0.22	81.13	0.49	4.34	13.81
PC -4 -400 -40	1.26	67.26	0.38	3.73	27.37
PC -4 -550 -50	0.53	73.03	0.53	6.22	19.69
PC -4 -700 -30	0.54	64.31	0.46	2.65	32.03
PC -5 -400 -50	1.36	68.05	0.46	3.62	26.51
PC -5 -550 -30	1.26	70.00	0.44	4.33	23.97
PC -5 -700 -40	0.64	67.76	0.36	6.04	25.20
Petroleum coke	1.79	93.05	0.62	3.93	0.61

* 差减法

2）碱焦比

在固定活化时间为35min，活化功率为250W时，考察了不同碱焦比对多孔炭性能的影响。碱焦比为3∶1、4∶1、5∶1、6∶1时，所制多孔炭依次标记为PC3/1、PC4/1、PC5/1、PC6/1。图6-8为不同碱焦比对多孔炭收率的影响。从图中可以看出，随着碱焦比的增加，多孔炭收率逐渐减少。这是因为随着碱焦比的增加，C与KOH的反应更加充分。消耗的碳越来越多，多孔炭收率越来越低。

图6-9为不同碱焦比时所制多孔炭的红外谱图。所制多孔炭的红外谱图形状相似，在3200～3500cm^{-1}处出现由—O—H基团振动作用形成的峰；2925cm^{-1}附近的吸收峰归属于—C—H的伸缩振动；1650cm^{-1}峰附近为羰基中的—C═O伸缩振动造成；1400cm^{-1}附近的小峰是羧基中—O—H弯曲变形所致，1384cm^{-1}附近为—CH_3的弯曲振动。而1112cm^{-1}附近的峰是羧基中—C—O伸缩振动。多孔炭上—C═O和—C—O的峰强度明显高于石油焦对应的峰，这主要是归因于KOH的活化作用。

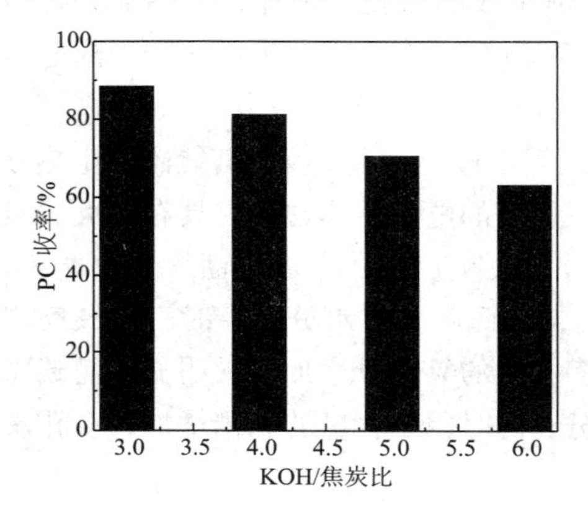

图6-8　碱焦比对多孔炭收率的影响

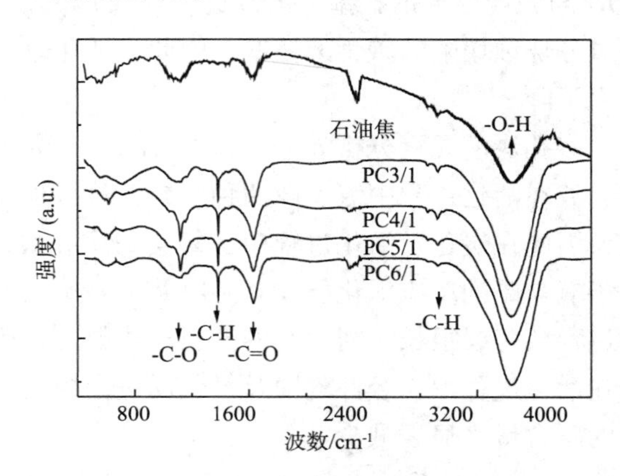

图6-9　不同碱焦比所制多孔炭及石油焦的红外光谱图

图6-10为不同碱焦比时所制多孔炭的亚甲基蓝吸附性能。碱焦比为5/1时，所制多孔炭对亚甲基蓝的吸附值最高，说明碱焦比为5/1时制得的多孔炭的孔容相对最大。

图6-11为四种不同碱焦比条件下所制得的多孔炭及商业活性碳的等温吸脱附线。四种多孔炭的等温吸脱附线均呈现典型的Ⅰ型特征，说明所得多孔炭以微孔为主。其中，碱焦比为6/1时所制得的多孔炭吸附性能远低于碱焦比为3/1、4/1、5/1时对应多孔炭的吸附性能，进一步说明碱焦比为6/1时，因过度活化导致多孔炭吸附性能较差。随着碱焦比的逐渐增大，多孔炭的比表面积达到各自的最大值，分别为1666m^2·g^{-1}、1855m^2·g^{-1}、2312m^2·g^{-1}和575m^2·g^{-1}。即，当碱焦比为5/1时，多孔炭的比表面积最大，吸附性能最好。表6-4为不同碱焦比时所制得的多孔炭的孔结构参数。从表中可以看出，PC5/1对应的比表面积、总孔容和微孔孔容均最大。

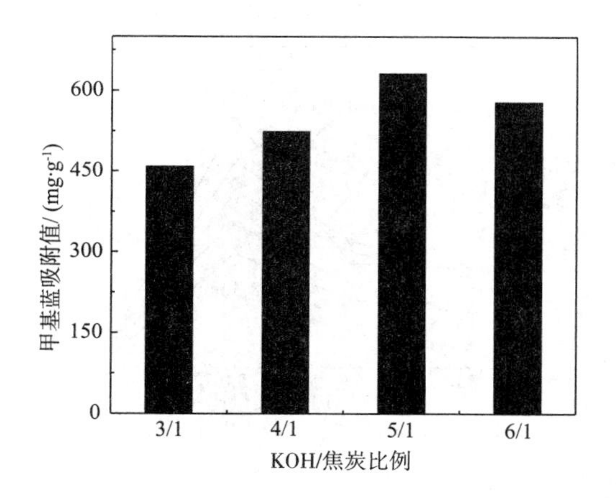

图6-10　不同碱焦比时所制多孔炭的亚甲基蓝吸附值

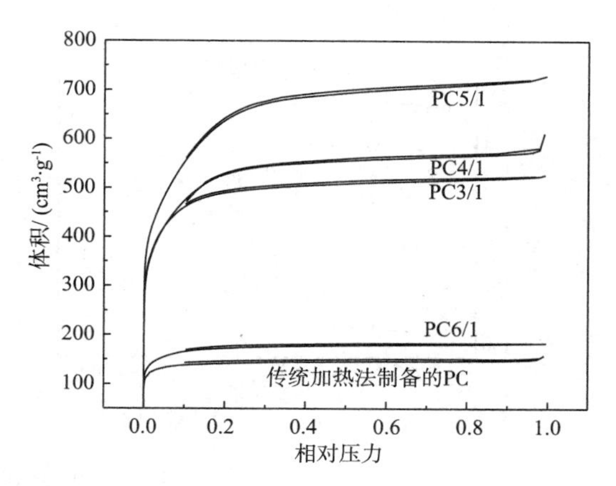

图6-11　不同碱焦比时所制多孔炭及商业活性碳的 N_2 等温吸附线

表6-4　不同碱焦比对应多孔炭的孔结构参数

样品	S_{BET}/($m^2 \cdot g^{-1}$)	D_{ap}/nm	V_{tot}/($cm^3 \cdot g^{-1}$)	V_{mic}/($cm^3 \cdot g^{-1}$)	(V_{mic}/V_{tot})/%
PC3/1	1666	1.95	0.81	0.78	96.30
PC4/1	1855	2.03	0.94	0.85	90.43
PC5/1	2312	1.95	1.13	1.06	93.81
PC6/1	575	1.97	0.28	0.27	96.43

图6-12为不同碱焦比时所制多孔炭的孔径分布图，其孔容为区间的累计孔容，如0.9nm处对应的孔容是小于0.9nm的孔容减去小于0.8nm的孔容。从图中可以看出，所得多孔炭的孔径主要集中在0.7～1.1nm之间。

碱焦比对多孔炭孔容的影响见图6-13。从图6-13(a)可以发现，随着碱焦比从3/1增加至5/1，1.0～1.1nm范围内的孔容缓慢增加；0.8～0.9nm及0.9～1.0nm范围内的孔容增加较快。相反，随着碱焦比从3/1增加到4/1或从4/1增加到5/1，0.6～0.7nm及0.7～0.8nm范围内的孔容变小。碱焦比为5/1时，0.8～0.9nm范围内的孔容最大。图6-13(b)给出了较大微孔的孔容和较小中孔的孔容变化趋势。同样，较大微孔的孔容或较小中孔的孔容在碱焦比为5/1时达到最大值。

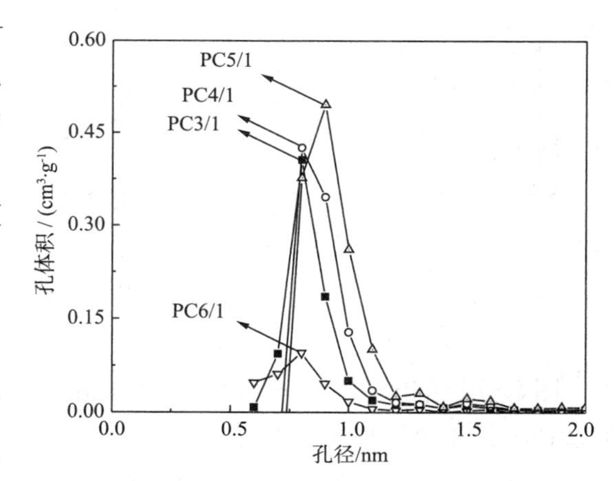

图6-12　不同碱焦比对应多孔炭的孔径分布图

上述结果表明，随着碱焦比从3/1增加到5/1，微波辅助氢氧化钾活化石油焦能够产生和扩大微孔。当碱焦比达6/1时，由于氢氧化钾的过度活化，部分微孔消失。

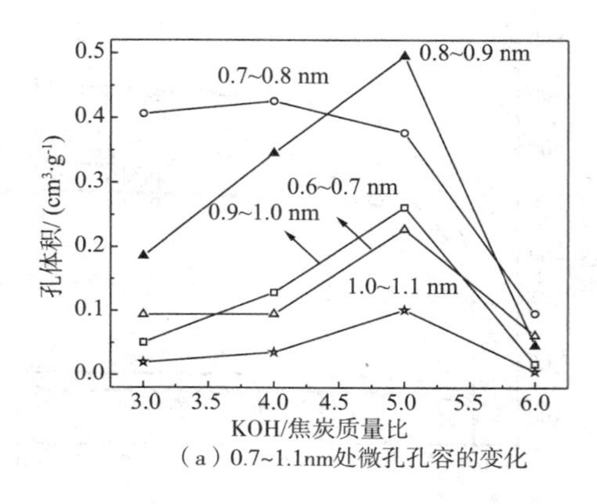

（a）0.7~1.1nm处微孔孔容的变化

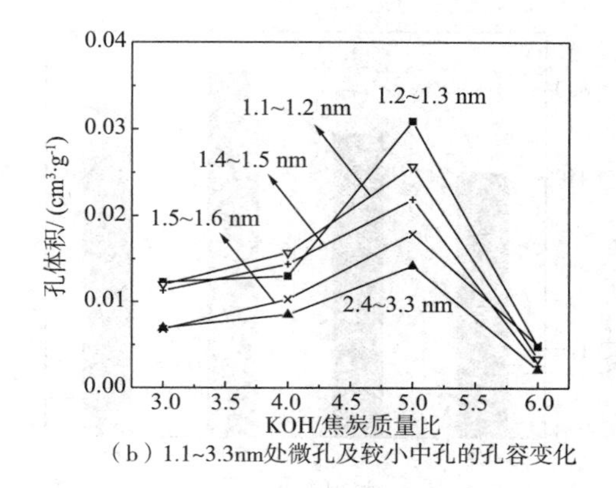

（b）1.1~3.3nm处微孔及较小中孔的孔容变化

图 6-13　不同碱焦比时所制多孔炭的孔容

图 6-14 是不同碱焦比时所对应多孔炭的孔容。结果表明，多孔炭总孔容的增加主要归因于其微孔孔容的增加。当碱焦比为 5/1 时，其总孔容最大，为 1.13$cm^3 \cdot g^{-1}$，其比表面积也达最大值，为 2312$m^2 \cdot g^{-1}$，所制多孔炭的平均孔径约为 2.0nm。

上述结果表明，利用微波活化技术，以石油焦为原料时，随活化时间或碱焦比的增大，所制多孔炭的比表面积和总孔容均先增大后减少。当固定微波功率为 250W，活化时间为 35min，碱焦比为 5∶1 时，所制多孔炭吸附性能较好，亚甲蓝吸附值达 631.0$mg \cdot g^{-1}$，比表面积达 2312$m^2 \cdot g^{-1}$，总孔容为 1.13$cm^3 \cdot g^{-1}$。

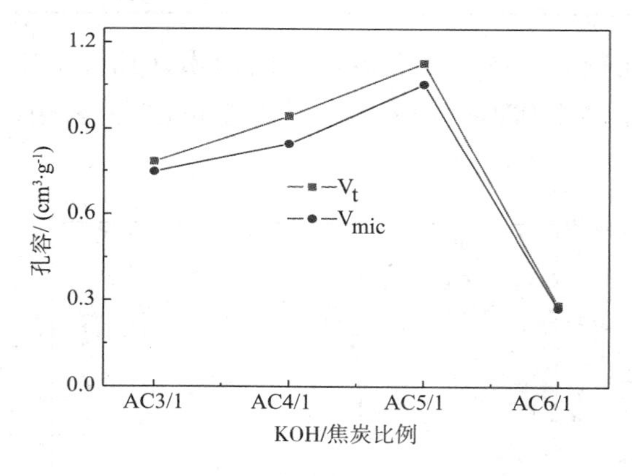

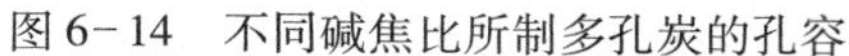
图 6-14　不同碱焦比所制多孔炭的孔容

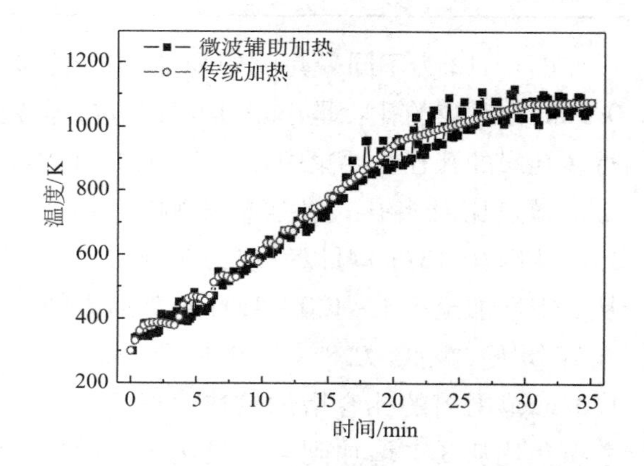

图 6-15　微波辅助活化和常规活化制备多孔炭时，样品温度随处理时间的变化

图 6-15 给出了微波辅助活化和常规活化制备多孔炭时，样品温度随处理时间的变化。可以看出，在两种加热条件下，活化温度在 30min 内都达到 1073K，其平均加热速率为 26.7$K \cdot min^{-1}$。很明显，两种条件下样品的加热速率没有明显的不同。然而，两种加热条件下所制得的多孔炭的孔径结构参数却有很大差别。碱焦比为 5/1 时，微波条件下所制得的多孔炭的比表面积为 2312$m^2 \cdot g^{-1}$，其总孔容为 1.13$cm^3 \cdot g^{-1}$；而常规加热所制得的多孔炭的比表面积仅为 532$m^2 \cdot g^{-1}$，其总孔容只有 0.24$cm^3 \cdot g^{-1}$。微波辅助所制多孔炭的比表面积是常规活化所制多孔炭的 4.3 倍，前者的总孔容是后者的 4.7 倍。这些差别主要

归因于，微波加热过程中由于样品内摩擦产生的热量使得样品的体相和表面温度都迅速上升，从而实现石油焦快速而均匀有效的活化。

采用正交实验，在不同条件制备的多孔炭收率见表6-5[7]。由表6-5可以看出，微波活化所制多孔炭的收率在51.1%～99.1%之间。一般情况下，收率越低，碳骨架被刻蚀得越多，活化就越充分。活化功率越大，活化时间越长，多孔炭的收率就越低，说明活化越充分。

表6-5　不同活化条件下所制多孔炭的收率

实验序号	碱焦比	活化功率 /W	活化时间/min	收率/%
1	4	700	30	92.0
2	3	400	30	99.1
3	5	550	30	51.1
4	3	550	40	80.7
5	4	400	40	92.9
6	5	700	40	79.5
7	3	700	50	72.1
8	4	550	50	84.8
9	5	400	50	76.1

图6-16为多孔炭样品的N_2等温吸脱附曲线。

由图6-16可以看出，所制多孔炭的N_2吸脱附曲线均为典型的I型等温线。所有多孔炭在较低的相对压力下，吸附量迅速增加，达到一定相对压力后均出现了吸附平台。表明所制多孔炭的孔隙结构以微孔为主，中孔和大孔含量较少；氮的吸附为Langmuir单分子层吸附，能够较真实地反映出多孔炭的比表面积。其脱附曲线与吸附曲线基本重合，没有明显的滞后环，表明所制多孔炭吸脱附高度可逆。

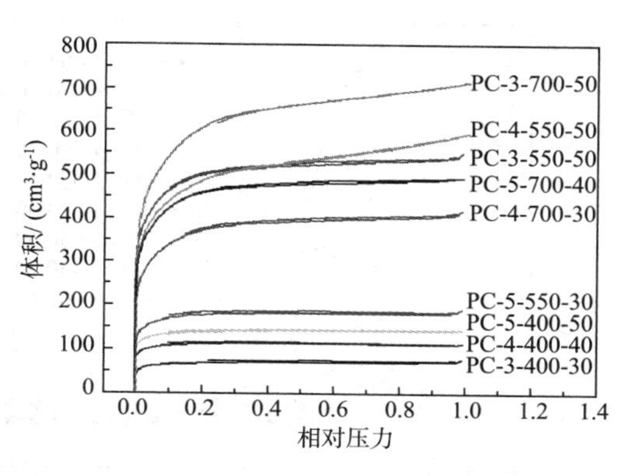

图6-16　多孔炭的N_2吸脱附等温线

根据吸附极限值的不同，可以判断出不同多孔炭的比表面积及孔容大小的差别。从多孔炭的吸脱附曲线可以看出，活化功率为400W所制多孔炭的饱和吸附量远少于550W和700W的多孔炭对应的饱和吸附量；而在功率相同条件下，活化时间越长，其吸附饱和值就越大。因此，可以推断出活化功率对多孔炭的吸附性能影响最大，其次是活化时间和碱焦比。众所周知，多孔炭的吸附等性能与孔结构参数有密切关系，故可以通过调控实验条件，实现对多孔炭性能的调控。表6-6给出了所制多孔炭的孔结构参数。

表 6-6　不同条件下所制多孔炭的孔结构参数

产品序号	S_{BET} /($m^2 \cdot g^{-1}$)	D_{ap}/nm	V_{tot} /($cm^3 \cdot g^{-1}$)	V_{mic} /($cm^3 \cdot g^{-1}$)	$S_{mes+mac}$ /($cm^3 \cdot g^{-1}$)	V_{mic}/V_{tot}/%	MBA value /($mg \cdot g^{-1}$)
PC-3-400-30	210	2.39	0.13	0.11	0.02	84.6	209.4
PC-3-550-40	1597	2.14	0.85	0.82	0.03	96.5	492.5
PC3-700-50	2017	2.19	1.11	1.07	0.04	96.4	712.8
PC-4-400-40	340	2.09	0.18	0.17	0.01	94.4	192.9
PC-4-550-50	1595	2.30	0.92	0.87	0.05	94.6	684.7
PC-4-700-30	1216	2.14	0.65	0.62	0.03	95.4	491.2
PC-5-400-50	423	2.16	0.23	0.22	0.01	95.7	242.9
PC-5-550-30	545	2.21	0.30	0.28	0.02	93.3	198.4
PC-5-700-40	1475	2.08	0.77	0.75	0.02	97.4	576.1

由表 6-6 可以看出，多孔炭的比表面积介于 210～2017$m^2 \cdot g^{-1}$，总孔容介于 0.13～1.11$cm^3 \cdot g^{-1}$，微孔孔容占总孔容的比例为 86.1%～97.4%。由于微孔对比表面积贡献最大，故比表面积与微孔孔容呈线性关系；而所制多孔炭以微孔为主，故比表面积与总孔容也存在较好的线性关系。

所制多孔炭的亚甲基蓝吸附值在 209.4～712.8$mg \cdot g^{-1}$之间，高于商品活性碳的对应值(200～400$mg \cdot g^{-1}$)，表明所得多孔炭的吸附性能优于商品多孔炭。

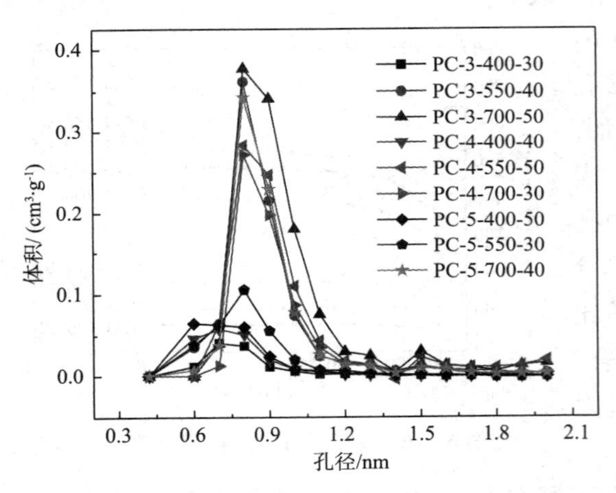

图 6-17　多孔炭的微孔孔径分布

图 6-17 为所制多孔炭的微孔孔径分布图。从图 6-17 可以看出，所制多孔炭的孔径主要分布在 0.8～1.1nm，主要是由 KOH 活化导致。KOH 活化机理主要有两种：①KOH 中的氧元素与碳原子发生气化反应，使表面碳原子被刻蚀而形成孔，此时钾主要起催化作用；② 在石油焦降解的初始阶段，随着 KOH 的还原，金属钾与石墨微晶的碳形成 π 键，进而在石墨层间形成金属钾的插层化合物；通过持续加热，钾离子脱出，从而导致石墨层的剥落，这些都是产生微孔的原因。在微波快速加热的条件下，钾的插层及脱出将形成循环，导致所得多孔炭比表面积高、微孔多。

所制多孔炭的比表面积与碳含量及氧含量存在良好的线性关系，比表面积随碳含量增加而增加。经最小二乘法拟合，其拟合结果见图 6-18。对比表面积较低的多孔炭(≤600 $m^2 \cdot g^{-1}$)，比表面积与碳含量及氧含量的相关系数分别为 0.9768 和 0.9862；比表面积较高的多孔炭(≥1200$m^2 \cdot g^{-1}$)，比表面积与碳含量及氧含量的相关系数分别为 0.9834 和

0.9670。所制多孔炭以石墨微晶为主，所含的其他元素则主要以表面官能团的形式存在。

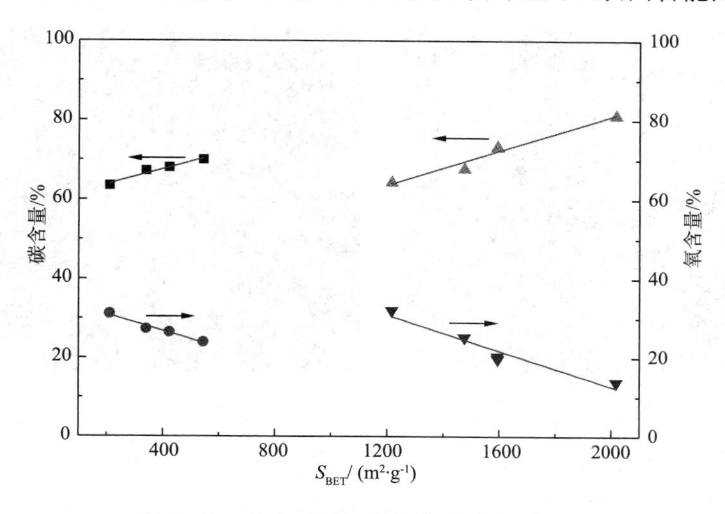

图 6-18　比表面积与碳含量/氧含量关系图

粉末 XRD 技术是测量碳材料石墨化度和评价石墨微晶结构的一种有效手段。图 6-19 给出了多孔炭的 XRD 图。

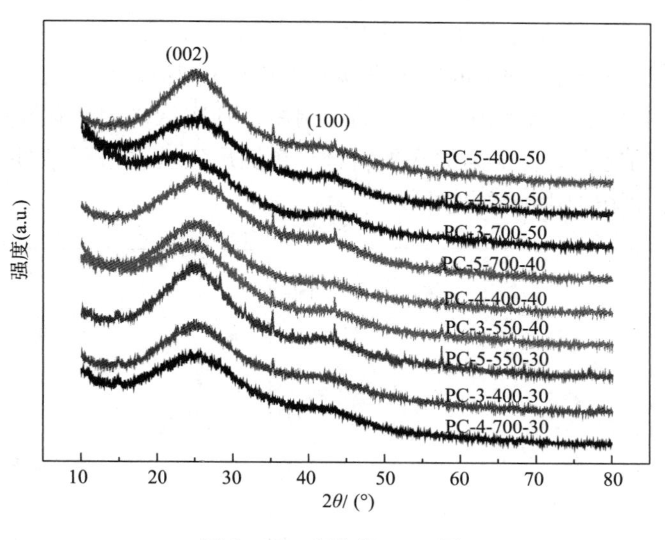

图 6-19　多孔炭 XRD 图

从图 6-19 可以看出，所得多孔炭以无定型碳为主，在 $2\theta=15°\sim35°$ 时均有弥散的(002)衍射峰，在 $2\theta=40°\sim50°$ 均有弥散的(100)衍射峰。说明所得多孔炭的石墨化程度较低，微晶之间存在畸变，石墨片层之间存在位错和缺陷，属乱层石墨结构，均仅在微区内短程有序，在整体上长程无序。

图 6-20 为多孔炭 PC-3-700-50 的透射电镜照片，可以看出，多孔炭颗粒为不规则形状，粒径约为 100nm，表面具有丰富孔隙结构，且孔径较小。从图 6-21 可以看出，多孔炭 PC-3-700-50 的衍射花样为一圆斑，且没有同心圆衍射花样，属非晶的典型衍射

花样，表明所得多孔炭为非晶结构，这与 XRD 分析结果一致。

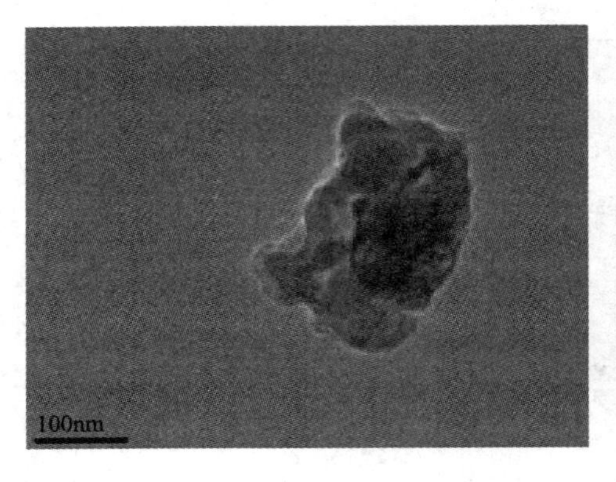

图 6-20　PC-3-700-50 的透射电镜照片

图 6-21　PC-3-700-50 的衍射花样

多孔炭的所有性能指标中，比表面积和总孔容是最重要的两个指标。由于上述多孔炭以微孔为主，故总孔容与比表面积存在较好的线性关系。两者之间的拟合关系如图 6-22 所示，拟合结果的相关系数为 0.9978。

由于总孔容与比表面积存在较好的线性关系，各因素及水平对两者的影响相同，故只需探讨制备工艺条件对多孔炭比表面积的影响。

表 6-7 列出了正交实验的结果。由表中可以看出，实验序号为 7，即碱焦比为 3、活化功率为 700W、活化时间为 50min 的多孔炭，对应的比表面积最大，达 $2017m^2 \cdot g^{-1}$。根据实验极差结果，各实验因子对比表面积的影响由主到次依次为活化功率、活化时间、碱焦比。根据各因子的比表面积最高的水平组合，预测出实验的最优条件为 A1B3C3。图 6-23 为各因子对比表面积的影响趋势图。

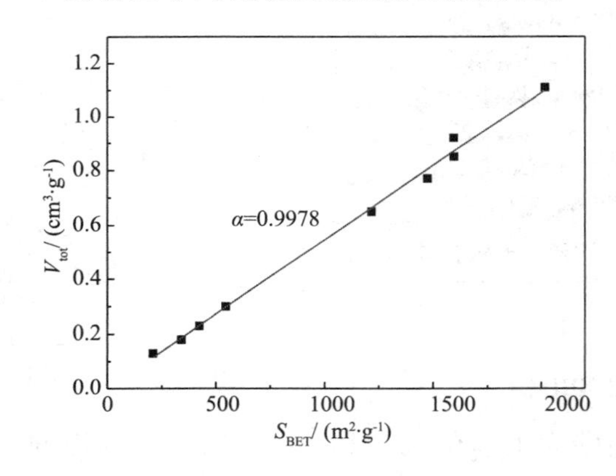

图 6-22　多孔炭总孔容与比表面积关系图

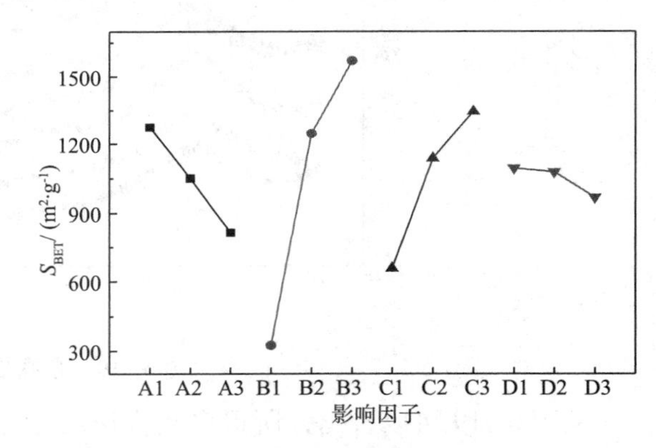

图 6-23　正交实验参数的影响因子趋势图

从影响因子趋势图可以看出，因子 B 的影响远大于其它两个因子，因子 A 的影响最小。而作为误差列的因子 D，其影响范围远小于其它因子，这与极差分析一致。从图中还可以看出，各因子对比表面积的影响为：在本实验研究条件下，比表面积随着碱焦比的增大而减小；比表面积随着活化功率的增加而迅速增加，但在高功率区增速减小；比表面积随活化时间变化与活化功率类似。

表6-7 正交实验结果

实验序号	A 碱焦比	B 活化功率/W	C 活化时间/min	D 误差列	指标比表面积 /($m^2 \cdot g^{-1}$)
2	3	400	30	1	210
4	3	550	40	2	1594
7	3	700	50	3	2017
5	4	400	40	3	340
8	4	550	50	1	1595
1	4	700	30	2	1216
9	5	400	50	2	423
3	5	550	30	3	545
6	5	700	40	1	1475
K1j	1273.67	324.33	657	1093.33	
K2j	1050.33	1244.67	1136.333	1077.67	
K3j	814.33	1569.33	1345	967.33	
Qj	316561	2502447	746646.2	28294.89	
MAX	1273.67	1569.33	1345	1093.33	
极差	459.33	1245	688	126	
最优水平	A1	B3	C3		

表6-8列出了正交实验的方差分析。

表6-8 正交实验的方差分析

差异源	Q	f	MS	F值	$F_{0.05}(2, 2)$	显著性	贡献
因子A	316561	2	158280.44	11.19	19	不显著	8.81
因子B	2502447	2	1251223.44	88.44	19	显著	69.63
因子C	746646	2	373323.11	26.39	19	显著	20.78
误差D	28295	2	14147.44				0.79
总计	3593949	8					100

从表6-8正交实验的方差分析可以看出，因子B和因子C对比表面积的影响为显著水平，而因子A的影响不显著。其中因子B的贡献值为69.63%，因子C的贡献值为20.78%，而误差列D的贡献值仅为0.79%，这与前面的直观分析的结果相符。

由以上分析可知，微波加热制备多孔炭最优条件为碱焦比3：1、活化功率700W、活化时间50min。在最优条件下制备的多孔炭比表面积为2017$m^2 \cdot g^{-1}$，总孔容达1.11$cm^3 \cdot g^{-1}$。

6.2 应用

6.2.1 储能

进入21世纪，煤、石油、天然气等化石燃料因不断消耗而日渐枯竭，其燃烧带来的环境污染问题也日益严重。能源和环境两大问题已成为阻碍人类可持续发展的重大瓶颈，寻求可再生绿色能源替代传统化石燃料是人与环境和谐发展的必然趋势。近年来，世界各国都投入巨资加大研发可再生的绿色能源。如对新能源纯电动汽车或混合动力汽车的开发利用，以减少 CO_2 及氮化物等有害气体的排放。2012年3月美国总统奥巴马提出“电动车无处不在”计划。随后，德国在《国家电动车发展计划》中指出，至2020年，电动车总量达100万辆。中国在《电动车汽车“十二五”专项规划》中也指出，到2020年，实现电动车的普及。新能源技术发展的核心课题之一是新能源材料创制技术。我国已经把与太阳能电池、高效二次电池、超级电容器等相关的新能源材料技术的研发列入《国家中长期科学和技术发展规划纲要》(2006～2020年)。而高性能碳材料具有导电性好、比表面积大、密度轻、强度高、稳定性好等特点，是新能源电极材料发展的重要方向之一。鉴于碳材料的性能与其结构密切相关，故对新能源碳材料结构的精确设计与调控是提高碳材料电化学性能的关键，亦是高性能碳材料研究的核心和难点。最近，雾霾问题已成为全社会关注的焦点，减少汽车尾气的排放是降低大气中PM2.5浓度的一个重要举措。汽车尾气排放带来的大气污染问题促进了我国对交通运输用电动车的研发。开发高性能超级电容器和锂离子电池用关键电极材料迫在眉睫。

1)超级电容器碳电极材料

超级电容器是在德国物理学家亥姆霍兹提出的界面双电层理论基础上发展起来的一种全新电容器。它不同于传统的化学电源，是一种介于传统电容器与电池之间、具有特殊性能的电源，主要依靠双电层和氧化还原的赝电容储存电能。在其储能的过程并不发生化学反应，这种储能过程是可逆的，因此，超级电容器具有很长的寿命，可以反复充放电数十万次。通常，插入电解质溶液中的金属电极表面与液面两侧会出现符号相反的过剩电荷，使相间产生电位差。如果在电解液中同时插入两个电极，并在其间施加一个小于电解质溶液分解电压的电压，这时电解液中的正、负离子在电场的作用下会迅速向两极运动，并分别在两个电极的表面形成紧密的电荷层，即双电层。

超级电容器虽然具有高的功率密度和循环寿命，但是，其能量密度仍比较低($<10W\cdot h\cdot kg^{-1}$)，小于铅酸电池和镍氢电池，制约了其推广和应用。众所周知，电容器的能量密度($E=1/2CV^2$)取决于器件的电容量(C)和电压(V)，电容量主要取决于电极材料，而工作电压主要取决于电解液。

多孔炭具有丰富的孔隙结构和大的比表面积，是一种优异的碳电极材料。研究多孔炭的物理化学结构，阐明其结构与储电性能之间的内在关联至关重要。

以石油焦为原料，经微波加热活化制得多孔炭。按多孔炭比表面积的高低，将其循环伏安曲线分为两组，图6-24给出了高比表面积组多孔炭电极（PC-3-700-50）和低比表面积组多孔炭电极（PC-4-400-40）在不同扫速下的两个典型的循环伏安曲线。

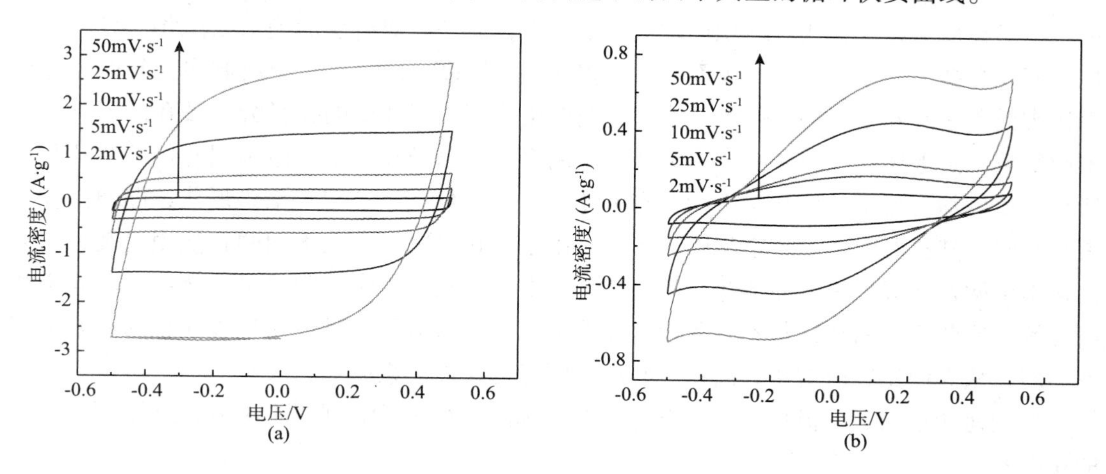

图6-24 多孔炭在不同扫速下典型循环伏安曲线：(a) PC-3-700-50；(b) PC-4-400-40

理想的多孔炭基超级电容器的循环伏安响应曲线为矩形，但在实际体系中，由于电极的极化及电极内阻的存在，其响应曲线会有一定的偏离。从图6-24可以看出，所有电极在不同扫速下的响应曲线均呈镜像对称，表明所制电极具有良好的可逆性；且所有电极没有明显的氧化还原峰，表明所制电极主要为双电层电容。在较小的扫速（≤10mV·s^{-1}）下，各电极的响应曲线均接近标准的矩形，表明在循环伏安测试的电压范围内（-0.5~0.5V）的电化学性能非常稳定，即表现为理想极化电极的特点；而在较大的扫速（≥25mV·s^{-1}）下，各电极的响应曲线均出现一定偏离，扫速越大，偏离程度越大，这是由“电解液扰动”效应和电极所用的多孔炭材料本身引起的。

图6-25为2mV·s^{-1}的扫速下不同多孔炭的循环伏安曲线比较图（其中电流以比容形式表示）。

从图6-25可以看出，低比表面积多孔炭的比容要远小于高比表面积多孔炭的对应值；且其偏离矩形的程度也大于高比表面积的多孔炭，说明其内阻较大。而高比表面积多孔炭的电流响应曲线非常接近矩形，说明其内阻较小；而其响应电流非常大，表明其比容值较高；且在电位窗口

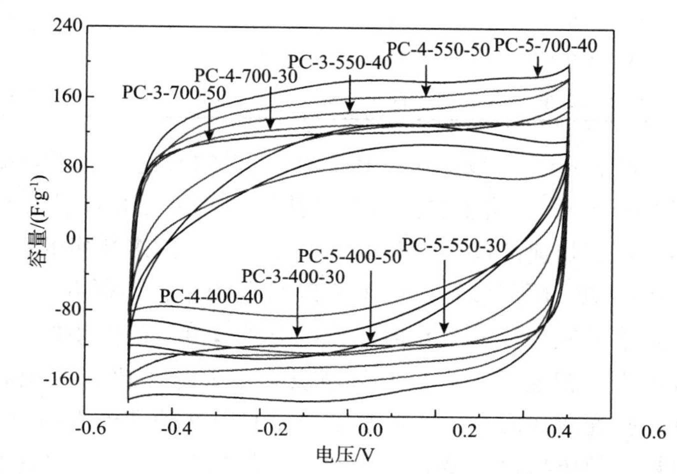

图6-25 多孔炭电极在2mV s^{-1}扫速下的循环伏安曲线

的两端处（$-0.5V$ 及 $0.5V$），响应电流迅速达到最大电流值，表明所制高比表面积多孔炭的双电层充/放电能在很短时间内完成，适合快速充/放电。

由前面分析可知，对于微波活化制备的石油焦基多孔炭，其比表面积与总孔容和微孔孔容均呈线性关系。在比表面积比较低的情况下，能形成双电层的绝对面积相对较小，低比表面积多孔炭比容低，而比表面积大的多孔炭比容高。但是，这里所制多孔炭的比容值和比表面积之间并不遵循线性关系，这主要是由于所制多孔炭的孔径分布及孔的形状与之不同所致：由上述孔径分布的分析可知，所制多孔炭以微孔为主，但不同孔径的微孔孔容所占的比例却有差别；多孔炭中的孔有 U 形、V 形、Ω 形、◇形等诸多形状，即便是孔径大小相同，其孔形状也不一定相同。此外，由于多孔炭表面存在不同的官能团，其材料表面化学结构及润湿性等方面均存在较大差异，电场内电解液阴、阳离子的德拜长度亦不相同等等，这些不同的特征都不同程度地影响形成有效双电层，最终使比表面积的有效利用率不同，从而使比容值与比表面积之间没有明显的线性关系。

随扫速的不同，电极材料的比电容亦有区别。表 6-9 列出了所制多孔炭在不同扫速下的比电容。

表 6-9　不同扫速下多孔炭的比容量

产品序号	比容 $C/(F \cdot g^{-1})$				
	$2mV \cdot s^{-1}$	$5mV \cdot s^{-1}$	$10mV \cdot s^{-1}$	$25mV \cdot s^{-1}$	$50mV \cdot s^{-1}$
PC-3-400-30	181.2	133.3	105.0	70.4	49.1
PC-3-550-40	273.7	264.3	245.3	222.4	195.6
PC-3-700-50	235.6	226.7	219.5	203.5	183.5
PC-4-400-40	126.9	100.2	66.8	48.6	36.8
PC-4-550-50	296.4	280.7	260.0	224.2	186.5
PC-4-700-30	318.9	252.9	244.0	215.7	175.4
PC-5-400-50	171.3	115.4	83.3	50.6	33.0
PC-5-550-30	211.5	182.1	157.9	120.5	91.9
PC-5-700-40	350.0	323.7	299.4	245.7	—

从表 6-9 可以看出，在 $2mV \cdot s^{-1}$ 的扫速下，所制多孔炭电极的比容值介于 126.9～350.0$F \cdot g^{-1}$，这主要由所制多孔炭的比表面积和孔径分布引起的。所有多孔炭的比电容都随着扫速的增大而降低，主要是由所制多孔炭的孔径特征引起。由前面的述孔结构分析可知，所制多孔炭中主要以微孔为主，而微孔具有较大的长径比，在扫速较小时，电解液能充分浸入微孔内部，所形成双电层的面积较大，比表面积的利用率高，从而比容也大；扫速较大时，电解液浸入不充分，比表面积利用率也低，比电容就变小。另外，扫速较大时，由于电解液离子只能在微孔外表面形成双电层，而内表面未能形成双电层，故电极沿小微孔孔径的分布的电阻增大，引起循环伏安响应电流曲线偏离矩形，比电容也就降低。

图 6-26 为多孔炭电极的阻抗 Nyquist 图。从图中可以看出，该图可明显分为两组：低

比表面积组和高比表面积组。多孔炭电极的 Nyquist 图均可分为三个部分：高频容抗弧(第一区域)、低频区出现拐点或平滑点进入复平面的第三区域的直线(第二区域)及一条接近理想电容响应曲线的直线(第三区域)。

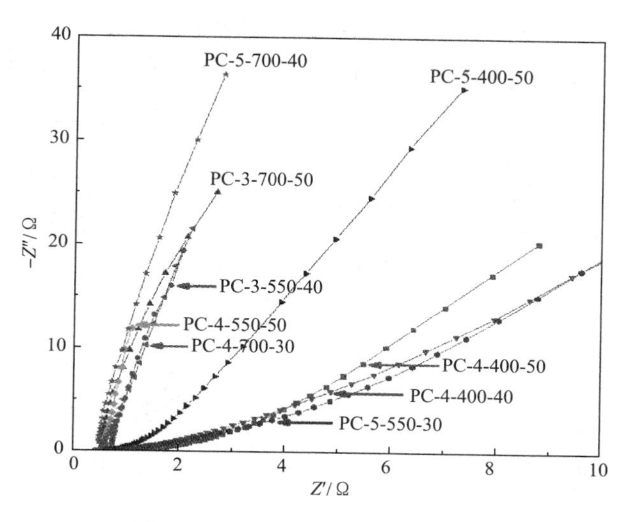

图 6-26　多孔炭电极的 Nyquist 图

所有多孔炭电极在高频段均表现为小段圆弧，这是由多孔炭电极双电层在高频段充电引起。从高频段容抗弧可以看出，所有电极的电阻非常低，约为零点几欧姆。

在中低频段(第二区域)出现一些点的跳跃现象，主要是由多孔电极材料的“弥散效应”引起。由于电极表面的粗糙度不同，造成电极材料的等效电路网络分布的不均匀。在充电过程中，在调制交流电压的范围内，出现电容的弥散化的现象称为“弥散效应”。由于所制多孔炭有较大比表面积，且微孔孔容占总孔容的比例接近 100%，而孔径分布、孔形状等相对较为复杂，且存在表面官能团等影响，故多孔炭颗粒、碳黑颗粒和粘结剂中的电场分布不均匀。在交变电压下，多孔电极阵列中的响应电流不一致，从而引起 Nyquist 图中点的跳跃；此外，在交变电压下，电解液中离子及永久偶极子和诱导偶极子的定位及重新定位产生弛豫效应，电子和原子极化引起高频共振效应，以及两电极测试系统在电化学上的不稳定性，都可能导致 Nyquist 图中点的跳跃。

高比表面积多孔炭和低比表面积多孔炭 Nyquist 图中差别最大的地方是第三区域的直线斜率。从图 6-26 中可以看出，高比表面积的多孔炭的低频曲线斜率均接近∞，表明低频下电解液能充分浸润到多孔炭孔隙结构中，其扩散速度非常快；而低比表面积多孔炭低频响应曲线斜率较小，表明与高比表面积多孔炭相比，低比表面积多孔炭孔隙中电解液扩散速度要小得多。从上述分析可知，所制低比表面积多孔炭的孔容远小于高比表面积多孔炭的孔容，其孔隙结构不够发达，从而影响其电解液离子在其中的扩散速度。

由于 Nyquist 图的频率是隐含的，因此无法直接看出体系的频响特性；而 Bode 图则可以描述电化学特征与频率的相关性。

图 6-27 为多孔炭电极的阻抗 Bode 图。从图中可以看出，各电极的电解液与多孔炭电极的接触电阻及电荷转移电阻非常低。在低频处，低比表面积多孔炭电极扩散电阻较大，而高比表面积多孔炭电极扩散内阻较小。从相角对频率图可以看出，低比表面积多孔炭电极的最大相角均小于 80°，而高比表面积多孔炭电极的最大相角均接近 90°，接近理想电容的相角，表明高比表面积多孔炭的电容性能较好，这与循环伏安曲线分析结果相吻合。

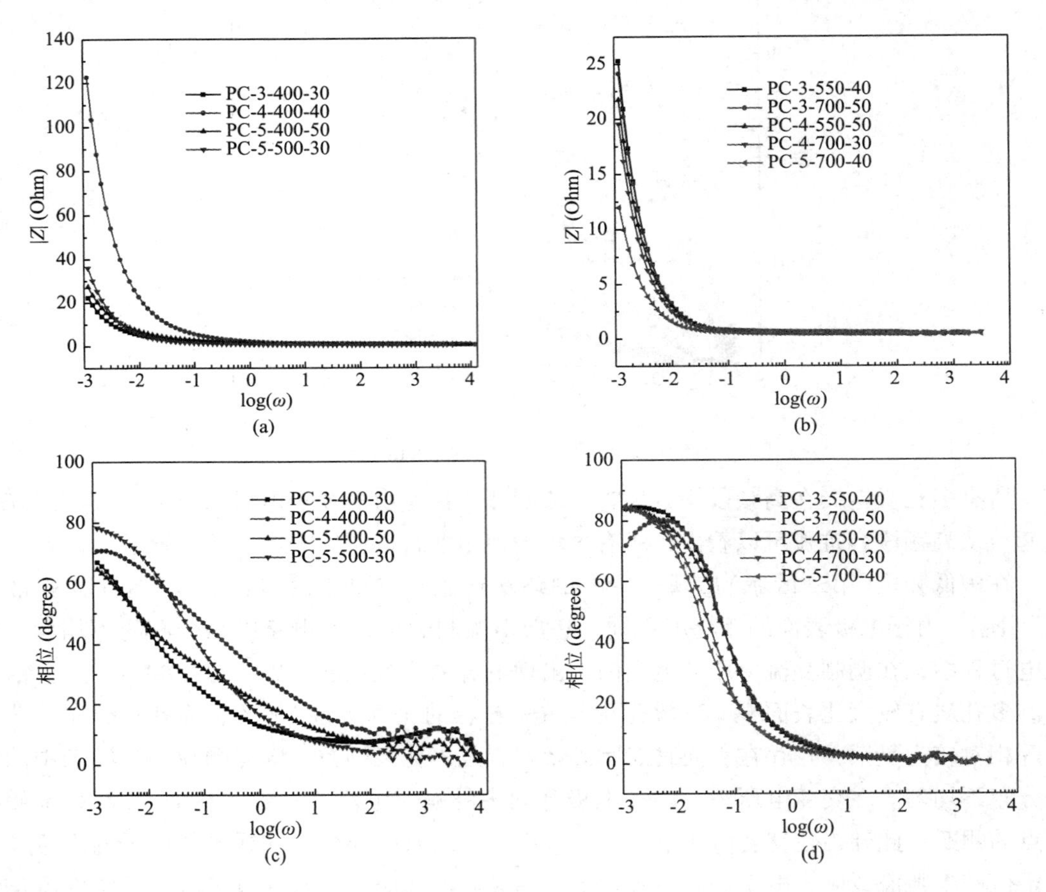

图 6-27　多孔炭电极的 Bode 图

多孔炭电极的比容与频率的关系见图 6-28。

从图 6-28 可以看出，比容随频率变化也明显分为两组。所有的多孔炭电极在高频处，比电容都非常小，而随着频率降低，比容迅速增加。这主要是由于高频时，电解液不能充分浸润电极孔隙结构，而低频处电解液能充分浸润电极孔隙结构，使比表面积利用率提高。阻抗所得结果与前面循环伏安分析结果相一致。

为进一步说明所制多孔炭的恒流充放电性能，将所有电极在不同电流密度下进行充放电测试。实验过程中发现，所有电极在不同电流密度下的放电曲线类似，均为直线型，表明所制多孔炭的倍率性能较好，这点可在后面进一步分析中得到证实。图 6-29 给出了 PC-3-700-50 在不同放电密度下的放电曲线。从图中可以看出，放电密度越小，放电时间越长，对应的比电容就越大，这点将在后面进一步讨论。

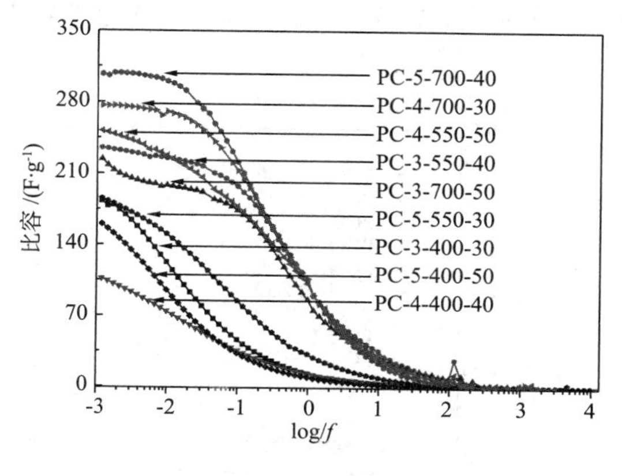

图 6-28　多孔炭比电容与频率的关系图

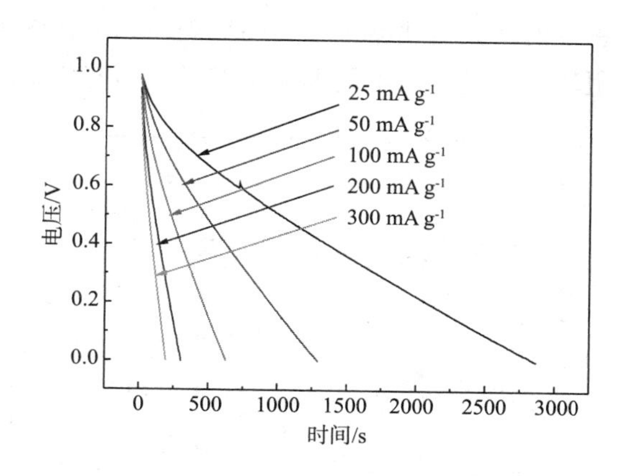

图 6-29　PC-3-700-50 多孔炭电极在不同电流密度下的放电曲线

图 6-30 给出了所有多孔炭电极在 $50mA \cdot g^{-1}$时的放电曲线。从图中可以看出，与前文循环伏安和交流阻抗的分析结果相一致，根据比表面积的不同，所有的多孔炭电极放电曲线也可明显分为两组。高比表面积组（$\geqslant 1200\ m^2 \cdot g^{-1}$）多孔炭电极的放电时间远大于低表面积组（$\leqslant 600 m^2 \cdot g^{-1}$）多孔炭电极的放电时间，说明高比表面积多孔炭电极的比容大；另外，比表面积较大的多孔炭电极的 IR 降很小，而比表面积较小的多孔炭电极 IR 降较大，说明高比表面积多孔炭电极的等效内阻远比低比表面积多孔炭电极的等效内阻小。

图 6-31 和图 6-32 分别为多孔炭电极在不同电流密度下的等效内阻和比容值。

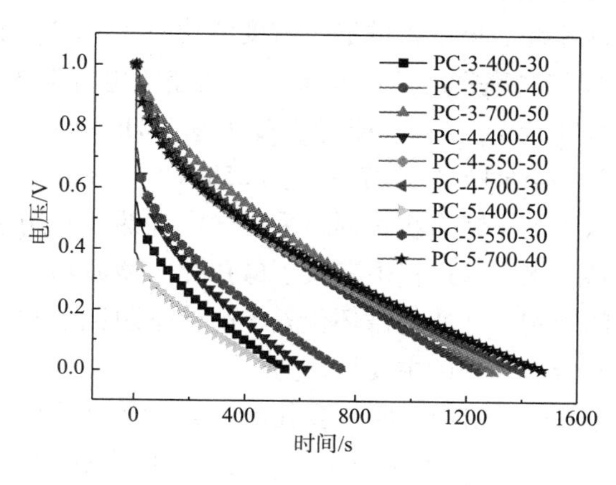

图 6-30　不同多孔炭电极在 $50mA \cdot g^{-1}$的放电曲线

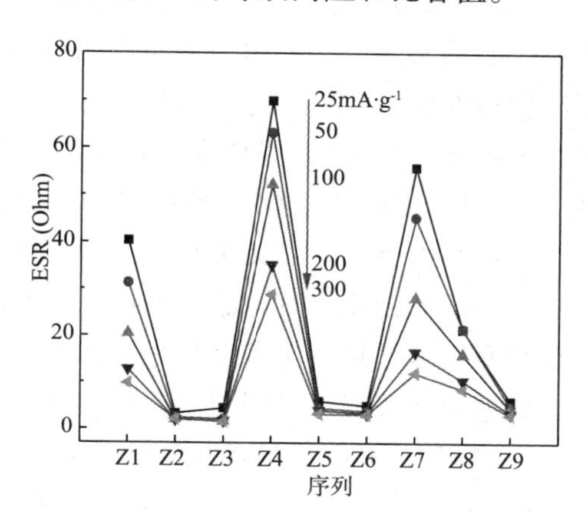

图 6-31　多孔炭电极在不同放电密度下的等效内阻图

从图 6-31 可以看出，所有电极的等效内阻都随放电密度的增大而减少。这主要是在较小的电流密度下，电解液能渗入微孔内部，而孔结构及孔径分布的不均匀导致电极表面内阻分布不均匀，从而使等效内阻增大；而在较大电流密度下，电荷交换较快，荷电离子仅在微孔外层形成双电层，从而等效内阻较低。与放电曲线相一致的是，内阻也同样分为两组：低比表面积多孔炭电极(分别为Z1、Z4、Z7、Z8)的等效内阻非常大，且随着电流密度的增大迅速减少；而高比表面积多孔炭电极(分别为Z2、Z3、Z5、Z6、Z9)的等效内阻较小，且基本不随电流密度变化而变化。

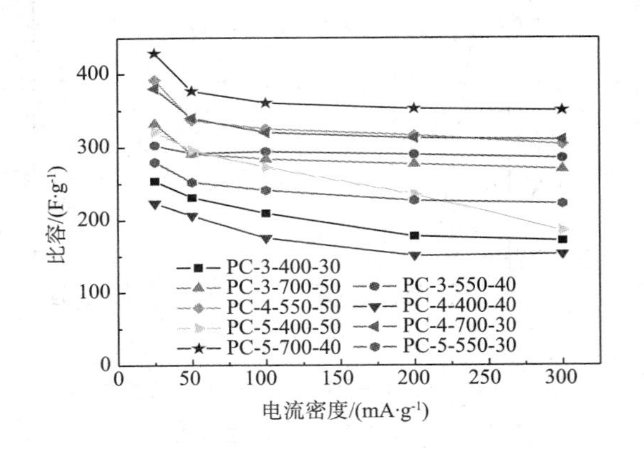

图6-32 多孔炭电极在不同放电密度下的比容图

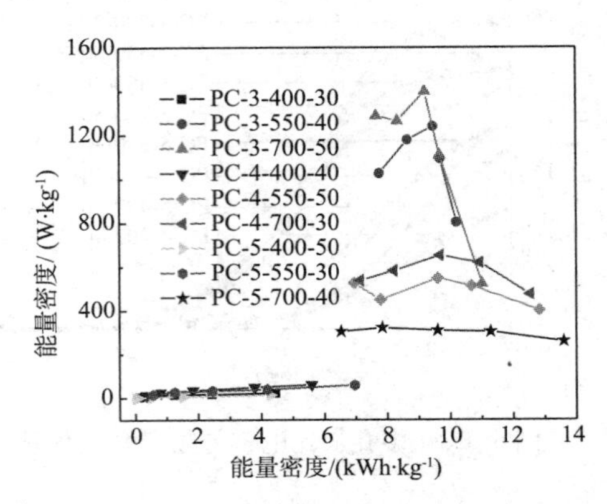

图6-33 正交实验所得多孔炭基超级电容器的Ragone图

从图6-32可以看出，所有电极比容均随放电密度的增大而减少。在25mA·g^{-1}的放电密度下，所有电极均表现出最大的比电容，其比容在223.4~428.8 F·g^{-1}。放电密度从25mA·g^{-1}增大至100mA·g^{-1}，所有电极的比容均衰减较大；而当放电密度从100mA·g^{-1}增大至300mA·g^{-1}，高比表面积多孔炭电极的比容减少相对较小，而低比表面积多孔炭电极的比容则衰减相对较多，表明所制高比表面积多孔炭能在不同的电流密度下使用。

图6-33是正交实验所制多孔炭对应超级电容器的Ragone图。从图中可以看出，Ragone图明显可分为两组，低比表面积多孔炭基超级电容器的能量密度和功率密度均远小于高比表面积多孔炭基超级电容器的能量密度和功率密度。所有多孔炭基超级电容器中，PC-3-700-50电容器功率密度最高，为1398.7W·kg^{-1}(能量密度为9.2Wh·kg^{-1})；PC-5-700-40电容器能量密度最高，为13.6Wh·kg^{-1}(功率密度为258.4W·kg^{-1})。

上述结果表明，以大庆石油焦为原料，以氢氧化钾为活化剂，采用微波加热，利用正交实验法可得到超级电容器用多孔炭电极材料。该实验过程中考察了碱焦比、微波功率及活化时间对多孔炭的比表面积和孔结构参数的影响，并通过循环伏安、电化学阻抗谱和恒流充放电等手段测试了所制多孔炭的电化学性能。得到的主要结论为：

(1)所制多孔炭的石墨化程度较低，属乱层石墨结构。所得多孔炭氧含量较高，比表面积在210~2017m^2·g^{-1}之间；其总孔容在0.13~1.11cm^3·g^{-1}之间，且以微孔为主，微孔孔容占总孔容的86.1%~97.1%，平均孔径在2.08~2.14nm之间。比表面积与总孔容、微孔孔容及碳含量之间均有良好的线性关系。

(2)正交实验结果表明，在碱焦比为3:1、微波功率为700W、活化时间为50min时所得多孔炭比表面积最高，总孔容最大。在95%的置信区间内，微波功率和活化时间对多孔炭的比表面积显著影响，而碱焦比影响不显著，各因子对多孔炭比表面积的影响大小依次为：微波功率>活化时间>碱焦比。在本实验研究的范围内，多孔炭比表面积(或总孔容)

随各因子变化趋势为：比表面积(或总孔容)随碱焦比升高而降低、随微波功率和活化时间增加而增大。

(3)电化学分析结果表明，正交实验所制多孔炭性能明显分为两组，即高比表面积组($\geqslant 1200m^2 \cdot g^{-1}$)和低比表面积组($\leqslant 600m^2 \cdot g^{-1}$)。在循环伏安测试中，高比表面积组多孔炭电极能快速达到平衡，其响应曲线为矩形；而低比表面积组多孔炭电极响应曲线偏离矩形程度较大。电化学阻抗谱测试表明，高比表面积组多孔炭电极与电解液的接触电阻及电荷转移电阻均较小，而低比表面积组多孔炭电极电荷转移电阻较大；高比表面积组多孔炭电极的低频扩散内阻远比低比表面积组多孔炭电极低频扩散内阻小。恒流充放电测试结果表明，高比表面积组多孔炭电极的等效内阻非常低，倍率性能较好，其能量密度和功率密度远高于低比表面积组多孔炭电极的能量密度和功率密度。

2)锂离子二次电池碳负极材料

锂离子电池又称锂离子二次电池，由锂电池发展而来。锂电池产生于20世纪70年代，该电池用金属锂作负极，但在充放电过程中因容易产生锂结晶，会造成内部短路，故安全隐患较大。为了解决锂电池的安全问题，Armond于20世纪80年代早期首次提出嵌锂化合物替代金属锂负极，并形象的将其描述为“摇椅电池”[10]。20世纪90年代，日本索尼公司推出了世界上第一个商业化的锂离子电池。此后，锂离子电池因具有效率高、能量密度大、环境友好、使用方便等优点而得到了迅速的发展[12~14]。锂离子电池的基本组成部分包括正极、负极、隔膜和电解液，其充放电的本质是锂离子在正负极材料中嵌入和脱出，故电极材料很大程度上决定着锂离子电池性能的好坏。目前常用的正极材料有$LiCoO_2$、$LiNiO_2$、$LiFeO_2$、$LiWO_2$和$LiMn_2O_4$等[11]。锂离子电池的负极材料主要有碳材料、硅基材料、锡基材料等。

锂离子电池因其工作电压高、容量大、循环寿命长等优点迅速占据电池市场，成为便携电子设备、电动汽车等小规模储能体系的首选。重质油中稠环芳烃分子含量丰富，具有较高的反应活性，是制高性能储锂碳电极材料的优质原料。沥青焦、中间相沥青球等不同结构的碳材料已被应用于锂离子二次电池负极，表现出较高的比容量和稳定性。

中国石油大学(华东)吴明铂等以石油沥青为原料，将其与不同比例氧化锌模板混合，在蒸干溶剂后于800℃下炭化，脱除模板后，再负载Zn^{2+}和Mn^{2+}，最终经高温热处理形成$ZnMn_2O_4$/石油沥青基多孔炭纳米复合材料($ZnMn_2O_4$/PCF)，实验流程如图6-34所示[15]。

制备$ZnMn_2O_4$/PCF过程中，通过硝酸的加入，可使多孔炭材料的表面引入一些含氧官能团。多孔炭表面化学成分的变化可以通过XPS进行分析。相比于硝酸处理前的PCF_0，C，O，N仍然存在于硝酸处理后的PCF中，而Cl和S则在硝酸处理后被去除。图6-35(c)PCF和PCF_0的O1s峰对比显示，硝酸处理后，PCF的含氧官能团(C=O，C—OH和COOH)含量均有较大提高。硝酸处理后，PCF中COOH、C—OH、C=O和O1s含量分别从1.08%、0.82%、0.84%和2.74 at%提高到4.64%、2.81%、1.65%和9.10at%。图6-35(d)给出了$ZnMn_2O_4$/PCF，$ZnMn_2O_4$/PCF_0和PCF的XRD谱图。在25°和43°分别代表了石墨的(002)和(001)峰，相对于纯石墨，*d* 002和*d* 001均有所增大。对于$ZnMn_2O_4$/

PCF，图中所有的峰均可归因于四方晶系锌锰矿（JCPDS NO. 24 - 1133），说明硝酸锌和硝酸锰前驱体已完全被转化为 $ZnMn_2O_4$。同时，相对于 $ZnMn_2O_4/PCF_0$，$ZnMn_2O_4/PCF$ 的 XRD 峰更弱一些，这可归因于均匀分布的 $ZnMn_2O_4$ 纳米颗粒。通过 Scherrer 公式计算，得知纳米颗粒的粒径约为 18nm。

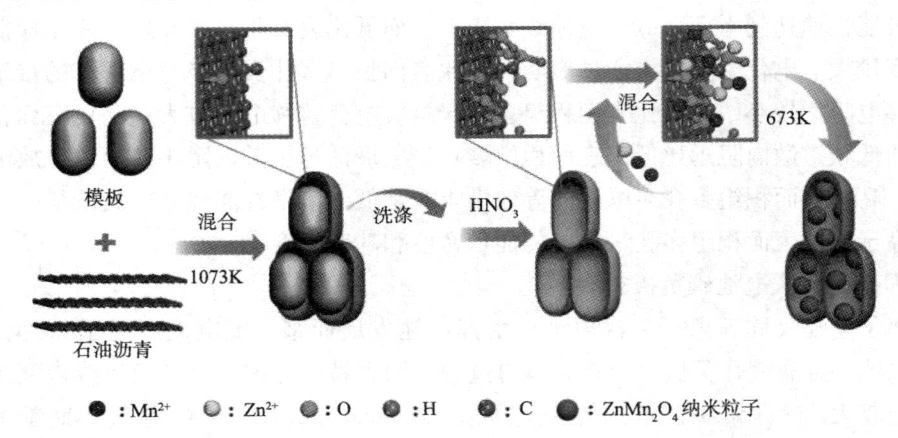

图 6-34　$ZnMn_2O_4/PCF$ 的合成过程

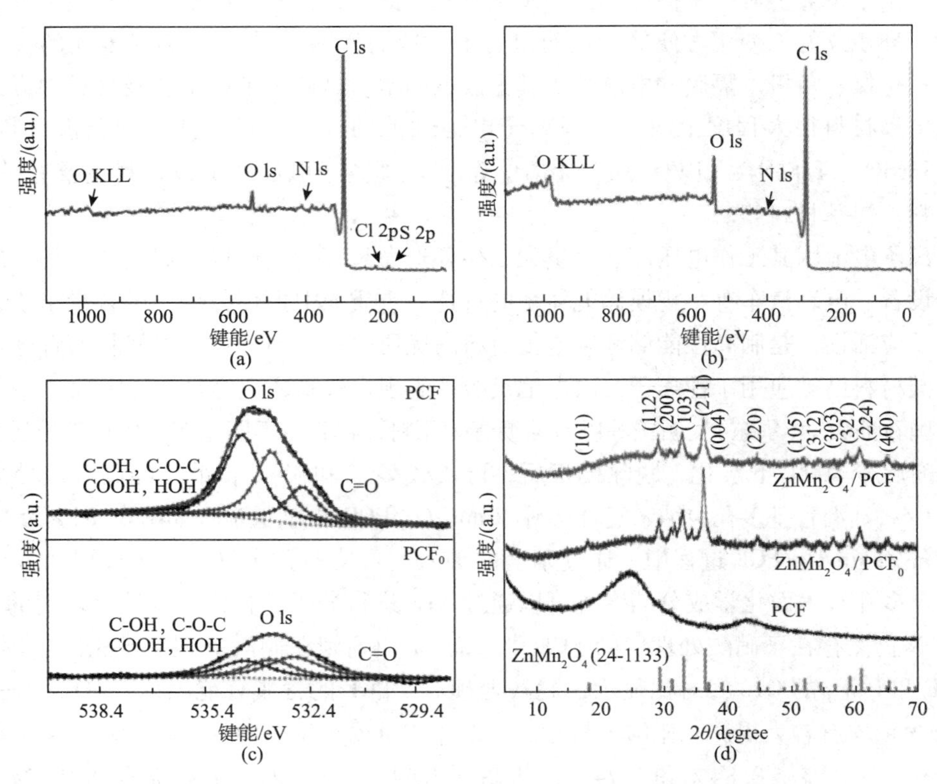

图 6-35　PCF_0(a)和 PCF(b)的 XPS 图；(c)PCF_0 和 PCF 的 O1s 峰；(d)$ZnMn_2O_4/PCF$，$ZnMn_2O_4/PCF_0$ 和 PCF 的 XRD 谱图

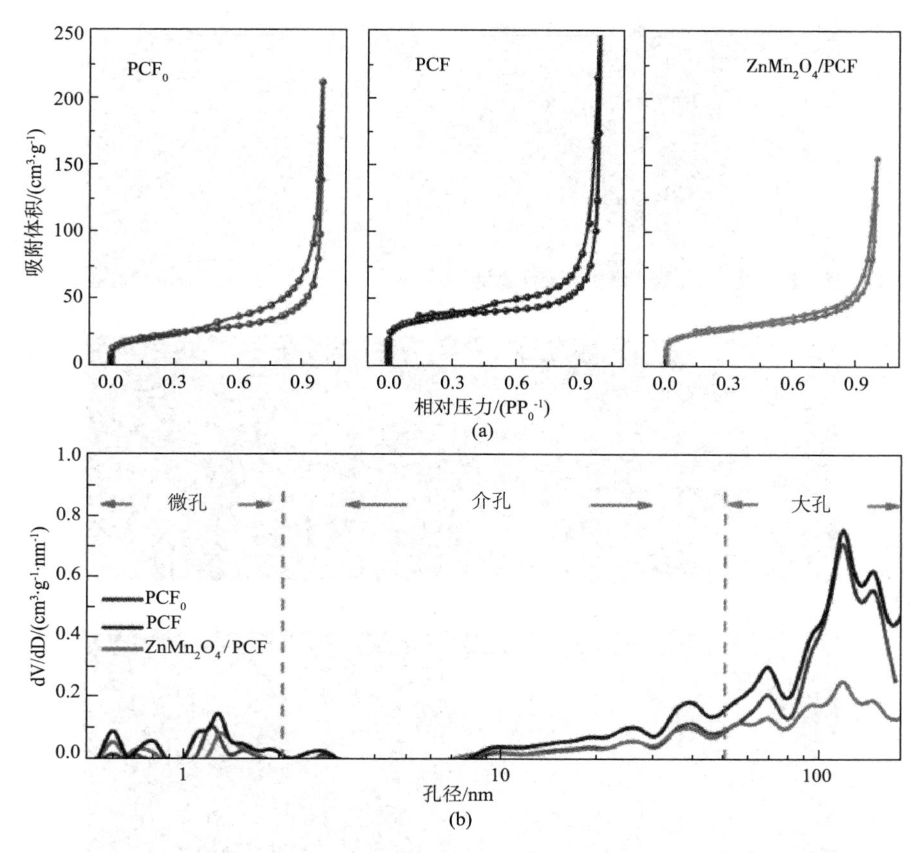

图 6-36　PCF_0，PCF and $ZnMn_2O_4$/PCF 的(a)氮气吸脱附曲线；(b)孔分布曲线

图 6-36(a)给出了 PCF_0，PCF and $ZnMn_2O_4$/PCF 的氮气吸脱附等温线。PCF 的比表面积为 $133.75m^2 \cdot g^{-1}$，孔容为 $0.37cm^3 \cdot g^{-1}$。负载 $ZnMn_2O_4$ 后，其孔容降至 $0.22cm^3 \cdot g^{-1}$，进一步证明 $ZnMn_2O_4$ 已成功负载到沥青碳孔内。图 6-36(b)给出了所制材料的孔分布，显示出微孔-中孔-大孔的分级孔结构，为锂离子的传输提供了便捷的通道。负载 $ZnMn_2O_4$ 后，这种分级多孔结构仍然能够保持，对提高材料的储锂性能非常有利。

图 6-37(a)显示 $ZnMn_2O_4$/PCF 具有多孔的三维结构，从图 6-37(b)中可以看到孔径大约 110nm，这与氧化锌模板大小相近，说明孔径可以通过调节氧化锌模板的大小进行调节。图 6-37(c)可以明显地看到 $ZnMn_2O_4$ 填充在模板孔之中，蜂巢状的结构可以有效阻止负载的 $ZnMn_2O_4$ 的团聚。通过图 6-37(d)中选区电子衍射，可以看到 $ZnMn_2O_4$ 的(224)，(220)和(211)晶面的衍射环。通过图 6-37(e，f)可以确定 C、O、Mn 和 Zn 在复合材料中是均匀分布。

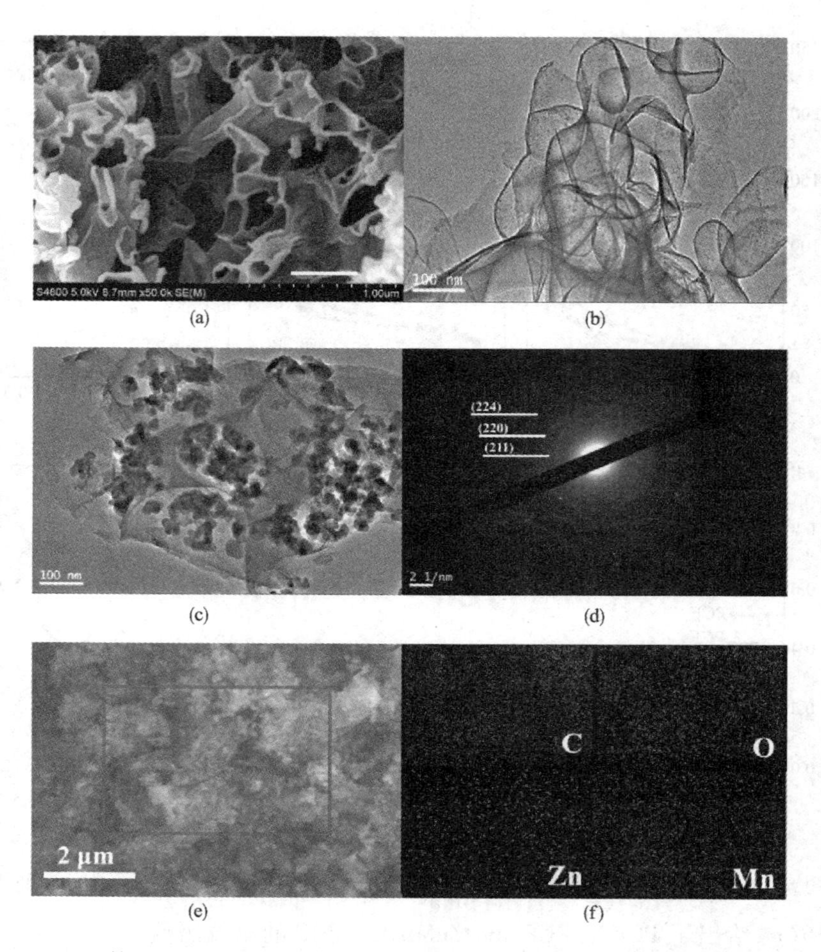

(a) (b) (c) (d) (e) (f)

图 6-37 PCF 的(a) SEM 和 (b) TEM 图；$ZnMn_2O_4$/PCF 的(c)TEM 图和(d)SAED 图；$ZnMn_2O_4$/PCF 的(e)SEM 图和(f)相应的元素分布图

图 6-38 给出了 $ZnMn_2O_4$/PCF 的 XPS 谱图的 Zn 2p，Mn 2p，O 1s 和 C 1s 峰。Zn 2p 图谱中 1044.9 和 1021.7eV 峰可分别对应 Zn $2p_{1/2}$ 和 Zn $2p_{3/2}$。Mn $2p_{1/2}$(653.9eV) 和 Mn $2p_{3/2}$(642.1eV)也能够明显地观察到，这与文献报道一致。图 6-38(c)的 O 1s 峰可以分成 530.2eV、531.8eV 和 533.8eV 三个峰，其中 530.2eV 和 531.8eV 的峰可归因于 $ZnMn_2O_4$ 的晶格氧和表面含氧官能团，533.4eV 处的峰可归因于缺陷位的氧。图 6-38(d)的 C 1s 谱出现的 285.9eV 和 286.8eV 两个峰，分别对应碳骨架的 C—C 键和含氧碳(C═O 和 C—O—C)。

为了测试所得样品的储锂性能，$ZnMn_2O_4$/PCF 被用作锂电负极的主要材料，通过电压容量图测试了充放电过程中锂脱嵌的机理[图 6-39(a)]。在第一次阴极扫描过程中，1.25V 处的峰可归因于 Mn^{3+} 还原为 Mn^{2+}，0.75V 的峰可归因于电解液不可逆分解形成的 SEI 膜，0.20V 处峰则可归因于 Mn^{2+} 和 Zn^{2+} 还原为 Mn^0 和 Zn^0 的过程以及 Zn 和 Li 的合金化过程。反向扫描过程中，1.25V 和 1.50V 处的氧化峰分别对应 MnO 和 ZnO 的合成，这个过程伴随着 Li_2O 的分解。在第二次循环中 $Mn^{2+} \rightarrow Mn^0$ 和 $Zn^{2+} \rightarrow Zn^0$ 的还原峰偏移到

0.50V，氧化峰则没有发生明显变化。图 6－39(b)中可以看到 $ZnMn_2O_4$/PCF 在 100mA · g^{-1}下的第 1、2 次循环中的电压容量图，在首次放电过程中可以看到两个放电平台，其中第一个放电平台(1.35V)与 Mn^{3+}还原到 Mn^{2+}有关，而第二个放电平台(0.45V)与 Mn^0，Zn^0 和 Zn－Li 合金化有关。$ZnMn_2O_4$/PCF 首次放电容量可以达到 1426mAh · g^{-1}，首次充电容量达 1093mAh · g^{-1}，库伦效率达 76.6 %。在第二次放电曲线上，放电平台移到了 0.5V，这与循环伏安图相一致。

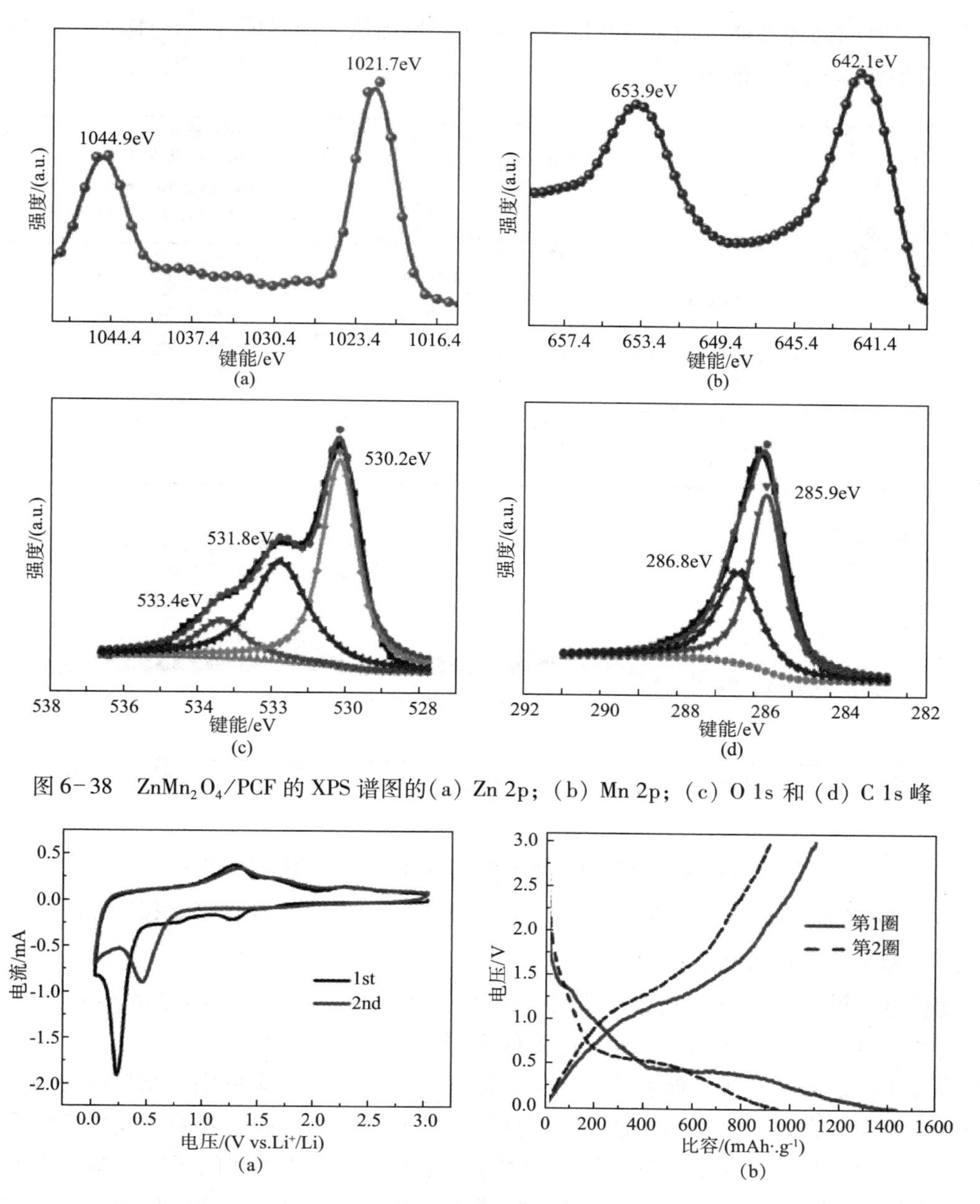

图 6－38　$ZnMn_2O_4$/PCF 的 XPS 谱图的(a) Zn 2p；(b) Mn 2p；(c) O 1s 和 (d) C 1s 峰

图 6－39　(a) $ZnMn_2O_4$/PCF 在扫描速率为 0.2mV · s^{-1}时的循环伏安图；

(b) $ZnMn_2O_4$/PCF 在 100mA · g^{-1}的电流密度下的首次充放电图

图6-40(a)给出了$ZnMn_2O_4$/PCF优良的倍率性能。在$100mA \cdot g^{-1}$，$200mA \cdot g^{-1}$，$400mA \cdot g^{-1}$和$800mA \cdot g^{-1}$时，电池的可逆容量可高达$876mAhg^{-1}$，$772mAhg^{-1}$，$649mAhg^{-1}$和$491mAh \cdot g^{-1}$。当容量返回到$100mA \cdot g^{-1}$时，电池容量仍然可达到$884mAh \cdot g^{-1}$，体现了充放电过程中其良好的倍率性能。为了充分体现电极材料的优良性能，将测完倍率的电池进行恒流充放电，经88次循环后仍然可以达到$730mAh \cdot g^{-1}$($ZnMn_2O_4$理论比电容的93%)的比容量。图6-40(c)给出了$ZnMn_2O_4$/PCF在电流密度高达$1A \cdot g^{-1}$时的循环性能。循环550次后，可逆容量仍达$420mAh \cdot g^{-1}$，体现了$ZnMn_2O_4$/PCF优良的快速充放电能力。

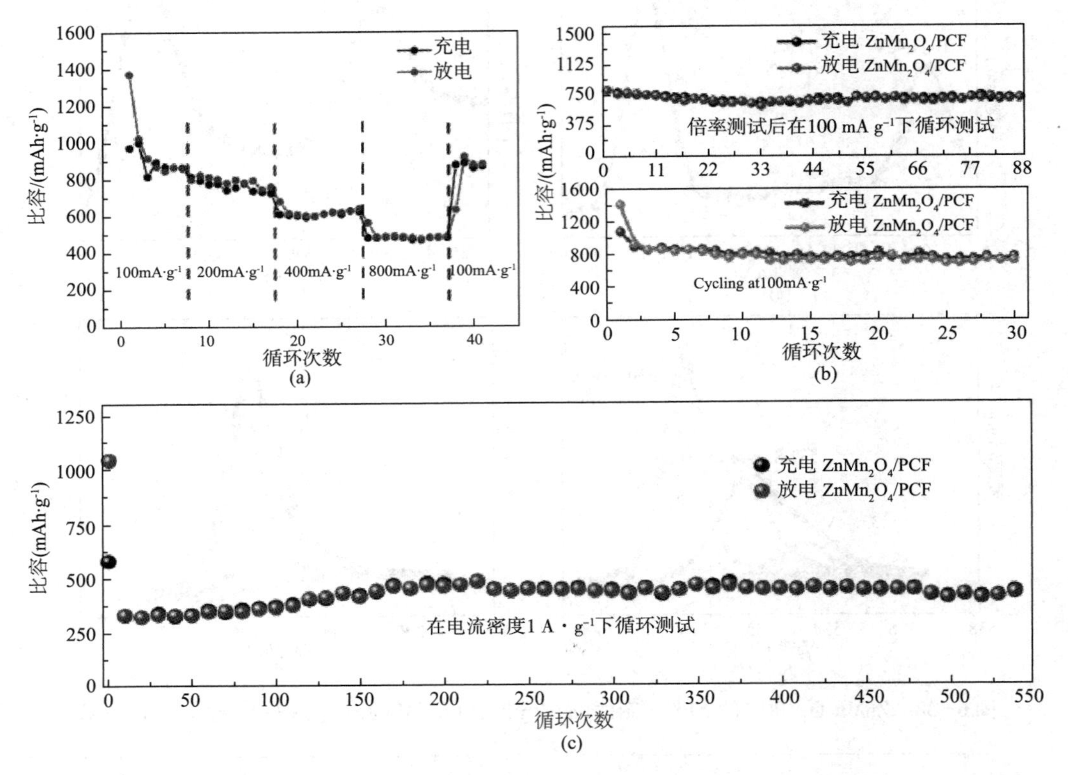

图6-40 (a) $ZnMn_2O_4$/PCF在不同电流密度下的倍率性能图；(b) $ZnMn_2O_4$/PCF在$100mA \cdot g^{-1}$时的循环性能图；(c) $ZnMn_2O_4$/PCF的循环性能

3)钠离子二次电池碳负极材料

随着电子设备、交通运输等产业对锂离子电池的依赖加剧，原料锂的年需求量以10%左右的速度增长，从而导致锂离子电池的生产成本也不断攀升。科学家预计，全球锂的储量将无法满足未来大规模储能体系的巨大需求[16,17]，研究成本低廉且原料充足的锂离子电池替代品，势在必行。作为与锂元素同族的金属元素，钠与锂的各项物理化学性质较为接近，且在自然界中的储量十分丰富，钠离子电池是非常值得关注的新型储能器件。

由于钠离子的半径较大，不能可逆地在石墨碳层间脱嵌，其比容量仅为$35mAh \cdot g^{-1}$，已在锂离子电池中普及应用的石墨不可能作为钠离子电池负极材料，目前钠离子电池研究中使用的碳负极材料主要是石墨化程度较低的硬质碳材料。石油沥青基多孔炭有良好的导电性、与电解液良好的亲和性、缩短钠离子传输路径等优点，已被尝试应用于钠离子电池负极。

Wenzel 等以中间相沥青为碳源，溶于四氢呋喃后，与二氧化硅模板混合，经干燥、碳化、氢氟酸去除模板后得到中间相沥青基模板碳，将其用作钠离子电池的负极，并与人造石墨、商业化碳材料、活性碳等进行了对比[18]。

从图 6-41(a)中可以看出，中间相沥青基模板碳的结构中微米级孔相互交联，从氮气吸附-脱附等温线[图 6-41(b)]可以观察到有明显的滞后回环，由 BJH 模型计算出，其孔径分布集中在 5nm 左右，表明该模板碳具有丰富的介孔结构。材料的比表面积为 $346m^2 \cdot g^{-1}$，远低于活性碳的 $1041m^2 \cdot g^{-1}$，与商业化碳材料 Timrex 300 的 $285m^2 \cdot g^{-1}$ 比表面积接近。

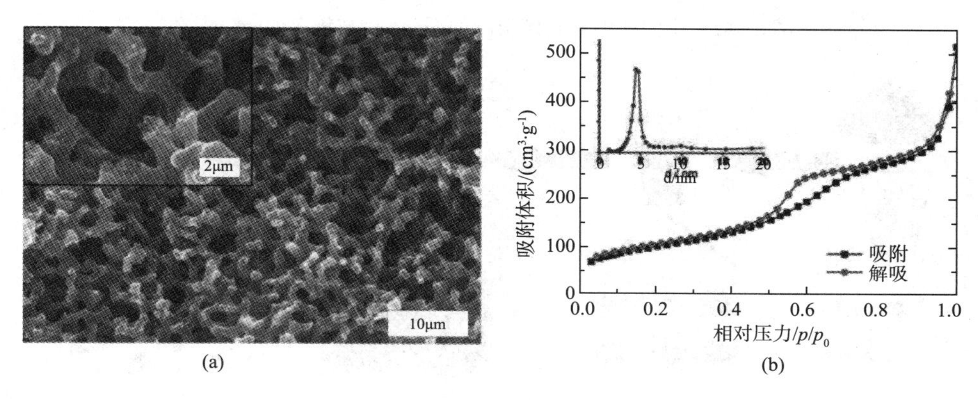

图 6-41　中间相沥青基模板碳的 SEM 图(a)与氮气吸附-脱附曲线(b)，(b)中插图为孔径分布曲线

将中间相沥青基模板碳及各种商业化碳材料用于钠离子电池负极时，在 C/5(q = $74.4mA \cdot g\ C^{-1}$)的电流密度下的比容量如图 6-42(a)所示。人造石墨的比容量低于 $5mAh \cdot g^{-1}$，几乎没有储钠性能；具有不同比表面积与性质的商业化碳材料表现出类似的性能，比容量集中在 $20-40mAh \cdot g^{-1}$，表明增大比表面积或孔体积并不能有效地提高材料的储钠性能。在相同测试条件下，中间相沥青基模板碳具有四倍于商业化碳材料的比容量，循环 20 次与 40 次后，库伦效率仍可达 95.2% 和 97.9%。中间相沥青基模板碳优异的储钠性能可能主要得益于：(1)相互连通的孔结构可缩短钠离子的扩散路径；(2)相比于其他碳源，中间相沥青可以制备具有更加优异导电性能的碳材料。从图 6-42(b)的倍率性能测试中，可以看出中间相沥青基模板碳优异的动力学特性，C/5 电流密度下比容量稳定在 $135mAh \cdot g^{-1}$ 左右，而在 2C 与 5C 的较大电流密度下，仍具有 $120mAh \cdot g^{-1}$ 和 $105mAh \cdot g^{-1}$ 的比容量。

将沥青与传统硬质碳碳源复合，是制备高性能硬质碳负极材料的有效途径。传统硬质碳碳源包括生物质、树脂等，与沥青具有良好的亲和性，炭化后，复合材料的电化学性能明显提高。中科院物理研究所胡勇胜等分别将石油沥青与木质素、酚醛树脂以不同比例混合后高温炭化，制备了低成本高性能的碳基负极材料[19,20]。沥青/木质素基硬质碳负极材料制备如图 6-43 所示：

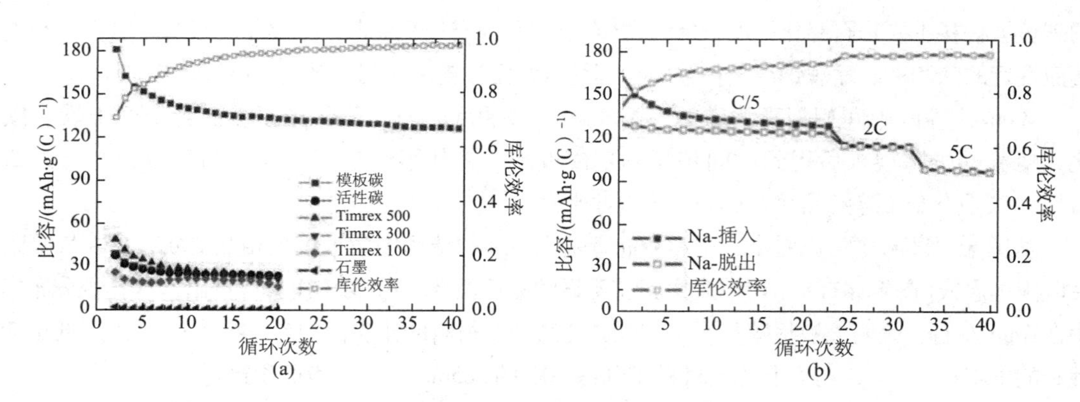

图 6-42　中间相沥青基模板碳的循环(a)与倍率性能(b)

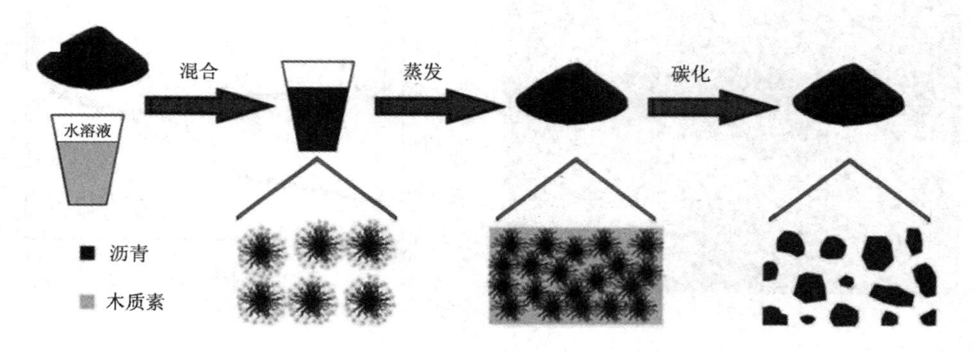

图 6-43　沥青/木质素基硬质碳负极材料制备示意图

将沥青与木质素水溶液混合后球磨，木质素分子均匀包覆沥青颗粒形成稳定乳浊液，经干燥、炭化后制备复合材料并对其进行测试，其电化学性能如图 6-44 所示。沥青/木质素 = 1/1 在 1400℃ 炭化的样品具有最优异的性能，放电曲线可分为两段，0. 115V 前为倾斜直线，之后有明显放电平台。首次放电比容量可达 300mAh · g^{-1}以上，首次充电比容量为 254mAh · g^{-1}，对应高达 82 % 的首次库伦效率，在 0. 5C 和 1C 的电流密度下，仍然具有 212mAh · g^{-1}和 162mAh · g^{-1}的比容量。在 0. 1C 的电流密度下循环 150 次后，比容量为 226mAh · g^{-1}，容量保持率高达 89 %，初始 5 次循环后库伦效率接近 100 %。

对硬质碳负极材料的放电过程进行 TEM 分析，结果如图 6-45 所示。放电前，沥青/木质素基负极材料为典型无定形碳结构，放电至 0. 115V 后，发现负极材料的无序程度明显增加，表明钠离子在类石墨烯结构的表面存储。完全放电后，TEM 谱图中可以明显观察到单质钠的团簇，同时 SAED 谱图出现单质钠 110、111、220 晶面。TEM 和 SAED 表征结果表明，无定形碳中的封闭孔可有效存储钠离子。

以 $Na_{0.9}[Cu_{0.22}Fe_{0.30}Mn_{0.48}]O_2$ 为正极，沥青/木质素基硬质碳材料为负极组装全电池并测试，其电化学性能如图 6-46 所示。在 10mA · g^{-1}的电流密度下，$Na_{0.9}[Cu_{0.22}Fe_{0.30}Mn_{0.48}]O_2$ 具有 100mAh · g^{-1}的比容量，全电池中负极：正极质量比为 1∶2. 65。经过几次

充放电循环后，全电池具有 240mAh · g^{-1}的比容量，平均工作电压 3.2V，首次库伦效率高达 78 %。在 1C 的电流密度下，全电池仍具有 177mAh · g^{-1}的比容量。0.2C 下循环 100 次后，容量保持率为 97 %，体系的能量密度高达 207W · h · kg^{-1}。

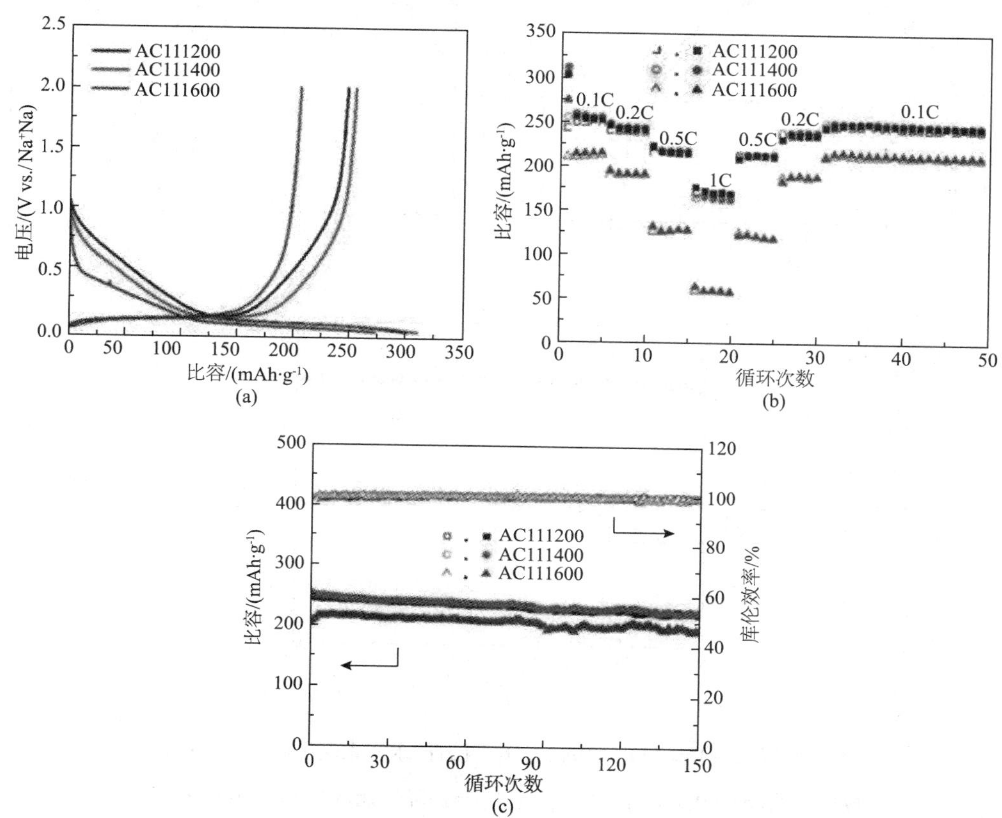

图 6-44　沥青/木质素基硬碳负极材料的恒流充放电曲线(a)，倍率性能(b)与循环性能(c)
(1C = 300mA · g^{-1})

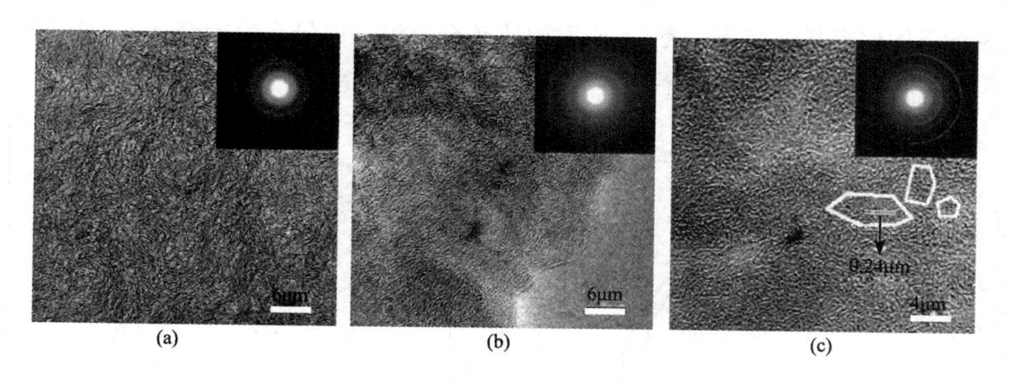

图 6-45　沥青/木质素基硬碳负极材料放电前(a)，
放电至 0.115V(b) -0.01V(c)的 TEM 及 SAED 图像

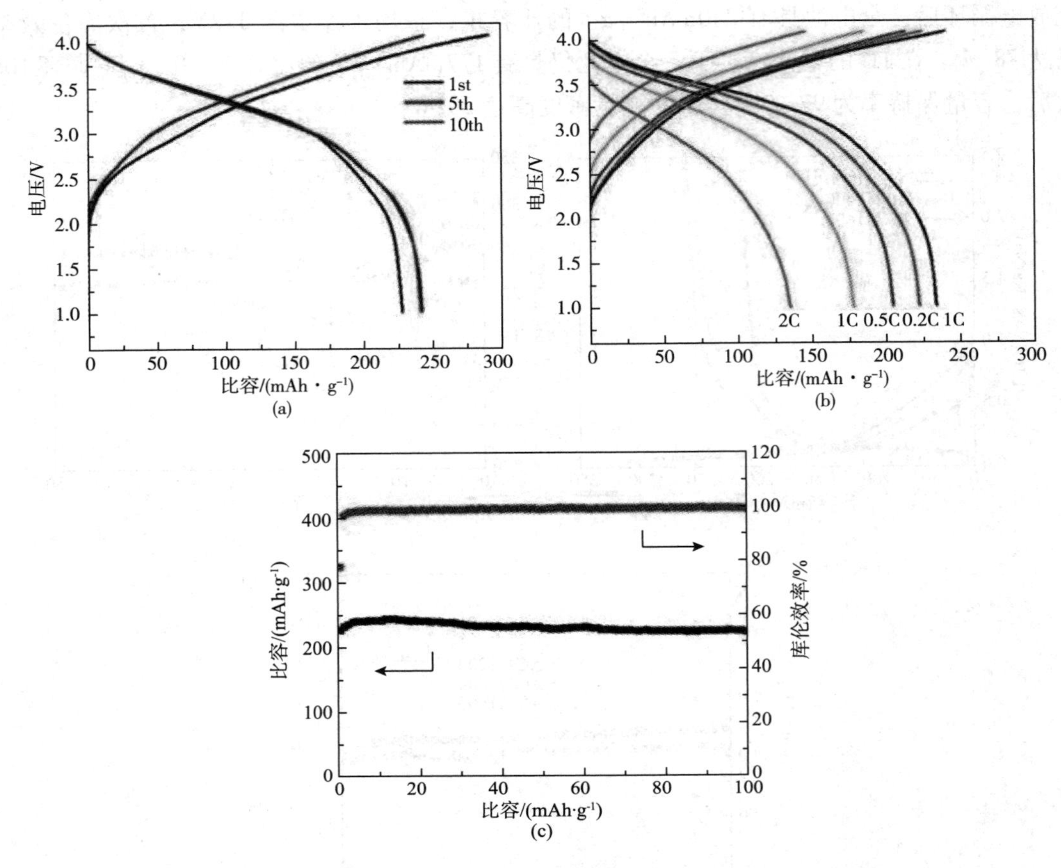

图 6-46　$Na_{0.9}[Cu_{0.22}Fe_{0.30}Mn_{0.48}]O_2$ -沥青/木质素基硬碳全电池的恒流充放电曲线(a)(0.2 C)，倍率性能(b)与循环性能(c)($1C=300mA\cdot g^{-1}$)

胡勇胜等采用相似的方法将沥青与木质素混合后，制备沥青/酚醛树脂基硬质碳负极材料，并与 $Na_{0.9}[Cu_{0.22}Fe_{0.30}Mn_{0.48}]O_2$ 组装全电池[20]，电化学性能如图 6-47 所示，其低电流密度下的比容量略高于沥青/木质素硬质碳全电池，但倍率性能略低。0.2C 下循环 100 次后具有 91 % 的容量保持率，体系能量密度为 $195W\cdot h\cdot kg^{-1}$。

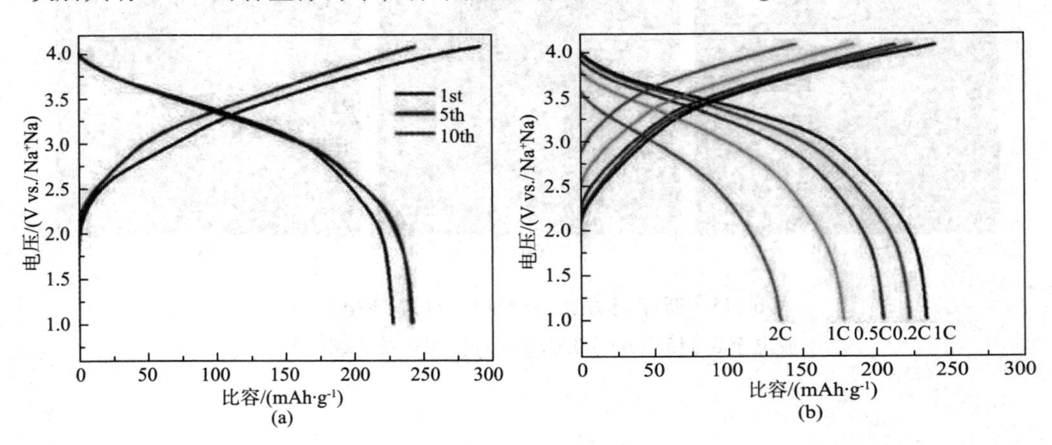

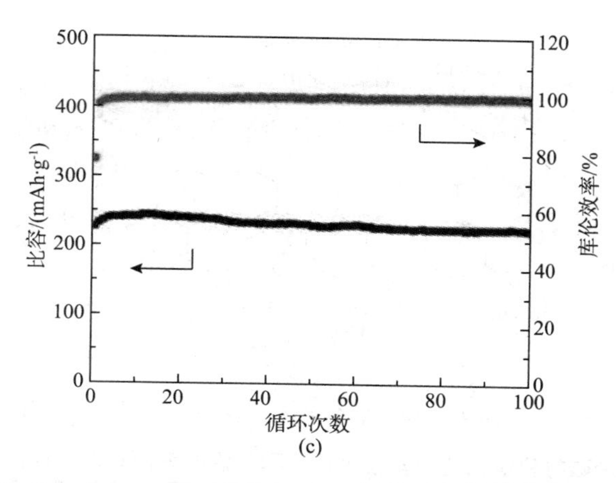

图 6-47　$Na_{0.9}[Cu_{0.22}Fe_{0.30}Mn_{0.48}]O_2$ -沥青/酚醛树脂基硬碳全电池的恒流充放电曲线(a)(0.2 C)，倍率性能(b)与循环性能(c)($1C=300mA\cdot g^{-1}$)

6.2.2　催化

多孔炭等非金属催化剂在新兴的绿色催化剂体系中备受关注。与传统的金属催化剂相比，非金属催化在许多工业催化过程中具有更加高效、环保和经济等优点。有机非金属催化剂种类众多，如含有 N，P 富电子中心的小分子有机物、树状大分子、离子液体等，主要应用于各类均相有机合成反应，如重排反应、环加成、缩合、烷基化、羰基化等。多孔炭是近年来发展起来的一类重要的无机非金属催化剂，在烃类转化、精细化工、燃料电池、太阳能转化等多个领域里表现出优于传统金属催化剂的性能，具有巨大的发展潜力，逐渐成为非金属催化领域的前沿方向之一。多孔炭非金属催化是直接使用多孔炭为催化剂，不再负载或添加任何金属，活性中心为多孔炭表面的缺陷结构或官能团，图 6-48 给出了多孔炭表面存在的各种不同种类的含氧、氮官能团。相对于金属催化剂，多孔炭催化剂具备成本低廉、无重金属污染、环境友好等优点，在许多催化过程中表现出选择性高、条件温和、稳定性好等优势。多孔炭具有的独特优势决定了其具有优异的催化性能。首先，多孔炭具有纳米尺度的石墨结构，具有一定的导电性和储存/释放电子能力，可以促进催化反应关键基元步骤的电子转移效率，进而可大大提高总反应速率；其次，多孔炭具有较高的比表面积和中孔体积，表面活性位多，气体或液体分子可以在中孔内快速扩散，其催化性能可以得到大幅度提高。最后，纳米尺寸的多孔炭表面的缺陷程度也高于常规材料，其丰富的缺陷位可以容纳更多的含氧、氮等活性杂原子。表 6-10 列出了可被多孔炭催化的一些常见反应和所需的表面官能团或活性位种类[21]。

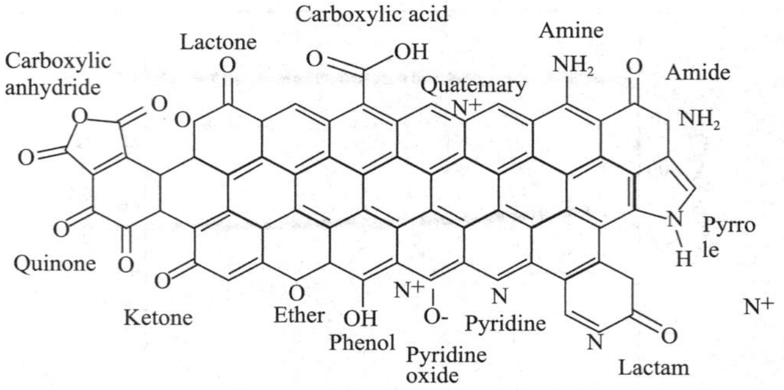

Carboxylic anhydride
Lactone
Carboxylic acid
Amine
Amide
Quaternary
Quinone
Ketone
Ether
Phenol
Pyridine oxide
Pyridine
Lactam
Pyrrole

图6-48　多孔炭表面存在的各种不同种类的含氧、氮官能团[21]

表6-10　纳米碳材料催化的一些常见反应和所需的表面官能团或活性位种类[21]

反应类型	表面活性位
气相反应	—
氧化脱氢	醌类(quinoens)
醇类脱水	羧基(carboxylic acid)
醇类脱氢	Lewis 酸性和碱性位(lewis acids and basic sites)
NO_x 还原	羧基和内酯基(carboxylic and lactone)
NO 氧化	碱性位(basic sites)
SO_2 氧化	碱性位和吡啶 N(basic sites, pyridinic)
H_2S 氧化	碱性位(basic sites)
脱氢卤化反应	吡啶 N(pyridinic)
液相反应	—
过氧化氢反应	碱性位(basic sites)
臭氧催化反应	碱性位(basic sites)
湿式空气催化氧化	碱性位(basic sites)

多孔炭固体酸催化剂可以通过磺化不完全碳化的多环芳烃或者磺化不完全碳化的天然有机物(如葡萄糖、纤维素和淀粉等)制备，这是一种廉价的、循环性能好的固体酸催化剂。2004年Hara等[22]合成了一种带有高密度磺酸基团的碳基固体酸催化剂。所得催化剂在水解、酯化、烷基化、水合作用以及贝克曼重排等许多有机反应中都具有很好的催化效果。另外，该催化剂具有易与反应产物分离的优点，从而避免了使用无机酸而产生废水的问题。这一研究引起了碳基固体酸催化剂研究的热潮。中国石油大学(华东)吴明铂课题组[23]将石油焦基多孔炭进行磺化处理后，将其作为固体酸催化剂用于催化油酸酯化反应，如图6-49所示。研究表明，经过KOH活化处理后的石油焦具有丰富的孔隙结构(图6-50)，为后续的催化反应提供了充足的活性位。同时，随着活化温度的提高，石油焦多孔炭的比表面积先增加，后减少，这主要是因为当活化温度达到一定值时(800℃)，碳骨架发生坍塌，使得比表面积降低。经过磺化处理的石油焦基多孔炭，比表面积和孔径减小，主要是因为磺酸基团负载于碳骨架后，占据了一定的孔道空间所导致。在催化反应测试

中，当碱碳比为 1∶3，活化温度为 800℃，磺化温度为 120℃时，所制固体酸催化剂表现出最高的催化效率，在醇油比为 10∶1，反应温度为 80℃的反应条件下，6h 后的转化率即达 90% 左右。该催化剂表现出优异的循环稳定性能，相同条件下，反应 5 次，转化率维持在 85% 以上。

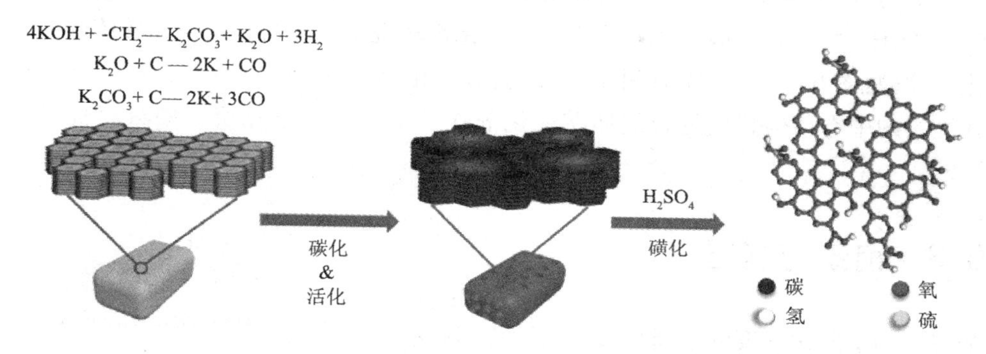

图 6-49　石油焦基多孔炭固体酸催化剂的制备示意图

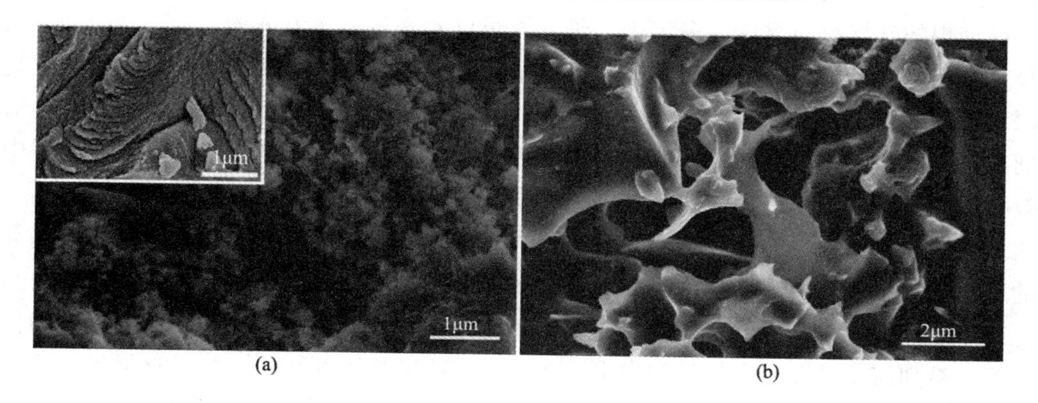

图 6-50　(a)石油焦基多孔炭的扫描电镜图（左上角为石油焦的扫描电镜图）；(b)石油焦固体酸催化剂的扫描电镜图

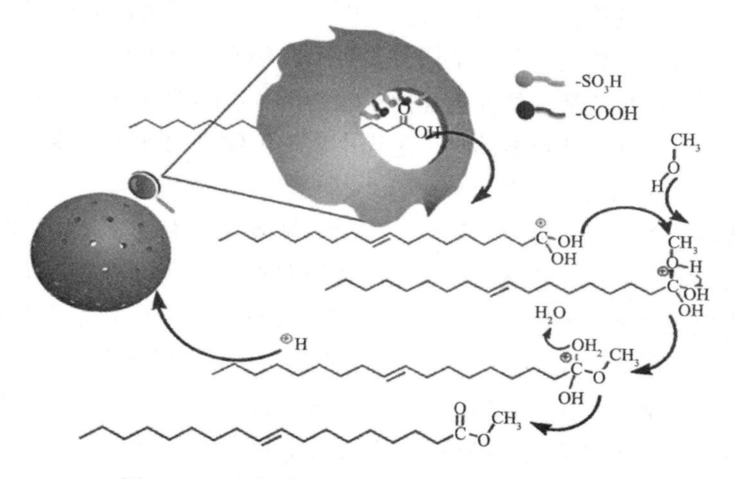

图 6-51　中空碳硅复合固体酸催化剂反应机理

具有中空结构的多孔炭材料作为催化剂载体时，由于壳层上的介孔连接中空结构的内外表面，可加速反应物和产物的传输，增强催化剂的催化性能。对于反应物为长链脂肪酸的催化反应，提高反应物的传质效应是增加催化剂活性的重要因素之一。我们采用低温活化和碳化的方法构筑了一种磺酸基团修饰的具有中空结构的碳硅复合固体酸催化剂（$HS/C-SO_3H$）[24]。在油酸酯化反应中，该催化剂表现出了可与传统均相酸浓硫酸相媲美的催化活性（见图6-51，反应时间4h时，油酸转化率达97%）。该现象进一步验证了具有介孔壳层的中空结构碳硅复合固体酸催化剂在长链分子的催化反应中具有优异的催化性能。

6.3 前景与展望

随着原油重质化程度的不断加深，石油焦与石油沥青等重质油逐年增加，重质油的清洁化高附加值利用是我们急需解决的重大问题。重质油是由稠环芳烃组成的片层状结构，是一种理想的碳材料前驱体。多年来，研究人员已对石油基多孔炭进行了较系统的研究，但是其应用仍然停留在吸附、分离等方面，如何拓展其在应用领域中实现高值化利用是值得深入思考的问题。多孔炭的比表面积大，丰富的表面官能团使其成为诸多反应的高效催化剂和优良的储电材料等。系统地研究石油基多孔炭的结构及其在催化、储电等应用中的构效关系，是实现重质油高附加值利用的关键。

多孔炭材料作为一种新颖的、环境友好的、可再生的材料，在催化、储电、环保等领域的应用受到了研究者广泛的关注，尤其在储能和环保等领域的研究较多，应用较为成熟。近年来，国际学术界围绕纳米多孔炭材料作为载体或催化剂本身在催化反应中的作用进行了一系列探索并取得了长足的进步。在纳米多孔炭载体方面，多孔炭材料表面化学结构的调控、复合催化剂的设计制备、催化剂和纳米多孔炭载体相互作用和协同效应等问题是目前的研究热点。与其他惰性载体材料相比，纳米多孔炭材料具有特殊的类似半导体的性质，它与传统金属或氧化物催化剂的结合可以为反应体系带来新的性能。在直接用纳米多孔炭作为催化剂方面，相关的研究工作主要集中在新型纳米多孔炭材料的制备及其在新反应体系中的应用、催化剂活性的评价和比较、活性位点的识别以及对催化过程的认识等领域。纳米多孔炭材料在一些重要的化工过程中表现出优异的催化特性，体现出其可替代金属或金属氧化物催化剂的巨大潜力。

目前，虽然纳米多孔炭在催化、储电、环保等领域取得了巨大进展，但是，有一些基本的问题至今尚未形成共识，依然处于从现象认识向本质分析的过渡阶段。涉及纳米多孔炭催化的基本原理等诸多重要问题，如催化反应位点的确定、催化反应微观动力学、纳米碳催化活性与结构之间的关系等仍亟待解决。同时，为了实现纳米多孔炭在催化、储电、环保等领域的应用，纳米多孔炭材料的批量制备和修饰以及纳米多孔炭粉体材料成型等也需进行深入重点研究。相关研究成果和理论的建立，将是设计下一代功能多孔炭并实现其工业规模应用的前提和基础。

参 考 文 献

[1]吴明铂，邱介山，郑经堂，等．石油基碳质材料的制备及其应用[M]．北京：中国石化出版社，2010，1-10.

[2]Wu M，Zha Q，Qiu J，et al. Preparation and characterization of porous carbons from PAN-based preoxidized cloth by KOH activation[J]. Carbon，2004，42(1)：205-210.

[3]何孝军，刘自得，王晓婷，等．一种超级电容器用壳状中孔炭材料的制备方法[P]．中国专利，专利申请号：201510055624. 8.

[4]He X J，Geng Y J，Qiu J S，et al. Effect of activation time on the properties of activated carbons prepared by microwave-assisted activation for electric double layer capacitors[J]. Carbon，2010，48(5)：1662-1669.

[5]He X J，Geng Y J，Qiu J S，et al. Influence of KOH/coke mass ratio on properties of activated carbons made by microwave-assisted activation for electric double-layer capacitors[J]. Energy & Fuels，2010，24(6)：3603-3609.

[6]He X J，Wang T，Qiu J S，et al. Effect of microwave-treatment time on the properties of activated carbons for electrochemical capacitors[J]. Carbon，2012，50(1)：344-345.

[7]He X J，Long S A，Zheng M D，et al. Optimization of activated carbon preparation by orthogonal experimental design for electrochemical capacitors[J]. Science of Advanced Materials，2010，2(4)：545-551.

[8]Olivares-Marín M，Fernández-González C，Macías-García A，et al. Preparation of activated carbons from cherry stones by activation with potassium hydroxide[J]. Applied Surface Science，2006，252(17)：5980-5983.

[9]Elizalde-González M P，Hernández-Montoya V. Characterization of mango pit as raw material in the preparation of activated carbon for wastewater treatment[J]. Biochemical Engineering Journal，2007，36(3)：230-238.

[10]Baccar R，Bouzid J，Feki M，et al. Preparation of activated carbon from Tunisian olive-waste cakes and its application for adsorption of heavy metal ions[J]. Journal of Hazardous Materials，2009，162(2)：1522-1529.

[11]周文佳．锂离子电池与电化学电容器电极材料的制备及性质研究[D]．兰州：兰州大学，2008.

[12]Choi N S，Chen Z，Freunberger S A，et al. Challenges facing lithium batteries and electrical double - layer capacitors[J]. Angewandte Chemie International Edition，2012，51(40)：9994-10024.

[13]Manthiram A，Fu Y，Su Y S. Challenges and prospects of lithium-sulfur batteries[J]. Accounts of Chemical Research，2012，46(5)：1125-1134.

[14]Reddy M V，Subba Rao G V，Chowdari B V R. Metal oxides and oxysalts as anode materials for Li ion batteries[J]. Chemical reviews，2013，113(7)：5364-5457.

[15]Li P，Liu J，Wang Y，et al. Synthesis of ultrathin hollow carbon shell from petroleum asphalt for high-performance anode material in lithium-ion batteries[J]. Chemical Engineering Journal，2016，286：632-639.

[16]Slater M D，Kim D，Lee E，et al. Sodium-ion batteries[J]. Advanced Functional Materials，2013，23(8)：947-958.

[17]Bommier C，Ji X. Recent development on anodes for Na-ion batteries[J]. Israel Journal of Chemistry，2015，55(5)：486-507.

[18]Wenzel S，Hara T，Janek J，et al. Room-temperature sodium-ion batteries：Improving the rate capability of

carbon anode materials by templating strategies[J]. Energy & Environmental Science, 2011, 4(9): 3342 - 3345.

[19] Li Y, Hu Y S, Li H, et al. A superior low-cost amorphous carbon anode made from pitch and lignin for sodium-ion batteries[J]. Journal of Materials Chemistry A, 2016, 4(1): 96 - 104.

[20] Li Y, Mu L, Hu Y S, et al. Pitch-derived amorphous carbon as high performance anode for sodium-ion batteries[J]. Energy Storage Materials, 2015, DOI: 10.1016/j.ensm.2015.10.003.

[21] Xiaoyan S, Rui W, Dangsheng S U. Research progress in metal-free carbon-based catalysts[J]. Chinese Journal of Catalysis, 2013, 34(3): 508 - 523.

[22] Toda M, Takagaki A, Okamura M, et al. Green chemistry: biodiesel made with sugar catalyst[J]. Nature, 2005, 438(7065): 178 - 178.

[23] Wu M, Wang Y, Wang D, et al. SO_3H-modified petroleum coke derived porous carbon as an efficient solid acid catalyst for esterification of oleic acid[J]. Journal of Porous Materials, 2016, 23(1): 263 - 271.

[24] Wang Y, Wang D, Tan M, et al. Monodispersed hollow SO_3H-functionalized carbon/silica as efficient solid acid catalyst for esterification of oleic acid[J]. ACS Applied Materials & Interfaces, 2015, 7(48): 26767 - 26775.